Employer Branding

Hochschulschriften zum Personalwesen

herausgegeben von
Prof. Dr. Thomas R. Hummel, Fachhochschule Fulda
Prof. Dr. Heinz Knebel
Prof. Dr. Dieter Wagner, Universität Potsdam
Prof. Dr. Ernst Zander, Stiftungsvorsitz Universität Bochum

Band 37

Mladen Petkovic

Employer Branding

Ein markenpolitischer Ansatz zur Schaffung
von Präferenzen bei der Arbeitgeberwahl

2. Auflage

Rainer Hampp Verlag   München und Mering 2008

Bibliografische Information der Deutschen Nationalbibliothek

Die Deutsche Nationalbibliothek verzeichnet diese Publikation in der
Deutschen Nationalbibliografie; detaillierte bibliografische Daten sind im
Internet über http://dnb.d-nb.de abrufbar.

ISBN: 978-3-86618-204-2
Hochschulschriften zum Personalwesen: ISSN 0179-325X
DOI 10.1688/9783866182042
1. Auflage 2007
2., aktualisierte Auflage 2008

© 2008   Rainer Hampp Verlag   München und Mering
           Meringerzeller Str. 10   D – 86415 Mering

           www.Hampp-Verlag.de

Liebe Leserinnen und Leser!
Wir wollen Ihnen ein gutes Buch liefern. Wenn Sie aus irgendwelchen Gründen
nicht zufrieden sind, wenden Sie sich bitte an uns.

Vorwort der Herausgeber

In der Reihe HOCHSCHULSCHRIFTEN ZUM PERSONALWESEN erscheinen Arbeiten, die im Wesentlichen aus hochschulbezogenen Forschungszusammenhängen entstanden sind. Charakteristisch für die Schriftenreihe ist, dass die einzelnen Bände praxisnah und wissenschaftlich fundiert einen Themenbereich aus dem Personalwesen und angrenzenden Gebieten wie der Organisationslehre behandeln. Sie wendet sich damit an Wissenschaftler und Studierende des Personalwesens sowie den interessierten Praktiker in Wirtschaft und Verwaltung.

Nicht zuletzt angesichts der sich abzeichnenden demografischen Veränderungen, aber auch angesichts des zunehmenden Wettbewerbs um besonders qualifizierte akademische Fach- und Führungskräfte („High Potentials", „war for talents") hat sich im Personalmanagement als eine von mehreren Querschnittsfunktionen das Personalmarketing herausgebildet. Dabei handelt es sich um einen strategischen Ansatz, um schon möglichst frühzeitig am Arbeitsmarkt als besonders relevanter Arbeitgeber in Erscheinung zu treten.

Herr Petkovic hat auf der Basis eines qualitativen Modells relevante Erfolgsdimensionen herausgearbeitet, wie z.B. Vertrauen und Identifikation, und darüber hinaus diverse Gestaltungshinweise zur prozessualen Ausgestaltung des Employer Branding gegeben. Den Ausführungen liegen fundierte wissenschaftliche Ansätze und, größtenteils, verhaltenswissenschaftlich ausgerichtete Studien zugrunde. Insofern liegt mit dieser Arbeit eine nicht zu unterschätzende wissenschaftliche Fundierung der bislang recht praktisch-pragmatischen Ausführungen aus dem Bereich des Personalmarketings vor.

Herr Petkovic hat eine beachtliche, systematisch überzeugende, wissenschaftlich saubere und durch die Rezeption verschiedener empirischer Studien auch „indirekt" empirisch fundierte Arbeit vorgelegt, die sicherlich in der weiteren Diskussion zur Professionalität des Personalmarketings beitragen wird.

Potsdam, im März 2007   Die Herausgeber

Vorwort des Verfassers zur zweiten Auflage

Es ist unverkennbar, dass die Personalpraxis dem Konzept des Employer Branding stetig wachsende Beachtung schenkt. Insb. Beratungsunternehmen erfreuen sich an einer verstärkten Nachfrage nach Konzepten zur professionellen Ausrichtung des Personalmarketing. Dass die erste Auflage dieser Arbeit schnell vergriffen war, zeigt, dass dem Informationsbedarf auf Seiten der Arbeitgeber eine geringe Anzahl qualifizierter Beiträge gegenübersteht. Die Erkenntnis zur Notwendigkeit einer wissenschaftlichen Betrachtung der Arbeitgebermarke sowie zur konzeptionellen Ausgestaltung des Markenaufbaus haben mich schließlich motiviert, eine zweite Auflage zum Employer Branding zu veröffentlichen.

In dieser zweiten Auflage wurden insb. der Forschungsstand zum Entscheidungsverhalten der qualifizierten Fach- und Führungskräfte und zum Employer Branding aktualisiert. Zudem wurden in dem Kapitel zur Ausgestaltung der Leistungspolitik eines Arbeitgebers neue Erkenntnisse eingearbeitet.

Für die sich im Wettbewerb um qualifizierte Fach- und Führungskräfte befindlichen Unternehmen gibt dieser Beitrag zur Arbeitgebermarke das Grundlagenwissen, um das Employer Branding tatsächlich zu verstehen und erfolgreich anzuwenden.

Bamberg, im November 2007   Mladen Petkovic

Vorwort des Verfassers zur ersten Auflage

Die wirtschaftliche Relevanz sowie präferenzschaffende Wirkung von Marken, insb. Produktmarken, wurde in diversen betriebswirtschaftlichen Beiträgen der vergangenen Jahre ausführlich aufgezeigt. Es überrascht daher nicht, dass das Markenkonzept in der Wissenschaft und Praxis bereits auf verschiedene Betrachtungsbereiche übertragen wurde. Auch im Personalmarketing fand die Marke bereits erste Beachtung. Da die bisherige Auseinandersetzung mit der Arbeitgebermarke jedoch jegliche wissenschaftliche Fundierung und systematische Erarbeitung eines Konzepts vermissen lässt, hat das Employer Branding dessen Modewort-Charakter bis heute nicht ablegen können. Diese Forschungsarbeit versucht eben diesen Mangel zu beheben, indem zum einen zunächst die grundsätzliche Übertragbarkeit des Markenkonzepts überprüft, sowie zum anderen durch das Hinzuziehen verschiedener wissenschaftlicher Ansätze und Theorien die Arbeitgebermarke auf eine theoretische Grundlage gestellt wird. Ferner wird das Employer Branding durch die Entwicklung eines Modells der Markenstärke und der phasenweise Aufbereitung des Aufbaus einer Arbeitgebermarke in seiner Wirkung sowie Anwendung transparent.

Es ist mir ein Anliegen, all jenen zu danken, die auf verschiedenste Weise zum Gelingen der vorliegenden Arbeit beigetragen haben. Großer Dank gebührt insb. meinem Doktorvater Herrn Prof. Dr. Dieter Wagner für seine Betreuung und die gemeinsamen fachlichen Diskussionen. Herrn Prof. Dr. Ingo Balderjahn danke ich für die Übernahme des Zweitgutachtens.

Bedanken möchte ich mich darüber hinaus bei Herrn Dr. Heiner Boeker, der mich in meiner Zeit als Doktorand bei der Robert Bosch GmbH betreut hat, sowie Herrn Bernhard Möhrle für die zielführende Unterstützung zur Bearbeitung und Fertigstellung der Dissertation.

Einen großen persönlichen Dank schulde ich ferner meiner Frau Patricia für ihre liebenswerte und verständnisvolle Art, mich in der gesamten Zeit der Promotion zu motivieren und aktiv zu unterstützen.

Bamberg, im März 2007   Mladen Petkovic

Inhalt

Abkürzungen

Abb.	Abbildung
AG	Aktiengesellschaft
BWL	Betriebswirtschaft
bspw.	beispielsweise
bzgl.	bezüglich
ca.	circa
diesbzgl.	diesbezüglich
d.h.	das heißt
dt.	deutsch
etc.	et cetera
FH	Fachhochschule
ggf.	gegebenenfalls
GmbH	Gesellschaft mit beschränkter Haftung
HR	Human Resources
i.A.a.	in Anlehnung an
i.d.R.	in der Regel
i.e.S.	im engeren Sinne
insb.	insbesondere
insg.	insgesamt
IT	Informatik
i.w.S.	im weiteren Sinne
Mio.	Millionen
SPSS	Statistical Package for the Social Science
sog.	sogenannte
Tab.	Tabelle
u.a.	unter anderem
Uni	Universität
vs.	versus
vgl.	vergleiche
YP	Young Professional
z.T.	zum Teil

Abbildungen

Tabellen

Employer Branding –
ein markenpolitischer Ansatz zur Schaffung von Präferenzen bei der Arbeitgeberwahl

I. Problemstellung und Aufbau der Arbeit

1. Zur Notwendigkeit neuer präferenzbildender Ansätze im Personalmarketing

Der Erfolg eines Unternehmens auf den Märkten resultiert maßgeblich aus der Fähigkeit, die technologischen, wirtschaftlichen, ökologischen und sozialen Herausforderungen der Gegenwart sowie der Zukunft rechtzeitig zu erkennen und zu bewältigen.[1] Das **Humankapital** spielt in diesem Zusammenhang eine entscheidende Rolle, da die unternehmensspezifischen Erfolgsfaktoren wie bspw. Know-how, Produktqualität oder Kundenorientierung als Ergebnis bzw. Konsequenz desselben anzusehen sind.[2] Damit stellen die Mitarbeiter die grundlegende und langfristig bedeutenste Ressource für jedes Unternehmen dar.[3] Sie können in dem durch ständig wachsende Dynamik und Komplexität gekennzeichneten Geschäftsumfeld als **strategischer Wettbewerbsvorteil** bezeichnet werden.[4] Letztendlich werden diejenigen Unternehmen, die in der Lage sind, die besten Nachwuchskräften für sich zu gewinnen, gegenüber der Konkurrenz in Zukunft überlegen sein.[5] Es gilt somit, geeignete Maßnahmen zur Schaffung eindeutiger **Arbeitgeberpräferenzen** bei den umworbenen Arbeitskräften einzuleiten. In Unternehmen kommt zur Planung und Umsetzung derselben das Personalmarketing zur Anwendung.

---

[1] Vgl. Heinisch, I./ Brüsewitz, K. (1994), S. 221. Zu den zukünftigen Herausforderungen eines Unternehmens siehe Freimuth, J. (1990a), S. 315, Fröhlich, W. (1987), S. 1ff. sowie Pietschmann, B.P./ Bell, Ch. (1999), S. 176ff.

[2] Vgl. Simon, H. (1993), S. 763. Beim *Humankapital* spielt neben der quantitativen Deckung des Bedarfs insb. die Qualität in Form der fachlichen Qualifikation sowie der Persönlichkeit im Sinne eines hohen Entwicklungspotenzials für höherwertige Aufgaben in der Fach-, Führungs- oder Projektlaufbahn eine entscheidende Rolle; vgl. zur Qualität der Mitarbeiter auch Knoblauch, R. (2001), S. 57, Leitl, M./ Rust, H./ Schmalholz, C.G. (2001), S. 271 sowie Wieselhubern, N. (2001), S. 40f.

[3] Vgl. auch Bröckermann, R./ Pepels, W. (2002b), S. 2, Tulgan, B. (2001), S. 34ff. sowie Vollmer, R.E. (1993), S.180.

[4] Vgl. dazu u.a. Bartlett, Ch.A./ Ghosal, S. (2002), S. 34ff., Rudolph, Th./ Schweizer, M./ Knaus, A. (2002), S. 14, Sattelberger, T. (1995), S. 13. *Pietschmann & Bell* bezeichnen das Personal als *unique selling proposition*; vgl. Pietschmann, B.P./ Bell, Ch. (1999), S. 177.

[5] Vgl. Tulgan, B. (2001), S. 34f., Woodruff, Ch. (1999), S. 9 sowie Vollmer, R.E. (1993), S. 180. Nach *Vollmer* werden die Menschen selbst zur Wettbewerbsstrategie: „Wer die besten Köpfe für sich gewinnen kann, dem wird - aufgrund ihres Leistungsvermögens - auch der wirtschaftliche Erfolg am Markt nicht versagt bleiben"; Vollmer, R.E. (1993), S. 180.

Die Notwendigkeit für die wissenschaftliche Beschäftigung mit innovativen Strategien im **Personalmarketing** im Rahmen dieser Arbeit resultiert aus der Entwicklung des Teilarbeitsmarktes der akademischen Fach- und Führungskräfte.[6] Trotz anhaltend hoher allgemeiner Arbeitslosigkeit haben viele Unternehmen bereits seit einigen Jahren beträchtliche Schwierigkeiten in der Rekrutierung geeigneten Personals von der Hochschule.[7] Aufgrund unterschiedlicher Ursachen werden sich diese Rekrutierungsbedingungen aus Sicht der Unternehmen in den nächsten Jahren und Jahrzehnten zudem weiter verschlechtern.[8] Zunehmende Engpässe sind dabei insb. aufgrund der **demographischen Veränderungen** zu erwarten. Die nachfolgende Tabelle veranschaulicht die prognostizierte Bevölkerungsentwicklung in Deutschland und die daraus ableitbaren Schwierigkeiten der Personalgewinnung:[9]

---

[6] Die Anzahl an Publikationen und wissenschaftlichen Beiträgen zum Personalmarketing spiegelt die konjunkturbedingte Wirtschaftslage wider. Der Bedarf an qualifiziertem Personal korreliert proportional zu den Veröffentlichungen; vgl. auch Wunderer, R (1991), S. 119ff., Süß, M. (1996), S. 25ff., Dietmann, E. (1993), S. 9ff., Lieber, B. (1995), S. 29ff., Moll, M. (1992b), S. 5ff. sowie Strutz, H (1992), S. 1ff. Entsprechend der schlechten Konjunktur der letzten Jahre, die bei den Unternehmen eher mit einem Personalabbau einherging, wurde sehr wenig über die Gewinnung neuer Mitarbeiter geschrieben. Dass es im Sinne eines antizyklischen Vorgehens sinnvoll sein kann, insb. in dieser Zeit profilbildende Maßnahmen zu ergreifen, haben aufgrund des kurzfristigen Kostendenkens die wenigsten Unternehmen realisiert. Das Personal wird derzeit noch zu wenig als kritische Ressource mit langfristiger Bedeutung gesehen. Um so wichtiger erscheinen die Aufrufe einzelner Autoren, dass „the war for talent is not over yet"; vgl. Behrenbeck, K.R. (2001), S. 934f. sowie Gloger, A. (2001), S. 52ff. Der Begriff *War for Talent* wurde geprägt von Chambers et al. (1998). Siehe auch Rust, H. (2000), S. 242ff., Steppan, R. (2000), S. 34ff., De Luca et al. (2000), S. 85ff. sowie Tulgan (2001). Zum „war for talent" gibt es kontroverse Meinungen. So stellt *Lütgenbruch* fest, dass das klassische Talentediskussion aus einem „hausgemachten Problem" resultiert, denn „wenn Krieg und militärische Aktionen überhaupt jemals erwogen werden, dann nur dort, wo alle Beteiligten vorher übereinstimmen, dass die umkämpfte Ressource knapp ist"; Lütgenbruch, U. (2001), S. 116f. Eine ähnliche Haltung der überzogenen und zudem schädlichen Darstellung des Nachwuchskräfteproblems siehe auch Schäfer, A. (2003), S. 59.

[7] In einigen Segmenten des Arbeitsmarktes wird von einem massiven Arbeitskräfteproblem gesprochen; vgl. dazu die Ausführungen von Engelbrech, G. (2002), S. 50ff., Führing, M. (2002), S. 50ff., Vedder, G./ Mehring, I. (2002), S. 44ff., Reinberg, A./ Hummel, M. (2003), S. 38ff., Wieselhuber, N. (2001), S. 40f. sowie Frigge, C./ Houben, A. (2002), S. 29.

[8] Zu nennen ist u.a. das klassische *Miss-Match-Problem* zwischen dem Anforderungsprofil vakanter Arbeitsplätze und dem Qualifikationsprofil der Bewerber, das in besonderem Maße auf dem *einseitigen Studienwahl- und Ausbildungsverhalten* der Bewerber beruht. Aber auch die derzeit in der Presse häufig diskutierten *bildungspolitischen Versäumnisse* des Staates und die Zunahme von *Branchenstrukturkrisen* belasten den Arbeitsmarkt. Vgl. dazu u.a. Strutz, H. (1992), S. 4ff., Hummel, Th./ Wagner, D. (1996), S. 7; weitere Gründe zum allgemeinen Rekrutierungsproblem siehe Rust, H. (2000), S. 243.

[9] Vgl. i.A.a. Pietschmann, B.P./ Bell, Ch. (1999), S. 179ff. Außerdem nimmt die Personenzahl im erwerbsfähigen Alter aufgrund der ansteigenden individuellen Lebenserwartung und der Verringerung der Geburtenrate ab. Es wird von einer *Vergreisung* der deutschen Bevölkerung gesprochen; vgl. Müller, H. (2000), S. 266ff. sowie Pietschmann, B.P./ Bell, Ch. (1999), S. 179.

Entwicklung der Bevölkerungszahl in Deutschland[1]

1) Ab 2002 Schätzwerte der 10. koordinierten Bevölkerungsvorausberechnung (absolute Werte sind im Anhang A, Tabelle 11 aufgeführt). - 2) Variante 9: Hohe Wanderungsannahme W3 (jährlicher Saldo von mindestens 300 000) und hohe Lebenserwartungsannahme L2 (durchschnittliche Lebenserwartung 2050 bei 83 bzw. 88 Jahren). - 3) Variante 5: Mittlere Wanderungsannahme W2 (jährlicher Saldo von mindestens 200 000) und mittlere Lebenserwartungsannahme L2 (durchschnittliche Lebenserwartung 2050 bei 81 bzw. 87 Jahren). - 4) Variante 1: Niedrige Wanderungsannahme W1 (jährlicher Saldo von mindestens 100 000) und niedrige Lebenserwartungsannahme L1 (durchschnittliche Lebenserwartung 2050 bei 79 bzw. 86 Jahren).

Statistisches Bundesamt 2003 - 15 - 0217

Abb. I-1: Prognostizierte Bevölkerungsentwicklung in Deutschland bis 2050
Quelle: Statistisches Bundesamt

Die allgemeine Reduktion der Bevölkerung in Deutschland geht mit einem Rückgang der Personen im erwerbsfähigen Alter einher. Der Kalkulation von *Engelbrech (2002)* zufolge, wird bis zum Jahr 2040 die Zahl der Erwerbstätigen um 42 % sinken.[10] Aufgrund der geringen Geburtenraten fehlt es an ausreichend jungen Menschen, die einer akademischen Ausbildung nachgehen könnten. Um den humanorientierten Wettbewerbsvorteil langfristig aufrecht zu erhalten, besteht daher die Notwendigkeit, neue, den Herausforderungen des immer knapper werdenden akademischen Arbeitsmarktes entsprechende Ansätze und Strategien zur Präferenzbildung zu entwickeln und diese der Praxis in Form von Konzepten zur Verfügung zu stellen.[11]

---

[10] Vgl. Engelbrech, G. (2002), S. 50ff. Nach *Leitl et al.* sinkt die Zahl der 30 bis 39-jährigen deutschen Erwerbstätigen von heute 12,5 Mio auf 9 Mio im Jahr 2010; vgl. Leitl, M./ Rust, H./ Schmalholz, C.G. (2001), S. 264f. Die Bundesagentur für Arbeit errechnete bei konstanter Quote des Erwerbspersonenpotenzials bis 2015 bereits für das Jahr 2008 einen Arbeitskräftemangel, der bis 2020 bis auf sechs Millionen Arbeitskräfte steigt; vgl. Engelbrech, G. (2002), S. 50ff. Eine genauere Spezifizierung der „Arbeitskräfte" erfolgt nicht.

[11] Der Anspruch dieser Arbeit liegt darin, mit Hilfe wissenschaftlicher Erkenntnisse umsetzbare Gestaltungsempfehlungen für die praktische Arbeit zu geben, die der betrieblichen Personalarbeit in den Funktionen des Personalmarketing und der Rekrutierung neue Impulse liefern.

2. Zielsetzung und Vorgehensweise der Arbeit

Der Herausforderung zur langfristigen Sicherung von akademischem Nachwuchs ist mit neuen präferenzschaffenden Ansätzen im Personalmarketing zu begegnen. Die Zielsetzung dieser Arbeit besteht darin, ein innovatives Konzept zur Profilierung eines Unternehmens als attraktiver Arbeitgeber mit dem Ergebnis einer eindeutigen Arbeitgeberpräferenz bei den akademischen Zielgruppen zu entwickeln. Das zu erarbeitende Personalmarketingkonzept basiert auf der klassischen, produktbezogenen Markenpolitik und soll als **Employer Branding** bezeichnet werden. Dessen Ergebnis stellen **Arbeitgebermarken** dar, die das Entscheidungsverhalten des akademischen Nachwuchses in ihrer Arbeitgeberwahl beeinflussen, indem sie direkt auf die Präferenzen des Fach- und Führungsnachwuchses wirken. Damit sichern diese langfristig den erforderlichen Neuzugang an qualifizierten Mitarbeitern von der Hochschule.

Die aktuell rudimentäre wissenschaftliche Auseinandersetzung mit Arbeitgebermarken erfordert eine ausführliche Aufbereitung des Wissensstandes zur Entstehung von Arbeitgeberpräferenzen sowie die Suche nach anwendbaren Theorien und Ansätzen zur Ableitung von Gestaltungsempfehlungen zum Aufbau einer Arbeitgebermarke.[12]
Nach den Erläuterungen zur **Ausrichtung der Arbeit** in *Kapitel I* erfolgt zunächst eine Auswertung des theoretischen und empirischen **Forschungsstandes** zu Arbeitgeberpräferenzen sowie zum Employer Branding in *Kapitel II*. Die identifizierten Erkenntnisse aus dem Arbeitgeberwahlverhalten bilden die Restriktionen für die Konzepterstellung. Um einen Wissenstransfer zur Marke aus dem Produktmarketing in die Personalarbeit zu gewährleisten, beschäftigt sich *Kapitel III* mit der grundsätzlichen **Anwendbarkeit des Markenkonzepts** auf Unternehmen in deren Funktion als Arbeitgeber. Anhand etablierter Markenansätze wird das Konstrukt der Arbeitgebermarke aus verschiedenen Perspektiven diskutiert. Die Ergebnisse werden in eine abschließende Definition zum Employer Branding zusammengeführt und dessen spezifischen Herausforderungen erfasst. Das *Kapitel IV* widmet sich der **Konzeption** der Arbeitgebermarke. Durch die Hinzunahme der Verhaltenswissenschaften und der Neuen Institutionenökonomie gelingt es, ein Zielsystem der Markenstärke für die Arbeitgebermarke zu entwickeln, welches den Präferenzgrad des Arbeitgebers erfasst. In *Kapitel V* wird schließlich ein verhaltenswissenschaftlich fundierter Prozess beschrieben, der für den **Aufbau und die Führung** der Arbeitgebermarke erforderlich erscheint. Das abschließende *Kapitel VI* fasst die **Ergebnisse** dieser Arbeit zusammen und hebt nochmals explizit die entscheidenden Erfolgsprinzipien eines Employer Branding her-

---

[12] Um neue Erkenntnisse für die praktische Personalarbeit zu gewinnen, fordert *Wunderer* eine engere Zusammenarbeit der wissenschaftlichen Teildisziplinen; vgl. Wunderer, R. (1999), S. 128ff. Besondere Impulse werden dabei aus dem *Marketing* erwartet; vgl. Seiwert, L.J. (1985), S. 348. Ebenfalls für einen Wissenstransfer des Marketing in die Personalarbeit stimmen u.a. Stickel, D.L. (1995), S. 26, Eisele, D./ Horender, U. (1999), S. 27, Wunderer, R. (1991), S. 122ff., Ruch, W. (2002), S. 2f. Ein effizientes Marketing wird dabei erst durch ein präferenzschaffendes Markenkonzept möglich; vgl. u.a. Stumpf, A. (2003), S. 104ff.

vor. Zudem werden Anregungen zur weiteren wissenschaftlichen Beschäftigung mit der Arbeitgebermarke gegeben. Die nachfolgende Graphik stellt die Vorgehensweise in der Entwicklung des Employer Branding zusammenfassend dar:

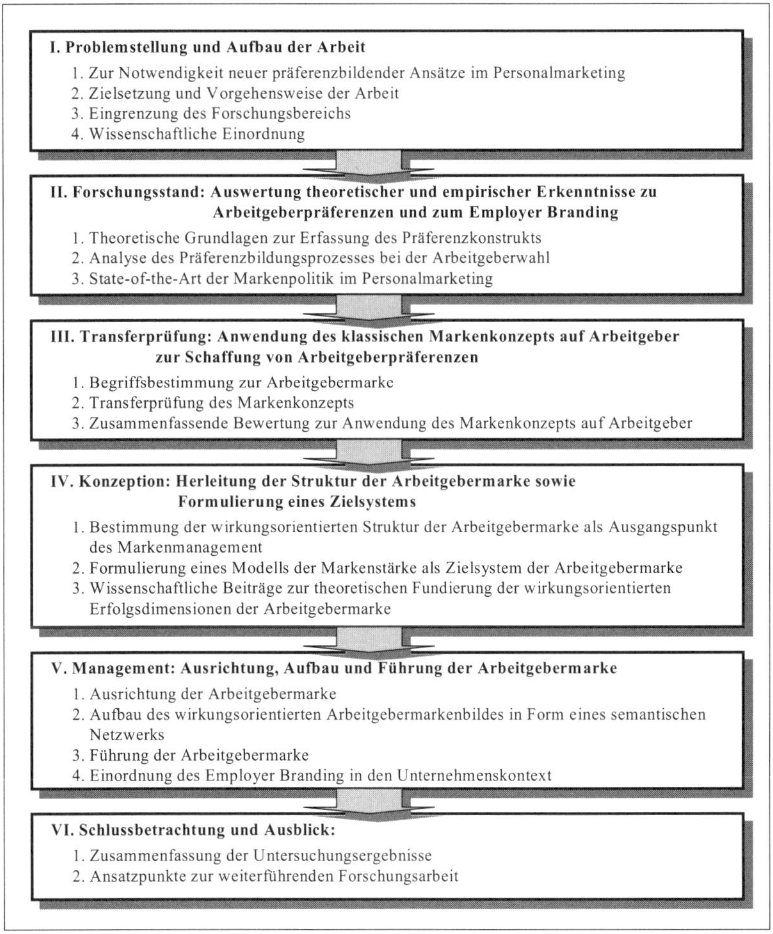

I. Problemstellung und Aufbau der Arbeit
1. Zur Notwendigkeit neuer präferenzbildender Ansätze im Personalmarketing
2. Zielsetzung und Vorgehensweise der Arbeit
3. Eingrenzung des Forschungsbereichs
4. Wissenschaftliche Einordnung

II. Forschungsstand: Auswertung theoretischer und empirischer Erkenntnisse zu Arbeitgeberpräferenzen und zum Employer Branding
1. Theoretische Grundlagen zur Erfassung des Präferenzkonstrukts
2. Analyse des Präferenzbildungsprozesses bei der Arbeitgeberwahl
3. State-of-the-Art der Markenpolitik im Personalmarketing

III. Transferprüfung: Anwendung des klassischen Markenkonzepts auf Arbeitgeber zur Schaffung von Arbeitgeberpräferenzen
1. Begriffsbestimmung zur Arbeitgebermarke
2. Transferprüfung des Markenkonzepts
3. Zusammenfassende Bewertung zur Anwendung des Markenkonzepts auf Arbeitgeber

IV. Konzeption: Herleitung der Struktur der Arbeitgebermarke sowie Formulierung eines Zielsystems
1. Bestimmung der wirkungsorientierten Struktur der Arbeitgebermarke als Ausgangspunkt des Markenmanagement
2. Formulierung eines Modells der Markenstärke als Zielsystem der Arbeitgebermarke
3. Wissenschaftliche Beiträge zur theoretischen Fundierung der wirkungsorientierten Erfolgsdimensionen der Arbeitgebermarke

V. Management: Ausrichtung, Aufbau und Führung der Arbeitgebermarke
1. Ausrichtung der Arbeitgebermarke
2. Aufbau des wirkungsorientierten Arbeitgebermarkenbildes in Form eines semantischen Netzwerks
3. Führung der Arbeitgebermarke
4. Einordnung des Employer Branding in den Unternehmenskontext

VI. Schlussbetrachtung und Ausblick:
1. Zusammenfassung der Untersuchungsergebnisse
2. Ansatzpunkte zur weiterführenden Forschungsarbeit

Abb. I-2: Zusammenfassende Darstellung zur Vorgehensweise der Arbeit

Quelle: Eigene Darstellung

3. Eingrenzung des Forschungsbereichs

In der personalwirtschaftlichen Diskussion zur Erhaltung des humanorientierten Wettbe-
werbsvorteils werden unterschiedliche Ansätze angeführt. Zur Bewältigung der Herausforderungen, die sich aus der demographischen Bevölkerungsentwicklung ergeben, sind in den
letzten Jahren insb. Konzepte zur Mitarbeiterbindung und der Entwicklung von älteren Mitarbeitern diskutiert worden.[13] Auch wenn für eine ganzheitliche Personalstrategie, eine Integration aller denkbaren Zielgruppen erforderlich ist, fokussiert diese Arbeit ausschließlich
auf den **Neuzugang** des **akademischen Nachwuchses** von der Hochschule. Dieser umfasst
sowohl die das Studium abschließenden **Absolventen** als auch die bereits bis zu fünf Jahren
im Berufsleben stehenden **Young Professionals**.

In Analogie zu der Erforderlichkeit von Personalmarketing hängt die Relevanz einer Arbeitgebermarke von der Angebots- und Nachfragesituation in den für Unternehmen wichtigen
Arbeitsmarktsegmenten ab. Steht einem geringen Angebot an qualifizierten Fach- und Führungskräften ein hoher Bedarf gegenüber, so ist es unumgänglich, klare Wettbewerbsvorteile gegenüber den konkurrierenden arbeitsplatzanbietenden Unternehmen aufzubauen.[14]

Abgeleitet aus dem Hauptbedarf von Großunternehmen werden in dieser Arbeit die Arbeits-
marktsegmente eingegrenzt und der Schwerpunkt auf die akademischen Nachwuchskräfte
im **ingenieurswissenschaftlichen** und **kaufmännischen** Bereich gelegt.[15] Die zunehmende
Nachfrage der Wirtschaft nach akademischen Arbeitskräften konnte in den letzten Jahrzehnten durch deutlich wachsende Absolventenzahlen weitestgehend gedeckt werden. Die nachfolgende Tabelle gibt die fächerspezifische Entwicklung sowie Prognose der deutschen
Ingenieure und Kaufleute von der Hochschule wieder:[16]

---

[13] Siehe hierzu die aus einer Literaturrecherche identifizierten Beiträge wie Rothkirsch (2000), Lawo
(2000), Müller-Breitkreuz (1997), Gallenberger (1998), Brunner (2001), Szebel-Habig (2004), Gertz
(2004), Meifert, M. (2005) sowie Hofe (2005).

[14] Vgl. Simon et al. (1995), S. 23ff.

[15] Die Fokussierung auf diese beiden Zielgruppen entspricht der Relevanz und Rekrutierungshäufigkeit
derselben in einem Großunternehmen. Zudem existieren zu diesen ausreichend Studien, die für die Ableitung von Annahmen und Restriktionen des Employer Branding genutzt werden können.

[16] Die fächerspezifische Entwicklung und Prognose basiert auf den Daten der Kultusministerkonferenz von
2001 und wurde 2003 von der alma mater AG zusammengefasst und aufbereitet; vgl. dazu online im
Internet http://www. alma-mater.de vom 17.09.2005.

Jahre / Absolventen	1980	1985	1990	1995	2000	2005	2010
Insgesamt	108.452	128.051	142.743	200.243	192.800	196.200	197.700
Maschinenbau	8.633	10.313	15.176	19.791	11.813	12.989	13.630
Elektrotechnik	6.899	6.551	9.288	12.954	7.200	8.351	8.273
Wirtschafts-wissenschaften	29.919	40.629	47.078	67.983	68.091	70.757	71.306

Abb. I-3: Entwicklung und Prognose der fachspezifischen Absolventenzahlen in
Deutschland (1980-2010)
Quelle: alma mater AG (2003)

Die Zeitreihen zeigen zwar einen nahezu kontinuierlichen Anstieg an Absolventen der Fach-
gruppen an, aufgrund des prognostizierten demographischen Wandels ist jedoch über das
Jahr 2010 hinaus mit einem gravierenden Defizit an akademischen Nachwuchskräften zu
rechnen.
Eine weitere Eingrenzung des Untersuchungsbereichs erfolgt durch die Fokussierung auf
Unternehmen der **Großindustrie**.[17] Die Unternehmen der Großindustrie lassen sich über
die Kriterien der Zahl der Beschäftigten und des Jahresumsatzes definieren. Der in dieser
Arbeit betrachtete Untersuchungsbereich für das Employer Branding setzt eine Beschäftig-
tenzahl von mehr als 500 Mitarbeitern sowie einem Jahresumsatz von mehr als 50 Mio.
Euro voraus.[18]

---

[17] Die Sondierung der Unternehmen nach dem Kriterium der *Größe* ist unausweichlich und lässt sich wie
folgt begründen. Die Größe eines Unternehmens bestimmt das *Budget* und den *Umfang* des *Personalmarketing*. Die Möglichkeiten an Maßnahmen für ein Employer Branding sind daher in Abhängigkeit
der Unternehmensgröße zu betrachten. Zudem ergeben sich aus der Größe des Unternehmens unterschiedliche Attraktivitätsaspekte für die umworbenen Nachwuchskräfte. Die Größe stellt zudem ein zentrales *Selektionskriterium* bei der Arbeitgeberwahl dar. Die abzuleitenden Gestaltungsempfehlungen sind
daher nicht deckungsgleich auf alle Unternehmen übertragbar. Ferner hat sich die *Präferenzforschung*
zur Arbeitgeberwahl bisher überwiegend an den Großunternehmen orientiert. Um diese Ergebnisse bei
der Formulierung des Konzepts der Arbeitgebermarke nutzen zu können, ist eine Unterscheidung zwischen Großindustrie und Mittelstand unausweichlich.

[18] Unternehmen lassen sich in ihrer Größe zwischen klein, mittel und groß unterscheiden. Folgende Werte
werden jeweils zugrunde gelegt: *klein*: bis neun Mitarbeiter und bis einer Mio. Jahresumsatz; *mittel*:
zehn bis 499 Mitarbeiter und ein bis 50 Mio. Jahresumsatz; *groß*: ab 500 Mitarbeiter und mehr als 50
Mio. Jahresumsatz; vgl. online im Internet http//www.ifm-bonn.org/index.htm?/dienste/daten.htm vom
30.01.2006.

4. Wissenschaftliche Einordnung

Dass der Personalwirtschaft bis heute eine deutliche Theorieorientierung fehlt, lässt sich nicht von der Hand weisen.[19] Auf ein geschlossenes Theoriesystem, das die einzelnen Teildisziplinen, und somit auch das Personalmarketing, gesamtheitlich abdeckt, kann zur theoretischen Fundierung dieser Arbeit daher nicht zurückgegriffen werden. Folglich hat zunächst die Suche nach geeigneten Ansätzen zu erfolgen. Hierbei wird der Forderung nachgekommen, im Sinne eines problemorientierten Vorgehens das gesamte aus der Wissenschaft zur Verfügung stehende Theoriespektrum zur Bewältigung der personalwirtschaftlichen Aufgaben- und Problemfelder zu berücksichtigen.[20]

Wird die Personalwirtschaft mit ihren Teildisziplinen als wissenschaftliche Disziplin diskutiert, können nach *Raffée (1974)* grundsätzlich drei Wissenschaftsrichtungen unterschieden werden: die theoretisch-normative, die empirische sowie die praktisch-normative.[21] Die Ausrichtung einer Forschungsarbeit ergibt sich aus deren Zielsetzung. Mit der hier angestrebten Entwicklung eines Konzeptes zur Schaffung von Arbeitgeberpräferenzen beim akademischem Fach- und Führungsnachwuchs wird dem in der Betriebswirtschaftslehre überwiegend vorherrschenden Wissenschaftsverständnis der **Anwendungsorientierung** gefolgt.[22] Das heißt, die Hauptintention besteht darin, umsetzbare Gestaltungshinweise für die betriebliche Praxis abzuleiten. Da die theoretisch-normative Wissenschaftsrichtung auf die Anwendbarkeit der produzierten Ergebnisse weitestgehend verzichtet und auch die bloße Beschreibung der Realität nicht ausreichend erscheint (reine Empirie), wird dieser Arbeit eine **praktisch-normative Wissenschaftsrichtung** zugrunde gelegt. Diese ist zusammenfassend durch die enge Verbindung zur Praxis, die Fokussierung auf die zur Zielerreichung geeigneten Maßnahmen sowie durch eine auftragsähnliche Beschäftigung mit den praxisrelevanten Problemlösungen gekennzeichnet.[23]

---

[19] Vgl. Drumm, H.-J. (2000), S. 28 und Bisani, F. (1995), S. 40.

[20] Vgl. Weber, W. (1997), S. 281f. Die Frage nach der Richtigkeit des Ansatzes ergibt sich allerdings nicht. Denn es existieren höchstens viele informative Ansätze, die weniger konkurrierende, sondern ergänzende Hinweise geben; vgl. Behrens, G. (1994), S. 200.

[21] Vgl. Raffée, H. (1974), S. 64ff.

[22] Weber, W. (1997), S. 281. Weitere Vertreter der Anwendungsorientierung in der Personalwirtschaft sind neben Weber (1997) auch Drumm (2000).

[23] Die Personalwirtschaft kann hierzu treffend auch als *Projektwissenschaft* bezeichnet werden; vgl. Wunderer, R. (1999) S. 33f.

II. Forschungsstand:
Auswertung theoretischer und empirischer Erkenntnisse zu Arbeitgeberpräferenzen und zum Employer Branding

Um im Rahmen eines Employer Branding Einfluss auf die **Präferenzen** der angehenden akademischen Fach- und Führungskräfte nehmen zu können, bedarf es einer genauen Analyse deren Entstehung sowie Ausprägung. Insb. ergibt sich die Notwendigkeit, die Besonderheiten des **Präferenzbildungsprozesses** herauszuarbeiten, die bei der Entwicklung und Führung einer Arbeitgebermarke zu berücksichtigen sind.

Da sich die verhaltenswissenschaftliche Präferenzforschung auf einem hohen Niveau befindet, bietet es sich an, auf deren Erkenntnisse zurückzugreifen. Nach der theoretischen Erklärung des Konstrukts der Präferenz sowie deren idealtypischen Entstehungsprozesses aus der Perspektive der Verhaltenswissenschaften erfolgt eine Analyse verschiedener Ansätze zur Arbeitgeberwahl, die das Entscheidungsverhalten zur Bestimmung des Präferenzarbeitgebers unter verschiedenen Gesichtspunkten beschreiben. Abschließend wird der State-of-the-Art der empirischen Arbeitgeberpräferenzforschung durch die Darstellung von Ergebnissen aus Arbeitgeberstudien sowie des Employer Branding vorgestellt.

1. Theoretische Grundlagen zur Erfassung des Präferenzkonstrukts

Die Präferenz zählt zu den hypothetischen Konstrukten der Konsumentenforschung, die häufig zur Erklärung von **Wahlentscheidungen** verschiedenster Art herangezogen werden.[24] Denn auf der Suche nach einer erklärungsrelevanten Größe, die mit einer hohen Prognosevalidität des realen Wahlverhaltens, einer guten Operationalisierbarkeit und zudem

---

[24] Vgl. dazu die Arbeiten von Schweikl (1985), Balderjahn (1993), Gutsche (1995), Schneider (1997), Kreller (2000) sowie Fischer (2001). Die Nutzung der Erkenntnisse der Verhaltenswissenschaften sowie der Konsumentenforschung, die als Konkretisierung der Verhaltenswissenschaften auf den Konsumenten zu werten ist, konnte bereits in mehreren Arbeiten zum Personalmarketing als erfolgreich bestätigt werden; vgl. u.a. Simon et al. (1995), Süß (1996) sowie Wöhr (2002). Die Konsumentenforschung stellt einen Spezialfall der verhaltenswissenschaftlichen Forschung dar, welche ausschließlich das *Verhalten des Menschen als Konsumenten* systematisiert; vgl. Trommsdorff, V. (2002), S. 21ff., Homburg, Ch./ Krohmer, H. (2003), S. 27f. sowie Nieschlag, R./ Dichtl, E./ Hörschgen, H. (2002), S. 590f. Der Begriff des Konsumentenverhaltens findet in unterschiedlicher Weise Anwendung; vgl. Homburg, Ch./ Krohmer, H. (2003), S. 27 sowie Behrens, G. (1994), S. 216f. Nach *Kroeber-Riel & Weinberg* umfasst das Konsumentenverhalten i.e.S. das Verhalten der Konsumenten beim Kauf und Konsum von wirtschaftlichen Gütern. Das Konsumentenverhalten i.w.S. hingegen betrachtet das Verhalten von *„Letztverbrauchern"* von materiellen und immateriellen Gütern und damit auch das Verhalten von Kirchgängern, Wählern, Patienten sowie Bewerbern; vgl. Kroeber-Riel, W./ Weinberg, P. (2003), S. 3. Da sich die Theorie des Konsumentenverhaltens auf einem hohen Forschungsstand befindet und der Bewerber als arbeitsplatznachfragendes Individuum in seinem Such- und Entscheidungsverhalten einem Konsumenten ähnelt, werden die für das Employer Branding erkenntnisbringende Bausteine dieser Forschungsrichtung nachfolgend einbezogen.

einer empirischen Überprüfbarkeit einhergeht, sind sich die Vertreter der Konsumentenforschung einig, dass die Präferenz diese Anforderungen nahezu perfekt erfüllt.[25] Häufig wird diese auch als eine dem Verhalten unmittelbar vorgelagerte Größe verstanden.[26] Aufgrund dieser unmittelbaren Wirksamkeit im Wahlverhalten generieren Präferenzen ein sog. **akquisitorisches Potenzial** auf dem betrachteten Markt.[27]

Mit der Intention, ein akquisitorisches Potenzial auf dem akademischen Nachwuchsmarkt zu schaffen, soll die Präferenz daher ebenfalls als finale Schlüsselgröße im Zusammenhang mit dem übergeordneten externen Personalmarketing gesehen werden, die zunächst eine Bewerbung und schließlich eine Zusage von potenziellen Nachwuchskräften auslösen, und damit der Personalgewinnung dienen soll. Darüber hinaus verhindern ausgeprägte Präferenzen Wechselabsichten von aktuellen Mitarbeitern und führen folglich zur Mitarbeiterbindung im Rahmen des internen Personalmarketing.[28]

Trotz der herausragenden Bedeutung des Präferenzkonstrukts fehlt es in der Literatur an einer einheitlichen Definition des Begriffs. Ohne jedoch die Fülle an Definitionsvorschlägen anzuführen, soll die Präferenz im Rahmen dieser Arbeit i.A.a. *Koschnik (1997)* als

die von akademischen Fach- und Führungskräften vorgenommene **Bevorzugung** *eines von* **mehreren Arbeitgebern** *im Rahmen der Arbeitgeberwahl*

verstanden und als **Arbeitgeberpräferenz** bezeichnet werden.[29] In der angelsächsischen Literatur wird das Ergebnis der arbeitgeberbezogenen Präferenzentscheidung auch **Employer-of-Choice** genannt.[30] Die Definition verdeutlicht die Charakteristika der Arbeitgeberpräferenz. Auch wenn eine erfolgreiche Rekrutierung mit abschließendem Vertragsabschluss ein vorausgehendes Vertragsangebot und damit eine Fremdselektion seitens des Unternehmens voraussetzt, beinhaltet die dieser Arbeit zugrunde gelegte Definition eine

---

[25] Vgl. Gutsche, J. (1995), S. 40f., Fischer, J. (2001), S. 15 sowie Schneider, Ch. (1997), S. 16f.

[26] Vgl. Fischer, J. (2001), S. 15.

[27] Vgl. Gutenberg, E. (1984), S. 243 sowie Zentes, J./ Swoboda, B. (2001), S. 431. Das *akquisitorische Potenzial* auf dem akademischen Nachwuchsmarkt wird dann wirksam, wenn sich der akademische Nachwuchs aufgrund erhöhten Mitarbeiterbedarfs vorrangig bei diesem Unternehmen um eine Tätigkeit bewirbt. Die individuelle Konkurrenzsituation zu den anderen arbeitsplatzanbietenden Unternehmen wird durch das akquisitorische Potenzial entschärft.

[28] Da in dieser Arbeit der Schwerpunkt des Employer Branding auf den externen Effekten im Sinne einer Image- und Profilschärfung liegt, wird die Präferenz in Form der Mitarbeiterbindung nur beiläufig erwähnt.

[29] Vgl. i.A.a. Koschnick, W.J. (1997), S. 1386f. Siehe auch Böcker, F. (1986), S. 556f., Becker, J. (2000), S. 53 sowie Süß, M. (1996), S. 109ff. Der Begriff *Arbeitgeberpräferenz* kann irreführend wirken, da im Kontext die Sichtweise des Nachwuchses zugrund gelegt wird, der Begriff selbst jedoch die Perspektive des Arbeitgebers widerspiegelt. Um jedoch nicht laufend zwischen Arbeitgeber- und Arbeitnehmerpräferenz zu unterscheiden, findet ausschließlich die zuerst genannte Wortkombination Anwendung.

[30] Siehe zur Verwendung des Begriffs Employer-of-Choice u.a. McShulskis, E. (1996), S. 18f., Rankin, M.J. (2000), S. 54ff. sowie Herman, R.E./ Gioia, J.L. (2001), S. 63ff.

ausschließliche Betrachtung der **Selbstselektion** seitens der Nachwuchskräfte.[31] Zudem handelt es sich bei Präferenzurteilen stets um eine **relative Betrachtung** von mindestens einer Alternative.[32] Als Ergebnis von Präferenzentscheidungen ergibt sich daher stets eine Rangfolge an potenziellen Arbeitgebern.[33] Neben der grundsätzlichen Bevorzugung können empirisch gemessene Präferenzen darüber hinaus die **Intensität** derselben wiedergeben.[34] Der resultierende, das Ranking bestimmende Präferenzwert eines Unternehmens bei einer Zielgruppe gibt dann an, wie stark ein arbeitsplatzanbietendes Unternehmen gegenüber dem konkurrierenden Unternehmen als Arbeitgeber vorgezogen wird.[35] Die die Rangfolge und Intensität wiedergebenden Präferenzwerte sind elementarer Bestandteil heutiger Arbeitgeberattraktivitätsstudien.[36] Besonders hervorzuheben ist des Weiteren deren Eigenschaft der **Subjektivität**, die sich in der unterschiedlichen Arbeitgeberwahl beim umworbenen akademischen Nachwuches äußert.[37] Daraus folgt, dass auch ein Arbeitgeber nicht zwangsläufig von allen auf dem Arbeitsmarkt befindlichen Nachwuchskräften gleichermaßen attraktiv und folglich auch nicht als Marke angesehen wird.[38]

---

[31] Vgl. Rosenstiel, L.v./ Nerdinger, F.W. (1999), S. 327, Kaschube, J. (1994), S. 188f., Süß, M. (1996), S. 43 sowie Knoblauch, R. (2001), S. 133f. Siehe dazu auch das Rahmenmodell der Selektion (Selbstsuche, Kontakt, Bewertung, Entscheidung) von *Nerdinger*; vgl. Nerdinger, F.W. (1994), S. 23f. Damit wird die Stellenwahl durch eine *subjektorientierte Perspektive* beschrieben; vgl. Kaschube, J. (1994), S. 188. In der Zeit des Bewerberüberhangs, zu der sich die Unternehmen nach Belieben die neuen Mitarbeiter aussuchen konnten, liegt das Hauptaugenmerk bei der Analyse und Optimierung der Selektionsprozesse seitens des Arbeitgebers; vgl. Speier, Ch. (1994), S. 179 sowie Süß, M. (1996), S. 43f. Den Fokus bilden innovative Auswahlstrategien wie strukturierte Interviews, Assessment Center oder psychologische Tests. Durch den Wechsel vom Käufer- zum Verkäufermarkt besteht das Beschaffungsproblem auf Unternehmensseite, so dass die bewerberorientierte Selektion zu betrachten ist. Zur *Fremdselektion* vgl. Becker, W. (1989), S. 127, Rosenstiel, L.v./ Nerdinger, F.W. (1999), S. 327 sowie Speier, Ch. (1994), S. 179.

[32] Vgl. i.A.a. Bauer, H.H. (1989), S. 132, Schneider, Ch. (1997), S. 21 sowie Becker, J. (2000), S. 53. Präferenzen sind folglich zwingend auf *Alternativen* bezogen, die letztendlich die Konkurrenzsituation auf dem betrachteten Markt kennzeichnen; vgl. Gutsche, J. (1995), S. 38ff. sowie Balderjahn, I. (1993), S. 24.

[33] Vgl. i.A.a. Kreller, P. (2000), S. 41.

[34] Vgl. Kuß, A. (2001), S. 1280 sowie Trommsdorff, V. (2002a), S. 361f. Die Intensität lässt sich bspw. mit Prozentpunkten wiedergeben.

[35] Vgl. Simon et al. (1995), S. 139f.

[36] Die Arbeitgeberpräferenz wird durch die Angabe von Wunscharbeitgebern erfasst. Aus der Summe der durch die Stichprobe angegebenen Arbeitgebern ergibt sich eine Rangfolge, die in Abhängigkeit der Nennungen den Präferenzwert bilden. Die prozentualen Präferenzwerte geben die Intensität der Bevorzugung eines Unternehmens als Wunscharbeitgeber wieder. Siehe dazu bspw. die Studien von trendence, access sowie Universum. Aufgrund der Vorteile des Präferenzkonstrukts wie der *hohen Prognosevalidität* des Verhaltens, der *guten Operationalisierbarkeit* und der *empirischen Überprüfbarkeit* erscheint es sinnvoll, die Präferenz als Erfolgsindikator aufzunehmen.

[37] Vgl. Tolle, E./ Steffenhagen, H. (1994), S. 380ff., Fischer, J. (2001), S. 9. Die Präferenz als subjektive Größe erschwert deren Durchsetzung aus Sicht des Arbeitgebers. Denn es erscheint unmöglich, die Wünsche und Bedürfnisse aller Bewerber gleichzeitig zu erfüllen.

[38] Eine Arbeitgebermarke erhebt nicht den Anspruch für alle umworbenen Nachwuchskräfte gleichermaßen attraktiv zu sein. Personenabhängige Präferenzunterschiede führen auch zu einer Entscheidung gegen die

Eine interessante Erweiterung erfährt die Diskussion um Arbeitgeberpräferenzen, wenn die zwei in den Verhaltenswissenschaften existierenden Unterscheidungen zur Berücksichtigung bzw. Vernachlässigung von **restriktiven Entscheidungsfaktoren** betrachtet werden.[39] Als restriktive Faktoren werden in der Konsumentenforschung ökonomische, sozialkulturelle und situative Umweltbedingungen bezeichnet, die das Entscheidungsverhalten bei der Wahl eines Betrachtungsgegenstandes beeinflussen und bewirken, dass nicht immer das tatsächlich präferierte Objekt gewählt wird.[40] Solche restriktive **Constraint Preferences** bezeichnet werden, können bspw. eine mangelnde Mobilitätsbereitschaft oder das Scheitern im Selektionsprozess der Unternehmen darstellen, die schließlich dazu führen, dass mit den Arbeitgebern ein Arbeitsverhältnis begründet wird, die in der individuellen Präferenzrangfolge weiter hinten stehen.[41]

Die Arbeitgeberpräferenz kann bei einem Bewerber sowie beim Mitarbeiter in unterschiedlicher Form wirksam werden. In der Phase der Arbeitgebersuche führt die Präferenz zur **Versendung der Bewerbungsunterlagen** mit dem Ziel der Einstellung. Nach positiver Fremdselektion erfolgt schließlich die zweite Wirkungsstufe der Präferenz, der **Vertragsabschluss**.[42] Wird die Präferenz aus der Perspektive bestehender Mitarbeiter betrachtet, kann ein Unternehmen, das als Employer-of-Choice gesehen wird, sich einer erhöhten **Loyalität** der Mitarbeiter sowie deren **Weiterempfehlung** auf dem externen Arbeitsmarkt erfreuen. Eine Art Präferenzkreislauf ergibt sich schließlich bei der Absicht einer **Weiterentwicklung** bei demselben Arbeitgeber, die zu einer internen Bewerbung auf neue Aufgaben führt. Die nachfolgende Graphik stellt den erläuterten Wirkungszusammenhang dar:

Marke. Dennoch erhöht ein Employer Brand aufgrund seiner Wirkungen, die in den nachfolgenden Abschnitten skizziert werden, die Wahrscheinlichkeit, als Arbeitgeber ausgewählt zu werden. In Abhängigkeit der Heterogenität der Anforderungen der potenziellen Bewerber kann ein getrenntes, zielgruppenorientiertes Vorgehen erforderlich sein.

[39] In der angloamerikanischen Literatur differenzieren *Rao & Gautschi (1982)* erstmalig zwischen den sog. *Constrained* und *Unconstrained Preferences*; entnommen aus Balderjahn, I. (1993), S. 22f. sowie Gutsche, J. (1995), S. 39f. Vgl. dazu in der deutsprachigen Literatur die Differenzierung zwischen kaufverhaltensneutraler und kaufverhaltensbezogener Präferenz; siehe Fischer, J. (2001), S. 10f.

[40] Vgl. Schneider, Ch. (1997), S. 20f., Kreller, P. (2000), S. 40f. sowie Fischer, J. (2001), S. 10f.

[41] In Abhängigkeit des Einbeziehens und der Vernachlässigung von restriktiven Entscheidungsfaktoren ergeben sich unterschiedliche Definitionen der Präferenz. Die sog. *Constrained Preferences* können realitätsgetreu einer arbeitgeberwahlbezogenen Entscheidungsbereitschaft bzw. -wahrscheinlichkeit gleichgesetzt werden, die unter Berücksichtigung unterschiedlicher Restriktionen die tatsächlichen Gegebenheiten auf dem Arbeitsmarkt widerspiegelt. Als lediglich handlungsfördernde Tendenz hingegen werden die *Unconstrained Preferences* ohne Berücksichtigung von Restriktionen bezeichnet; vgl. Balderjahn, I. (1993), S. 25, Schweikl, H. (1985), S. 26 sowie Gutsche, J. (1995), S. 43.

[42] *Fremdselektion* bedeutet die Auswahl seitens des Unternehmens. Dieser gegenüber steht die *Selbstselektion*, d.h. die Wahl des Arbeitgebers durch den Bewerber.

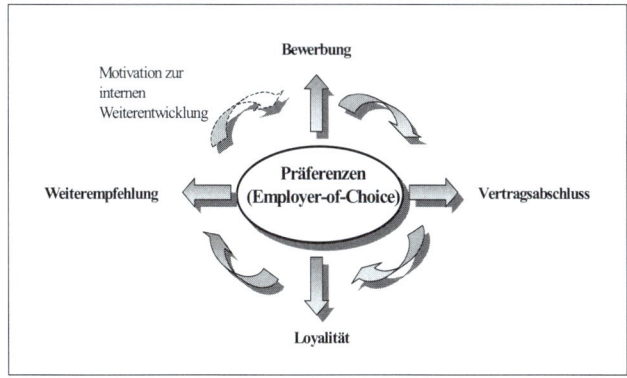

Abb. II-1: Wirkungsfelder der Präferenz bei akademischen Nachwuchskräften
Quelle: Eigene Darstellung

2. Analyse des Präferenzbildungsprozesses bei der Arbeitgeberwahl

Um das Entscheidungsverhalten zum Employer-of-Choice analysieren und erklären zu können, bedarf es der Zuwendung zum Präferenzbildungsprozess. Grundsätzlich kann davon
ausgegangen werden, dass die umworbenen Nachwuchskräfte das Unternehmen als Arbeitgeber auswählen, für welches sie im Zeitpunkt der Betrachtung die höchste Präferenz
empfinden.[43]

2.1 Idealtypisches Modell der Präferenzbildung

Empirische Untersuchungen in der verhaltensorientierten Konsumentenforschung belegen,
dass Präferenzen das Resultat eines **mehrstufigen Prozesses** darstellen.[44] Wird den Ausführungen von *Böcker (1986)* gefolgt, setzt sich dieser aus zwei Phasen, einer Vorauswahl- und
einer Entscheidungsphase, zusammen.[45] Während in der **Vorauswahlphase** diejenigen
Unternehmen aus der Menge an wahrgenommenen Arbeitgebern anhand der Überprüfung
von Schlüsselkriterien herausgefiltert werden, die hinsichtlich gewisser Anforderungen
einem Mindestanspruch genügen, erfolgt in der Phase der **Entscheidung** eine detaillierte

---

[43] Vgl. Nieschlag, R./ Dichtl, E./ Hörschgen, H. (2002), S. 609ff., Kuß, A. (2001), S. 1281 sowie
Brockhoff, K. (1999), S. 37f., d.h. die Präferenz mit der höchsten Intensität.

[44] Vgl. Pras, B. (1978), S. 145 aus Schneider, Ch. (1997), S. 51, Fischer, J. (2001), S. 17f. sowie Böcker,
F./ Diller, H. (2001), S. 1282.

[45] Vgl. Böcker, F. (1986), S. 567ff. *Bauer* teilt den Präferenzbildungsprozess ebenfalls in zwei Phasen und
deklariert diese als *Eliminations-* sowie *Selektionsphase*; vgl. Bauer, H.H. (1989), S. 170.

Abwägung der merkmalsbezogenen relativen Vor- und Nachteile der vorselektierten Arbeitgeber.[46] Das Ergebnis des Vergleichens bildet ein Ranking von potenziellen Arbeitgebern.

Ein weiter verfeinertes Modell der Präferenzbildung stellt das **Relevant-Set-Konzept** von *Bisoux & Laroche (1980)* dar.[47] Angewandt auf das Bewerberverhalten lässt sich der Prozess der Arbeitgeberwahl folgendermaßen beschreiben. Den Ausgangspunkt des Modells bildet das sog. **Total Set**. Dieses fasst die Gesamtmenge aller potenziellen Unternehmen, die als Arbeitgeber auftreten können, zusammen.[48] Da dem Nachwuchs aufgrund der eingeschränkten Rationalität der Überblick über den gesamten Arbeitgebermarkt fehlt, ist ihm allerdings nur ein Bruchteil der Unternehmen bekannt und präsent (**Awareness Set**).[49] Von diesen wird wiederum nur ein geringer Anteil tatsächlich näher betrachtet und in die weitere Entscheidung miteinbezogen, was weitestgehend damit zusammenhängt, dass den potenziellen Bewerbern die zur Bewertung erforderlichen Informationen über die namentlich bekannten Unternehmen fehlen (**Foggy Set**). Bei den in der weiteren Beurteilung befindlichen Arbeitgebern besitzt er hingegen relativ klare Vorstellungen über das Vorliegen bestimmter Attraktivitätskriterien, so dass von einer wissensähnlichen Kenntnis über den Arbeitgeber gesprochen werden kann (**Processed Set**).[50] Die tatsächlich bewerbungsrelevanten Arbeitgeber bilden schließlich das **Relevant Set**. Bekanntheit und Wissen, die zu einer spontanen Erinnerung, sowie einer positiven Einstellung führen, welche aus der Erfüllung bestimmter Attraktivitätskriterien resultiert, prägen die in diesem engeren Kreis befindlichen Unternehmen.[51] Es besteht eine hohe Wahrscheinlichkeit, dass sich der arbeitssuchende oder wechselbereite Fach- und Führungsnachwuchs initiativ bei diesen Arbeitgebern bewirbt oder

Unterstellung 3 im Relevant-Set ⇒ TTaofPlatz 1 ? (handschriftliche Anmerkung)

---

[46] Vgl. zur Beschreibung des zweistufigen Präferenzbildungsprozesses Böcker, F. (1986), S. 570, Schneider, Ch. (1997), S. 51ff., Kreller, P. (2000), S. 127f. sowie Süß, M. (1996), S. 109f.

[47] In diesem Zusammenhang wird auch vom *Consideration-* oder *Evoked-Set*-Konzept gesprochen; vgl. Wiswede, G. (1992), S. 76f., Essinger, G. (2001), S. 84, Kreller, P. (2000), S. 128f., Kroeber-Riel, W./ Weinberg, P. (2003), S. 385f. Zum *Consideration Set* vgl. Trommsdorff, V. (2002b), S. 96f. *Kotler & Bliemel* sprechen vom *Accepted-Set-Konzept*, vgl. Kotler, Ph./ Bliemel, F. (2001), S. 356f. Dieses Konzept dient der Strukturierung der Markenwahl und bietet sich daher auch zur Erklärung der Präferenzbildung beim Employer Branding an.

[48] Vgl. i.A.a. Kotler, Ph./ Bliemel, F. (2001), S. 356f. sowie Süß, M. (1996), S. 111. Andere wählen auch den Begriff des *Available Set*; vgl. Pepels, W. (2001a), S. 226, Essinger, G. (2001), S. 96f. sowie Trommsdorff, V. (2002b), S. 96f.

[49] Das entscheidende Kriterium auf der ersten Selektionsstufe der Präferenzbildung stellt damit die *Bekanntheit* dar. Vgl. zur Prozessbeschreibung Trommsdorff, V. (2002b), S. 96f. sowie Kotler, Ph./ Bliemel, F. (2001), S. 356f. Nach dem Kriterium der Bekanntheit lässt sich das *Total Set* in ein *Awareness* und ein *Unawareness Set* aufteilen. Das *Unawareness Set* bildet die Summe der unbekannten Arbeitgeber; vgl. i.A.a. Pepels, W. (1998), S. 178f. sowie Essinger, G. (2001), S. 84f.

[50] Vgl. i.A.a. Pepels, W. (2001a), S. 227, Böcker, F./ Diller, H. (2001), S. 1282f., Kreller, P. (2000), S. 129. Diejenigen Unternehmen, die dem Nachwuchs als Arbeitgeber aufgrund mangelnder Informationen nebulös erscheinen, werden ausselektiert (*Foggy Set*); vgl. i.A.a. Kotler, Ph./ Bliemel, F. (2001), S. 357 sowie Essinger, G. (2001), S. 84f.

[51] Vgl. i.A.a. Tolle, E./ Steffenhagen, H. (1994), S. 380ff. sowie Koschnick, W.J. (1997), S. 1046f. Beim Relevant Set kann auch von einer *Short List* gesprochen werden; vgl. Trommsdorff, V. (2002b), S. 96f.

auf eine als vakant ausgeschriebene Stelle reagiert.[52] Am Ende des Präferenzbildungsprozesses steht schließlich der **Employer-of-Choice**. Dieser zeichnet sich bei einer zugrunde gelegten nutzenbasierten Betrachtung durch eine individuell maximale Attraktivität aus.
Der sich bei der Bewertung der Attraktivitätsfaktoren ergebende Präferenzwert drückt letztendlich den **Arbeitgebernutzen** für den aktuellen und potenziellen Mitarbeiter aus.[53] Graphisch lässt sich der idealtypische Verlauf des Selbstselektionsprozesses eines Bewerbers
unter Präferenzgesichtspunkten wie folgt darstellen.

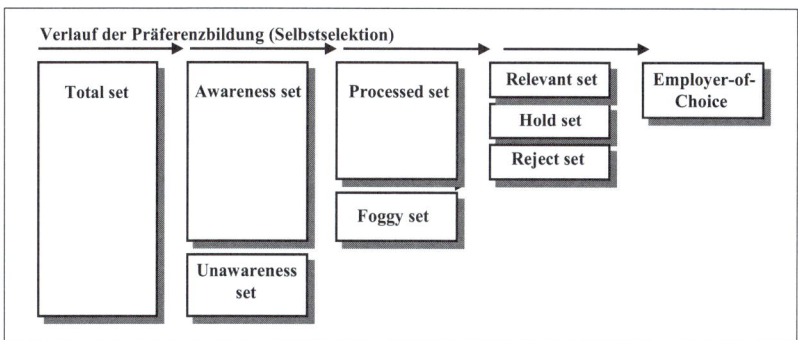

Abb. II-2: Idealtypischer Präferenzbildungsprozess bei der Arbeitgeberwahl

Quelle: Eigene Darstellung i.A.a. Süß (1996)

---

[52] Vgl. Simon et al. (1995), S. 105. Die Arbeitgeber des *Hold Set* stehen nicht im Fokus des Entscheidungsprozesses, werden jedoch dann wieder in die Betrachtung miteinbezogen, wenn die Bewerbungen an die
Unternehmen des *Relevant Set* erfolglos waren. Die Objekte des Hold Set können daher auch als „*zweite
Wahl Arbeitgeber*" bezeichnet werden; vgl. i.A.a. Pepels, W. (2001a), S. 227f., Essinger, G. (2001), S.
84f. sowie Kotler, Ph./ Bliemel, F. (2001), S. 357. Die Arbeitgeber im *Reject Set* stoßen aufgrund
mangelnder Attraktivität grundsätzlich auf Ablehnung; vgl. i.A.a. Trommsdorff, V. (2002b), S. 96f.,
Kotler, Ph./ Bliemel, F. (2001), S. 357. In der Literatur finden sich für die Restmengen auch die
Bezeichnungen *Inert* oder *Inept Set*; vgl. Böcker, F./ Diller, H. (2001), S. 1282f., Kreller, P. (2000), S.
129 sowie Süß, M. (1996), S. 112f. Empirische Untersuchungen im Konsumgüterbereich ergaben, dass
das Relevant Set *ca. sieben Objekte* umfasst. Bei der Arbeitgeberwahl hängt dessen Größe stark von der
Anspruchshaltung des Bewerbers ab. Es kann davon ausgegangen werden, dass High Potentials aufgrund
ihres hohen Marktwertes weniger Alternativen im Relevant Set halten; vgl. dazu auch Süß, M. (1996), S.
112f.

[53] In der Fachliteratur werden die Begriffe *Präferenz* und *Nutzen* häufig in einem engen Zusammenhang
verwendet. *Kaas* bezeichnet den Nutzen auch als *Nettopräferenz*; vgl. Kaas, K.-P. (1977), S. 46 aus
Balderjahn, I. (1993), S. 26f. Eine Verbindung zwischen beiden Begriffen sehen auch Schweikl, H.
(1985), S. 27f., Balderjahn, I. (1993), S. 26f. sowie Schneider, Ch. (1997), S. 52f. Zur Analyse und Erklärung der Arbeitgeberpräferenzen bei der Arbeitgeberwahl wird daher in den nachfolgenden Ausführungen ebenfalls auf das Nutzenkonstrukt verstärkt eingegangen.

2.2 Hinweise aus dem Entscheidungsverhalten von Bewerbern

Der idealtypische Verlauf der Präferenzbildung eines Konsumenten kann nicht ohne Weiteres für den eines Bewerbers zugrunde gelegt werden. Wie bereits eingangs erläutert, sind die Besonderheiten des Entscheidungsverhaltens der akademischen Zielgruppen zu eruieren, die den Prozess bis zum Erreichen des Employer-of-Choice-Status prägen. Die Fachliteratur liefert eine Reihe von interessanten Ansätzen zur Erklärung der Arbeitgeberwahl. Diese werden nachfolgend hinsichtlich ihres Beitrags zur Erklärung der Präferenzbildung diskutiert. Deren inhaltliche Fokussierung erlaubt eine grobe Unterteilung in zwei Gruppen. Während die **ergebnisorientierten Ansätze** die Präferenz in Ihrer Ausgestaltung betrachten, beleuchten die **prozessorientierten Ansätze** deren Entstehung im Zeitverlauf.

2.2.1 Ergebnisorientierte Beiträge zur Arbeitgeberwahl

a) Erwartungswert-Theorie nach Vroom (1964)
Die Valenz-Instrumentalitäts-Erwartungs-Theorie (VIE-Therie) zählt zu den in der Diskussion über Arbeitgeberwahlentscheidungen am häufigsten angewandten Erklärungsansätzen.[54] Diese wurde ursprünglich als Motivationstheorie bekannt und basiert auf dem hedonistischen Nutzenkalkül.[55] *Vrooms* Ansatz besagt, dass der Wunsch, bei einem Unternehmen beschäftigt zu sein, von den Erwartungen an einen Arbeitgeber zusammen mit der Einschätzung, inwieweit das betrachtete Unternehmen diese erfüllen kann, abhängt. Formal stellt sich dieser Zusammenhang wie folgt dar:[56]

$$V_j = f\left[\sum_{k=1}^{K} (V_k * I_{jk})\right]$$ mit V_j = Valenz des Arbeitsplatzes j eines Arbeitgebers

V_k = Valenz des Arbeitsplatzmerkmals k

I_{jk} = Instrumentalität des Arbeitsplatzes bzgl. der Erreichung von Arbeitsplatzmerkmal k

Diesem Ansatz zur Beschreibung des Arbeitgeberwahlverhaltens nach verfolgt der Arbeitsplatzsuchende eine **Nutzenmaximierungsstrategie**. Die Entscheidungsgrundlage für die Wahl eines Arbeitgebers basiert auf einem individuell definierten Set an Arbeitgeberfak-

---

[54] Erklärungsbeiträge der VIE-Theorie zur Arbeitgeberwahl nutzten u.a. Moser (1992), Schuler/ Moser (1993), Nerdinger (1994), Lieber (1995) sowie Teufer (1999).

[55] Vgl. Nerdinger, F.W. (1994), S. 31f. Siehe dazu die ausführliche Darstellung bei Vroom (1964) und Wanous (1977).

[56] Die Tendenz, den Arbeitsplatz j zu wählen, hängt von der Summe aus der Valenz der Arbeitsplatzmerkmale und der Instrumentalität der jeweiligen Arbeitsplätze ab; vgl. Vroom, V.H. (1964), S. 17. *Nerdinger & Moser* integrieren in ihre Formel zudem die *subjektive Wahrscheinlichkeit*, ein Arbeitsangebot zu erhalten; vgl. Nerdinger, F.W. (1994), S. 32 sowie Moser, K. (1992), S. 64.

toren, die dem potenziellen Bewerber einen maximalen, subjektiven Nutzen bieten.[57] Nach *Vroom* scheint daher, der **Nutzen** in maximaler Ausprägung das entscheidende Kriterium darzustellen, um sich für oder gegen ein Unternehmen als Arbeitgeber zu entscheiden.

Wie aus der formalen Darstellung entnommen werden kann, ist die VIE-Theorie durch ein hohes Maß an Einfachheit und Logik geprägt. Für die Forschungsfrage der Präferenzbildung ergibt sich für das Personalmanagement die leicht abzuleitende Implikation, die arbeitsplatz- und -umfeldbezogenen Faktoren zielgruppenorientiert auszurichten und damit den wahrgenommene Nutzen des potenziellen Nachwuchses zu erhöhen.[58]

Eine kritische Betrachtung der Annahmen zeigt jedoch, dass der Ansatz die heutigen Arbeitsmarktbedingung nicht realitätsgetreu widerspiegelt. Eine bedeutende Voraussetzung, die *Vroom* seinem Modell zugrunde legt, stellen vollständige Informationen sowie Transparenz auf dem Arbeitsmarkt dar. Demnach gelingt es den Arbeitplatzsuchenden, jedes Unternehmen hinsichtlich seiner Attraktivität als Arbeitgeber zu bewerten. Eine realistische Berachung der Arbeitgeber-Bewerber-Situation hingegen zeigt, dass der Arbeitsplatzsuchende, falls er keine verlässlichen Informationen oder eigenen Erfahrungen sammeln konnte, außerstande ist, ein valides Nutzenurteil zu bilden.[59] Stattdessen fehlen dem umworbenen Nachwuchs meistens die entscheidenden arbeitgeberbezogenen Informationen, so dass die Arbeitgeberwahlentscheidung aufgrund der möglichen Konsequenzen einer Fehlauswahl als Risiko empfunden wird.[60] Die Unternehmen können in ihren Werbebotschaften diverse Nutzenversprechen äußern, die nicht überprüft werden können. Eine simple Berechnung eines aus vielen unterschiedlichen Teilnutzen bestehenden Arbeitgebernutzens ist daher auszuschließen.

Eine weitere eher realitätsferne Annahme liegt im **simultanen Vergleich** mehrerer potenzieller Arbeitgeber.[61] Gemäß dieser Annahme gelingt es dem Arbeitsplatzsuchenden die Nutzenwerte gegenüber zu stellen und High-Score-Arbeitgeber zu identifizieren. Da jedoch bereits die erste Voraussetzung des *Vroom'schen* Modells der vollständigen Information auf dem Arbeitsmarkt relativiert wurde, welche schließlich die Grundlage für die zweite dar-

---

[57] Zur Maximierungsstrategie siehe auch Nerdinger, F.W. (1994), S. 32f.

[58] Zur *Kundenorientierung* im Personalmarketing, die eine Ausrichtung an den Interessen und Bedürfnissen der Zielgruppen verlangt siehe u.a. Simon, H. (1994a), S. 580, Scholz, Ch. (1999), S. 27, Staffelbach, B. (1995), S. 144, Drumm, H.J. (2000), S. 336f. sowie Cisik, A. (2002), S. 246f.

[59] Zu den wahrnehmbaren Arbeitgeberfaktoren zählen u.a. der *Standort* und das *Produkt*, die zu den arbeitgeberbezogenen Faktoren i.w.S. gehören. Weitere zu erfragende Faktoren stellen u.a. das *Gehalt* oder *Weiterbildungsangebote* dar. Siehe dazu die Ausführungen in *Kapitel II.2.3*. Es ist davon auszugehen, dass nicht jeder potenzielle Bewerber arbeitgeberspezifisches Wissen durch direkte Erfahrung in Form von Praktika oder sonstigen Kontakten sammeln kann.

[60] Vgl. zur Arbeitgeberwahl als Risikoentscheidung auch Simon et al. (1995), S. 13, Flüshöh, U. (1999), S. 63 sowie Süß, M. (1996), S. 77.

[61] Vgl. dazu Schuler, H./ Moser, K. (1993), S. 61f. sowie Schmidtke, C. (2002), S. 46f. Von einer weiteren Bewertung dieses Ansatzes soll an dieser Stelle abgesehen werden; siehe ausführlicher dazu Teufer, St. (1999), S. 22f. sowie Schuler, H./ Moser, K. (1993), S. 61f.

stellt, ist diese ebenfalls zu verwerfen. Zudem kann in der Realität von einem sukzessiven Prozess bei der Arbeitgeberbewertung, der durch einen zeitlich gestaffelten Wissenszuwachs in Form von Informationsaufnahmen und direkten Erfahrungen gekennzeichnet ist, ausgegangen werden.[62]

b) Drei-Faktoren-Theorien nach Behling, Labovitz & Gainer (1968)

Auch *Behling, Labovitz & Gainer (1968)* gehen von einer Zeitpunktbetrachtung der Organisationswahl aus und folgen daher dem Prinzip der Ergebnisorientierung. Sie differenzieren im Gegensatz zu *Vroom (1964)* zwischen drei Faktoren, die jeweils auf die Entscheidung des Bewerbers Einfluss nehmen.[63] In diesem Zusammenhang wird auch von Theorien der objektiven und subjektiven Faktoren und des kritischen Kontakts gesprochen.

Die Theorie der **objektiven Faktoren** beschreibt die Arbeitgeberwahl als ein rationales Gewichten, Vergleichen und Evaluieren von Organisationscharakteristika.[64] Entscheidend hierbei ist, dass diese Charakteristika beobachtbar und messbar sein müssen, um im Rahmen einer Berechnung einen Index für die **Gesamtattraktivität** eines Arbeitgebers bilden zu können. Analog zu *Vrooms* Ausführungen werden bei diesem Vorgehen ausschließlich objektive Faktoren wie Bezahlung, Standort und Karrieremöglichkeiten berücksichtigt.[65]

Die Theorie der **subjektiven Faktoren** grenzt die rationelle Entscheidungsperspektive bewusst aus und betont die Rolle emotionaler und persönlicher Faktoren bei der Organisationswahl.[66] Besondere Relevanz kommt dabei der Kongruenz zwischen der **Persönlichkeit** des Bewerbers und dem Unternehmensimage zu. Die Nachwuchskräfte sind demnach bestrebt, sich mit dem zukünftigen Unternehmen identifizieren und die Grundhaltung des Unternehmens nach außen vertreten zu können.[67]

Entgegen einer Bewertung objektiver oder subjektiver Arbeitgeberfaktoren hebt die Theorie des **kritischen Kontakts** den ersten Kontakt zum potenziellen Arbeitgeber hervor. Da der Bewerber bei fehlender Eigenerfahrung nur wenige und zum Großteil schöngefärbte Informationen erhält, wirkt der erste **direkte Kontakt** zum Unternehmen besonders stark auf seine Einstellung.[68] Solche kritischen Kontakte ergeben sich bspw. bei Rekrutierungsveranstaltungen oder der Bewerberselektion, bei der über das Verhalten und die Persönlich-

---

[62] Zu der prozessorientierten Betrachtung der Arbeitgeberwahl siehe *Kapitel II.2.2.2.*

[63] *Behling, Labovitz & Gainer* stützen sich auf die Ergebnisse einer von ihnen durchgeführten Metaanalyse zu den zur damaligen Zeit vorhandenen Untersuchungsansätzen zur Personalrekrutierung; vgl. Behling/ Labovitz/ Gainer (1968).

[64] Vgl. Weinert, A. (1992), S. 200, Süß, M. (1996), S. 70f. sowie Teufer, St. (1999), S. 27ff.

[65] Vgl. Behling, O./ Labovitz, G./ Gainer, M. (1968), S. 14f. sowie Lieber, B. (1995), S. 92.

[66] Vgl. Schmidtke, C. (2002), S. 48f. und Weinert, A. (1992), S. 200.

[67] *Tom* sagt dazu: „A person´s preference for an organization should vary with the degree of similarity between his self-concept and his image of the organization; Tom, V.R. (1971), S. 577f. Vgl. dazu auch Behling, O./ Labovitz, G./ Gainer, M. (1968), S. 17.

[68] Vgl. Teufer, St. (1999), S. 28 und Weinert, A. (1992), S. 201f.

keit des Unternehmensvertreters bzw. die Geschwindigkeit bei der Bewerberselektion auf das Unternehmensklima geschlossen wird.[69]

Im Gegensatz zu *Vroom (1964)* erweitern *Behling et al. (1968)* die enge Sichtweise der bei der Arbeitgeberwahl zur Geltung kommenden ausschließlich rationalen, objektiven Nutzenelemente und ziehen emotionale Faktoren in ihre Betrachtung mit ein. Der Nutzen wird demnach nicht mehr allein durch einen Mix an objektiven Attraktivitätsfaktoren bestimmt, sondern umfasst zusätzliche individuelle, subjektive Elemente, die als **Zusatznutzen** bezeichnet werden können. Dieser äußert sich nach *Behling et al.* in dem Potenzial eines Arbeitgebers, persönlichkeitsrelevante Elemente mit der Zielsetzung der Identifikation zu verkörpern.[70] Weitere Ausprägungen eines Zusatznutzens werden nicht thematisiert. Jedoch ist anzunehmen, dass aufgrund der überwiegend unter Unsicherheit erfolgenden Arbeitgeberwahl insb. Nutzenelemente von hohem Interesse sind, die das Risiko der Entscheidung reduzieren sowie die Orientierung des Arbeitssuchenden auf dem Arbeitsmarkt erleichtern.[71] Ein weiterer innovativer Gedanke zur Beschreibung der Arbeitgeberwahl geht aus der Theorie des kritischen Kontakts hervor. Demnach gestaltet sich die Informationsgewinnung neben der indirekten Kommunikation auch in Form von **Direkt-Kontakten**.[72] Dabei kann der Erstkontakt erfolgs- und damit präferenzentscheidend sein, da er Erwartungen und bereits durch diverse Informationen entstandene Assoziationen bestätigen oder enttäuschen kann.[73] Inwieweit Direkt-Kontakte als geplante Maßnahmen seitens der Unternehmen in das Personalmarketing einzusetzen sind, wird nicht beleuchtet.

2.2.2 Prozessorientierte Beiträge zur Arbeitgeberwahl

a) Prozess-Modell nach Soelberg (1967)

Im Gegensatz zu den ergebnisorientierten Ansätzen stellt *Soelberg (1967)* erstmalig die Arbeitgeberwahl als einen mehrstufigen Prozess dar.[74] Dieser setzt sich aus vier Phasen

---

[69] Vgl. Behling/ Labovitz/ Gainer (1968), Lieber, B. (1995), S. 92, Schmidtke, C. (2002), S. 48f. und Süß, M. (1996), S. 71.

[70] Dem Bewerber scheint daher eine gewisse Übereinstimmung von *Unternehmens-* und *Selbstimage* von Bedeutung zu sein. Siehe dazu die Ausführungen in *Kapitel IV.3.2.1* zur Theorie des Selbstkonzepts.

[71] Zur Betrachtung der Arbeitgeberwahlentscheidung unter dem Aspekt des Risikos siehe die Ausführungen zur Informationsökonomie in *Kapitel IV.3.1.2.*

[72] Mit einem Direktkontakt ist jegliche Form der *direkten Kommunikation* gemeint. Dazu zählen insb. Telefonate, Unternehmensexkursionen, Praktika oder Kontakte im Rahmen des Hochschulmarketing. Siehe zu den Instrumenten des Personalmarketing *Kapitel V.3.2.5.2.*

[73] *Teufer* spricht im Rahmen der Arbeitgeberwahl auch von einem *Feel-Good-Faktor*; vgl. Teufer, St. (1999), S. 142ff.

[74] *Soelbergs* Modell zielt darauf ab, schwierige Problemlösungs- und Entscheidungsprozesse zu erklären und zu verbessern. Zu dessen Validierung untersucht er die Arbeitgeberentscheidungen von MBA-Studenten; vgl. dazu die Ausführungen von Teufer, St. (1999), S. 23ff.

zusammen.[75] Die erste Prozessphase umfasst die grundsätzlichen, auf Fähigkeiten und Neigungen beruhenden Überlegungen des potenziellen Nachwuchses zu seinem späteren Wunscharbeitsfeld. Als Ergebnis entwickelt dieser klare Vorstellungen über seinen **Idealberuf**. Im Anschluss erfolgt die **Planung** der Arbeitgebersuche, die schließlich zur eigentlichen **Suche** und **Auswahl** des Arbeitsplatzes führt. Am Ende des Arbeitgeberwahlprozesses steht die **Bestätigung** der Entscheidung sowie das **Commitment** zum neuen Arbeitgeber. Nachfolgend werden die Prozessschritte nochmals im Überblick dargestellt:

- Entwicklung von Vorstellungen über den Idealberuf;
- Planung der Arbeitsplatzsuche;
- Suche und Auswahl eines Arbeitsplatzes;
- Entscheidungsbestätigung und Commitment.

Soelberg liefert mit seinem Ansatz die erste Zeitraumbetrachtung der Arbeitgeberwahlentscheidung. Des Weiteren werden zudem dem Vertragsabschluss nachgelagerte Phasen wie das Commitment einbezogen, was die Relevanz von konsequentem internen Personalmarketing zur Festigung der Arbeitgeberwahlentscheidung aufzeigt. Für die Präferenzbildung besonders interessant erscheint die Phase der Entwicklung von **Vorstellungen** zum **Idealberuf**. Deren bewusstes Einbeziehen in das Prägen von Präferenzen durch gezielte kommunikative Maßnahmen eröffnet die Chance, zum einen den Nachwuchs grundsätzlich für eine bestimmte Fachrichtung zu gewinnen, und zum anderen einen frühen hohen Bekanntheitsgrad des Unternehmens als Arbeitgeber, der ein bestimmtes attraktives Beschäftigungsfeld bietet, zu erreichen. Bei der empirischen Überprüfung des Modells fand *Soelberg* heraus, dass Bewerber nicht das erste Arbeitsplatzangebot annehmen, das einem vorher entwickelten Anspruchsniveau entspricht, sondern dass sie mindestens ein weiteres Angebot benötigen, um es mit dem ersten intensiv vergleichen zu können.[76] Daraus folgt, dass die Präferenzbildung nicht isoliert, sondern unter Betrachtung von konkurrierenden Leistungsangeboten erfolgt. Für die Gestaltung der Leistungspolitik des Arbeitgebers bedeutet dies, keine ausschließliche kundenorientierte Nutzenmaximierungsstrategie zu befolgen, sondern in der Auswahl der positionierungsrelevanten Nutzenelemente eine deutliche **Differenzierung** von den Konkurrenzunternehmen zu erreichen. Den Schwerpunkt der Analyse legt *Soelberg* rein auf kognitive Prozesse und damit auf die rein sachliche Auseinandersetzung mit Informationen zum arbeitgebenden Unternehmen.[77]

---

[75] Vgl. dazu Power, D.J./ Aldag, R.J. (1985), S. 48, Nerdinger, W.N. (1994), S. 21f., Moser, K. (1992), S. 65f., Schuler, H./ Moser, K. (1993), S. 63f. sowie Schmidtke, C. (2002), S. 47f.

[76] Vgl. Lieber, B. (1995), S. 92f. sowie Teufer, St. (1999), S. 24.

[77] Seinen Ergebnissen zufolge findet ein *kognitiver Umbewertungsprozess* bei den eigenen Zielen derart statt, dass die bevorzugte Alternative zum besseren Angebot wird und die Entscheidung dafür gerechtfertigt werden kann; vgl. Nerdinger, F.W. (1994), S. 22 sowie Lieber, B. (1995), S. 92. Affektive und konative Aspekte bleiben unberücksichtigt.

b) Bewerbungsprozess-Modell nach Simon, Wiltinger, Sebastian & Tacke (1995)

Simon et al. (1995) skizzieren in ihrem Modell den Bewerbungsprozess von Absolventen, den sie in fünf sukzessiv aufeinander folgende Stufen unterteilen.[78] Die Selbstselektion seitens der Absolventen setzt sich dabei aus einer Vor- und einer Endselektion zusammen. Während in der ersten Entscheidungsphase **Bekanntheit** und **Attraktivität** darüber entscheiden, ob sich der Arbeitsplatzsuchende bei einem Unternehmen bewirbt, bestimmt die **Präferenz** am Ende, welches Angebot letztendlich im Vergleich zu anderen vorgezogen wird.[79] Verkürzt lässt sich der Entscheidungsprozess folgendermaßen darstellen:[80]

- Bekanntheit – „Kennt der Absolvent das Unternehmen als Arbeitgeber?"
- Attraktivität – „Bewirbt sich der Absolvent bei dem Unternehmen?"
- Präferenz – „Zieht der Absolvent das Angebot anderen Angeboten vor?"

Die Marketingexperten um *Simon* übertragen mit ihrem Modell die Stufen der Kaufentscheidung des Konsumenten auf das Bewerberverhalten und identifizieren dadurch die erforderlichen Kriterien, Bekanntheit und Attraktivität, welche der konkreten Arbeitgeberwahl vorausgehen. Insb. die Attraktivität und die Präferenz stehen in einem engen Zusammenhang. *Simon et al.* bezeichnen beide als **Einstellungen** gegenüber Arbeitgebern, die aus der Verknüpfung von Personalimage und Anforderungen entstehen.[81] Ein weiterer innovativer Aspekt für das Personalmarketing ergibt sich aus der Unterscheidung zwischen einer eher **affektiven** und einer eher **kognitiven** Ausgestaltung der Einstellung.[82] Während die Einstellung bei der affektiven Dominanz hauptsächlich auf einer Gefühlsbasis beruht, setzt sich die kognitiv geprägte Einstellung aus Informationen und Erfahrungen zusammen. Diesbzgl. beschreiben *Simon et al.* den Bewerbungsprozess im Zeitverlauf mit einer Verschiebung von einer eher auf Gefühlen basierenden, affektiven Betrachtung von Unternehmen

---

[78] Vgl. Simon et al. (1995), S. 55ff. sowie Wiltinger, K. (1997), S. 37ff. Das Bewerbungsprozess-Modell integriert sowohl die Selbst- als auch die Fremdselektion von Absolventen. Auf der vierten Stufe des Modells wird der Frage nachgegangen, ob das Unternehmen dem Absolventen eine Stelle anbietet oder nicht (Fremdselektion). Diese Stufe bleibt in den weiteren Ausführungen bewusst unberücksichtigt, da entsprechend der wirkungsbezogenen Sichtweise der Marke an der Nachfragerseite angesetzt wird. Der Fokus bleibt daher analog zu anderen Ansätzen zur Arbeitgeberwahl auf der Selbstselektion.

[79] Vgl. Wiltinger, K. (1997), S. 37f.

[80] Trotz abgeschickter Bewerbungsunterlagen ist eine Bewerbung nicht immer ernst gemeint. *Simon et al.* berücksichtigen diesen Tatbestand mit einer eigenen Stufe im Modell. Eine *fehlende Ernsthaftigkeit* könnte dadurch begründet sein, dass die Absolventen ihren Marktwert testen, indem sie für ernstgemeinte Bewerbungsgespräche trainieren oder die Bewerbung als Notalternative nutzen; vgl. Simon et al. (1995), S. 56.

[81] Vgl. Simon et al. (1995), S. 105f. sowie Wiltinger, K. (1997), S. 58. *Simon* stellt im Rahmen der Personalmarketing-Diskussion als erster die Präferenz in den Mittelpunkt seiner Ausführungen; vgl. Simon, H. (1994a), 578ff.

[82] Nach dem Dreispeichermodell setzt sich die Einstellung aus einer kognitiven, affektiven und konativen Komponente zusammen. Zur wissenschaftlichen Auseinandersetzung mit diesen Komponenten siehe *Kapitel IV.2.2.*

hin zu einer stark kognitiven, auf Informationen beruhenden Auseinandersetzung derselben in ihrer Funktion als potenzielle Arbeitgeber. Ferner betonen *Simon et al.* die Relevanz des Personalimages in der Wahrnehmung und Beurteilung eines Arbeitgebers. Die verschiedenen Dimensionen des Personalimages, die weitere über die Personalpolitik des Arbeitgebers hinausgehende Facetten erfasst, beeinflussen die Präferenzen des akademischen Fach- und Führungsnachwuchses ebenfalls.[83]

c) Phasenmodell der Arbeitsplatzwahl nach Süß (1996)

Auch *Süß (1996)* liefert zur Erklärung der Arbeitsplatzwahl ein mehrstufiges Phasenmodell. Er überträgt zentrale Erkenntnisse aus der Sozialpsychologie und Konsumentenforschung auf das Personalmarketing und kombiniert die Ergebnisse aus den Modellen zur Arbeitgeberwahl seiner Vorgänger.[84] Das Modell von *Süß* setzt sich wie folgt zusammen:

- Low-Involvement-Phase;
- Präferenzbildungsphase;
- Critical-Contact-Phase.

Während sich das Individuum in der ersten Phase seiner Rolle als zukünftiger Bewerber noch nicht bewusst ist und dementsprechend nebenbei Informationen über Unternehmen aufnimmt, nimmt die aktive Informationssuche analog zum **Involvement** und der Zeitnähe der Entscheidung stetig zu (Phase II). Aus einem in der Low-Involvement-Phase entstandenen globalen Unternehmensimage bildet sich ein arbeitgeberspezifisches Personalimage heraus, das in seiner Konsequenz zu ersten **Präferenzen** unter den Arbeitsplätze anbietenden Arbeitgebern führt.[85] Ausschlaggebend im Entscheidungsprozess des Bewerbers ist jedoch der **direkte Kontakt** zum Unternehmen und die dort gesammelten Erfahrungen im Rahmen des Bewerbungsprozesses (Phase III).

Das **Involvement** kann in der Betrachtung von Arbeitgeberwahlmodellen als innovativer Vorstoß gewertet werden, die Bestimmung des Wunscharbeitgebers prozessorientiert darzustellen und diesen zudem verhaltenswissenschaftlich zu fundieren. Das Involvement, das die themenbezogene Ich-Beteiligung wiedergibt, beeinflusst das Informationsverhalten des Bewerbers und damit das Wissen über ein Unternehmen in seiner Funktion als Arbeiteber. *Süß* betont zudem analog zum ergebnisorientierten Modell der Arbeitgeberwahl nach *Behling et al. (1968)* die Relevanz von **Direktkontakten**. In welchem Ausmaß sowie taktischer Ver-

---

[83] Zur genauen Zusammensetzung des Personal- bzw. Arbeitgeberimages siehe *Kapitel III.3.3.1.*

[84] Auch *Süß* setzt den Fokus auf das Konstrukt der Präferenz und bezieht sich damit auf die Erkenntnisse von Simon et al. (1995). Die Phase des *kritischen Kontakts* stammt aus der Drei-Faktoren-Theorie nach Behling et al. (1968); vgl. dazu Süß, M. (1996), S. 73ff.

[85] Siehe dazu die Abgrenzungskriterien der Prozessphasen zur Arbeitsplatzwahl; vgl. Süß, M. (1996), S. 75.

knüpfung mit indirekten Kontakten diese einzusetzen sind, ist in der Ausgestaltung des Employer Branding zu prüfen.

d) Employer-Brand-Matics nach Müller-Örlinghausen & Schäfer (2005)
Müller-Örlinghausen & Schäfer (2005) übertragen in ihrem Ansatz die Brand-Matics-Methode, ein Ansatz zur Optimierung der Wettbewerbspositionen von Marken in unterschiedlichen Wirtschaftsbereichen. Das Ziel der sog. **Employer-Brand-Matics** (EBM) besteht darin, auf der Grundlage von Zielgruppenbefragungen die Stärken und Schwächen eines Unternehmens als Arbeitgeber auf verschiedenen Stufen des Entscheidungsprozesses zur Arbeitgeberwahl zu analysieren.[86] Das Ergebnis sind stufenbasierte **Treiber**, welche für die weitere Berücksichtigung des Arbeitgebers im Entscheidungsprozess des Bewerbers ausschlaggebend sind. In Verbindung mit den einzelnen Stufen des Entscheidungs-Prozesses eines Bewerbers können schließlich Handlungsoptionen für die zielgruppenorientierte Ausrichtung des Leistungs- und Kommunikationsangebots einer Arbeitgebermarke entwickelt werden. Die nachfolgende Darstellung zeigt exemplarisch die Analyseergebnisse zu einem unternehmensbezogenen Auswahlprozess:[87]

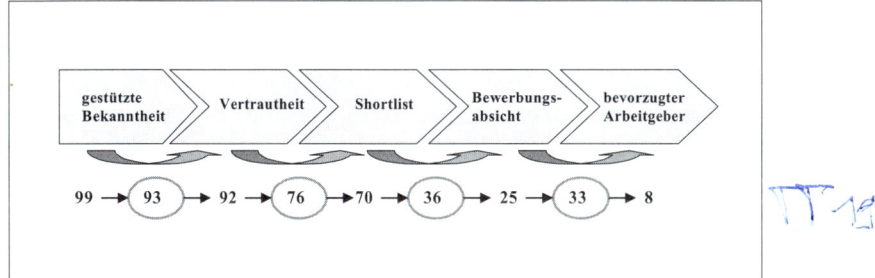

Abb. II-3: Phasenmodell der Employer-Brand-Matics
Quelle: Graphik in Anlehnung an Müller-Örlinghausen & Schäfer

2.2.3 Zusammenfassung der Erkenntnisse zum Entscheidungsverhalten

Werden die vorgestellten Modelle zur Arbeitgeberwahl vergleichend gegenübergestellt, wird deutlich, dass diese das Bewerberverhalten zunehmend realitätsgetreu widerspiegeln.

---

[86] Siehe dazu ausführlich die Ausführungen von Müller-Örlinghausen, J./ Schäfer, K. (2005), S. 40ff.

[87] Der *Stufenwert* zeigt, welcher Prozentanteil der Zielgruppe die jeweilige Stufe erreicht, d.h in diesem Fall kennen 99% der potenziellen Bewerber das Unternehmen. Die *Transferrate* zeigt, welcher Prozentanteil der Zielgruppe von einer Stufe zur nächsten transferiert werden kann, d.h. in diesem Fall planen 36% derjenigen, die das Unternehmen als Arbeitgeber in Erwägung ziehen, sich tatsächlich zu bewerben. Vgl. dazu Müller-Örlinghausen, J./ Schäfer, K. (2005), S. 40ff.

Aus einer Zeitpunktbetrachtung der Arbeitgeberentscheidung wird ein zunehmend sukzessiver Wahlprozess skizziert. Ferner wird das Entscheidungsverhalten verstärkt unter Heranziehen der Erkenntnisse aus der Konsumentenforschung analysiert und auf eine neue verhaltenswissenschaftliche Grundlage gestellt.

Im Folgenden wird zusammenfassend auf die zentralen Erkenntnisse aus den Arbeitgebermodellen für die Erklärung des Präferenzbildungsprozesses bei akademischen Nachwuchskräften eingegangen.[88] Besonders wichtig erscheint der Erkenntnisgewinn aus dem Modell von *Vroom (1964)*, dass der Arbeitsplatzsuchende bei der Wahl des Arbeitgebers, seinen **Nutzen** zu **maximieren** sucht. Für das Unternehmen ergibt sich daraus die Konsequenz, die wahlentscheidenden Nutzenelemente des akademischen Nachwuchses personalpolitisch umzusetzen und diese als Nutzenversprechen zu kommunizieren. Um den Nutzen präferenzwirksam zu maximieren, erfordert es dabei nicht nur ein Angebot an objektiven, materiellen Elementen wie Entgelt oder Weiterbildungsmöglichkeiten, sondern auch die Berücksichtigung von **subjektiven, immateriellen Bedürfnisfaktoren** wie Identifikation und Sicherheit, welche die Arbeitgeberwahl des akademischen Nachwuchses mitbeeinflussen. Nach *Behling et al. (1968)* sowie aus der kritischen Betrachtung des Ansatzes nach *Vroom (1964)* abgeleitet, ist ein Arbeitgeber im Hinblick auf dessen Arbeitsmarktpositionierung sowie Werbeaktivitäten daher gut beraten, **identifikationsstiftende** sowie **unsicherheitsreduzierende Maßnahmen** einzuleiten.[89] *Behling et al (1968)* und *Süß (1996)* betonen bspw. die enorme Bedeutung von **Direktkontakten**. Dass die präferenzwirksamen Maßnahmen nicht im Sinne der zeitpunkt-betrachteten Nutzenmaximierung auf den geringen Zeitraum der finalen Arbeitgeberentscheidung zu beschränken sind, zeigen die prozessorienterten Ansätze. Nach *Soelberg (1967)* bietet sich für ein Unternehmen bereits im Stadium der Berufswahl der potenziellen Nachwuchskräfte die Gelegenheit, auf diese einzuwirken und die wahrgenommene Attrak-tivität als Arbeitgeber zu prägen. Zur Optimierung des Prägungserfolgs sollte nach *Simon et al. (1995)* sowie *Süß (1996)* die der Präferenz vorgeschaltete **Einstellungsbildung** in ihren **kognitiven** und **affektiven** Bestandteilen differenziert werden sowie das **Informationsverhalten** gemäß des **Involvements** Berücksichtigung finden. Da ein Unternehmen nicht nur in seiner Ausprägung als Arbeitgeber wahrgenommen wird, ergibt sich zudem die Notwendigkeit, die Einflüsse durch weitere das Arbeitgeberimage prägenden **Images des Unternehmens** in die Maßnahmenplanung ein-

---

[88] Eine Übertragung der Erkenntnisse speziell auf die Präferenzbildung von akademischen Nachwuchskräften ist gegeben. *Soelberg (1967), Simon et al. (1995)* sowie *Süß (1996)* erklären ihr Modell mithilfe theoretischer Annahmen und empirischer Daten über Studenten und Absolventen. *Vroom (1964)* und *Behling et al.* (1968) beziehen sich in ihren Ausführungen zu den Modellen zwar nicht auf die Rekrutierung von Akademikern, aufgrund der allgemeinen Ausrichtung ihrer Annahmen über die Wahl eines Arbeitgebers escheint ein Transfer jedoch zulässig.

[89] Empirisch konnte die hohe Bedeutung der Identifikation für die Arbeitgeberwahl von *Müller-Örlinghausen & Schäfer (2005)* nachgewiesen werden. Ihren Untersuchungen zufolge zählt für den akademischen Nachwuchs die *Identifikation mit den Produkten* oder mit den *Mitarbeitern* zu den wichtigsten Treibern auf jeder Stufe des Selbstselektionsprozesses bis zur Festlegung des Employer-of-Choice; vgl. dazu die Ausführungen von Müller-Örlinghausen, J./ Schäfer, K. (2005), S. 40f.

zuarbeiten und für die Erklärung des Präferenzerfolgs oder Präferenzmisserfolgs des werbenden Arbeitgebers hinzuzuziehen.

Müller-Örlinhausen & Schäfer (2005) heben in ihrem Phasenmodell die **enge Verzahnung** der einzelnen Stufen des Entscheidungsprozesses eines Bewerbers hervor und betonen dabei die Relevanz einzelner entscheidungsrelevanter **Treiber**, welche beim Fehlen derselben den Arbeitgeberauswahlprozess scheitern lassen.

Die folgende tabellarische Übersicht präsentiert zusammenfassend die Besonderheiten der Arbeitgeberwahl gemäß der diskutierten Ansätze:

Modelle der Arbeitgeberwahl	Wahldimensionen	weitere Erkenntnisse zum Entscheidungsverhalten
Vroom (1964)	- Nutzen	- **Nutzenmaximierung** seitens der Arbeitsplatzsuchenden bei der Wahl des First-Choice-Arbeitgebers - asymmetrische Informationsverteilung zwischen Arbeitgebern und Arbeitsplatzsuchenden; daraus ergeben sich **Unsicherheit** und **Risiko**
Behling et al. (1968)	- objektive Faktoren - subjektive Faktoren - kritischer Kontakt	- Unmöglichkeit des **Erkennens** und des **Bewertens** von diversen Arbeitgeberfaktoren durch den Arbeitsplatzsuchenden - Suche nach **Identifikationsmöglichkeiten** bei den arbeitsplatzanbietenden Unternehmen - besondere Relevanz von **Direktkontakten**
Soelberg (1967)	- Vorstellungen Idealberuf - Planung Arbeitssuche - Suche und Auswahl - Entscheidungsbestätigung/ Commitment	- Möglichkeit der aktiven Prägung der **Vorstellungen** zum **Idealberuf** - Berücksichtigung alternativer Arbeitgeber; Notwendigkeit der **Differenzierung** - **kognitive Auseinandersetzung** mit der Berufs- und Arbeitgeberwahl seitens des Arbeitsplatzsuchenden dominiert
Simon et al. (1995)	- Bekanntheit - Attraktivität - Präferenz	- Berücksichtigung von **Personalimages** und **Anforderungen** der Arbeitsplatzsuchenden bzgl. Attraktivität und Präferenz - **affektive und kognitive Ausgestaltung** der Einstellung zum Arbeitgeber und deren wechselnde Dominanz im Zeitverlauf - Bedeutung unterschiedlicher **Imagedimensionen** bei der Arbeitgeberwahl
Süß (1996)	- Low-Involvement-Phase - Präferenzbildungsphase - Critical-Contact-Phase	- **Informationsverhalten** der Arbeitsplatzsuchenden in Abhängigkeit des **Involvements** - hohe Bedeutung von **Imagedimensionen** des Unternehmens - hohe Relevanz von **Direktkontakten**
Müller-Örlinghausen & Schäfer (2005)	- gestützte Bekanntheit - Vertrautheit - Shortlist - Bewerbungsabsicht - bevorzugter Arbeitgeber	- **enge Verzahnung** der einzelnen Entscheidungsstufen bei der Arbeitgeberwahl - Bedeutung von entscheidungsrelevanten **Treibern**

Tab. II-1: Erkenntnisse zum Entscheidungsverhalten von Arbeitsplatzsuchenden
Quelle: Eigene Darstellung

Die Erkenntnisse zur Erklärung des Entscheidungsverhaltens bei der Arbeitgeberwahl geben Anhaltspunkte für die Beeinflussung der Präferenzbildung bei den akademischen Nachwuchskräften. Da die Arbeitgebermarke diese Arbeitgeberpräferenzen bei den akademischen Fach- und Führungskräften schaffen soll, werden diese bei der Konzeption und dem Management einer Arbeitgebermarke grundlegend berücksichtigt.

2.3 Empirische Erkenntnisse zu Arbeitgeberpräferenzen

Wie die vorangegangene Darstellung der theoretischen Grundlagen zum Präferenzkonstrukt belegt, beansprucht die **Präferenz** aufgrund deren Relevanz in der Konsumentenverhaltensforschung einen hohen Stellenwert in der betriebswirtschaftlichen Diskussion. Deren hohe Prognosevalidität des realen Wahlverhaltens sowie deren Operationalisierbarkeit führten schließlich zur Einbindung in die Modelle zum Entscheidungsverhalten von Bewerbern.[90] Auch die empirische Überprüfbarkeit der Präferenz nutzen Experten des Personalmarketing insb. seit Ende der 90er Jahre, umfangreiche Präferenzstudien beim akademischen Fach- und Führungsnachwuchs durchzuführen. Um den State-of-the-Art der empirischen Forschungsarbeit aufzuzeigen und zu bewerten, wird nachfolgend eine Auswahl der in der betrieblichen Personalarbeit etablierten Studien zu Arbeitgeberpräferenzen vorgestellt.[91] Zur differenzierten Darstellung wird nachfolgend zwischen **analytischen** und **summarischen** Studien unterschieden.

2.3.1 Analytische Präferenzstudien

Wie bereits in der theoretischen Diskussion über die Präferenzbildung angeführt, besteht eine enge Verbindung zwischen dem Präferenz- und dem Nutzenkonstrukt. Denn der Bewerber strebt bei der Wahl des Arbeitgebers nach der Maximierung seines Beschäftigungsnutzens. Es existieren jedoch kaum Studien in der Personalforschung, die sich speziell der Zusammensetzung dieses präferenzwirksamen Gesamtnutzens widmen. Da es sich hierbei um eine detaillierte Betrachtung der Teilnutzenwerte handelt, die in ihrer Addition den maximalen Präferenzwert ergeben, sollen diese Untersuchungen als **analytische Präferenzstudien** bezeichnet werden.[92]

---

[90] Vgl. Gutsche, J. (1995), S. 40f., Fischer, J. (2001), S. 15 sowie Schneider, Ch. (1997), S. 16f.

[91] Die Studienwahl orientiert sich maßgeblich an der *Repräsentativität* und der *Etabliertheit* der Studien auf dem Markt.

[92] Eine in der Marktforschung zur Bestimmung von Nutzenstrukturen häufig angewandte Methode nennt sich *Conjoint-Analyse*. Diese Analysemethode liefert Informationen darüber, wie sich der Arbeitgebernutzen bei der Modifikation von einzelnen leistungspolitischen Merkmalen verändert. Die Conjoint-Analyse zählt zu den *multivariaten Analysetechniken*, die dazu dienen, aus empirisch erhobenen globalen Urteilen über multivariate Alternativen die partiellen Beiträge einzelner Attribute zum Zustandekommen des Globalurteils, die Präferenz, zu ermitteln; vgl. dazu Nieschlag, R./ Dichtl, E./ Hörschgen, H. (2002), S. 530ff., Homburg, Ch./ Krohmer, H. (2003), S. 469ff., Brockhoff, K. (1999), S. 41f., Kotler, Ph./ Bliemel, F. (2001), S. 265 sowie Meffert, H. (2000), S. 401f. Hinweise zur Conjoint-Analyse aus der

a) Präferenzanalyse nach Grobe (2003)

Die Studie von *Grobe (2003)* verfolgt u.a. die Zielsetzung, diejenigen personalpolitischen Leistungsmerkmale zu bestimmen, die zu einem **maximalen Gesamtnutzenwert** für ein Stellenangebot führen.[93] Daraus abgeleitet erhalten diejenigen Unternehmen, welche diese Angebote erbringen können, die höchste Präferenz.

Als empirische Basis für die Durchführung der Präferenzanalyse wurde im Oktober 2002 eine Befragung von 2.821 Studenten, Absolventen und Young Professionals des Stipendiatennetzwerks e-fellows.net als Online-Befragung durchgeführt.[94] In der Untersuchung werden die Stipendiaten aufgefordert, potenzielle Leistungspakete ihres Wunscharbeitgebers zu beurteilen. Das Stellenangebot setzt sich dabei aus den Leistungsmerkmalen Gehalt, Zusatzleistungen, Work-Life-Balance und Weiterbildung zusammen.[95] Eine Gesamtsumme von 54 möglichen Eigenschaftskombinationen wird mittels SPSS auf neun unterschiedliche Leistungspakete einer Stelle reduziert. Diesen Stellenangeboten müssen die Befragten nach der Methode der Rangverteilung einen Rang von eins bis neun zuordnen. Mittels der Conjoint-Analyse soll berechnet werden, welches Leistungspaket den Gesamtnutzen einer Stelle maximiert. Das Modell der Conjoint-Analyse setzt sich wie folgt zusammen:

$$Y_k = \sum_{j=1}^{J} \sum_{m=1}^{M} \text{ß}_{jmk} * x_{jmk} \quad \text{mit}$$

Y_k = geschätzter Gesamtnutzenwert für Stimulus k

ß_{jmk} = Teilnutzenwert für Ausprägung m von Eigenschaft j des Stimulus k

x_{jmk} = 1 falls bei Stimulus k die Eigenschaft j in der Ausprägung m vorliegt; sonst 0

Die Berechnung des maximalen Gesamtnutzenwerts zeigt, dass einem Arbeitgeber dann die höchsten Präferenzen zugesprochen werden, wenn er Stellen anbietet, welche die Leistungsmerkmale **Wunschgehalt**, **Notebook**, **Kinderbetreuung** und **Sabbatical** umfassen.

Aus der Studie von *Grobe* geht hervor, dass mittels mathematischer Methoden Szenarien der Nutzenmaximierung von personalpolitischen Leistungsmerkmalen bestimmt werden können. Die Arbeitgeberpräferenz ergibt sich analog zu dem Modell nach *Vroom (1964)*

---

personalmarketingorientierten Empirie geben vor allem Wiltinger, K. (1997), S. 55ff., Franke, N. (1999), S. 889ff., Simon et al. (1995), S. 70f., Grobe, E. (2003), S. 28ff. sowie Hinzdorf, T./ Priemuth, K./ Erlenkämper, St. (2003b), S. 18ff.

[93] Vgl. dazu die Studie bei Grobe, E. (2003), S. 28ff. Aus dem Pool von 10.000 Stipendiaten haben 2.821 akademischen Nachwuchskräfte an der Befragung teilgenommen. *E-fellows.net* bündelt in seinem Netzwerk nach eigenen Angaben Top-Nachwuchskräfte, so dass hier von einer *High-Potential-Untersuchung* gesprochen werden kann; vgl. Grobe, E. (2003), S. 29.

[94] Vgl. dazu die Homepage von e-fellows.net online im Internet http://www.e-fellows.net vom 16.04.2005.

[95] Die Auswahl der Leistungsmerkmale basiert auf folgenden Eigenschaften: *Relevanz, Beeinflussbarkeit, Unabhängigkeit* voneinander*, Realisierbarkeit,* in einer *kompensatorischen Beziehung* zueinander stehend*, keine Ausschlusskriterien* sowie *Begrenzbarkeit*; vgl. Grobe, E. (2003), S. 50.

jeweils aus dem maximalen Gesamtnutzenwert des Leistungspakets. Zur Analyse und Ausrichtung eines Arbeitgebers auf dem Zielmarkt der akademischen Nachwuchskräfte stellen
multivariate Berechnungsmethoden damit unterstützende Werkzeuge dar. Allerdings ist zu
bezweifeln, dass das identifizierte Leistungspaket universell für jedes Individuum zugrunde
gelegt werden kann. Zudem ist es offensichtlich, dass sich der Gesamtnutzen, der zur Arbeitgeberpräferenz sowie -wahl führt, aus mehr als nur vier Nutzenkomponenten bestimmt.
Affektive, immaterielle Nutzenelemente wie Identifikation oder Sicherheit finden in der
mathematischen Formel keine Berücksichtigung, können nach *Behling et al. (1968)* sowie
Simon et al. (1995) jedoch wahlentscheidend sein.

b) Präferenzmatching nach Hinzdorf, Primuth & Erlenkämper (2003)
Das sog. Präferenzmatching basiert auf der Gegenüberstellung von Anforderungsprofilen
potenzieller Bewerber und Profilen von Unternehmen, die sich in ihrer Funktion als Arbeitgeber um akademischen Nachwuchs bemühen. Um das Entscheidungsverhalten von Absolventen so realistisch wie möglich zu gestalten und die Maßnahmen des Personalmarketing
optimal auszurichten, transferieren *Hinzdorf et al. (2003)* das sog. **Choice-Modelling** aus
der Konsumentenforschung in den Personalbereich.[96] In einer Befragung bewerten die Zielpersonen fiktive, aber realistische Unternehmensprofile entsprechend ihrer Attraktivität. Die
Befragten sind dabei verpflichtet, zwischen vorgegebenen Unternehmensalternativen zu entscheiden. Die Attraktivität der beurteilten Unternehmen setzt sich jeweils aus den Ausprägungen folgender Merkmale zusammen:

- Team, Führungsstil, Tätigkeit, Arbeitsbedingungen, Entgelt und Sozialleistungen;
- Unternehmensimage, Ausrichtung des Unternehmens, Internationalisierungsgrad,
  Standort;
- Einstieg in das Unternehmen.

Im Ergebnis soll dieses Verfahren den Unternehmen drei Vorteile bringen. Zum einen besteht die Möglichkeit zur Prüfung, wie sie auf dem akademischen Arbeitsmarkt als Arbeitgeber wahrgenommen werden. Zum anderen können die Unternehmen nach einem bestimmten Typ von Bewerber suchen und entsprechend die Leistungspolitik als Arbeitgeber gestalten.[97] Durch mathematische Simulation innerhalb des Modells können die besonders entscheidungsrelevanten Leistungsmerkmale identifiziert werden, die zur Gestaltung der Leistungspolitik als Arbeitgeber genutzt werden können.

---

[96]   Vgl. dazu ausführlich Hinzdorf, T./ Primuth, K./ Erlenkämper, St. (2003b), S. 18ff.

[97]   Die Profile für das Präferenzmatching konnten wiederum mit dem Karrierenetzwerk e-fellows.net und
       den Partnerunternehmen erstellt werden. Als Basis für die Studie dienen 1.880 akademische Nach-
       wuchskräfte aus der Datenbank von e-fellows.net. Als Beispiel wird von *Hinzdorf, Primuth & Erlen-
       kämper* ein bestimmtes Profil der Siemens AG mit einer Attraktivität von 61 Prozent unter den
       Kaufleuten der Stipendiaten angegeben. Eine Simulation ergibt, dass die Attraktivität der Siemens AG in
       dieser Zielgruppe auf 68% steigt, wenn das Bruttojahresgehalt um 5.000 Euro angehoben wird; vgl.
       Hinzdorf, T./ Priemuth, K./ Erlenkämper, St. (2003b), S. 19f.

Das Choice-Modelling stellt eine weitere innovative, methodische Anwendung in der Perso-nalforschung dar. Bezogen auf einen vorhandenen Pool an akademischen Nachwuchskräften ermöglicht die Methode eine zielorientierte Ausrichtung der Leistungs- und Kommuni-kationspolitik und dadurch eine effiziente Ansprache sowie Rekrutierung des gewünschten Personenkreises. Verglichen mit Ergebnissen direkter Befragungen liefert die analytische Methode des Choice-Modelling sehr detaillierte Daten und Vergleiche zum Wettbewerber. Ob die hohen Zeit- und Kostenaufwendungen den Erkenntnismehrwert für die Umsetzung in der Leistungs- und Kommunikationspolitik des Arbeitgebers rechtfertigen, ist jedoch kritisch zu hinterfragen. Ferner werden erneut die immateriellen Nutzenelemente wie Sicherheit oder Identifikation aus dem Berechnungsmodell ausgeblendet.

2.3.2 Summarische Präferenzstudien

Im Gegensatz zur Analyse von präferenzprägenden Teilnutzenwerten werden im Rahmen von Arbeitgeberstudien häufig die Endresultate in Form eines Rankings sowie der prozen-tualen Intensität angegeben. Aufgrund der fehlenden differenzierten Betrachtung der Arbeit-geberpräferenz sollen diese Erhebungen als **summarische Studien** bezeichnet werden. Als Kriterium zur Strukturierung der summarischen Präferenzstudien kommen die Ausprägun-gen der Präferenz zur Anwendung. Zur Erfassung der Bewerbungsabsicht sowie des Ver-tragsabschlusses, die letztendlich zur Arbeitgeberwahl führen, bieten sich Befragungen von noch nicht auf dem Arbeitsmarkt befindlichen, abschlussnahen Studenten an (**Absolventen-studien**). Durch das Erfragen des Relevant Set sowie der Wahlpräferenzen werden die Wunscharbeitgeber bestimmt. Die Präferenzen als kumulierte Ergebnisse der latenten Ar-beitgeberwahlentscheidungen spiegeln das akquisitorische Potenzial der Unternehmen wi-der, auf das die nach Studienabschluss zur Verfügung stehenden Fach- und Führungskräfte zugreifen können.[98]
Die Präferenzausprägungen der Loyalität und Weiterempfehlung ergeben sich aus Beurtei-lungen, die von im Arbeitsverhältnis stehenden Akademikern getätigt wurden (**Arbeit-nehmerstudien oder Young-Professional-Studien**).[99] Entsprechende Befragungen geben Auskunft über die Zufriedenheit und Wechselabsichten des Arbeitnehmers, woraus der Bin-dungsgrad (Loyalität) sowie die Absicht der Weiterempfehlung und positive Berichterstat-tung im Freundes- und Bekanntenkreis abgeleitet werden kann. Um besondere Herausfor-derungen in der Beeinflussung der Präferenzbildung beim akademischen Nachwuchs her-

---

[98]   Zum *akquisitorischen Potenzial* siehe die Ausführungen bei Gutenberg, E. (1984), S. 243 sowie Zentes, J./ Swoboda, B. (2001), S. 431.

[99]   Im besonderen Fokus stehen dabei die *Young Professionals*: die Arbeitnehmer mit einer Beschäftigungs-zugehörigkeit von maximal 5 Jahren nach Abschluss des Studiums bzw. der Promotion, die sich nach den ersten vier bis fünf Jahren nach der ersten Aufgabe eine neue Herausforderung in demselben Unter-nehmen, aber auch in anderen Betrieben suchen; vgl. dazu die Ergebnisse zum Zeitpunkt eines Wechsels in Jobpilot Young Professional Survey 2002.

vorzuheben, wird über die Darstellung der Präferenzstudien hinaus auf Besonderheiten und gruppenspezifische Unterschiede eingegangen.

2.3.2.1 Absolventenstudien

Zu den etablierten und professionell vermarkteten Absolventenstudien zählen die *access-surveys*, die *Absolventenbarometer* von *trendence* sowie die *Universum graduate surveys*.[100] Aus Stichproben mit einem Umfang von fünf- bis zehntausend examensnahen Studierenden werden die Arbeitgeberpräferenzen sowie Prioritäten rund um den Berufseinstieg ermittelt. Zu den definierten Zielgruppen der Umfragen gehören hauptsächlich Kaufleute (Wirtschaftswissenschaftler), Ingenieure sowie Informatiker.[101] Neben für statistische Zwecke erhobene demographische Daten werden schwerpunktmäßig das **Idealprofil** eines **Wunscharbeitgebers** sowie das **wahrgenommene Ist-Profil** von diversen Unternehmen ermittelt. Ein Soll-Ist-Vergleich lässt auf Stärken und Schwächen in der Arbeitgeberattraktivität schließen, die sich auf die Präferenz, die Wahl des Wunscharbeitgebers, auswirken. **Ranglisten**, aus denen die kumulierte subjektive Arbeitgeberpräferenz zu entnehmen ist, bilden das Endergebnis.[102] Um die Zielgruppen durch kommunikative Maßnahmen zu erreichen, wird des Weiteren deren **Informationsverhalten** eruiert. Die nachfolgenden Tabellen geben beispielhaft die Präferenzrangfolgen bei der Arbeitgeberwahl für das Jahr 2004/2005 wieder:

---

[100] Die access-Studie existiert unter dem Namen *Vollmer-Studie* bereits seit 1988. Sie wurde 2001/2002 von dem Personaldienstleister access aus Köln übernommen und im Umfang ausgeweitet. Der schwedische Personal-dienstleister Universum führt seine Studien seit 1995 auf dem deutschen Absolventenmarkt durch. Das Unternehmen trendence bietet seine Studien zur Erfassung der Attraktivität und Präferenz bei Absolventen seit 1999 in Deutschland an; zu den Dienstleistern siehe online im Internet www.access.de, www.universum.se sowie www.trendence.de.

[101] Die Zielgruppen ergeben sich aus der Rekrutierungsrelevanz der Unternehmen. Weitere Studiensegmente bilden bei access bspw. Chemiker und Juristen.

[102] Neben der Präferenz wird häufig auch die *Bekanntheit* der Unternehmen erfragt. Die Bekanntheit ist ein *notwendiges Kriterium*, um in das Relevant Set des Absolventen zu gelangen. Siehe zur Relevanz der Bekanntheit im Employer Branding das *Kapitel IV.2.2.2.*

trendence Deutschland		access Deutschland		Universum Deutschland	
Kaufleute					
1. BMW	11,4 %	1. BMW Group	23,7 %	1. BMW Group	11,6 %
2. Porsche	10,0 %	2. DaimlerChrysler	19,2 %	2. Lufthansa	10,9 %
3. Pricewater.Coop.	7,8 %	3. Porsche	19,1 %	3. Porsche	10,7 %
4. KPMG	7,7 %	4. Siemens	17,3 %	4. McKinsey	8,7 %
5. Ernst & Young	7,4 %	5. McKinsey	15,8 %	5. Audi	8,0 %
6. Deutsche Lufthansa	7,3 %	6. Lufthansa	14,4 %	6. Boston Consutl. Group	7,5 %
7. Adidas	7,0 %	7. Boston Consult. Group	13,3 %	7. Pricewater.Coop.	7,3 %
8. Audi	6,8 %	8. Roland Berger Consult.	11,7 %	8. Auswärtiges Amt	6,8 %
9. Deutsche Bank	6,0 %	9. Deutsche Bank	11,5 %	9. Deutsche Bank	6,3 %
10.DaimlerChrysler	5,7 %	10.PriceWater.Coop.	11,5 %	10.Adidas	6,3 %
Ingenieure					
1. BMW	18,8 %	1. Porsche	35,2 %	1. BMW Group	19,5 %
2. Audi	17,1 %	2. DaimlerChrysler	33,8 %	2. Porsche	14,1 %
3. Porsche	16,9 %	3. BMW Group	33,5 %	3. Siemens	12,7 %
4. Siemens	13,9 %	4. Audi	23,0 %	4. Fraunhofer-Gesellschaft	11,8 %
5. DaimlerChrysler	10,3 %	5. Siemens	20,2 %	5. Audi	11,6 %
6. EADS	7,2 %	6. Bosch	17,1 %	6. Max-Planck-Gesellsch.	11,3 %
7. Lufthansa Technik	6,3 %	7. Fraunhofer-Gesellschaft	16,6 %	7. EADS	10,2 %
8. Fraunhofer-Gesellschaft	6,1 %	8. Volkswagen	14,7 %	8. Robert Bosch	10,0 %
9. Robert Bosch	6,1 %	9. Lufthansa	14,1 %	9. DaimlerChrysler	9,0 %
10.Bosch Rexroth	5,8 %	10.Max-Planck-Institute	14,1 %	10.IBM	6,5 %

Tab. II-2: Arbeitgeberpräferenzen von akademischen Nachwuchskräften 2004/2007 in Deutschland

Quelle: Absolventenstudien[103]

Neben dem deutschen Absolventenmarkt erfährt in den letzten Jahren zudem der **europäische Arbeitsmarkt** in der Durchführung von Präferenzstudien wachsende Beliebtheit. Ziel ist es, einen europaweiten Wunscharbeitgeber festzulegen. Zudem sollen internationale Unterschiede im Entscheidungsverhalten zur Arbeitgeberwahl bei Absolventen festgestellt werden.

---

[103] Die Ergebnisse der jährlich durchgeführten Absolventenstudie von trendence und universum sind aus dem Jahr 2007, von access aus dem Jahr 2006. Zu den Ergebnissen siehe Endres, H./ Schmalholz, C.G. (2007), S. 110ff. und Werle, K. (2007), S. 109ff. Im Internet siehe unter http://www.universum-europe.com/degs2007.aspx. Die access-Ergebnisse wurden im Jahr 2004 erhoben. Bei den Ingenieuren geben die Ergebnisse ausschließlich die Präferenzen der Maschinenbau-Ingenieure wieder; vgl. Schweltwort, S. (2004), S. 18ff.

Universum Europa (2004)		trendence Europa (2007)	
Kaufleute			
1. L'Oreal	14,7 %	1. L'Oreal	15,4 %
2. McKinsey & Comp.	14,4 %	2. Pricewater.Coop	13,8 %
3. BMW	12,0 %	3. Coca-Cola	13,5 %
4. BCG	10,9 %	4. Ernst&Young	13,4 %
5. Coca-Cola	9,5 %	5. adidas	12,1 %
6. Procter&Gamble	9,4 %	6. Apple	12,1 %
7. Pricewater.Coop.	8,9 %	7. Nokia	12,0 %
8. Danone	8,6 %	8. BMW Group	11,7 %
9. Nestle	8,4 %	9. Deloitte	11,2 %
10.Ernst&Young	7,9 %	10.Microsoft	10,9 %
Ingenieure			
1. BMW	13,0 %	1. IBM	19,3 %
2. IBM	12,5 %	2. Microsoft	17,5 %
3. Siemens	11,1 %	3. BMW Group	15,1 %
4. Ferrari	10,2 %	4. Apple	14,1 %
5. Nokia	10,0 %	5. Intel	12,9 %
6. Apple	9,6 %	6. Sony	12,9 %
7. EADS	8,9 %	7. Porsche	12,7 %
8. Boeing	8,4 %	8. Nokia	12,6 %
9. Microsoft	7,7 %	9. Siemens	12,3 %
10.Accenture	7,7 %	10.AMD	11,3 %

Tab. II-3: Arbeitgeberpräferenzen von akademischen Nachwuchskräften 2004/2007 in Europa
Quelle: Absolventenstudien[104]

Absolventenbefragungen zur Arbeitgeberpräferenz werden in regelmäßigen Abständen durchgeführt, um insb. Veränderungen in der Wahrnehmung bei den Absolventen, der daraus folgenden Präferenzrangfolge sowie Verschiebungen im akquisitorischen Potenzial für die Unternehmen zu ermitteln. Diese Veränderungen sollten idealtypisch die Wirksamkeit von Personalmarketingaktivitäten widerspiegeln. Dass darüber hinaus weitere gesamtwirtschaftliche Entwicklungen sowie unternehmensorientierte Merkmale relevant sind, ergeben sich aus den Erkenntnissen zu der Bedeutung des Images.

---

[104] Vgl. dazu die europaweit durchgeführten Studien von Universum. Ab 2003 führt auch trendence europaweite Studien durch. Ergebnisse siehe online im Internet http://site.trendence.de/fileadmin/pdf//trendence_The_European_Student_Barometer_2007.pdf vom 12.11.2007 sowie http://www.universum-europe.com/paneuropean.aspx vom 14.08.2005.

a) Fachgruppenspezifische Unterschiede

Die Präferenzen und Profile der Fachgruppen der **Kaufleute** und der **Techniker** werden besonders konträr diskutiert.[105] Insb. das Kriterium **Branche** kommt bei diesen Fachgruppen unterschiedlich zum Tragen. Die vergleichsweise hohe Karriereorientierung bei Kaufleuten äußert sich besonders deutlich in der Präferenz für die Consultingbranche. Eine wietere von diesen oft präferierte Branche stellt die bereits erwähnte Automobilindustrie mit ihren Vorzügen dar.[106] Ingenieure tendieren bei der Arbeitgeberwahl zu Unternehmen ihrer Fachrichtung. So stehen bei Maschinenbauern die Automobilbranche sowie der Anlagen- und Apparatebau und bei Elektrotechnikern die Elektroindustrie sowie die Kommunikationsindustrie ganz vorn im Ranking.[107] Zu den **Attraktivitätsfaktoren** bei den Kaufleuten zählen maßgeblich das Gehalt, das Arbeitsklima, eine interessante Aufgabe, Aufstiegs- und Karrierechancen sowie die betrieblichen Weiterbildungsmöglichkeiten.[108] Zudem zeichnet sich diese Zielgruppe durch eine vergleichsweise höhere **Mobilitätsbereitschaft** aus.[109] Ingenieure hingegen schätzen neben dem Arbeitsklima insb. die interessanten und abwechslungsreichen Tätigkeiten, das Weiterbildungsangebot sowie flexible Arbeitszeiten.[110] Einem entsprechenden Angebot an Sozialleistungen sowie der Sicherheit des Arbeitsplatzes ist im Vergleich zu den Kaufleuten eine höherer Bedeutung beizumessen.[111] Die nachfolgende Graphik zeigt die Attraktivitätsgründe von Top-Arbeitgebern für beide Zielgruppen im Vergleich:[112]

---

[105] Vgl. dazu u.a. Simon et al. (1995), S. 85f. Diese leiten aus ihren Studienergebnissen sogar eine Verstärkung der Unterschiede zwischen beiden Zielgruppen ab. Eine einheitliche marketingorientierte Bearbeitung ist daher zu negieren.

[106] Vgl. u.a. die Ergebnisse von trendence 2003; vgl. Grosse Halbuer, A. (2003), S. 68ff. sowie Franke, N. (1999), S. 898ff.

[107] Vgl. dazu die Ergebnisse von trendence 1999 und access 2002/2003; vgl. Schumacher, C./ Schwartz, St. (1999), S. 200ff. sowie Sammet, St. (2002), S. 210ff.

[108] Siehe u.a. Simon et al. (1995), S. 74ff., Unic 1989, Universum 2000, vgl. Schuchart, S. (1989), S. 133ff. sowie Eckstein, D. (2000), S. 107ff. Die *Wirtschaftsingenieure* sind tendenziell eher zur Gruppe der Kaufleute zu zählen; vgl. dazu auch Böckenholt, I./ Homburg, Ch. (1990), S. 1159ff.

[109] Vgl. Eckstein, D. (2000), S. 107ff. sowie Simon et al. (1995), S. 74ff.

[110] Siehe dazu Unic 1989 sowie trendence 1999; vgl. Schuchart, S. (1989), S. 133ff. Olesch, G. (2000), S. 285f. Siehe auch Simon et al. (1995), S. 82ff. Ein Vergleich der Maschinenbauer mit den *Elektrotechnikern* ergibt ferner einen noch deutlicheren Hang der Elektrotechniker zur *Arbeitszeitflexibilität* sowie zu *Sozialleistungen*; vgl. Simon et al. (1995).

[111] Siehe EMDS-Group-Studie; vgl. Schwertfeger, B. (1999b), S. 190ff. Vgl. auch Simon et al. (1995), S. 85f.

[112] Die eigene Darstellung fasst Daten aus den Ergebnissen der trendence-Studie (2003) zusammen. Die Stichprobe umfasst bei den Kaufleuten und Technikern ca. 6000 Absolventen; siehe online im Internet www.trendence-online/company/simple-context/media/documente/dab03%20de%be_results_web1-pdf vom 16.10.2003.

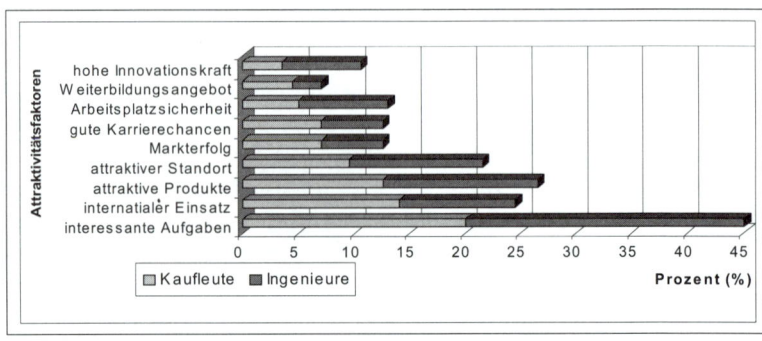

Abb. II-4: Arbeitgeberattraktivitätsfaktoren im Fachgruppenvergleich

Quelle: Eigene Darstellung der Studienergebnisse

b) Geschlechtsspezifische Unterschiede

Nach *Simon et al. (1995)* unterscheiden sich die Präferenzmerkmale im geschlechtsüber-greifenden Vergleich kaum.[113] Dennoch existieren nach genauer Analyse Unterschiede in der Arbeitgeberwahl von **Frauen** und **Männern**. So konnte festgestellt werden, dass sich Frauen grundsätzlich stärker durch das gesamtheitliche **Unternehmensimage** leiten las-sen.[114] Zudem ergibt sich eine besonders deutliche geschlechtsspezifische Differenz bei der **Branchenpräferenz**. Frauen präferieren eindeutig die Konsumgüterindustrie und Medien-unternehmen. Des Weiteren lässt sich bei Frauen eine besonders starke Produktorientierung erkennen, so dass zu den ganz vorn rangierenden Wunscharbeitgebern O'Loreal, Nestle und Procter&Gamble zählen.[115] Zu den bevorzugten **Fachabteilungen** der Frauen zählen Mar-keting, Werbung und Public Relation.[116] Die Männer hingegen präferieren stärker die Automobilbauer sowie die Beratungsunternehmen.[117] Bei den **Attraktivitätsfaktoren** legen Frauen besonderen Wert auf das Arbeitsklima, abwechslungsreiche Tätigkeiten, Arbeits-

---

[113] Vgl. Simon et al. (1995), S. 96. *Simon et al.* fanden allerdings heraus, dass die Präferenzfaktoren bei Frauen inhomogener sind als bei Männern.

[114] Zu dem Unternehmensimage zählt auch die Facette der *Frauenorientierung*, die sich in speziellen Frau-enförderprogrammen sowie personalpolitischen Konzepten widerspiegelt; vgl. dazu u.a. Lindner, Ch./ Zauner, M. (1991), S. 23.

[115] Siehe u.a. auch Universum 2000; vgl. Gillies, J.-M./ Dannenmann, M. (2000), S. 29ff. sowie access-YP 2003; vgl. Mai, J. (2003), S. 115.

[116] Vgl. die Ranking-Ergebnisse von Universum 1998, 1999 sowie access 2003 YP; vgl. Mai, J. (2003), S. 115, Gillies, J.-M./ Jung, A. (1999), S. 21ff. sowie Braun, C. (2003), S. 112ff. *Braun* erfragte bei den Frauen die Gründe für die Scheu vor der Männerdomäne der Technik und kam absteigend zu folgenden Ergebnissen: Furcht vor *Diskriminierung*, Fehlen von *Vorbildern*, um ca. 25% geringerer *Verdienst*, Angst, *Beruf und Familie* nicht kombinieren zu können.

[117] Siehe dazu die Studien access 2003 YP, Universum 2000 sowie trendence 2005, access 2004/2005, Unviersum 2005; vgl. Braun, C. (2003), S. 115 und Gillies, J.-M./ Dannenmann, M. (2000), S. 29ff.

platzsicherheit und das Umweltverhalten des Unternehmens.[118] Männern hingegen erscheint ein hohes Gehalt sowie Karrierechancen wichtiger.[119]

c) Besonderheiten bei High Potentials
Die Profile und Präferenzen bei der Arbeitgeberwahl der **High Potentials** ähneln im Großen und Ganzen stark den der „**Medium Potentials**".[120] Auf folgende Unterschiede soll dennoch nachfolgend kurz eingegangen werden. Die High Potetials orientieren sich stark an der **Bekanntheit** und **Reputation** eines Unternehmens. Das Ansehen eines Unternehmens in der Öffentlichkeit entfaltet durch ein erlebtes Sozialprestige enorme Wirkung auf die Arbeitgeberwahl. Aus diesem Grund präferieren High Potentials signifikant Beratungsunternehmen sowie Automobilbauer. Sie nutzen häufig die Consultingbranche als Sprungbrett ins Management von Großunternehmen.[121] Deren **Profil** zeichnet sich im Wesentlichen durch eine höhere Karriereorientierung, Internationalität sowie Eigenverantwortung aus. Einhergehend mit einem höheren Gehaltsanspruch drängen sie nach herausfordernden Tätigkeiten.[122] Der Bindungs- sowie Sicherheitsgedanke erweist sich hingegen als eher gering ausgeprägt.[123] Medium Potentials tendieren hingegen zu geregelten Arbeitszeiten, Sicherheit des Arbeitsplatzes sowie einem ausgewogenen Verhältnis zwischen Arbeit und Freizeit.[124] Besondere interessant für die Ausrichtung der **Kommunikationspolitik** ist zudem die Erkenntnis, dass sich die High Potentials über potenzielle Arbeitgeber besser

---

[118] Vgl. dazu die Studienergebnisse bei Schöbitz, E. (1986), S. 174ff., Scholz, M./ Schlegel, D. (1993), S. 56ff., Simon et al. (1995), S. 95f., Simon, H. (1984b), S. 82ff., Lieber, B. (1995), S. 144f., Süß, M. (1996), S. 160f. sowie Holtbrügge, D./ Rygl, D. (2002), S. 19f. Des Weiteren wächst bei den Frauen der Trend zur Karriereorientierung; vgl. dazu Simon et al. (1995), S. 95f. sowie Universum 2000; vgl. Gillies, J.-M./ Dannenmann, M. (2000), S. 29ff. Weitere signifikante Unterschiede zwischen Männern und Frauen, insb. bei den Young Professionals, liegen in der *geringeren Mobilität* bei Frauen sowie der Bereitschaft zu einem *erhöhten Wochenstundenpensum* bei Männern; siehe dazu access 2003 YP; vgl. Braun, C. (2003), S. 114.

[119] Vgl. Schöbitz, E. (1986), S. 174ff., Scholz, M./ Schlegel, D. (1993), S. 56f., Süß, M. (1996), S. 160f. sowie Holtbrügge, D./ Rygl, D. (2002), S. 19f.

[120] Den Begriff des *Medium Potentials* prägt Lentz; vgl. Lentz, B. (1997), S. 53ff.

[121] Siehe dazu die Studie von *Franke*; vgl. Franke, N. (1999), S. 898ff. Vgl. dazu die Branchen-Rankings ab 1986 bis heute; vgl. Schöbitz, E. (1986), S. 174ff., Eckstein, D. (1999), S. 90ff., Franke, N. (1999), S. 898ff., Schumacher, C./ Schwartz, St. (1999), S. 200, Sammet, St. (2002), S. 210ff. sowie Grosse Halbuer, A. (2003), S. 68ff.

[122] Siehe dazu die Studie von Unic 1987; vgl. Sebastian, K.-H./ Tacke, G. (1990), S. 84ff. Vgl. auch die Studienergebnisse von Bauer, H.H./ Jensen, S. (1998), S. 12, Simon, H. (1994b), S. 82ff., Wöhr, M. (2002), S. 222f., Steinmetz, F. (1997), S. 148f., Kowalewski, R./ Ruess, A. (1991), S. 46ff. sowie Simon, H./ Wiltinger, K. (1997), S. 32.

[123] Vgl. dazu Simon, H. (1984), S. 339f. sowie Süß, M. (1996), S. 222f.

[124] Vgl. Bauer, H.H./ Jensen, S. (1998), S. 11f. und Wöhr, M. (2002), S. 222. *Bauer & Jensen* führen auf der Suche nach signifikanten Unterschieden zwischen beiden Personengruppen einen Mann-Whitney-U-Test durch. Die Ergebnisse ergeben entsprechende Differenzen nur bei den Kriterien *Karrierechancen* und *ausgewogenes Verhältnis* zwischen *Arbeitszeit* und *Freizeit*. Die beiden Disparitäten *verantwortungsvolle Tätigkeit* und *Möglichkeit des Auslandseinsatzes* erweisen sich als statistisch nicht signifikant; vgl. Bauer, H.H./ Jensen, S. (1998), S. 11f.

informieren als Durchschnittsstudenten und daher vergleichsweise mehr Informationen zur Meinungsbildung heranziehen.[125]

2.3.2.2 Young-Professional-Studien

Neben den ex-ante Präferenzen, die in ihrer finalen Wirkung der Personalgewinnung dienen, treten in den letzten Jahren der empirischen Erhebungen zudem die ex-post **Präferenzen** in der Form der Loyalität sowie der Weiterempfehlung immer stärker in den Vordergrund. Denn die Erkenntnis, dass ein aktives Bindungsmanagement als Element einer integrierten Personalpolitik die Fluktuationskosten durch das Abwandern von Know-how sowie der Nachrekrutierungsaufwendungen reduziert, führten zur Durchführung von Befragungen der Young Professionals. Diese sind dazu angehalten, Auskunft über deren potenzielle Wechselmotive sowie Präferenzarbeitgeber zu geben. Nachfolgend werden drei Studien vorgestellt, die aufgrund Ihrer Methodik sowie Medienpräsenz besonders interessant erscheinen.

a) Studie „HR-Profile"
Die Studie „HR-Profile" wurde als gemeinsames Projekt der *access AG* und der *FAZ* erstmalig 2003 durchgeführt mit der Intention, deutschen Unternehmen, die sich durch ein positives Arbeitgeberimage bei Hochschulabsolventen mit Berufserfahrung hervorheben, einen HR-Award zu verleihen. Zwecks differenzierterer Betrachtung der Präferenzarbeitgeber wurden die zur Präferenz führenden Attraktivitätskriterien verdichtet und die nachfolgenden drei HR-Dimensionen abgeleitet:[126]

- **Great Company**: Wie hoch ist die Anziehungskraft des Unternehmens in Bezug auf Kriterien wie Markterfolg, Innovationskraft oder Produktinnovation? Schafft es das Unternehmen darüber hinaus, eine allgemeine Bindung und Arbeitsplatzsicherheit zu vermitteln?
- **Great Job**: Sehen die Young Professionals die wichtigsten Attraktivitätsfaktoren wie Aufgabenvielfalt, persönliche Entfaltungsspielräume sowie Aufstiegs- und Entwicklungsmöglichkeiten bei den Unternehmen erfüllt?
- **Great Balance**: Wie werden die Realisierbarkeit von Work-Life-Balance sowie die Unternehmenskultur/ Betriebsklima und Führungsstil im Unternehmen bewertet?

---

[125] Vgl. Wiltinger, K./ Simon, H. (1999), S. 174.

[126] Zum Aufbau der Studie siehe die Ausführungen online im Internet http://www.access.de/images/recruitment /hrprofile/de vom 23.10.2003. Die grundlegenden Daten für die Ermittlung der Präferenzen liefert das access Young Professional Survey von 2003. Zudem befragte *TNS EMNID* 2003 ca. 2.300 Fach- und Führungsnachwuchskräfte.

	Kaufmännisch	**Technisch**	**IT**
Great Company	1. BMW Group	1. DaimlerChrysler	1. BMW Group
	2. DaimlerChrysler	2. BMW Group	2. DaimlerChrysler
	3. Porsche	3. Audi	3. SAP
Great Job	1. McKinsey	1. Fraunhofer-Gesellschaft	1. SAP
	2. BostonCons.Group	2. DaimlerChrysler	2. Fraunhofer-Gesellschaft
	3. BMW Group	3. Max-Planck-Institut	3. BostonCons.Group
Great Balance	1. IKEA	1. Fraunhofer-Gesellschaft	1. SAP
	2. BMW Group	2. Max-Planck-Institut	2. SUSE Linux
	3. SAP	3. BMW Group	3. Fraunhofer-Gesellschaft

Tab. II-4: TOP 3 Unternehmen der HR-Profile 2003

Quelle: Studie „HR-Profile"

b) Die „Hewitt-Studie"

Zu den die ex-post Präferenzen betrachtenden Arbeitgeberstudien zählt des Weiteren die „Hewitt-Studie", die nach erfolgreichem Abschluss der Pilotstudie 2001 in Deutschland seit 2002 für den europäischen Arbeitgebermarkt erstellt wird.[127] Das Ziel der Untersuchung stellt die Analyse der Präferenzfaktoren dar, die den Grad der Arbeitgeberattraktivität nachhaltig beeinflussen. Darüber hinaus werden ein sog. **Alignment-** sowie ein **Engagement-Wert** ermittelt. Während mithilfe des Alignment-Werts festgestellt wird, inwieweit sich die Sichtweisen der Mitarbeiter unabhängig der Hierachieebenen entsprechen, gibt der Engagement-Wert den prozentualen Anteil der Mitarbeiter wieder, die sich im Unternehmen engagieren.[128] Der Datengewinnung dienen eine Mitarbeiterbefragung, ein HR-Audit sowie jeweils eine Befragung der Geschäftsführung sowie des Betriebsrats.[129]

---

[127] Die Studie wird in Zusammenarbeit von *Hewitt Associates* und *Kienbaum AG* durchgeführt.

[128] Je höher der *Alignment-Wert*, desto eher kann davon ausgegangen werden, dass die Mitarbeiter ein gemeinsames Ziel verfolgen und zur Erreichung dieses Ziels eine gemeinsame Vorgehensweise wählen. Gemäß der Hewitt-Studie ist ein Mitarbeiter dann engagiert, wenn er den Wunsch hat, im Unternehmen zu bleiben, wenn er sich gegenüber Kunden, Kollegen und Freunden positiv über seinen Arbeitgeber äußert und wenn er bereit ist, überdurchschnittlich zum Unternehmenserfolg beizutragen; vgl. Bednarczuk, P./ Bismarck, W.-B.v./ Aleweld, Th. (2003), S. 54ff. Vgl. zur Methodik der Studie http:// was4. hewitt.com/bestemployers/europe/german/methodology. htm vom 23.10.2003. Zu den Präferenzarbeitgebern 2002 gehören Booz-Allen & Hamilton, SEZ, Skandia, Renault, Unilog, Inergie, SecondSite Property, Masterfoods sowie Pharmacia; vgl. http://was4.hewitt.com/best employers/ europe/german/ 2002results. htm vom 23.10.2003.

[129] Aufgrund der fehlenden Aktualität der Studie wird auf eine Darstellung der Ergebnisse verzichtet.

c) Studie „Great Place to Work"

Die Studien zu "Great Place to Work" existieren in den USA bereits seit 1984.[130] Das Ziel der als Wettbewerb ausgerufenen Studie besteht darin, die jeweils besten Arbeitgeber eines Landes oder einer Region zu identifizieren. In Deutschland führten die *psychonomics AG* als Vertreter von „Great Place to Work" in Deutschland und das Wirtschaftsmagazin *Capital* als Medienpartner diese erstmalig 2003 in Deutschland durch.[131] Zur Ermittlung der Präferenzarbeitgeber kommt das sog. **Great-Place-to-Work-Modell** zur Anwendung. Anhand von Mitarbeiterbefragungen werden die drei miteinander verbundenen zentralen organisationalen Beziehungen zwischen den Mitarbeitern und dem Management, den Mitarbeitern und ihrer Arbeitstätigkeit sowie dem Unternehmen insgesamt und den Beziehungen zwischen den Mitarbeitern untereinander untersucht. Ein Kultur-Audit, das sich an die Human Ressource Manager und die Personalverantwortlichen richtet, rundet die Bewertung ab.[132] Das Modell umfasst fünf Dimensionen zur Erfassung der Unternehmensattraktivität:[133]

- **Glaubwürdigkeit**: offene und uneingeschränkte Kommunikation; kompetente Organisation personeller und materieller Ressourcen; Integrität und Konsistenz bei der Umsetzung von Zielsetzungen;
- **Respekt**: Unterstützung der beruflichen Entwicklung und Anerkennung von Leistungen; Zusammenarbeit mit den Mitarbeitern bei relevanten Entscheidungen; Berücksichtigung der individuellen, persönlichen Lebenssituationen der Mitarbeiter;
- **Fairness**: ausgewogene Behandlung aller im Hinblick auf Vergütung und Anerkennung (Gleichheit); keine Bevorzugung im Rahmen von Einstellungen und Beförderung (Neutralität); keine Diskriminierung und Möglichkeiten zur Beschwerde (Gerechtigkeit).

---

[130] Der Wettbewerb basiert inhaltlich auf den Arbeiten des *Great-Place-to-Work-Institute* aus den USA und seines Begründers *Robert Levering*. In den USA werden die Ergebnisse der jährlichen Studie von dem Wirtschafts-magazin FORTUNE mit der Liste der „*100 best companys to work for"* veröffentlicht; siehe dazu u.a. die Beiträge zur Darstellung der Ergebnisse von Levering, R./ Moskowitz, M. (1998), S. 26ff., (2000), S. 52ff., (2001), S. 148ff., (2002), S. 43ff. sowie Moskowitz, M./ Levering, R. (2003), S. 27ff.

[131] Die Studie wird ab 2002 auch für den Großraum Europa durchgeführt; vgl. dazu Kahlen, R. (2003), S. 96 sowie die Ergebnisse aus dem Jahr 2005 bei http://greatplacetowork-europe.com/best/list-eu-2005.htm vom 28.08.2005.

[132] Die Gesamtbewertung setzt sich zu 2/3 aus der *Mitarbeiterbefragung* und zu 1/3 aus dem *Kultur-Audit* zusammen. Zum Aufbau des Great-Place-to-Work-Modells siehe http://greatplacetowork.de/die_studie_top.html vom 02.03.2004 sowie Kahlen, R. (2003), S. 82ff. sowie Göggelmann, U./ Kahlen, R./ Schlesiger, Ch. (2004), S. 68ff.

[133] Zum Aufbau des Great-Place-to-Work-Modells siehe http://greatplacetowork.de/die_studie_top.html vom 02.03. 2004, Kahlen, R. (2003), S. 82ff. sowie Göggelmann, U./ Kahlen, R./ Schlesiger, Ch. (2004), S. 68ff.

Diese drei Dimensionen werden auch unter dem übergeordneten Kriterium des Vertrauens diskutiert. Die beiden weiteren Modelldimensionen lauten:

- **Stolz**: auf seine persönliche Arbeit uns seinen individuellen Beitrag; auf die Arbeit seines Teams und seiner Arbeitsgruppe; auf die Produkte und Dienstleistungen der Organisation sowie deren Stellung in der Gesellschaft;
- **Teamorientierung**: Möglichkeit, man selbst zu sein; freundliche und einladende soziale Atmosphäre; Teamgeist; „Familiensinn".

Um eine gewisse Vergleichbarkeit der betrachteten Organisationen zu gewährleisten, werden die Unternehmen, gemessen an der Zahl der Mitarbeiter, in drei Größentypen unterteilt. Die nachfolgende Tabelle zeigt die 2005 ermittelten besten Arbeitgeber in Deutschland:[134]

100 – 500 Mitarbeiter	5001 – 5000 Mitarbeiter	über 5001 Mitarbeiter
1. Lands' End GmbH	1. Microsoft Deutschland GmbH	1. SAP
2. SKYTEC AG	2. Hexal AG	2. Boehringer Ingelheim Deutschland
3. Johnson Wax GmbH	3. E.ON Ruhrgas AG	3. Tchibo GmbH

Tab. II-5: TOP 3 Companies bei Great Place to Work Deutschland 2005

Quelle: Studie Great Place to Work

2.3.3 Kritische Bewertung der empirischen Arbeitgeberpräferenzforschung

Wie der Darstellung des Forschungsstandes zu entnehmen ist, wird der empirischen Erhebung von Arbeitgeberpräferenzen seit Ende der neunziger Jahre erhöhte Aufmerksamkeit geschenkt, die aufgrund deren Kommerzialisierung zunehmend an Professionalität gewinnen. Unternehmen mit erhöhtem Bedarf an akademischem Nachwuchs, die ihr Personalmarketing strategisch auszurichten suchen, nutzen die **Absolventenstudien**, um Erkenntnisse zur vorhandenen Position auf dem Absolventenmarkt sowie Hinweise zur Optimierung der eigenen Positionierung und des Instrumenteneinsatzes im Personalmarketing zu erhalten. Dennoch lassen sich auch kritische Punkte an den Studien festmachen, die nachfolgend aufgeführt werden:

---

[134] Siehe dazu ausführlich http://greatplacetowork-europe.com/best/list-de-2005.htm vom 28.08.2005.

- Die Präferenzangaben der befragten Absolventen basieren meist nicht auf selbst gesammelten Informationen oder Erfahrungen über die genannten Unternehmen, sondern sind das Resultat von **Vermutungen.**

- Auch wenn zu den Arbeitgebern vorab Vorstellungen zur Erfüllung diverser nutzenbringender Attraktivitätskriterien erfragt werden, die sich verstärkt auf die Arbeitsbedingungen beziehen, ist aufgrund der fehlenden Kenntnis davon auszugehen, dass der Präferenzwert maßgeblich durch eine allgemeine **Vorliebe** zum Unternehmen, Branche, Produkt oder Standort bestimmt wird. Das Rankingergebnis spiegelt damit nicht zwangsläufig die Qualität der Personalpolitik oder die erfolgreiche Leistung des Personalmarketing wider.

- Die Studien weisen **unterschiedliche Präferenzrankings** aus. Gründe dafür liegen im unterschiedlichen Erhebungsdesign. Die Absicht der Anbieter zur Differenzierung rechtfertigt aber nicht die entstehenden Irritationen beim Vergleich der Ergebnisse. Zudem wird dadurch die Glaubwürdigkeit der Studien negativ beeinflusst.

- Die Präferenzen beziehen sich meist nur auf die im Fragebogen **vorgegebenen Unternehmen.** Weitere Präferenzarbeitgeber aus dem Mittelstand oder der umliegenden Region des Befragten werden nicht berücksichtigt, so dass die tatsächlichen Wunscharbeiter aller Befragten nicht realitätsgetreu erfasst werden.

- Die Gesamtpräferenz repräsentiert die Neigungen einer Fachgruppe zu einem Arbeitgeber. Eine weitere **geschlechtsspezifische** oder **potenzialabhängige Differenzierung** findet nicht statt. Aufgrund der bereits dargestellten Unterschiede geben die Studienergebnisse daher nicht unbedingt den Präferenzwert der relevanten Zielgruppe wieder.

- Die europaweiten Studien kommen der Internationalisierung und Globalisierung der Unternehmen entgegen. Von einer Europastudie sollte aber nicht gesprochen werden, da nur ein Bruchteil der Länder in die Erhebung integriert wird. Zudem ist verstärkt die **Repräsentativität** der länderspezifischen Ergebnisse zu hinterfragen, die in der Summe die Arbeitgeberpräferenzen der europäischen Studenten ergeben. Denn aufgrund des Studienumfangs können nur die landesweit größten Unternehmen berücksichtigt werden. Ferner beziehen sich die Präferenzwerte wegen der meist fehlenden Erfahrungen mit den Unternehmen, insb. wenn diese nicht in dem eigenen Land existieren, eher auf das Image des Unternehmens oder des Produkts.

- Die Studien basieren auf einem direkten Befragungsdesign. Deren hoher Stichprobenumfang rechtfertigt dieses Vorgehen, da im Vergleich zu indirekten Erhebungen Zeit und Kosten eingespart werden. Realitätsverzerrungen kommen jedoch durch den Effekt der **sozialen Unerwünschtheit** zustande, der besagt, dass die Angaben in den Befragungen durch den sozialen Druck, verpönt zu werden, gesellschaftsfähig angepasst werden. Entscheidungsrelevante Nutzenelemente wie Gehalt oder Karriere werden daher meist bewusst nicht priorisiert.[135]

- Neben rationalen Nutzenelementen wird auch die affektive Wahrnehmung der Arbeitgeber meist in Form eines semantischen Differenzials in den Studien erfasst. Die affektive Komponente besitzt einen immensen Einfluss auf die Einstellungsbildung. Allerdings werden diese Ergebnisse bisher nicht integrativ betrachtet. Auch die Ableitung von **Zusatznutzen** wurde bisher nicht vorgenommen.

Die vorgestellten **Young-Professional-Studien** wechseln die Perspektiven, indem die eigenen Mitarbeiter sowie die Personalverantwortlichen des arbeitgebenden Unternehmens befragt werden. Durch deren gesammelten Erfahrungswerte, die abschließend den Präferenzwert bilden, erhalten diese Studien eine hohe Glaubwürdigkeit und Akzeptanz. Dennoch sind auch hier kritische Punkte anzumerken:

- Die Studien gewährleisten aufgrund der Teilnahmemodalitäten eine nur geringe **Vergleichbarkeit** der Ergebnisse. Neben Gesamtunternehmen können auch unternehmensbezogene Teileinheiten an der Befragung teilnehmen. Diese repräsentieren aufgrund desselben Unternehmensnamens jedoch automatisch das Gesamtunternehmen.

- Durch die Freiwilligkeit der Studienteilnahme umfasst das Präferenzranking nur **wenige Arbeitgeber**. Der Arbeitgebermarkt wird daher nur bruchstückhaft abgebildet. Eine Nichtteilnahme impliziert aber nicht automatisch schlechte Arbeitsbedingungen und Unzufriedenheit der Mitarbeiter.

- Da die Studienergebnisse veröffentlicht und für das Personalmarketing genutzt werden können, besteht die Gefahr, dass die befragten Mitarbeiter durch das Unternehmensmanagement zu einer positiven Stimmabgabe bewogen werden. Dadurch werden die **Ergebnisse verfälscht**.

Abschließend ist zu sagen, dass die Anzahl an analytischen Präferenzstudien gering ist. Sie können als Versuch gewertet werden, etablierte Marktforschung aus dem Marketing in die Personalarbeit zu übertragen. Jede weitere komplexe, indirekte Studie leistet daher einen Beitrag zur **Weiterentwicklung** und **Professionalisierung** der Personalmarktforschung. Der Innovationsgedanke geht jedoch meist nicht mit einem eindeutigen Mehrwert der Studienergebnisse einher, so dass der immens **hohe Aufwand** die Anwendung der analytischen Erhebungsmethoden z.T. nicht rechtfertigt.

---

[135] Bedenken zu den Effekten der *sozialen Unerwünschtheit* äußern auch Nerdinger, F.W. (1994), S. 30, Moser, K. (1992), S. 72f., Simon et al. (1995), S. 80 sowie Schweickhardt, W. (2000), S. 54. Entgegen der Angaben bei direkten Befragungen hat das *Gehalt* eine sehr hohe Relevanz bei der Arbeitgeberwahl. Als Attraktivitätsfaktor liegt es unter den ersten drei K.O.-Kriterien; vgl. dazu u.a. Moser, K. (1992), S. 67ff., Wiltinger, K./ Simon, H. (1999), S. 179 sowie Süß, M. (1996), S. 146.

3. State-of-the-Art der Markenpolitik im Personalmarketing

Eine Auswertung deutscher und angelsächsischer Publikationen zum Employer Branding macht deutlich, dass der derzeitige Forschungsstand als rudimentär bezeichnet werden kann. Abgesehen von einzelnen Artikeln in Fachzeitschriften, die diese Thematik rein praxisorientiert bearbeiten, fehlt jegliche theoretische Fundierung oder modellartige Darstellung eines Employer Brand.[136] Es entsteht deshalb schnell der Verdacht, dass es sich beim Employer Branding um ein Modewort handelt, mit dem der Versuch unternommen wird, das bereits bekannte Personalmarketing und die damit verbundenen Diskussion über das Arbeitgeberimage lediglich neu zu benennen.[137] Auffällig dabei ist, dass die Herangehensweise an die Erarbeitung dieser Thematik stark der des Personalmarketing in den 70er und 80er Jahren ähnelt. Einzelne, in der Fachpresse veröffentlichte Artikel, in denen Empfehlungen für die **Unternehmenspraxis** formuliert werden, gehen einer wissenschaftlichen Auseinandersetzung voraus. Zudem erfolgt wiederum ein **Transfer** aus dem **Konsumgüter-Marketing** in die Personalarbeit mit der Zielsetzung, die Vorteile und Stärken einer Marke auf Arbeitgeber zu übertragen.[138]

In den bisherigen Ausführungen werden vier Vorteile einer Arbeitgebermarke besonders hervorgehoben. Diese beziehen sich sowohl auf potenzielle als auch auf aktuelle Mitarbeiter. Der Schwerpunkt der Diskussion richtet sich dabei auf das **Gewinnen neuer Mitarbeiter**. Die Marke soll vor allem die Attraktivität des Arbeitgebers bei den potenziellen Nachwuchskräften steigern, indem sie dem arbeitsplatzanbietenden Unternehmen ein einzigartiges Profil verleiht.[139] *Joison (2004)* bezeichnet das Employer Branding deshalb „*as a tool to make themselves more attractive to prospective employees*".[140] Als Konsequenz der erhöhten wahrgenommenen Attraktivität nimmt die Zahl an geeigneten Bewerbern zu. Folglich wirkt sich die Attraktivitätssteigerung positiv auf die Rekrutierung aus.[141] Diese vor

---

[136] U.a. folgende Autoren thematisieren das Employer Branding: Hatfield (1999), Sichau (1999), Martinez (2000), Althauser (2001), Donath (2001), Frook (2001), Herman/ Gioia (2001), Edig (2002), Gloger (2001), Hartmann (2002), Goerke/ Wickel-Kirsch (2002), Kleb/ Schwedes (2002), Lutje (2002), Ritson (2002), Ruch (2002), Rudolph/ Schweizer (2002), Rudolph/ Schweizer/ Knaus (2002), Buss (2002), Gmür/ Martin/ Karczinski (2002), Zaugg (2002), Simms (2003), Hinzdorf/ Priemuth/ Erlenkämper (2003b), Joinson (2002), Lee (2004a), Marmarchev (2004), Petkovic (2004), Pierce-Cooke (2004), Müller-Örlinghausen/ Schäfer (2005), Wiese (2005), Pett/ Kriegler (2007) und Behrends (2007).

[137] Eine Gleichsetzung von Employer Branding mit Personalmarketing bzw. Employer Brand mit Arbeitgeberimage erfolgt bei Hartmann, R. (2002), S. 14 und Zaugg, R.J. (2002), S. 13.

[138] Vgl. dazu Martinez, M.N. (2000), S. 56f. sowie Gloger, A. (2001), S. 102f.

[139] Vgl. Hatfield, J. (1999), S. 50f., Lutje, F. (2002), S. 19f., Donath, B. (2001), S. 7f. sowie Rudolph, T./ Schweizer, M. (2002), S. 10.

[140] Joinson, C. (2004). Vgl. dazu auch die Ausführungen bei Zaugg, R.J. (2002), S. 13, Hinzdorf, T./ Priemuth, K./ Erlenkämper, St. (2003a), S. 48 sowie Marmarchev, S. (2004), S. 3f.

[141] Vgl. dazu Edig, Th. (2002), S. 2, Kleb, Th./ Schwedes, F. (2002), S. 8, Lee, D. (2004b), S. 1 sowie Hartmann, R. (2002), S. 14.

allem effektiver, da auf Dauer die Kosten für aktive Personalwerbemaßnahmen eingespart werden können.[142]

Über die Akquisition neuer Mitarbeiter hinaus, nimmt ein als Marke empfundener Arbeitgeber Einfluss auf die vorhandenen Mitarbeiter. Nach *Donath (2001)* steigert allein die Tatsache, bei einem derartigen Arbeitgeber beschäftigt zu sein, die **Motivation** und **Leistungsbereitschaft**.[143] Das Bewusstsein, bei dem im Vergleich zu anderen Arbeitgebern besseren Unternehmen beschäftigt zu sein, senkt die Wechselbereitschaft der Mitarbeiter und wirkt damit **loyalitätsfördernd** und **bindend**.[144]

Neben den Erläuterungen zu Eigenschaften von Arbeitgebermarken finden sich auch vereinzelt Hinweise zu deren Aufbau. Der Detaillierungsgrad zur Vorgehensweise ist dabei äußerst unterschiedlich.[145] Nennenswert erscheint der Vier-Phasen-Ansatz nach *Hartmann (2002)*, der das Employer Branding marketingorientiert von der Identifikation der Bedürfnisse aktueller und potenzieller Mitarbeiter, der Ausarbeitung eines einzigartiges HR-Angebots, dessen überzeugende Kommunikation bis hin zur abschließenden Erfolgskontrolle skizziert.[146]

Die Ausführungen zur wissenschaftlichen Auseinandersetzung mit der Arbeitgebermarke zeigen, dass der Markengedanke für den Funktionsbereich Personal entdeckt wurde, dieser jedoch weitestgehend pauschal und undifferenziert übertragen wird. Die Eigenschaften von Produktmarken sowie deren positiven Effekte werden ungeprüft dem Arbeitgeber zugeordnet. Die bisherigen deskriptiven Beiträge lassen eine theoretische Analyse sowie Fundierung vermissen. Auch dem Aufbau einer Marke kommt relativ geringe Aufmerksamkeit zu. Anstatt den Versuch zu unternehmen, den empirischen Forschungsstand zu den Arbeitgeberpräferenzen mit den Ansätzen der Markenpolitik originär zu verknüpfen und daraus innovative Ideen und Konzepte für die attraktive Positionierung von Unternehmen in ihrer Funktion als Arbeitgeber zu gewinnen, werden die bereits aus dem etablierten Personalmarketing bekannten Eckpfeiler des klassischen Marketing präsentiert.

---

[142] Zu der *Kosteneinsparung* im Rekrutierungsprozess auf langfristige Sicht siehe Ritson, M. (2002), S. 18. Dabei sollte nicht außer Acht gelassen werden, dass in der Phase der Profilierung einer Marke abhängig von dem Ausgangsimage eines Unternehmens recht hohe finanzielle Investitionen erforderlich sein können.

[143] Vgl. Donath, B. (2001), S. 7f.

[144] Vgl. Hatfield, J. (1999), S. 50f., Ritson, M. (2002), S. 18, Joinson, C. (2002) sowie Simms, J. (2003), S. 23ff.

[145] Von einer ausführlichen Darstellung der Empfehlungen zum Aufbau einer Arbeitgebermarke soll an dieser Stelle abgesehen werden, da diese ohne die Einbindung in ein geschlossenes Konzept erfolgen; siehe dazu die Ausführungen von Zaugg, R.J. (2002), S. 14ff., Marmarchev, S. (2004), S. 4f., Hartmann, R. (2002), S. 14, Gloger, A. (2001), S. 105f. Wiese, D. (2005), S. 39ff. sowie Pett, J./ Kriegler, W.R. (2007), S. 20f.

[146] Vgl. Hartmann, R. (2002), S. 14.

III. Transferprüfung:
Anwendung des klassischen Markenkonzepts auf Arbeitgeber zur Schaffung von Arbeitgeberpräferenzen

Entgegen des von *Gerken (1994)* prognostizierten Untergangs der Marke, erfreut sich die Markenkonzeption in Wissenschaft und Praxis wachsender Beliebtheit.[147] Insb. die hohe Anzahl an Publikationen der letzten Jahre sowie die zunehmende Übertragung auf weitere Betrachtungsbereiche deuten auf ein zunehmendes Interesse am Markenmanagement hin.[148] *Esch (2003)* bezeichnet die Marke deshalb auch als „Megathema schlechthin".[149] Begründet wird deren Relevanz vor allem mit den sich zuspitzenden Bedingungen auf den Märkten. So werden die Unternehmen neben einer starken Wettbewerbssituation auf den Ressourcen- und Absatzmärkten vor allem mit der Tatsache abnehmender Differenzierbarkeit der Produkte konfrontiert.[150]

Einer ähnlichen Entwicklung sehen sich die Unternehmen in ihrer Funktion als Arbeitgeber gegenüber. Der Arbeitsmarkt der akademischen Nachwuchskräfte verändert sich in Abhängigkeit der konjunkturellen Lage von einem **Verkäufer-** zu einem **Käufermarkt.**[151] Die

---

[147] Vgl. Gerken, G. (1990), S. 102ff. *Gerken* gehört zu den wenigen Marketingexperten, die von der Notwendigkeit und Wirkung der Marke nicht überzeugt waren. Fürsprecher der Marke in der betriebswirtschaftlichen Praxis sind u.a. Unger, F. (1986b), S. 1, Simon, H. (1994a), S. 578, Rooney, J.A. (1995), S. 48, Becker, J. (1994), S. 481f., Kapferer, J.-N. (2000), S. 2, Esch, F.-R. (2003), S. 4f. sowie Backhaus, L. (2003), S. 421ff.

[148] U.a. nachfolgende Autoren diskutieren das Markenmanagement für *Konsumgüter*: Dichtl/ Eggers (1992), Bruhn (1994a), Kapferer (1992), (2000), Aaker (1992), (1996), Aaker/ Joachimsthaler (2000b), Halstenberg (1996), Hauser (1997), Hermann (1999), Baumgarth (2001), Sattler (2001), Köhler/ Majer/ Wiezorek (2001), Esch (2001a), Essinger (2001), Clausnitzer/ Heide/ Nasner (2002), Meffert/ Burmann/ Koers (2002b), Esch (2003), Langner (2003) sowie Schmidt (2003). Weitere häufig diskutierte Übertragungsbereiche stellen dar: Dienstleistungen, Produktkomponenten, Investitionsgüter, Internet, Medien, Politik, Regionen und Einzelhandel.

[149] Vgl. Esch, F.-R. (2003), S. 4 sowie Esch, F.-R./ Wicke, A. (2001), S. 5. *Bruhn* gibt in seinem Beitrag einen ausführlichen Überblick und eine Bewertung zum *State-of-the-Art* der Markenpolitik; vgl. Bruhn, M. (2003b), S. 179ff. Eine Anwendung des Markenkonzepts über die Konsumgüter hinaus ist u.a. bei Linxweiler, R. (2001), S. 51, Weis, M./ Huber, F. (2000), S. 34ff., Kirchgeorg, M. (2002), S. 376ff., Adjouri, N. (2002), S. 65f. sowie Sommer, R. (1998), S. 23 zu finden.

[150] Aufgrund der zunehmenden Angleichung der technisch-funktionalen Eigenschaften des Angebots der Unternehmen sind die potenziellen Kunden daher nicht in der Lage, Unterschiede zu identifizieren und eindeutige Präferenzen zu bilden. Die Lösung für diese Problematik bietet die Markenstrategie, deren grundlegende Intention darin besteht, durch eine *einzigartige Positionierung* in der Psyche der betrachteten Zielgruppe Präferenzen zu etablieren. Vgl. dazu Nieschlag, R./ Dichtl, E./ Hörschgen, H. (2002), S. 229 sowie Simon, H. (1994a), S. 578. Zur präferenzschaffenden Wirkung von Marken siehe u.a. Freter, H./ Baumgarth, C. (2001), S. 319f., Unger, F. (1986b), S. 13 und Nieschlag, R./ Dichtl, E./ Hörschgen, H. (2002), S. 229.

[151] Siehe zur Entwicklung des qualifizierten Arbeitsmarktes vom Käufer- zum Verkäufermarkt Simon et al. (1995), S. 23, Franke, N. (1999), S. 890f. sowie Wunderer, R. (1999), S. 117. Im Konsumgüterbereich wird ein Markt als *Käufermarkt* bezeichnet, in dem das Angebot an Gütern die Nachfrage übersteigt und der Käufer oder Verbraucher auf dem Markt aus einer Vielzahl von Angeboten auswählen kann. Ein

umworbenen akademischen Fach- und Führungskräfte werden aufgrund der bereits skizzierten demographischen Entwicklung zunehmend Wahlfreiheit erhalten. Auf der anderen Seite sehen sich die Arbeitgeber kaum in der Lage, sich sichtbar von der Konkurrenz abzuheben. Ob das Markenkonzept auch für den Arbeitsmarkt Anwendung finden kann, ist zu prüfen.

1. Begriffsbestimmung zur Arbeitgebermarke

Mit der Zielsetzung, die Charakteristika einer Produktmarke auf andere Forschungsfelder zu übertragen, entstehen laufend neue Wortkombinationen zum Begriff der Marke.[152] Um die inflationäre Verwendung des Markenbegriffs nicht haltlos fortzuführen, soll daher zunächst die grundsätzliche Berechtigung geprüft werden, von einer Arbeitgebermarke sprechen zu können.[153]

Für die definitorische Bestimmung des Forschungsgegenstandes erscheint es hilfreich, die Wortkombination der Arbeitgebermarke in ihre semantischen Bestandteile „Arbeitgeber" und „Marke" zu zerlegen.[154] Der Begriff **„Arbeitgeber"** lässt sich aus rechtlicher Perspektive eindeutig definieren. Den Status eines Arbeitgebers erlangen diejenigen natürlichen und juristischen Personen sowie Körperschaften des öffentlichen Rechts, die mindestens eine Person zur Erbringung einer Leistung beschäftigen und eine entsprechende meist monetäre Gegenleistung in Aussicht stellen.[155] Der Arbeitgeberbegriff wird damit über den des Arbeitnehmers bestimmt.[156] Für die Abgrenzung eines Arbeitgebers im Zusammenhang mit

---

Verkäufermarkt hingegen ist dadurch geprägt, dass die Nachfrage größer als das Angebot ist, d.h. es besteht ein Nachfrageüberhang; vgl. Weis, H.Ch. (2001), S. 17f., Aumüller, J. (1994), S. 2051f., Nieschlag, R./ Dichtl, E./ Hörschgen, H. (2002), S. 588f. sowie Behrens, G. (1995), Sp. 2554.

[152] Während im angelsächsischen Bereich der Begriff *„brand"* einheitlich genutzt wird, existieren im deutschen Sprachgebrauch Termini wie Markenartikel, Markengegenstand, Markenobjekt oder Markenware; vgl. Adjouri, N. (2002), S. 18. Einen ausführlichen Überblick über die Vielzahl unterschiedlicher Wortverbindungen geben Bruhn, M. (1994), S. 26ff. sowie Dichtl, E. (1992), S. 9ff.

[153] Zur inflationären Verwendung des Begriffs *Marke* vgl. Bismarck, W.-B.v. (1995), S. 27, sowie Backhaus, K. (2003), S. 406. An einer Definition für das Employer Branding versuchen sich bereits u.a. Gmür, M./ Martin, P./ Karczinski, D. (2002), S. 14ff., Lutje, F. (2002), S. 19, Hatfield, J. (1999), S. 50f. sowie Hinzdorf, T./ Priemuth, K./ Erlenkämper, St. (2003a), S. 48.

[154] Ein ähnliches Vorgehen wählen Meffert, H./ Bierwirth, A. (2001), S. 182ff. sowie Stauss, B. (1998), S. 11ff.

[155] Vgl. Bröckermann, R. (2001), S. 20f., Dummer, W. (1977), S. 65ff. sowie Büdenbender, U. (1996), S. 15f.

[156] Vgl. Weber, W./ Mayrhofer, W./ Nienhüser, W. (1997), S. 11 sowie Dummer, W. (1977), S. 65. Auch wenn der Terminus *Arbeitgeber* häufig mit den Unternehmen der freien Wirtschaft in Zusammenhang gebracht wird, sollte nicht vergessen werden, dass auch der *Staat* die Rolle eines Arbeitgebers einnimmt; vgl. auch Bröckermann, R. (2001), S. 20. Die Berücksichtigung des Staates kann bei der Frage der Positionierung einer Arbeitgebermarke wichtig sein. Denn der Staat ist besonders hinsichtlich der Faktoren *Arbeitsplatzsicherheit* und *Altersversorgung* (Beamtenstatus) eindeutig positioniert.

der Markenbildung ist die juristische Betrachtung jedoch nicht zielführend. Vielmehr muss der Frage nachgegangen werden, welche Leistungsfaktoren eines Arbeitgebers in einer Arbeitgebermarke Berücksichtigung finden und welche bewusst ausgeklammert werden.[157] Aus dieser Fragestellung ergeben sich eine enge und eine weite Definition des Arbeitgeberbegriffs. Ein **Arbeitgeber i.w.S.** umfasst sämtliche Faktoren, welche die Attraktivität und die Wahl eines Arbeitgebers mitbestimmen. Zu nennen sind hierbei insb. der Standort und die Produkte des Unternehmens. Die **enge Begriffsdefinition** zum Arbeitgeber grenzt hingegen diese Faktoren bewusst aus und umfasst ausschließlich die Kriterien, die durch das Personalmanagement eines Unternehmens aktiv gestaltet werden können, wie bspw. das Anspruchsniveau der Tätigkeit, die Karriereperspektiven oder die Weiterbildungsmöglichkeiten im Unternehmen.

Welche dieser zwei Definitionen für einen Arbeitgeber als Marke in Frage kommt, ist aus der Zielsetzung des Employer Branding abzuleiten. Denn mit einer Arbeitgebermarke wird das Ziel verfolgt, ein Signal für diejenigen Faktoren eines Arbeitgebers zu setzen, die von außen ohne direkte Erfahrung nicht erkennbar sind.[158] Zudem soll es anhand einer Arbeitgebermarke möglich sein, die negativen Wirkungen unattraktiver Standorte oder Produkte bewusst auszublenden.[159] Für die Arbeitgebermarke kommt daher der Arbeitgeber im engeren Sinne zur Anwendung. In der fachspezifischen Literatur zur Arbeitgeberwahl wird häufig von arbeitsplatzbezogenen Merkmalen gesprochen.[160] Um diesen eher passiven und eingrenzenden Begriff zu vermeiden, wird im Folgenden der aktive und unternehmensumfassendere Terminus **Personalpolitik** gewählt.[161] Nach *Macharzina (1992)* bezieht sich die Personalpolitik auf alle Entscheidungen des Personalwesens zur Ausrichtung und Gestaltung der personalpolitischen Strategien, Ziele, Konzepte und Instrumente.[162] Der Arbeitgeberbegriff im Rahmen dieser Arbeit spiegelt somit die **Personalpolitik** eines Unternehmens sowie dessen **arbeitnehmerrelevante Konkretisierung** wider.

---

[157] Eine ähnliche Diskussion ergibt sich aus der Betrachtung des *Arbeitgeberimages*. Denn das Arbeitgeberimage wird nicht allein durch die arbeitsplatzspezifischen Gegebenheiten gebildet, sondern umfasst weitere Attraktivitätsfaktoren wie *Standort* oder *Produkte* des Unternehmens; vgl. dazu *Kapitel III.3.3.1.*

[158] Es handelt sich hierbei um die *Erfahrungs-* und *Vertrauenseigenschaften* eines Arbeitgebers; vgl. dazu *Kapitel IV.3.1.2.*

[159] Die Ausgrenzung der eher zum Gesamtimage des Unternehmens gehörenden Determinanten bedeutet allerdings nicht, dass diese, wenn sie der Zielgruppe attraktiv erscheinen, nicht auch als unterstützende Positionierung dienen können. Eine starke Positionierung mittels Produkte, wie sie z.T. die Automobilbauer vornehmen, kann jedoch auch als Ablenkung von den personalpolitischen Gegebenheiten im Unternehmen verstanden werden.

[160] Vgl. u.a. Scholz, Ch. (2000b), S. 15.

[161] Die Personalpolitik ist als *Teil der Unternehmenspolitik* zu verstehen; vgl. Bartels, G. (2002), S. 127 sowie Olesch, G. (2001), S. 458. Sie impliziert daher die Möglichkeit, das Personalmanagement eines Unternehmens zu gestalten. Vgl. zur Einordnung der Personalpolitik im Unternehmen auch Goerke, S./ Wickel-Kirsch, S. (2002) S.1ff. sowie Bartels, G. (2002), S.127.

[162] Vgl. Macharzina, K. (1992), Sp. 1780f. Die Gestaltungsfelder der Personalpolitik stammen von *Gaugler*; vgl. Gaugler, E. (1992), Sp. 1797ff. Weitere Erläuterungen zur Personalpolitik und deren Konkretisierung werden in *Kapitel V.3.2.5.1* vorgenommen.

Der Begriffsbestandteil „**Marke**" erfordert eine ausführlichere Klärung seiner Anwendung. Denn es gilt zu prüfen, ob die Definition einer Marke die Betrachtung eines Arbeitgebers als Marke zulässt.

Seit Beginn der Forschungsbemühungen zum Markenwesen herrscht keine einheitliche und eindeutige Auffassung darüber, was unter einer Marke zu verstehen ist.[163] Ferner ist mit deren zunehmenden Bedeutung die Anzahl unterschiedlicher und z.t. widersprüchlicher Definitionen gestiegen.[164] Sprachlich-etymologisch lässt sich der Begriff Marke aus dem mittelhochdeutschen „mare" (Grenzlinie, Grenze), dem französischen „marquer" (markieren, kenntlich machen) oder dem englischen „mark" (Marke, Narbe, Merkmal, Zeichen) ableiten.[165] Die Existenz von Marken geht mit dem Aufbau und der Ausweitung von Märkten einher.[166] Unter einer wachsenden Menge an sich ähnelnden Angeboten diente die Markierung der Herkunftsbezeichnung sowie der Zusicherung bestimmter Merkmale.[167] Die Marke wurde daher schlicht als ein mit einer Zeichenform versehener Inhalt verstanden.[168] Eine erste historisch abgeleitete Begriffsdefinition bezeichnet eine Arbeitgebermarke damit als

*einen Arbeitgeber mit einer **besonderen Markierung**, die das Vorhandensein einer bestimmten **personalpolitischen Ausrichtung** sowie deren **arbeitsplatzbezogenen Umsetzung** signalisiert.*

Auch wenn damit eine erste Arbeitsdefinition gegeben ist, kann eine endgültige Definition zur Arbeitgebermarke und deren Management aufgrund der fehlenden wissenschaftlichen Untermauerung noch nicht festgelegt werden. Eine endgültige wissenschaftliche Begriffs-

---

[163] Eine Übersicht verschiedener Definitionen zur Marke liefern Bruhn, M. (2003a), S. 180f., Hermann, Ch. (1999), S. 36ff. sowie Irmscher, M. (1997), S. 6ff. *Bruhn* sieht eine einheitlich anerkannte und klare Definition der Marke als Grundvoraussetzung für eine zielführende Weiterentwicklung der wissenschaftlichen Forschung zur Marke; vgl. Bruhn, M. (2005), S. 62ff.

[164] Vgl. Hermann, Ch. (1999), S. 35, Clausnitzer, Th./ Heide, G./ Nasner, N. (2002), S. 19, Bruhn, M. (1994b), S. 5. *Bruhn* spricht von regelrechter Sprachverwirrung; vgl. Bruhn, M. (2003a), S. 180ff. Begründen lässt sich die Vielzahl unterschiedlicher Erklärungsansätze einerseits durch die *interdisziplinäre Betrachtung* der Marke, aber auch durch das Bestreben von Praktikern, fortwährend neue Definitionen zu entwickeln; vgl. dazu Bruhn, M. (1994b), S. 5, Freter, H./ Baumgarth, C. (2001), S. 321 sowie Berend, P. (2002), S. 13f.

[165] Vgl. Sommer, R. (1998), S. 1, Bruhn, M. (2001c), S. 14, Essig, C./ Soulas de Russel, D./ Semanakova, M. (2003), S. 73ff. sowie Pepels, W. (1998), S. 167f.

[166] Die Existenz von Marken lässt sich bis in die *Frühgeschichte* der Menschheit zurückverfolgen. Bereits summarischen Tafeln und ägyptischen, griechischen sowie römischen Tonkrügen lassen die für Marken notwendige signalhafte Kennzeichnung erkennen. Zur Historie der Marke siehe ausführlich Brauner, W. (1997), S. 10f., Leitherer, E. (1994), S. 139ff., Langner, T. (2003), S. 1, Linxweiler, R. (2001), S. 49, Irmscher, M. (1997), S. 34ff., Keller, K.L. (1998), S. 25ff., Baumgarth, C. (2001), S. 7ff., Low, G.S./ Fullerton, R.A. (1994), S. 173ff. sowie Schmidt, K. (2003), S. 17ff.

[167] Vgl. Stauss, B. (1998), S. 13, Dichtl, E. (1992), S. 6ff., Esch, F.-R. (2003), S. 19, Berekoven, L. (1992), S. 26f. sowie Fantapié Altobelli, C./ Sander, M. (2001), S. 3.

[168] Vgl. Koppelmann, U. (2000), S. 491f., Leitherer, E. (1994), S. 137ff. sowie Esch, F.-R. (2003), S. 19.

bestimmung erfolgt daher erst nach ansatzorientierter Prüfung sowie Bestätigung der Existenz einer Arbeitgebermarke.

2. Transferprüfung des Markenkonzepts

2.1 Anwendbarkeit auf Unternehmen als Arbeitgeber

Bei den klassischen Definitionen zur Marke geht es um Produkte aus dem Konsumgüterbereich, in dem das Hauptgewicht der bisherigen Arbeiten zur Markenpolitik liegt.[169] Die Möglichkeit einer pauschalen Übertragung des Begriffsverständnisses der Produktmarke auf einen Arbeitgeber ist daher zweifelhaft.

Dass einem Wissenstransfer zwischen den betriebswirtschaftlichen Teildisziplinen eine grundsätzliche Prüfung der Übertragbarkeit vorausgeht, zeigt der Einzug des Marketing in das Personalwesen. Durch diverse Vergleiche der grundlegenden Elemente der betriebswirtschaftlichen Anwendungsbereiche wurden die Parallelen aufgezeigt und die Möglichkeit zur Transferleistung bestätigt.[170] Da die Markenpolitik wiederum als Konzept des Marketing zu begreifen ist, wächst damit die Wahrscheinlichkeit der Anwendbarkeit.[171] Eine Gegenüberstellung von Gegenstand, Adressaten, Methoden und Maßnahmen zeigt die Vergleichbarkeit des **Produkt-** und **Personalmarketing**:

---

[169] Die Markenpolitik wird auch als *Teil der Produktpolitik* bezeichnet; vgl. Bruhn, M. (2003a), S. 181, Koppelmann, U. (1994), S. 221 sowie Zentes, J./ Swoboda, B. (2001), S. 342ff. Die enge Verbindung zu Konsumgütern ist daher selbsterklärend. Vgl. dazu auch Adjouri, N. (2002), S. 59, Weinberg, P. (1992), S. 34f., Köhler, R. (1994), S. 2063 sowie Weinberg, P./ Diehl, S. (2001b), S. 24.

[170] Vgl. zur Prüfung der Übertragbarkeit des Marketinggedankens in die Personalarbeit u.a. Scholz, Ch. (1992), S. 976f., Bröckermann, R./ Pepels, W. (2002b), S. 10f., Schwan, K/ Seipel, K.G. (1994), S. 13ff., Moll, M. (1992b), S. 15ff., Bleis, Th. (1992), S. 60ff. sowie Claßen, I. (1995), S. 25ff. Der Transfer des Marketingansatzes in die Personalarbeit wurde in den Anfängen nicht kritiklos akzeptiert. Die hauptsächlichen Bedenken lagen in der ausschließlichen Orientierung an den *Interessen des Mitarbeiters*, in der *Analogie zwischen Mitarbeiter und Kunde* sowie die schwierige *Vergleichbarkeit von Absatzmarkt und Arbeitsmarkt*. Vgl. zur kritischen Betrachtung auch Blumenstock, H. (1994), S. 50f. und Bleis, Th. (1992), S. 142f.

[171] Dazu *Arnold*: „Branding is, however, inextricably linked with the central principles of marketing"; Arnold, D. (1992), S. 12f. *Bruhn* bezeichnet die Markenpolitik als ein *übergeordnetes, ganzheitliches Marketingkonzept*; vgl. Bruhn, M. (1994b), S. 17f. *Ries & Ries* betrachten Marketing und Branding sogar als *siamesische Zwillinge*; vgl. Ries, A./ Ries, L. (1999), S. 8.

	Produktmarketing	Personalmarketing
Gegenstand	Produkt	Arbeitsplatz inkl. diverser Arbeitsbedingungen
Adressat	Altkunden, Neukunden	aktuelle Mitarbeiter, potenzielle Bewerber sowie neue Mitarbeiter
Methoden	Absatz-Marktforschung, Image-Kampagnen, Produktmarketing-Mix, After-Sales-Service	Arbeitsmarktforschung, Personalimagemaßnahmen, Personalmarketing-Mix Mitarbeitergespräche
Maßnahmen	produktbezogene Positionierung, Marktstrategien	Positionierung auf dem Arbeitsmarkt, Personalimagestrategien

Tab. III-1: Produkt- und Personalmarketing im Vergleich

Quelle: Claßen (1995)

Ein Transfer der Markenpolitik in den Personalbereich erfordert über diese Gegenüberstellung hinaus eine genauere Untersuchung. Eine detaillierte Analyse i.A.a. die verschiedenen Modelle der Arbeitgeberwahl bringt die Unterschiede hervor.

Während eine klassische Produktmarke mit ihren Leistungsmerkmalen i.d.R. sichtbar und bzgl. der Funktion und Leistung überprüfbar oder durch die Produktangaben mit hoher Sicherheit prognostizierbar ist, gestalten sich die **Wahrnehmung** und **Bewertung** eines Unternehmens in dessen Eigenschaft als Arbeitgeber äußerst schwierig.[172] Die Hauptindizien für die Qualitäten eines Arbeitgebers ergeben sich aus Pressemitteilungen, Imagebroschüren oder sonstigen Informationen Dritter über die Arbeitsbedingungen vor Ort. Der potenzielle Bewerber, der bisher keinen direkten Kontakt zu dem Unternehmen hatte, muss sich mit wagen Informationen begnügen. Irritierende Images anderer Facetten des Unternehmens beeinflussen die Vorstellungen zusätzlich.[173]

Während bei Produkten i.d.R. befristete Rückgaberechte sowie Garantieleistungen bestehen, stellt die Entscheidung für den Bewerber aufgrund vieler vor dem Eintritt in das Unternehmen nicht nachzuprüfenden Arbeitsbedingungen eine **Risikosituation** dar.[174] Insb. Arbeitgeberkriterien wie Karrierechancen oder Gehaltsentwicklungen sind erst nach mehren Jahren der Betriebszugehörigkeit bewertbar. Weitere Unsicherheiten ergeben sich aus dem Umstand, dass durch die Führungskräfte in den Abteilungen z.T. unterschiedliche Führungsstile gelebt werden, so dass auch die Umsetzung der personalpolitischen Attraktivitätsfaktoren stark von der Persönlichkeit des Einzelnen abhängt (**Kontinuität**). Eine allge-

---

[172] Vgl. dazu die Modelle zur Arbeitgeberwahl von Behling et al. (1968).

[173] Zu den Dimensionen des Arbeitgeberimages siehe *Kapitel III.3.3.1*. Die Bedeutung der Imagedimensionen ergibt sich auch aus den Modellen der Arbeitgeberwahl nach Simon et al. (1995) sowie Süß (1996).

[174] Vgl. dazu die Ableitungen aus dem Arbeitgeberwahlmodell nach Vroom (1964).

meine Aussage über die Qualitäten der Personalpolitik, die für ein Unternehmen gilt, lässt sich folglich nur schwer treffen.

Für die Gestaltung einer Arbeitgebermarke aus Arbeitgebersicht ergibt sich aufgrund der Problematik in der Wahrnehmung diverser entscheidungsrelevanter Arbeitergeberkriterien die Fragestellung nach der Möglichkeit der **Markierung**. Während ein Produkt sich durch ein spezielles Design` sowie Markenzeichen kennzeichnen lässt, kann der Arbeitgeber als Ganzes nur schwer einer Kennzeichnung unterzogen werden.

Zudem ergibt sich aus verschiedenen bereichsbezogenen Marketingaktivitäten eines Unternehmens, die sich in der Wahrnehmung der Anspruchsgruppen überschneiden, die Gefahr, sich widersprüchlich zu positionieren.[175] Richten sich die Rekrutierungsbemühungen eines Unternehmens zudem an mehrere, ggf. sich stark unterscheidende Zielgruppen, ergeben sich Nachteile in der Eindeutigkeit der **Positionierung**. Die kommunizierten Botschaften resultieren schließlich aus einem Kompromiss in der Berücksichtigung unterschiedlicher Anforderungen, um die einzelnen Zielgruppen nicht abzuschrecken.

Auch die eindeutige **Differenzierung** eines Unternehmens als Arbeitgeber gestaltet sich im Gegensatz zu Produkten äußerst schwierig. Während sich Gegenstände durch Name, Form und Verpackung eindeutig unterscheiden lassen, ähneln sich die Leistungsbedingungen als Arbeitgeber bei Unternehmen der Großindustrie sehr stark. Die Schwierigkeiten in der Differenzierung und Positionierung beeinflussen letztendlich die Entscheidungsfähigkeit des potenziellen Bewerbers negativ.

Ein ebenfalls nicht zu vernachlässigender Unterschied zwischen einem Produkt und einem Arbeitgeber liegt in der **Dauer** der Präferenzbildung bei dem Individuum. Ein Konsument fällt seine Wahlentscheidung in Abhängigkeit des Produkts eher emotional und habitualisiert. Der Entscheidungsprozess des Bewerbers ist hingegen langwieriger, extensiv sowie zunehmend kognitiv geprägt.

Wie der Vergleich zeigt, existieren deutliche Unterschiede zwischen den Betrachtungsbereichen **Konsumprodukt** und dem **Unternehmen** als **Arbeitgeber**. Insbesondere hinsichtlich der Aspekte der Wahrnehmbarkeit, Bewertung, Markierung, Kontinuität der Leistung sowie der Unsicherheit in der Wahlentscheidung klaffen diese sehr weit auseinander, um einen Transfer des Markenkonzepts ohne weiteres zu bejahen. Es erscheint daher sinnvoll neben dem klassischen Markenprodukt weitere, bereits etablierte Markenkonstrukte zur Validierung der Arbeitgebermarke heranzuziehen, die den Eigenschaften eines Unternehmens als Arbeitgeber stärker ähneln. Dazu bietet sich die **Dienstleistungsmarke** an, die in der Markenliteratur aufgrund ihrer Relevanz auf dem Absatzmarkt in den letzten Jahren deutlich an Aufmerksamkeit gewonnen hat.[176]

---

[175] Unter parallelen Brandingaktivitäten eines Unternehmens werden die Versuche verstanden, das *Unternehmen als Ganzes*, dessen Produkte und dessen Arbeitgebereigenschaften als Marke zu positionieren.

[176] Siehe zur Dienstleistungsmarke u.a. die Beiträge von Stauss (1995), Cramer (1994), Meyer/ Brauer (1994), Aumüller (1994), Tomczak/ Schögel/ Ludwig (1998), Andresen (2000), Gardini (2001), Zerr/

Nach *Bruhn (2001)* entspricht die Dienstleistung einem Eigenschaftsbild beim Kunden, das ein Versprechen in Form der Bereitstellung sowie des Einsatzes von Leistungsfähigkeit darstellt.[177] Auch wenn es sich bei der Arbeitgebereigenschaft eines Unternehmens im Gegensatz zur Dienstleistung i.e.s. nicht um eine Servicequalität handelt, erhält der Bewerber analog zum Käufer einer Serviceleistung die **Zusage**, neben der Vergütung seiner Arbeitskraft eine attraktive Personalpolitik und Arbeitsplatzgestaltung zur individuellen Zufriedenheit und Motivation im Unternehmen vorzufinden, ohne diese jedoch i.d.R. vorab überprüfen zu können.[178] Bei beiden Betrachtungsbereichen handelt es sich folglich um vor der Transaktion nicht bewertbare Qualitäten. Das empfundene **Entscheidungsrisiko** lässt sich in beiden Fällen im Wesentlichen nur durch Vertrauen und Erfahrung reduzieren.[179]

Eine weitere Gemeinsamkeit beider Betrachtungsbereiche liegt in der Herausforderung, **Kontinuität** in der Qualität der Leistung zu bewahren. Dieses liegt darin begründet, dass für die Erbringung der Serviceleistung stets ein sog. **externer Faktor** integriert wird.[180] Unter den externen Faktoren werden die Personen zusammengefasst, welche die Dienstleistung sowohl ausüben (Dienstleister) als auch erhalten (Kunden). So ist bspw. das Betriebsklima in einer Abteilung stark abhängig von dem Führungsstil des Vorgesetzten, so dass im Unternehmen nicht zwangsläufig von einer einheitlichen Unternehmenskultur gesprochen werden kann. Ein weiteres Beispiel betrifft die Karriereentwicklung eines Mitarbeiters. Für dessen erfolgreiche Weiterentwicklung im Unternehmen müssen mindestens drei Personengruppen einen Beitrag leisten. Während der Mitarbeiter das notwendige Entwicklungspotenzial aufzuweisen hat, müssen der Vorgesetzte und der Personaler die Bereitschaft und die Kompetenz zur Förderung zeigen. Eine hohe Qualität der Serviceleistung „Karriereentwicklung" im gesamten Unternehmen zu gewährleisten ist daher schwierig.

Schließlich vereint die Schwierigkeit der **Markierung** einer Dienstleistung und eines Unternehmens in dessen Eigenschaft als Arbeitgeber beide Betrachtungsbereiche. Aufgrund der

X abhängig davon, wie die Werte in unterschiedlicher Abteilung gelebt werden.

Gaiser/ Decker (2001), Bruhn (2001d), Kindervater (2001), Schleusener (2002), Burmann (2007) sowie Weinland (2007).

[177] Vgl. Bruhn, M. (2001d), S. 213.

[178] Die Servicekräfte für die Mitarbeiter sind im Fall des Arbeitgebers die Personaler sowie die Führungskräfte vor Ort, die u.a. das Betriebsklima beeinflussen und die Weiterentwicklung der Mitarbeiter steuern.

[179] Aufgrund der *Immaterialität* von Dienstleistungen, die dazu führt, dass diese über einen überproportionalen Anteil an Erfahrungs- und Vertrauensanteilen verfügen, können die Kunden die Qualität einer Dienstleistung im Voraus nur begrenzt beurteilen. Die Einführung von Marken diente dazu, dieses Kaufrisiko zu verringern; vgl. dazu Bruhn, M. (2001d), S. 214f., Stauss, B. (1995), S. 3ff., Gardini, M.A. (2001), S. 20ff., Zerr, K./ Gaiser, B./ Decker, D. (2001), S. 48f. sowie Weinland, L. (2007), S. 19f.

[180] Vgl. zum *externen Faktor* Meffert, H. (2000), S. 1160, Bruhn, M. (2001d), S. 213f. sowie Burmann, Ch. (2007), S. 14f. Auch wenn unter dem externen Faktor überwiegend der Kunde verstanden wird, sollen für den Arbeitgeber auch insb. die Dienstleister des Unternehmens, d.h. Führungskräfte und Personaler, als externe Faktoren Be-rücksichtigung finden.

Immaterialität derselben, stellt sich die Frage nach der Visualisierung des Markenzeichens.[181] Eine direkte Kennzeichnung der Leistung ist nicht möglich. Die nachfolgende Tabelle stellt die Ergebnisse des Vergleichs von Produkt, Arbeitgeber und Dienstleistung nochmals im Überblick dar:[182]

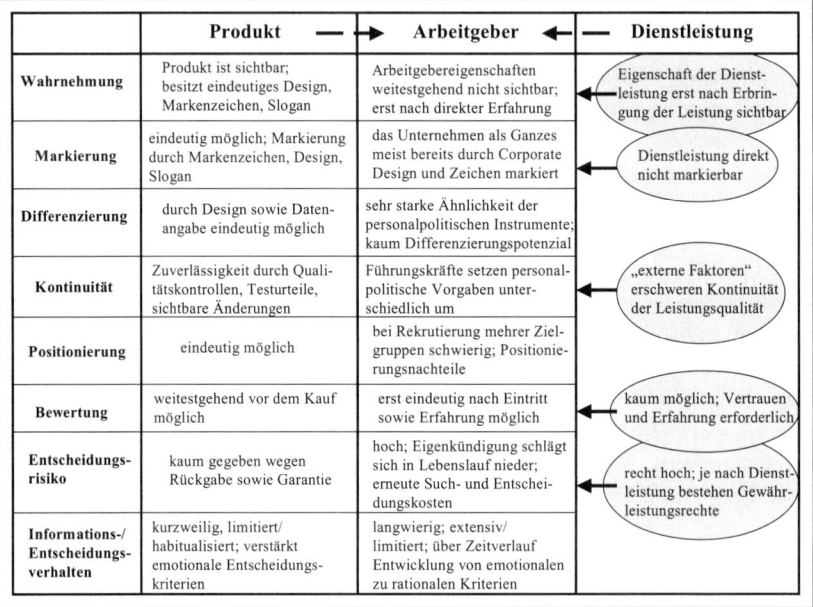

	Produkt ━━▶	Arbeitgeber ◀━	Dienstleistung
Wahrnehmung	Produkt ist sichtbar; besitzt eindeutiges Design, Markenzeichen, Slogan	Arbeitgebereigenschaften weitestgehend nicht sichtbar; erst nach direkter Erfahrung	Eigenschaft der Dienstleistung erst nach Erbringung der Leistung sichtbar
Markierung	eindeutig möglich; Markierung durch Markenzeichen, Design, Slogan	das Unternehmen als Ganzes meist bereits durch Corporate Design und Zeichen markiert	Dienstleistung direkt nicht markierbar
Differenzierung	durch Design sowie Datenangabe eindeutig möglich	sehr starke Ähnlichkeit der personalpolitischen Instrumente; kaum Differenzierungspotenzial	
Kontinuität	Zuverlässigkeit durch Qualitätskontrollen, Testurteile, sichtbare Änderungen	Führungskräfte setzen personalpolitische Vorgaben unterschiedlich um	„externe Faktoren" erschweren Kontinuität der Leistungsqualität
Positionierung	eindeutig möglich	bei Rekrutierung mehrer Zielgruppen schwierig; Positionierungsnachteile	
Bewertung	weitestgehend vor dem Kauf möglich	erst eindeutig nach Eintritt sowie Erfahrung möglich	kaum möglich; Vertrauen und Erfahrung erforderlich
Entscheidungsrisiko	kaum gegeben wegen Rückgabe sowie Garantie	hoch; Eigenkündigung schlägt sich in Lebenslauf nieder; erneute Such- und Entscheidungskosten	recht hoch; je nach Dienstleistung bestehen Gewährleistungsrechte
Informations-/ Entscheidungsverhalten	kurzweilig, limitiert/ habitualisiert; verstärkt emotionale Entscheidungskriterien	langwierig; extensiv/ limitiert; über Zeitverlauf Entwicklung von emotionalen zu rationalen Kriterien	

Tab. III-2: Merkmale von Produkten, Arbeitgebern und Dienstleistungen im Vergleich
Quelle: Eigene Darstellung

Da die Dienstleistungsmarke trotz der Herausforderungen und Unterschiede zur Produktmarke in der Fachliteratur bereits validiert werden konnte sowie in der Praxis ausreichend Anwendung fand, erhöht sich aufgrund der Vergleichbarkeit der Arbeitgeberleistung mit der Dienstleistung die Wahrscheinlichkeit des Transfers der Markenpolitik auf Unternehmen in dessen Eigenschaft als Arbeitgeber. Um eine fundierte Aussage zur Übertragbarkeit des

---

[181] Vgl. zur Problematik der Markierung von Dienstleistungen Stauss, B. (1995), S. 3ff., Bruhn, M. (2001d), S. 214f. sowie Weinland, L. (2007), S. 19f.

[182] In der marketingorientierten Fachliteratur werden vier Grundtypen der Entscheidungen diskutiert: extensive, limitierte, impulsive und habitualisierte Entscheidungen. Siehe dazu auch die umfassenden Ausführungen bei Kroeber-Riel, W./ Weinberg, P. (2003), S. 368ff. Bei habituellen Entscheidungen erfolgt eine Wahl gewohnheitsbezogen. Eine kognitive Beschäftigung findet nicht mehr statt.

Markenkonzepts treffen zu können, sind jedoch theoretische, markenspezifische Ansätze zur Transferprüfung heranzuziehen.

2.2 Eignung und Selektion von Markenansätzen

Die markenpolitischen Ansätze und Theorien bieten die Chance, durch die Überprüfung deren Anwendbarkeit, die grundsätzliche Existenz der Arbeitgebermarke zu bestätigen oder zu negieren. Denn erst durch die Übertragbarkeit von Markenansätzen erhält die Marke Gültigkeit und Existenz. Zudem besteht durch die wissenschaftliche Auseinandersetzung mit dem Branding die Notwendigkeit, den jeweils betrachteten Markengegenstand wissenschaftlich zu durchdringen und auf ein theoretisches Fundament zu stellen.[183] Nachfolgend erfolgt daher eine Diskussion verschiedener Markenansätze unter dem Gesichtspunkt der **Existenz** der Arbeitgebermarke sowie deren Beitrag zur Identifikation von arbeitgebermarkenspezifischen **Charakteristika**.[184] Darüber hinaus wird der Versuch unternommen, eine geeignete **Begriffsdefinition** zur Arbeitgebermarke abzuleiten.

Aus der bisherigen Markendiskussion sind eine Reihe von Ansätzen zur gedanklichen Durchdringung und darauf aufbauend zum Markenmanagement hervorgegangen.[185] Über die Anzahl, Unterschiedlichkeit und Relevanz der Ansätze besteht Uneinigkeit bei den Experten.[186] Zudem unterliegen diese einem uneinheitlichen Eignungsgrad zur Erklärung bzw.

---

[183] *Esch* betont die Wichtigkeit der *Kombination von Wissenschaft und Praxis* und fordert daher ausdrücklich die Nutzung wissenschaftlicher Erkenntnisse zur Professionalisierung des Branding. Dieses soll verhindern, dass Maßnahmen zur Markenbildung nicht als *„kommunikative Rohrkrepierer"* enden; vgl. Esch, F.-R. im Geleitwort zur Dissertation von Langner, T. (2003). Auch *Bongartz* betont die Wichtigkeit der Anwendung von theoretischen Grundkonzepten zur Marke, um das Markenmanagement zu begründen; vgl. Bongartz, M. (2002), S. 9.

[184] Dem Personalmarketing, welches praxisorientierte Handlungsempfehlungen zur Gestaltung der Arbeitgeber-Bewerber- bzw. -Mitarbeiter-Beziehungen liefert, wurde häufig ein *Theorienmangel* attestiert. Eine besondere Herausforderung dieser Arbeit besteht deshalb darin, das bisher wissenschaftslose Employer Branding theoretisch aufzuarbeiten und zu erfassen, um dadurch auch dessen Modewortcharakter abzulegen und die Anerkennung als wissenschaftliche Disziplin zu erfahren.

[185] Vgl. Baumgarth, C. (2001), S. 20ff. *Adjouri* leitet aus der relativ hohen Anzahl an Ansätzen zur Markenpolitik nicht nur die hohe Komplexität der Marke ab, sondern unterstreicht vor allem die Ratlosigkeit und Unsicherheit mit deren Umgang; vgl. Adjouri, N. (2002), S. 69. Denn schließlich kann für jedes neue Anwendungsfeld der Marke eine Modifikation der bestehenden Ansätze erforderlich sein; vgl. Schleusener, M. (2002), S. 264 sowie Bruhn, M. (2003a), S. 198ff. *Bruhn* verwendet für die theoretischen Ansätze der Markenpolitik auch den Begriff „Markentheorien"; vgl. Bruhn (1994b).

[186] In einem der grundlegenden deutschen Beiträge zur Markenpolitik von *Bruhn* wird zwischen den funktionsorientierten, verhaltenswissenschaftlichen und entscheidungsorientierten Ansätzen unterschieden; vgl. Bruhn (1994a). *Meffert* grenzt hingegen zwischen dem entscheidungsorientierten, systembezogenen, verhaltenswissenschaftlichen und situativen Erklärungsansatz ab; vgl. Meffert (1994a). Nach *Baumgarth* lassen sich die theoretischen Konzepte nach funktionsorientierten, entscheidungsorientierten, verhaltenswissenschaftlichen, strategischen, identitätsorientierten und informationsökonomischen unterscheiden;

Begründung von Marken. Folgende die Fachliteratur dominierenden markenpolitischen Ansätze sollen analysiert und diskutiert werden:

Markenpolitischer Ansatz	Vertreter
merkmalsorientiert / angebotsorientiert	Mellerowicz (1963)
instrumentell / entscheidungsorientiert / strategisch	Bergler (1939), Meyer (1978), Meffert (1994), Haedrich/ Tomczak (1994)
wirkungsorientiert / nachfrageorientiert	Berekoven (1978), Unger (1986), Behrens (1994), Meffert (2002), Esch (2001)
funktionsorientiert	Koppelmann (1994)
identitätsorientiert	Kapferer (1992), Aaker (1992), Esch (2001), Meffert/ Burmann (1996)

Tab. III-3: Übersicht zu markenpolitischen Ansätzen

Quelle: Eigene Darstellung

2.2.1 Merkmalsorientiertes Verständnis der Arbeitgebermarke

Die in der betriebswirtschaftlichen Auseinandersetzung zur Marke am weitesten verbreitete Form der Markendefinition stammt von *Mellerowicz (1963)*. Dieser definiert eine Marke

> „ *...als für den Bedarf geschaffene Fertigwaren, die in einem größeren Absatzraum unter einem besonderen, die Herkunft kennzeichnenden **Merkmal** (Marke), in einheitlicher Aufmachung, gleicher Menge sowie in gleichbleibender oder verbesserter Güte erhältlich sind und sich dadurch sowie die für sie betriebene Werbung die Anerkennung der beteiligten Wirtschaftskreise (Verbraucher, Händler, Hersteller) erworben haben (Verkehrsgeltung).* " [187]

Ein Betrachtungsgegenstand kann folglich dann als Marke bezeichnet werden, wenn die in dieser Begriffsdefinition gegebenen Merkmale vorliegen.

---

vgl. Baumgarth (2001). Diese unterschiedlichen Auffassungen machen eine Unterscheidung in *Ansätze i.e.S. und i.w.S.* dringend notwendig, da bei einigen nicht wirklich von einer theoretischen Ausrichtung gesprochen und die Wissenschaft der Marke dadurch leicht als *Pseudo-Wissenschaft* verstanden werden kann. So sind der funktionsorientierte Ansatz, in dem die Existenz der Marke i.A.a. deren Funktionen deskriptiv begründet wird, sowie der entscheidungsorientierte Ansatz, in dem ein Prozess zum Markenaufbau phasenweise skizziert wird, rein praxisorientiert und lassen jeglichen Theoriezusammenhang vermissen. Ähnliches gilt auch für den strategischen Erklärungsansatz. Unter den Ansätzen i.e.S. werden daher nur diejenigen Ansätze der Markenpolitik zusammengefasst, die auf *„echten" Theorien,* d.h. in diesem Fall auf den Verhaltenswissenschaften und der Institutionenökonomie basieren.

[187] Mellerowicz, K. (1963), S. 39.

Der merkmalsorientierte Ansatz ist in den letzten Jahren bei den Experten vermehrt auf Ablehnung gestoßen. Denn nach herrschender Meinung wirkt die merkmalsbezogene Definition der Marke zu eng und nicht mehr zeitgemäß. Bereits bei der Bestimmung des Markenartikelbegriffs für Konsumgüter in den 60er Jahren wurde der Merkmalskatalog als zu **statisch, deterministisch** und **nicht operationalisierbar** angesehen. Für die Bestrebungen der heutigen Zeit, das Markenverständnis auf andere Bereiche auszuweiten, greift dieser Ansatz in der ursprünglichen Form schließlich endgültig zu kurz. Ein weiterer Kritikpunkt bezieht sich auf die starke **Anbieterlastigkeit** des Ansatzes. Denn was als Marke zu betrachten ist, wird nicht zwangsweise von dem Anbieter festgesetzt. Vielmehr spielt die nachfragende Seite eine tragende Rolle für das Markendasein.[188] Welche Merkmale einem Unternehmen in der Funktion als Arbeitgeber Markenstatus verleihen, bestimmen damit nicht die Arbeitsplatzanbietenden, sondern die potenziellen Bewerber.

Aus der kritischen Betrachtung des merkmalsorientierten Ansatzes ist zu erkennen, dass dieser einen Beitrag zur Bestätigung der Existenz von Arbeitgebermarken vermissen lässt. Im Gegenteil schließt dieser aufgrund der eingeschränkten Betrachtung von „Fertigwaren" einen Transfer auf andere Betrachtungsbereiche grundsätzlich aus. Zudem widerspricht die starke anbieterorientierte Perspektive der heute im Personalmarketing vertretenen bewerberorientierten Sichtweise.

Vorausgesetzt, dass die weiteren markenpolitischen Ansätze die Übertragbarkeit des Markengedankens auf den Arbeitgeber bestätigen, bietet *Mellerowicz* jedoch interessante Anhaltspunkte zu erforderlichen Charakteristika einer Arbeitgebermarke. Nach dessen Aussagen müsste ein Arbeitgeber mit Markenstatus vor allem eine **gleichbleibende, hohe Qualität** in der personalpolitischen Ausrichtung und Umsetzung aufweisen. Zudem müssten diese in **allen Einheiten** des Unternehmens in derselben Weise vertreten sein. Ferner hätte der interne und externe Auftritt des Arbeitgebers mit dem Ziel der eindeutigen Wiedererkennung einer **einheitlichen Gestaltung** zu entsprechen.

Bezug nehmend auf die in der ursprünglichen Definition aufgeführten „Merkmale" stehen **Eigenschaften** von Arbeitgebern für das Vorliegen einer Marke im Mittelpunkt der Betrachtung. Werden die Erkenntnisse der Modelle der Arbeitgeberwahl nach *Vroom (1964)* und *Behling et al. (1968)* hinzugezogen, lassen sich damit Parallelen zum Wahl- und Entscheidungsverhalten des Fach- und Führungsnachwuchses erkennen. Denn die potenziellen Bewerber selektieren ihren Employer-of-Choice nach gewissen Merkmalen und Eigenschaften, die in ihrer Summe den subjektiv empfundenen Nutzen maximieren.[189] Die Identifika-

---

[188] Vgl. zur Kritik Berekoven, L. (1978), S. 41f., Pflaum, D. (2002), S. 280, Esch, F.-R./ Wicke, A. (2001), S. 9ff., Freter, H./ Baumgarth, C. (2001), S. 321f., Schneider, H. (2002), S. 360, Irmscher, M. (1997), S. 12f. sowie Esch, F.-R. (2003), S. 20. Auch wenn der Ansatz eine eindeutige *Angebotsorientierung* der Marke vertritt, so berücksichtigt dieser dennoch auch die Nachfrageseite. Die latente *Nachfrageorientierung* wird in dem Terminus *Verkehrsgeltung* deutlich; vgl. Mellerowicz, K. (1963), S. 39.

[189] Zur Merkmalsorientierung der Modelle zur Arbeitgeberwahl und Nutzenmaximierung der potenziellen Bewerber nach *Vroom (1964)* sowie *Behling et al. (1968)* siehe die Ausführungen in *Kapitel II.2.2.1.*

tion und Umsetzung von entscheidungsrelevanten **personalpolitischen Merkmalen** ist daher nach *Mellerowicz* von hoher Bedeutung für das Vorliegen einer Arbeitgebermarke. Ferner erfordert eine Arbeitgebermarke eine spezielle **Markierung**, um in der Suchphase des Bewerbers eindeutig identifiziert werden zu können. Interessant erscheint zudem der Hinweis, dass die Anerkennung eines Betrachtungsgegenstandes als Marke auch maßgeblich durch die **Werbung** beeinflusst wird. Der Ausgestaltung des Employer Branding durch geeignete kommunikationspolitische Maßnahmen kommt daher eine hohe Bedeutung zu. Als Zwischenergebnis einer Definition zur Arbeitgebermarke kann festgehalten werden:

Die Arbeitgebermarke repräsentiert einen **Eigenschaftsbündel** *subjektiv empfundener* **Attraktivitätsmerkmale** *von hoher* **personalpolitischer Qualität** *sowie* **Konstanz**. *Der Arbeitgeber ist* **markiert**.

2.2.2 Instrumentelles Verständnis der Arbeitgebermarke

Nach *Meffert et al. (2001)* stellt die instrumentelle Betrachtung der Marke eine logische Konsequenz des lange Zeit vorherrschenden merkmalsorientierten Markenverständnisses dar. Der instrumentelle Ansatz wurde bereits von *Bergler (1939)* vertreten, der zur Erklärung von Marken an Markenstrategien und -instrumenten ansetzt.[190] Um bei einem Arbeitgeber von einem Employer Brand sprechen zu können, müssten daher gewisse **markenorientierte Marketinginstrumente** zur Anwendung kommen.[191]

Der instrumentelle Markenansatz stellt die **Maßnahmenseite** in den Mittelpunkt der Begriffsdefinition und bestätigt die Existenz einer Marke anhand des Vorliegens bestimmter Marketinginstrumente. Es ist demnach nicht verwunderlich, dass dieser ähnlich dem merkmalsbezogenen Ansatz von Experten ebenfalls als zu **statisch** und **deterministisch** bewertet wurde. Das Aufstellen und das Gegenprüfen von Instrumentalkatalogen sollte nach herrschender Meinung nicht als Kriterium für eine Marke herangezogen werden.[192] Zudem kann aufgrund der unterschiedlichen Betrachtungsbereiche nicht davon ausgegangen werden,

---

[190] Vgl. Bergler (1939). Alternative Ansätze, die ebenfalls die Umsetzung und das Management der Marke diskutieren, stellen der entscheidungsorientierte und strategische Ansatz dar; vgl. Baumgarth, C. (2001), S. 21, Meffert, H. (1994a), S. 175, Nieschlag, R./ Dichtl, E./ Hörschgen, H. (2002), S. 12, Haedrich, G./ Tomczak, Th. (1994), S. 926ff. sowie Koppelmann, U. (1994), S. 220ff. Diese sollen vorliegend aber nicht als eigenständige Ansätze vorgestellt werden, da sie inhaltlich ebenfalls auf die Markenführung abstellen. Während bei dem *strategischen Ansatz* die Planungsebene im Mittelpunkt der Betrachtung steht, geht der *entscheidungsorientierte Ansatz* vom Paradigma der Bewertung von Alternativen aus. Eine weiterführende Sichtweise der Marke stellt das *absatzsystemorientierte Verständnis* nach *Meyer* dar; vgl. Meyer P.W. (1978), S. 171ff. Dieser betrachtet die Marke als ein geschlossenes Marktbearbeitungssystem; vgl. auch Brauer, W. (1997), S. 19f., Meyer, A./ Schwartz, D. (1994), S. 1191f. sowie Bruhn, M. (1994b), S. 8.

[191] Vgl. i.A.a. die Ausführungen bei Freter, H./ Baumgarth, C. (2001), S. 322.

[192] Vgl. zur Kritik des instrumentellen Markenverständnisses auch Irmscher, M. (1997), S. 13 sowie Freter, H./ Baumgarth, C. (2001), S. 322.

dass der Instrumentenkatalog einer klassischen Produktmarke auf ein Unternehmen als Arbeitgeber übertragbar ist sowie zum selben Erfolg führt. Zum Verifizieren der Existenz einer Arbeitgebermarke greift der Ansatz daher zu kurz. Aufgrund der fehlenden wissenschaftlichen Diskussion über das Employer Branding sowie der damit einhergehenden mangelnden Identifikation von Branding-Maßnahmen können zu diesem Zeitpunkt auch keine die Arbeitgebermarke charakterisierenden Instrumente genannt werden. Auch Erkenntnisse für die Definition des Employer Brand bleiben aus.

Dennoch bietet dieser Ansatz in der Form einen interessanten Beitrag, dass die Notwendigkeit von besonderen Instrumenten zum Arbeitgebermarkenaufbau und deren Führung in den Vordergrund gerückt wird. Letztendlich stellt schließlich das „Wie" die Schlüsselfrage für ein Employer Branding dar. Eine kontextgebundene Ableitung von Best-Branding-Instrumenten für die Personalarbeit stellt daher einen wesentlichen wissenschaftlichen Beitrag dieser Arbeit dar.

2.2.3 Wirkungsorientiertes Verständnis der Arbeitgebermarke

Die Kritik an der Methodik und vor allem an der einseitigen, angebotsorientierten Sichtweise der Merkmals- und Instrumentalkataloge führte zur Formulierung des wirkungsbezogenen Ansatzes.[193] Dessen Begründer *Berekoven (1978)* wechselt die Perspektive des Markenverständnisses und stellt den Konsumenten in den Mittelpunkt der Betrachtung.[194]

*„Markenbildung ist primär ein **sozialpsychologisches Phänomen**; es entscheiden allein die **Vorstellungen** über Wert und Bedeutung einer Marke im Bewusstsein der (potentiellen) Abnehmer."*

Demnach bestimmen die Meinung und das resultierende Verhalten bzw. die **Wirkungen** bei den Zielpersonen, was als Marke zu verstehen ist.[195] Besonders hervorzuheben ist die

---

[193] Auch als *nachfragebezogener Ansatz* bezeichnet; vgl. Baumgarth, C. (2001), S. 5 sowie Irmscher, M. (1997), S. 14f.

[194] Vgl. Berekoven, L. (1978), S. 43. Siehe auch bei Bruhn, M. (2001c), S. 16f., Irmscher, M. (1997), S. 13f. sowie Esch, F.-R. (2003), S. 20. *Ogilvy*, ein namenhafter Vertreter des Branding, spricht in diesem Sinne treffend von einer Marke als „the customer´s idea of a product"; Ogilvy (1951) aus Biel, A.L. (2001), S. 63. *Thurmann*, ebenfalls ein Entwickler des wirkungsbezogenen Ansatzes, schreibt zur Wirksamkeit: „Wirtschaftlich wirksam wird die Marke demnach erst durch die Anerkennung des Verbrauchers. Damit wird die Anerkennung oder Verkehrsgeltung der Marke zu dem artbestimmenden Merkmal, das den Markenartikel von der letztlich unmarkierten Ware unterscheidet. Mit der Anerkennung ist die sog. Markenbildung vollzogen"; Thurmann, P. (1961), S. 16.

[195] Vgl. Baumgarth, C. (2001), S. 5, Esch, F.-R./ Wicke, A. (2001), S. 11f., Brauer, W. (1997), S. 18f. sowie Unger, F. (1986b), S. 16. Bei aller Kritik am merkmalsbezogenen Ansatz berücksichtigte auch *Mellerowicz* bereits eine Wirkungskomponente, nämlich die Anerkennung der beteiligten Marktteilnehmer als Marke, vgl. dazu ausführlicher Köhler, R. (1994), S. 2065f.

Abkehr von den starren Kriterien nach *Mellerowicz (1963)* zur Prüfung der Markengeltung. Vielmehr geht es um immaterielle, psychologische Eigenschaften, die eine Marke ausmachen.[196] Eine Marke wird daher auch als *„ein in der Psyche des Konsumenten verankertes, unverwechselbares Vorstellungsbild"* bezeichnet. Sie entsteht in den **Köpfen** der **Zielpersonen** und macht den Menschen zum Ausgangspunkt aller markenrelevanten Überlegungen.[197] Die Vorstellungsbilder sind dabei rein subjektiv geprägt und können daher zu unterschiedlichem Markenauffassungen führen.[198]

Den Annahmen des wirkungsbezogenen Ansatzes zufolge bestehen keine Beschränkungen in der Markengeltung auf ausgewählte Gegenstände, da es sich bei der Marke letztlich um **Vorstellungsbilder** handelt, die insoweit als **objektunabhängig** gelten. Folglich kann auch ein Arbeitgeber Markenstatus erlangen. Entscheidend dabei ist, dass es einzig und allein von der Betrachtung aktueller bzw. potenzieller Arbeitnehmer abhängt, welcher Arbeitgeber als Marke zu verstehen ist.[199] Damit gewinnt die bereits bei *Mellerowicz* festgesetzte Verkehrsgeltung an Bedeutung.[200]

Da nach dem wirkungs- bzw. nachfrageorientierten Ansatz allein das Urteil des Adressaten die Markenexistenz sowie deren Erfolg auf dem betrachteten Markt bestimmt, steht allein das **Fremdbild** einer **Marke** im Mittelpunkt der Betrachtung.[201] Eine elementare Aufgabe des Branding besteht somit darin, bei der Ausrichtung der Arbeitgebermarke die Anforderungen der Zielgruppen zu berücksichtigen. Das Employer Branding basiert demzufolge auf einem **Akzeptanzkonzept** mit dem Ziel, ein möglichst positives, entscheidungsrelevantes Image zu erhalten (**Outside-In-Orientierung**).[202]

---

[196] Vgl. dazu auch Adjouri, N. (2002), S. 18f.

[197] Vgl. zum Vorstellungsbild Meffert, H. (2000) S. 849 sowie Esch, F.-R. (2003), S. 23. Siehe des Weiteren Kapferer, J.-N. (1992), S. 9, Sommer, R. (1998), S. 2, Esch, F.-R. (2002), S. 191 sowie Demuth, A. (1999), S. 38.

[198] Vgl. Linxweiler, R. (2001), S. 52f., Esch, F.-R./ Andresen, Th. (1997), S. 11 sowie Köhler, R. (1994), S. 2068.

[199] *Freter & Baumgarth* empfehlen in Abhängigkeit von der Problemstellung den Begriff Konsument durch *Zielgruppe* zu ersetzen; vgl. Freter, H./ Baumgarth, C. (2001), S. 322. In Rahmen dieser Arbeit liegt der Fokus auf den Bewerbern bzw. potenziellen Mitarbeitern.

[200] Anstelle der Verkehrsgeltung wird in der Fachliteratur häufig von Erfolg gesprochen, der zielgruppenbezogen als das zentrale Merkmal für die Bestimmung einer Marke verstanden wird; vgl. Sander, M. (1994), S. 39; Berekoven, L. (1978), S. 43ff.; Adjouri, N. (2002), S. 18, Irmscher, M. (1997), S. 14f., Freter, H./ Baumgarth, C. (2001), S. 322. Dieser Ansatz wird durch die Betonung des Erfolgs auch als *erfolgsorientierter Ansatz* bezeichnet; vgl. Bruhn, M. (1994b), S. 8 und Stauss, B. (1998), S. 13.

[201] Zum Fremdbild der Marke siehe auch Baumgarth, C. (2001), S. 22f. und Meffert, H./ Burmann, Ch. (2002), S. 41ff.

[202] Zur Ausrichtung der Markenpolitik als Akzeptanzkonzept sowie Outside-In-Orientierung vgl. Weis, M./ Huber, F. (2000), S. 43, Kapferer, J.-N. (2000), S. 94ff. sowie Meffert, H./ Burmann, Ch. (2002), S. 65f. „Das Image ist ein Akzeptanzkonzept. Imagestudien werden durchgeführt, um zu testen, wie ein Produkt (...) in der Öffentlichkeit ankommt. Das Image zeigt, wie das Publikum die Impulse dekodiert, die von (...) Werbekampagnen einer Marke ausgehen"; Kapferer, J.-N. (1992), S. 44f.

Den Ausführungen nach zu urteilen, eignet sich der wirkungsorientierte Ansatz zur Integration des Arbeitgebers in die Markendiskussion. Wie bereits aufgeführt, liefert dieser Beiträge zur Existenz, zu Charakteristika und zur Definition der Arbeitgebermarke. Aber auch wenn die grundsätzliche Existenz eines Employer Brands bestätigt wird, lässt sich dennoch eine gewisse Einseitigkeit in der Betrachtung erkennen. Denn durch die stetige außengerichtete Perspektive bleibt das **Selbstbild** eines Unternehmens als Arbeitgeber unberücksichtigt. Als Konsequenz ergeben sich sehr imageähnliche Arbeitgeber, die aufgrund derselben Ausrichtung Differenzierungspotenziale verlieren.[203]

Im Sinne des wirkungsorientierten Markenverständnisses kann i.A.a. die Ausführungen von *Meffert (2000)* und *Esch (2003)* die Arbeitgebermarke

> *„...als ein in den **Köpfen** der umworbenen Fach- und Führungskräfte **fest verankertes**, unverwechselbares Vorstellungsbild bezeichnet werden."*[204]

2.2.4 Funktionsorientiertes Verständnis der Arbeitgebermarke

Die Diskussion der Funktionen einer Marke ist nicht neu und lässt sich auf den funktionsorientierten Ansatz nach *Koppelmann (1994)* zurückführen.[205] Dieser Ansatz verfolgt das Ziel, Markenfunktionen für verschiedene Marktteilnehmer zu bestimmen und zu systematisieren. Bei der Funktionsorientierung geht es insb. um die Analyse der **Beziehungen** zwischen den Elementen. Nach *Koppelmann* lassen sich daher Funktionen auch mit **Wirkungszusammenhängen** gleichsetzen.[206]

Die Funktionen einer Marke lassen sich grundsätzlich nach der Perspektive des Betrachters unterscheiden.[207] Für die Arbeitgebermarke bedeutet dies eine Zweiteilung in **Arbeitgeber-**

---

[203] Ein nachfrageorientiertes Vorgehen in der Profilierung eines Unternehmens als attraktiven Arbeitgeber entspricht grundsätzlich der etablierten Denkweise des Marketing und somit auch der Richtigkeit. Dennoch ist insb. bei der Formierung einer Arbeitgebermarke zu hinterfragen, ob durch die ausschließliche Fremdbildorientierung, die Wünsche und Bedürfnisse aktueller und potenzieller Arbeitnehmer widerspiegelt, der Weg zur *Einzigartigkeit* verbaut wird. Schließlich müssen Differenzierungspotenziale aufgedeckt werden, die zur unverwechselbaren Positionierung führen.

[204] Vgl. Meffert, H. (2000), S. 849; siehe auch Esch, F.-R. (2003), S. 23.

[205] Vgl. Koppelmann, U. (1994), S. 222ff. Eine ausführliche Darstellung von Markenfunktionen findet sich auch bei Bruhn, M. (1994b), S. 21ff., Becker, J. (1992), S. 98f., Bismarck, W.-B.v. (1995), S. 37ff., Essig, C./ Soulas de Russel, D./ Semanakova, M. (2003), S. 88f., Schölling, M. (2000), S. 19ff., Baumgarth, C. (2001), S. 20f. sowie Weis, M./ Huber, F. (2000), S. 37ff.

[206] Vgl. Freter, H./ Baumgarth, C. (2001), S. 329ff., Baumgarth, C. (2001), S. 20 sowie Koppelmann, U. (1994), S. 222. Eine Funktion impliziert gleichzeitig eine gewisse Wirkung für den Betrachter. Nach *Kapferer*: "Products are mute: the brand is what gives them meaning and purpose"; Kapferer, J.-N. (2000), S. 56f.

[207] Vgl. Homburg, Ch./ Krohmer, H. (2003), S. 516f. sowie Hertle, Th. (2003), S. 4ff. Eine Literaturrecherche zu Markenfunktionen verdeutlicht, dass die Auseinandersetzung mit den Funktionen der Nachfrageseite überwiegt. Auch dieses ist ein Indiz dafür, dass die Marke *kunden- sowie wirkungsorientiert* aufgebaut werden sollte.

und **Arbeitnehmersicht**, die nachfolgend näher beleuchtet werden. Das Markenkonzept als Ganzes charakterisiert idealerweise eine **Win-Win-Situation** für beide Teilnehmer am Arbeitsmarkt.[208] Die Ergebnisse einer vorangestellten umfassenden Literaturrecherche belegen die rege Auseinandersetzung mit den Funktionen einer Marke. Die nachfolgenden tabellarischen Zusammenfassungen geben die Funktionen einer Marke und deren Vertreter im Überblick wieder und kategorisieren die Einzelfunktionen zu übergreifenden Funktionseinheiten. Die Übertragung der Funktionen und Wirkungen auf Arbeitgebermarken erfolgt im Anschluss.

2.2.4.1 Markenfunktionen aus Arbeitgebersicht

Auch wenn der Fokus der Markenbetrachtung im Rahmen des Employer Branding auf der wirkungs- und damit nachfrageorientierten Sichtweise liegt, kann die arbeitsplatzanbietende Seite nicht ausgegrenzt werden. Denn die Marke dient in ihrem Wesen primär der Verwirklichung der Anbieterinteressen.

Markenfunktion	Bedeutung	Markenwirkung	Vertreter
Präferenzbildung	Konkurrenzkonzept	Präferenz	Weis/ Huber (2002), Pepels (1998), Bruhn (2001), Backhaus (2003), Meffert (2000)
Differenzierung			Koppelmann (1994), Bruhn (1994), Herbst (2002), Weis/ Huber (2000)
Emotionalisierung	emotionaler Anker	Gefallen, Bindung	Kapferer (2000), Marzano (2001), Hätty (1989)
Kommunikation/ Werbung	Werbekonzept	Information, Überzeugung	Irmscher (1997), Koppelmann (1994), Meffert/ Burmann/ Koers (2002)

Tab. III-4: Potenzielle Markenfunktionen sowie -wirkungen aus Arbeitgebersicht
Quelle: Eigene Darstellung

a) Präferenz – „Employer-of-Choice"
Es besteht Einigkeit darüber, dass das oberste Ziel einer Markenkonzeption in der Durchsetzung einer möglichst stark ausgeprägten **Präferenz** bei den Zielgruppen liegt.[209] In der

---

[208] Vgl. i.A.a. Pflaum, D. (2002), S. 282 sowie Bugdahl, V. (1998), S. 23. Eine Arbeitgebermarke bringt daher nicht nur Vorteile für das arbeitsplatzanbietende Unternehmen, sondern gibt auch den Bewerbern Hilfestellung beim Suchprozess nach dem für sie geeigneten Arbeitgeber.

[209] Vgl. Unger, F. (1986b), S. 13, Meffert, H./ Burmann, Ch./ Koers, M. (2002b), S. 12f., Bierwirth, A. (2003), S. 1f. sowie Esch, F.-R. (2003), S. 10. Die präferenzbildende Funktion einer Marke wird insb. bei der Durchführung von *Blindtests* deutlich; vgl. dazu das Präferenz-Beispiel Coca-Cola vs. Pepsi von Chernatony & McDonald (1992) in Esch, F.-R. (2003), S. 10 sowie Meffert, H./ Burmann, Ch./ Koers, M. (2002b), S. 12.

angelsächsischen Literatur findet im Kontext des Employer Branding deshalb der Begriff „**Employer-of-Choice**" häufig Anwendung, der die Präferenz als die positive Selektion eines Arbeitgebers im Rahmen eines komplexen Wahl- und Entscheidungsprozesses des Arbeitsuchenden verdeutlicht.[210] Das finale Ziel des Arbeitgeberbranding besteht folglich darin, den Status eines „**First-Choice-Arbeitgebers**" für die richtigen Absolventen und Young Professionals der relevanten Zielgruppen einzunehmen, der die Besetzung von Stellen in der Organisation gewährleistet. Bei potenziellen Bewerbern umfasst die Präferenz die Ausprägung der **Bewerbung** sowie des **Vertragsabschlusses**.[211] Nach *Ritson (2002)* eröffnet eine Arbeitgebermarke ferner Potenziale zu Kosteneinsparungen sowohl bei der Rekrutierung als auch bei der langfristigen Entgeltentwicklung, da den Fach- und Führungskräfte aufgrund der hohen Arbeitgeberattraktivität im Vergleich zum Wettbewerb deutlich geringere Gehälter gezahlt werden können.[212]

Wird die Präferenz nicht als Neuwahl, sondern als Bestätigung einer vorangegangenen Entscheidung interpretiert, erfüllt die Marke eine Funktion der **Bindung**, so dass von einem erhöhtem Loyalitätsgrad zu einem Bezugsobjekt gesprochen werden kann.[213] Markentreue kann als verfestigtes Verhaltensmuster bei Wahlentscheidungen interpretiert werden.[214] Sie spiegelt den Bindungs- und Zufriedenheitsgrad zwischen dem Individuum und der Marke wider.[215] Vertreter der markenpolitischen Diskussion bezeichnen den Aufbau und die Erhöhung der Markentreue als dominantes Ziel der Markenpolitik. Denn analog zum Produktmarketing ist es kostenintensiver, neue Mitarbeiter zu rekrutieren, als die aktuellen zu halten. Die Loyalität des Mitarbeiterstamms reduziert somit die motivationsbedingte Fluktuation sowie die Anfälligkeit gegenüber Maßnahmen des Abwerbens durch die Konkurrenz. Erweist sich die Wahl des Arbeitgebers als richtige Entscheidung, da die Erwartungen und

---

[210] Vgl. Herman, R.E./ Gioia, J.L. (2001), S. 63, McShulskis, E. (1996), S. 18f., Hartmann, R. (2002), S. 14, Martinez, M.N. (2000), S. 56f., Zaugg, R.J. (2002), S. 13, Ruch, W. (2002), S. 6 sowie Althauser, U. (2001), S. 10.

[211] Siehe dazu die Wirkungsdimensionen der Präferenz in *Kapitel II.1*. Analog zur Präferenz kommt dem Arbeitgeber die Funktion zu, ein *akquisitorisches Potenzial* auf dem Nachwuchsmarkt zu generieren; vgl. dazu auch Joinson (2002) und Rudolph, Th./ Schweizer, M. (2002), S. 10.

[212] Vgl. dazu Ritson, M. (2002), S. 18.

[213] Vgl. Hertle, Th. (2003), S. 6, Weis, H./ Huber, F. (2000), S. 37ff., Pflaum, D. (2002), S. 281, Berend, P. (2002), S. 17f. sowie Biel, A.L. (2001), S. 68f. Anstelle von Loyalität werden auch häufig die Termini *Bindung* und *Treue* angeführt. Die Steigerung der Markentreue reduziert die Gefahr des Wechsels zu anderen Marken; vgl. Meffert, H. (1994a), S. 177f., Koschnick, W.J. (1997), S. 1048f. sowie Baumgarth, C. (2001), S. 81f.

[214] In der Fachliteratur existiert eine Vielzahl unterschiedlicher Definitionen zur Loyalität; vgl. dazu u.a. Diller, H. (2001), S. 951, Pflaum, D. (2002), S. 281f., Baumgartner, B./ Hruschka, H. (2002), S. 300f., Weinberg, P./ Diehl, S. (2001b), S. 27, Kroeber-Riel, W./ Weinberg, P. (2003), S. 404f., Behrens, G. (1994), S. 215f. sowie Meffert, H. (1994a), S. 177f. Die Loyalität wird verstärkt im Rahmen der *Beziehungstheorie* diskutiert; siehe dazu *Kapitel IV. 3.2.2*. Nach *Fournier*, einer prominenten Vertreterin dieser Theorie, beschreibt die Loyalität daher als eine langfristige, verbindliche und gefühlsbetonte Partnerschaft; vgl. Fournier, S.M. (2001), S. 137f.

[215] Vgl. Meffert, H. (2000), S. 848f., Keller, I. (1990), S. 53 sowie Schulz, R./ Brandmeyer, K. (1989), S. 362.

Wünsche des Mitarbeiters erfüllt werden, äußert sich das Empfinden, bei dem Employer-of-Choice beschäftigt zu sein, in positiven Erzählungen sowie **Weiterempfehlungen** an Dritte.[216]

b) Differenzierung

Die als relative Betrachtung mehrerer im Vergleich stehender Objekte bezeichnete Präferenz impliziert zwangsläufig eine weitere wichtige Funktion einer Marke. Es handelt sich um das Erreichen einer Differenzierung in **Abgrenzung** zur **Konkurrenz**.[217] Die Marke trägt somit zur Verbesserung bzw. Absicherung der Wettbewerbsposition bei.[218] Die Konkurrenzdifferenzierung zählt zu den Hauptfunktionen einer Marke. Sie trägt dazu bei, ein Angebot oder eine Leistung aus sonst vergleichbaren Leistungen hervorzuheben.[219] Das Ziel der Markenpolitik ist das Erreichen einer Monopolstellung in der Psyche der Zielgruppe.[220] Eine aus der Differenzierung resultierende Alleinstellung ist insb. dann unabdingbar, wenn die Leistungen aus Sicht der nachfragenden Seite homogen erscheinen.[221] Die Großunternehmen bieten mittlerweile ein sehr ähnliches Angebot an Arbeitgeberleistungen. Es exis-

---

[216] Vgl. Weinberg, P./ Diehl, S. (2001b), S. 23, Tolle, E./ Steffenhagen, H. (1994), S. 1290, Diller, H. (2001), S. 951, Kapferer, J.-N. (1992), S. 34f. sowie Esch, F.-R. (2005), S. 32f.

[217] Vgl. Koppelmann, U. (1994), S. 223f., Esch, F.-R. (2003), S. 1, Weis, M./ Huber, F. (2000), S. 37ff. sowie Pepels, W. (1998), S. 171f. Siehe ebenfalls zur Differenzierungsfunktion einer Marke Fantapié Altobelli, C./ Sander, M. (2001), S. 8f., Weis, M./ Huber, F. (2000), S. 38f., Becker, J. (1992), S. 122f., Berend, P. (2002), S. 171f., Kapferer, J.-N. (1992), S. 17 sowie Shocker, A.D./ Srivastava, R.K./ Ruekert, R.W. (1994), S. 156ff.

[218] Vgl. Meffert, H. (1994a), S. 177f.

[219] Vgl. Kapferer, J.-N. (2000), S. 46, Hätty, H. (1989), S. 19f., Esch, F.-R. (2003), S. 155, Esch, F.-R. (2002), S. 191 sowie Simon, H. (1994a), S. 579. Die *Werbe- und Kommunikationsfunktion* der Arbeitgebermarke, die hier nicht ausführlich vorgestellt wird, stellt eine Vorstufe der Differenzierung dar. Die Werbefunktion bezieht sich auf die Gesamtheit aller mit der Arbeitgebermarke *verbundenen Assoziationen*, Gefühle sowie Einstellungen; vgl. Kemper, A.Ch. (2000), S. 12f., Sander, M. (1994), S. 11 sowie Irmscher, M. (1997), S. 29ff. Daher geht es zunächst grundsätzlich darum, ein Unternehmen als Arbeitgeber aus der *Anonymität* auf dem Arbeitgebermarkt herauszuholen; vgl. Dichtl, E. (1992), S. 4 sowie Simon, H. (1994a), S. 578ff. Weiterhin zur Werbe- und Kommunikationsfunktion von Marken vgl. Weis, M./ Huber, F. (2000), S. 371ff., Fantapié Altobelli, C./ Sander, M. (2001), S. 8f., Pepels, W. (1998), S. 171, Winterling, K. (1993), S. 84f. sowie Irmscher, M. (1997), S. 29ff.

[220] Vgl. Rieger, B. (1990), S. 224f., Meffert, H. (2002), S. 74f. sowie Fantapié Altobelli, C./ Sander, M. (2001), S. 8f.

[221] Auch *Scholz* spricht von einer zunehmenden Austauschbarkeit von Arbeitgebern hinsichtlich ihrer Leistungen für die Arbeitnehmer; vgl. Scholz, Ch. (2000a), S. 417f. *Simon* hingegen betont, dass ein prägendes Merkmal des Austauschprozesses auf dem Arbeitsmarkt darin besteht, dass keine standardisierten, sondern höchst heterogene Güter getauscht werden. Seiner Ansicht nach besitzt analog zur Persönlichkeit eines Bewerbers jedes Unternehmen seine eigene Individualität; vgl. Simon et al. (1995), S. 13. Auch wenn ein Unternehmen in der Detailbetrachtung einzigartig erscheint, kann *Simons* Standpunkt in Anbetracht der undifferenzierten Wahrnehmung von externen Bewerbern, die keinen Kontakt zum Unternehmen vorweisen können, nicht vertreten werden. Das personalpolitische Angebot des Arbeitgebers bleibt aufgrund dessen *Unbekanntheit* oder der *Überstrahlungseffekte* durch die Unternehmensfaktoren wie Branche oder Produkt unberücksichtigt. Eine Arbeitgebermarke, die genau diese Personalpolitik in den Vordergrund stellt, schafft jedoch Heterogenität in der Wahrnehmung und damit die erforderliche Konkurrenzdifferenzierung auf dem Arbeitgebermarkt.

tieren kaum Unterschiede hinsichtlich der Aufgaben in klassischen organisatorischen Einheiten des Unternehmens, der Entwicklungsmöglichkeiten, der Weiterbildung oder in Bezug auf flexible Arbeitszeiten. Um der Homogenität auf dem Arbeitgebermarkt zu entkommen, ist der Aufbau einer Arbeitgebermarke daher unumgänglich. Demzufolge leistet ein Employer Branding nur dann einen Beitrag zum Markenaufbau, wenn es gelingt, sich als Arbeitgeber im Vergleich zu den anderen abzusetzen.

c) Emotionalisierung

Die zunehmende Vergleichbarkeit des personalpolitischen Angebots von Unternehmen macht es zwingend erforderlich, neue Wege zu beschreiten, um sich von der Konkurrenz durch eine einzigartige Positionierung abzusetzen.[222] Eine in der Markenwelt übliche Methode, der Homogenität des Angebots zu entkommen, ist die **Emotionalisierung**. Diese vermag den Mangel an kognitiv-rationalem Differenzierungsvermögen bei homogenen Produktqualitäten auszugleichen.[223] Über die **Differenzierung** hinweg wirkt die durch Emotionen aufgeladene Marke zudem positiv auf das **Treueverhalten**.[224] In Form eines **emotionalen Ankers** werden die Zufriedenheit bei aktuellen und potenziellen Mitarbeitern erhöht sowie in der Konsequenz das Aufkommen von Wechselabsichten verhindert bzw. der Umfang des relevant set bei der Arbeitgeberwahl entschieden reduziert. Einfach ausgedrückt besteht das Ziel darin, über den Nutzen hinweg Gefallen und **Sympathie** bei dem umworbenen Fach- und Führungsnachwuchs für das Unternehmen als Arbeitgeber zu wecken und aufzubauen.[225]

2.2.4.2 Markenfunktionen aus Arbeitnehmersicht

Den Ausführungen zu den Funktionen einer Marke aus Sicht des Arbeitgebers ist zu entnehmen, dass die Marke als solche ein vom Anbieter geschaffenes Konstrukt darstellt, welches in der finalen Zielsetzung hauptsächlich die Verwirklichung dessen Interessen verfolgt. Um jedoch zu verstehen, wie diese Ziele des Anbieters realisiert werden können, ist die Sicht der Nachfragenden zu untersuchen. Denn die Marke, und damit die Arbeitgeber-

---

[222] In der Fachliteratur zum Personalmanagement sowie Personalmarketing wird die emotionale Differenzierung kaum diskutiert. *Scholz* zählt zu den wenigen Experten, die für das Profilierungsproblem aufgrund wachsender Homogenität von Arbeitsplatzfaktoren die *emotionale Positionierung* vorschlagen; vgl. Scholz, Ch. (1992), S. 972 sowie Scholz, Ch. (2000a), S. 417f.

[223] Vgl. Meffert, H. (2000), S. 113, Koppelmann, U. (1994), S. 225f. sowie Behrens, G. (1991), S. 83.

[224] Zum Potenzial einer Marke bzgl. Bindung und Loyalität vgl. Koppelmann, U. (2001), S. 43, Richter, M./ Werner, G. (1998), S. 24ff. sowie Tolle, E./ Steffenhagen, H. (1994), S. 1296ff.

[225] Die Emotionalisierung stellt eine besondere Herausforderung in der Gestaltung und Führung einer Marke dar. Ziel ist es, dass bei Nennung des Arbeitgebernamens neben Sachinformationen auch Emotionen in

marke, übt auf potenzielle Bewerber eine spezielle **Wirkung** aus, so dass sich die Arbeit-geberwahl in deren Sinne vereinfacht und erfolgreicher gestaltet.[226]

Markenfunktion	Bedeutung	Markenwirkung	Vertreter
Orientierung			Weis/ Huber (2002), Pepels (1998), Bruhn (2001), Backhaus (2003), Meffert (2000)
Wiedererkennung	Orientierungsanker		Koppelmann (1994), Bruhn (1994), Herbst (2002), Weis/ Huber (2000)
Identifizierung		Informationseffizienz	Kapferer (2000), Marzano (2001), Hätty (1989)
Rationalisierung	Information Chunk		Irmscher (1997), Koppelmann (1994), Meffert/ Burmann/ Koers (2002)
Sicherheit			Pepels (1998), Koppelmann (1994)
Risikoreduktion			Koppelmann (1994), Frieders (1997), Hätty (1989), Schmidt (2003)
Vertrauen	Qualitätssignal	Risikominimierung	Rüschen (1994), Keller (1990), Simon (1994), Herrmann (1999)
Garantie			Fantapie Altobelli/ Sander (2001), Bruhn (1994)
Assoziation	Information Chunk	Gedächtnisspeicherung	Herbst (2002), Berend (2000)
Prestige	Statussymbol	soziale Anerkennung	Bruhn (1994), Rüschen (1994)
Identifikation	Identifikationsanker	Loyalität	Bruhn (1994), Rüschen (1994)

Tab. III-5: Potenzielle Markenfunktionen sowie -wirkungen aus Arbeitnehmersicht

Quelle: Eigene Darstellung

a) Orientierung

Die zentrale Funktion der Arbeitgebermarke ergibt sich aus deren Auswirkung auf den Suchprozess des Bewerbers und stellt das Ergebnis zweier Subfunktionen, der **Orientie-rungs-** und der **Rationalisierungsfunktion,** dar. Der Such- und Auswahlprozess gestaltet sich durch Informationsasymmetrien und Intransparenz auf dem Arbeitgebermarkt eher schwierig. Die Nachwuchskräfte können aufgrund der eingeschränkten Rationalität das Ge-samtangebot nicht auf Eignung prüfen. Hier dient die Arbeitgebermarke in Form eines **Orientierungsankers** zur Vereinfachung des Such- und Auswahlprozesses der Nachwuchs-

---

Form von *Gefühlen* oder *Erlebniswelten* im Gedächtnis der Zielgruppen aufgerufen werden. Die Metho-den zur Emotionalisierung werden in der Diskussion um eine Markenpersönlichkeit als auch in den Ausführungen zur Kommunikationspolitik aufgezeigt; vgl. dazu *Kapitel IV.3.2* sowie *Kapitel V.3.2.6.2.*

[226] Entsprechend des dem Employer Branding zugrunde gelegten wirkungsorientierten Markenverständnis; vgl. *Kapitel III.2.2.3.*

kräfte.[227] Sie erleichtert die Identifizierung bei erstmaligem Suchverhalten wie bspw. bei der Entscheidung um Praktika als auch der Wiedererkennung bei erneutem Eintritt in den Suchprozess bspw. bei der finalen Wahl des Arbeitgebers.[228] Der **Name** des Unternehmens signalisiert als **Information Chunk** das Vorhandensein bestimmter Anforderungskriterien und führt zu gezielten Assoziationen beim Bewerber.[229] Indem der Suchprozess relativ schnell zum Abschluss kommt und eine genaue Prüfung der Kriterien seitens des Nachwuchses nicht mehr erforderlich erscheint, gestaltet sich dieser durch die Reduktion der Transaktionskosten aufwands- sowie kostenminimal und weist daher eine hohe **Effizienz** auf.[230]

b) Vertrauen

Wie bereits erläutert, fehlen den meisten Nachwuchskräften Informationen und Erfahrungen über die Eigenschaften eines Unternehmens als Arbeitgeber. Für viele Bewerber stellt die Arbeitgeberwahl damit eine **Risikoentscheidung** dar, da die tatsächlichen Gegebenheiten in Abhängigkeit der Eigenschaft erst nach einer gewissen Betriebszugehörigkeit festgestellt werden können.[231] Denn eine frühzeitige Trennung vom neuen Arbeitgeber hinterlässt Spuren im Lebenslauf, die bei einer Bewerbung bei einem neuen Unternehmen meist negativ interpretiert werden und daher die Gefahr besteht, dass der Prozess der Fremdselektion vorzeitig beendet wird. Ferner prägen die frühen Enttäuschungen in der Arbeitswelt das weitere Berufsleben. Der Wiedereintritt in die Arbeitswelt kann daher erschwert werden. Dieses Risikopotenzial der Arbeitgeberwahl soll durch eine Arbeitgebermarke reduziert werden.[232]

---

[227] Vgl. i.A.a. Weis, M./ Huber, F. (2000), S. 37ff., Pflaum, D. (2002), S. 281 sowie Pepels, W. (1998), S. 172. Zur Marke als Orientierungsanker siehe Meffert, H. (1992), S. 130, Sander, M. (1994), S. 17f., Bruhn, M. (2001c), S. 24f. sowie Bauer, H.H./ Huber, F. (1997), S. 7.

[228] Zur Identifizierung und Wiedererkennung der Marke siehe Kapferer, J.-N. (2000), S. 30f., Esch, F.-R. (2003), S. 155, Koppelmann, U. (1994), S. 225f., Herbst, D. (2002), S. 24f. und Bruhn, M. (1994b), S. 21f.

[229] Zur Marke als Information Chunk siehe Bruhn, M. (1994b), S. 22f., Becker, J. (1994), S. 465f., Friederes, G. (1997), S. 5ff., Kroeber-Riel, W./ Weinberg, P. (2003), S. 284ff., Esch, F.-R./ Wicke, A. (2001), S. 11f., Bänsch, A. (2002), S. 75f. sowie Simon, H. (1994a), S. 578ff. *Information Chunks* können als *verdichtete Informationen* verstanden werden, mit denen diverse Einzelinformationen verbunden sind; vgl. Kuß, A. (1993), S. 182. Ein solches Informationsbündel stellt i.d.R. der Markenname dar; vgl. Trommsdorff, V. (2002b), S. 87, Kroeber-Riel, W./ Weinberg, P. (2003), S. 284 sowie Bänsch, A. (2002), S. 75f. Da für alle Stakeholder derselbe Name des Unternehmens gilt, entspricht die Arbeitgebermarke dem Unternehmensnamen. Der Unterschied liegt allerdings in den durch den Namen geweckten Assoziationen.

[230] Zur Rationalisierungsfunktion siehe Koppelmann, U. (1994), S. 225, Biel, A.L. (2001), S. 69 sowie Unger, F. (1986b), S. 15f. Als Transaktionskosten sind die Zeit, Energie und Ressourcen zu verstehen, die der Bewerber für die Suche aufbringt.

[231] Die Eigenschaften lassen sich i.A.a. die Informationsökonomie in Such-, Erfahrungs- und Vertrauensgüter aufteilen; siehe dazu *Kapitel IV.3.1.2.*

[232] Das wahrgenommene Risiko stellt ein kognitives Konstrukt dar und kann definiert werden als *empfundene Unsicherheit* bzgl. *unerwünschter Handlungsfolgen.* Zur Definition des Risikos siehe Pepels, W. (2001a), S. 253, Baumgartner, B./ Hruschka, H. (2002), S. 302, Behrens, G. (1991), S. 123 sowie Weinberg, P. (1981), S. 38. Die Methoden und Instrumente zur Reduktion der Unsicherheit werden in *Kapitel IV.3.1.2* im Rahmen der Gestaltungsempfehlungen zum Aufbau einer Arbeitgebermarke thematisiert.

Denn Marketingexperten sind sich einig, dass das Markenkonzept eine immense risikomi-nimierende Wirkung besitzt, die sich maßgeblich informationsökonomisch erklären lässt.[233] Die Relevanz einer Unternehmensmarke für die Arbeitgeberwahl von potenziellen Mitarbei-tern konnte *Kranz (2004)* mittels einer Dependenzanalyse empirisch nachweisen. So liegt die risikoreduzierende Bedeutung der Unternehmensmarke für einen Bewerber in Abhän-gigkeit der Bewerbungsphase zwischen 45% bis 63%.[234] Ausschlaggebend für die Entfal-tung dieser Wirkung ist der Aufbau von **Vertrauen**, welches auch als Grundlage einer ech-ten Marke bezeichnet wird.[235] Die Arbeitgebermarke stellt damit ein **Vertrauensanker** für das Vorliegen einer gewissen Arbeitgeberqualität dar und erleichtert schließlich den Such- und Entscheidungsprozess der Bewerber. Aufgrund des Vertrauens in die Qualitäten eines Arbeitgebers nimmt die Arbeitgebermarke auch die Funktion eines **Qualitätsankers** ein.[236] Der Aufbau von Vertrauen bei den Zielgruppen gehört daher zur wichtigen Zielgröße.[237]

c) Identifikation

Die Wahl und die Loyalität eines Arbeitgebers hängt nicht nur von dem Vorhandensein von objektiven Unternehmens- und Arbeitsplatzfaktoren ab, sondern wird im besonderen Maße von subjektiven, emotionalen Gefühlen beeinflusst. Abgeleitet aus der Theorie der subjek-tiven Faktoren nach *Behling et al. (1968)* kommt dabei dem Identifikationspotenzial eines Arbeitgebers eine besondere Relevanz zu. Eine Identifikation eines Arbeitnehmers mit der Identität eines Arbeitgebers kann insb. dann angenommen werden, wenn sich das Indivi-

---

[233] Vgl. Keller, I. (1990), S. 53, Pepels, W. (1998), S. 164f., Koppelmann, U. (1994), S. 225f., Meffert, H./ Burmann, Ch./ Koers, M. (2002b), S. 9f., Irmscher, M. (1997), S. 29ff., Friederes, G. (1997), S. 6, Bruhn, M. (2001c), S. 24f., Weis, M./ Huber, F. (2000), S. 37ff. sowie Hätty, H. (1989), S. 19. Siehe zum Erklärungsbeitrag der Informationsökonomie *Kapitel IV.3.2.2.*

[234] *Kranz* reduziert mittels multivariater Analysemethoden die Relevanz bzw. Funktionen einer Unterneh-mensmarke auf drei Faktoren: *Informationseffizienz, Risikoreduktion, ideeller Nutzen.* Die Dependenz-analyse für die Anspruchsgruppe der potenziellen Mitarbeiter ergibt für die Informationseffizienz Werte von 28-37% und für den ideellen Nutzen Werte von 9-18%. Als Grundlage für die Analyse dienen die Antworten von 338 Personen, die im Winter 2002 im Rahmen von drei überregionalen Rekrutierungs-veranstaltung für Absolventen und Young Professionals befragt wurden. Es ist anzunehmen, dass die Ergebnisse auf die Arbeitgebermarke zu übertragen sind, da der Arbeitgeber eine Teilfunktion des Unternehmens darstellt; vgl. dazu ausführlich Kranz, M. (2004), S. 114ff.

[235] Vgl. zur zentralen Eigenschaft des Vertrauens Rüschen, G. (1994), S. 124, Schmidt, K. (1999), S. 76, Keller, I. (1990), S. 53, Irmscher, M. (1997), S. 29ff., sowie Simon, H. (1994a), S. 578ff.

[236] Vgl. zur Marke als Qualitätsgarantie Berend, P. (2002), S. 15f., Meffert, H. (2000), S. 847f., Rüschen, G. (1994), S. 124, Meffert, H./ Burmann, Ch./ Koers, M. (2002b), S. 9f., Biel, A.L. (2001), S. 69, Friederes, G. (1997), S. 6, Weis, M./ Huber, F. (2000), S. 37ff., Fantapié Altobelli, C./ Sander, M. (2001), S. 8f. sowie Homburg, Ch. (2003), S. 10.

[237] Zur Bedeutung des Vertrauens siehe auch Kemper, A.Ch. (2000), S. 82. sowie Heinlein, M. (1999), S. 287. Auch der Unternehmer *Robert Bosch* prägte die hohe Bedeutung des Vertrauens für sein Unter-nehmen; er sagte „Lieber Geld verlieren als Vertrauen"; vgl. Albach, H. (1980), S. 2. Die enge Verknü-pfung des Vertrauens zur Präferenz zeigt die Theorie des akquisitorischen Potenzials nach Gutenberg (1979). Gemäß dieses theoretischen Ansatzes besteht Vertrauen in sachlichen, persönlichen und zeit-

duum mit denselben Attributen beschreibt wie die Organisation.[238] Mit anderen Worten steht die Arbeitgebermarke stellvertretend und symbolisch für bestimmte **Wertvorstellungen** mit denen der Mitarbeiter sein Eigenbild definiert.[239] Der Wertekatalog eines Unternehmens wirkt daher zum einen im Hinblick auf das Bewerberprofil selektiv, zum anderen wird durch einen Wertematch eine innere Bindung mit dem Unternehmen hergestellt, die über die reine Befriedigung der Arbeitgeberanforderungen hinausgeht.

Wird bei der Identifikation zudem zwischen einer Innen- und Außenwirkung unterschieden, ermöglicht die Arbeitgebermarke darüber hinaus eine Selbstdarstellung im sozialen Umfeld. Mit dem Ziel, ein gewisses Image sowie **Prestige** bei Freunden und Bekannten zu erlangen, wird das Image der Arbeitgebermarke zur Demonstration oder auch zur Aufwertung des eigenen Ich genutzt (**Demonstrations- und Prestigefunktion**).[240]

Aus der vorangegangenen Darstellung der Arbeitgeberfunktionen geht hervor, dass eine Marke als solche eine funktionsorientierte Ausrichtung besitzt. Mit dem Aufbau und der Führung einer Arbeitgebermarke sollen bei den Adressaten **spezielle Wirkungen** erzeugt werden, die das Entscheidungs- und Wahlverhalten beeinflussen und schließlich den First-Choice-Arbeitgeber festlegen. Auch wenn das funktionsorientierte Markenverständnis keinen expliziten Beitrag zum Beweis der Existenz von Arbeitgebermarken liefert, kann dennoch eine interessante Schlussfolgerung abgeleitet werden. Denn bei Zugrundelegung der engen Verknüpfung von Marke und Funktionen müssen, um von einem Employer Brand sprechen zu können, die aufgeführten Funktionen mit den entsprechenden Wirkungen auch bei einem Unternehmen in seiner Eigenschaft als Arbeitgeber vorhanden sein. Die einzelnen Markenfunktionen stellen daher **Teilziele** zur Erreichung der Arbeitgeberpräferenz dar. Für den Aufbau und das erfolgreiche Führen einer Arbeitgebermarke ergibt sich daher die zentrale Frage nach den Strategien zur Schaffung dieser **Arbeitgeberfunktionen**.

Da die Arbeitgebermarke darauf abzielt, eine Präferenzwirksamkeit auf Seiten der potenziellen und aktuellen Mitarbeiter hervorzurufen, kann die Betrachtung der Arbeitgebermarke auf die Arbeitnehmerfunktionen reduziert werden. Die für das Entscheidungsver-

---

lichen Präferenzen für ein Betrachtungsobjekt; vgl. Gutenberg, E. (1979), S. 243ff. zitiert nach Albach, H.(1980), S. 3 sowie Kaas, K.-P. (1992), S. 895. Die Folge von Vertrauen ist damit ein präferenzwirksames Verhalten. Das Vertrauen zu einem arbeitgebenden Unternehmen spielt insb. in konjunkturschwachen Zeiten eine besondere Rolle. Denn der Arbeitnehmer vertraut auf die Sicherung von Arbeitsplätzen durch das Management. Zur Bedeutung der Vertrauensfunktion von Marken siehe u.a. Bauer, H.H./ Huber, F. (1997), S. 7, Hätty, H. (1989), S. 19, Rüschen, G. (1994), S. 124, Leitherer, E. (1994), S. 137, Hermann, Ch. (1999), S. 47 sowie Simon, H.-J. (1997), S. 29.

[238] „Employee identification with the organizations identity has been defined in terms of the degree to which a member defines themselves by the same attributes as those they believe define the organization"; Stuart, H. (2001), S. 49.

[239] Vgl. Meffert, H./ Burmann, Ch./ Koers, M. (2002b), S. 11f. sowie Mayer, A./ Mayer, R.U. (1987), S. 14ff.

[240] Zur Selbstdarstellung mit Hilfe von Marken siehe Biel, A.L. (2001), S. 69, Berend, P. (2002), S. 17f., Meffert, H. (2000), S. 847f, Weis, M./ Huber, F. (2000), S. 37ff., Frideres, G. (1997), S. 6ff. sowie Rüschen, G. (1994), S. 124.

halten relevanten weichen Faktoren stellen dabei das **Vertrauen**, die **Identifikation** sowie das **Prestige** dar. Für die Definition der Arbeitgebermarke können die Erkenntnisse aus dem funktionsorientierten Ansatz wie folgt genutzt werden:

*Die Arbeitgebermarke erfüllt **diverse Funktionen**, die das Entscheidungsverhalten des Adressaten bei der **Arbeitgeberwahl** beeinflussen.*

2.2.5 Identitätsorientiertes Verständnis der Arbeitgebermarke

Die lange Zeit dominierende nachfrageorientierte Sichtweise der Marke erfuhr Ende der neunziger Jahre eine Ergänzung durch die innengerichtete Perspektive.[241] Die sog. identitätsorientierte Markenführung wird von *Meffert & Burmann (2002)* definiert als

*„ein außen- und innengerichteter Managementprozess mit dem Ziel der **funktionsüber-greifenden Vernetzung** aller mit der Markierung von Leistungen zusammenhängenden Entscheidungen und Maßnahmen zum Aufbau einer **starken Markenidentität**".*[242]

Den Ausgangspunkt der Markengestaltung und –führung bildet daher nicht das Fremdbild, sondern das **Selbstbild** der **Marke** in Form einer einzigartigen Identität. Der Aufbau einer Arbeitgebermarke beginnt somit mit der Entwicklung einer einzigartigen **Identität**.[243] Diese bildet das **Aussagekonzept** der Marke und steht in enger Wechselseitigkeit mit dem Image **(Inside-Out-Orientierung)**.[244] Letztendlich resultiert die Stärke einer Arbeitgebermarke

---

[241] Zu den Markenexperten, welche die Anwendung des identitätsorientierten Ansatzes propagieren gehören insb. Kapferer (1992), (2000), Aaker (1992), (1996), Meffert/ Burmann (1996), (2002) sowie Esch (2003). Auch wenn in den Beiträgen der Begriff *Markenidentität* verwendet wird, unterscheiden sich die Konzepte neben der Operationalisierung der Identität auch hinsichtlich der einbezogenen Konstruktionsebenen der Markenidentität. Vgl. dazu auch den Vergleich von *Esch*; vgl. Esch, F.-R. (2003), S. 91ff.

[242] Meffert, H./ Burmann, Ch. (2002), S. 30. Der identitätsorientierte Markenansatz basiert auf den Überlegungen aus der sozialpsychologischen Forschung, nach der die Identität einer Person erst durch eine wechselseitige Wahrnehmung von weiteren Personen entstehen kann. Die Stärke einer Humanidentität resultiert aus der Übereinstimmung der Wahrnehmung dieser Identität aus eigener und fremder Sicht; vgl. dazu Meffert, H./ Bierwirth, A. (2002), S. 197f., Baumgarth, C. (2001), S. 22f. sowie Trux, W. (2002), S. 67. Der Begriff Identität stammt aus dem Lateinischen und bedeutet *dasselbe* oder *völlig gleich*; vgl. Bickmann, R. (1999), S. 97 sowie Wüthrich, H.A./ Bagusat, O. (2002), S. 77.

[243] Zur Relevanz der Identität vgl. Ries, A./ Ries, L. (1999), S. 11, Aaker, D.A./ Joachimsthaler, E. (2000a), S. 68ff., Aaker, D.A. (1996), S. 68ff., Hertle, Th. (2003), S. 6f., Adjouri, N. (2002), S. 76f., Weis, M./ Huber, F. (2000), S. 43ff. sowie Schmidt, K. (2003), S. 35. Die Identität geht dem Image folglich voraus; vgl. Kapferer, J.-N. (2000), S. 94ff., Simon, H.-J. (1997), S. 19, Riel, C.B.M.v. (2001), S. 14f. sowie Hermanns, A./ Püttmann, M. (1993), S. 23f.

[244] Vgl. zum Aussagekonzept der Marke Baumgarth, C. (2001), S. 22, Kapferer, J.-N. (1992), S. 44f., Weis, M./ Huber, F. (2000), S. 43 sowie Linxweiler, R. (2001), S. 62.

aus der Übereinstimmung ihres von außen wahrgenommenen Fremd- sowie des unternehmensintern existierenden Selbstbildes.[245]

Der identitätsorientierte Ansatz erfreut sich in der Markendiskussion wachsender Beliebtheit.[246] Für die Existenzprüfung liefert er einen ähnlichen Beitrag wie der wirkungsorientierte Ansatz. Demnach stellt die Arbeitgebermarke auch hier ein in der Psyche der Adressaten vorhandenes Vorstellungsbild dar. Der Unterschied liegt jedoch in der Abkehr von der einseitigen Imagebetrachtung und der Fokussierung auf das Selbstbild des Arbeitgebers. Das ansatzspezifische Charakteristikum stellt damit die **Identität** dar, welche im Rahmen des Employer Branding im ersten Schritt identifiziert, gebildet oder gefestigt werden muss. Sie stellt die Grundlage für ein erfolgreiches Employer Branding sowie ein stimmiges und langandauerndes Markenbild bei den potenziellen Fach- und Führungskräften dar. Ansatzpunkte zur Bildung der Markenidentität bilden die Werte des Arbeitgebers, die Unternehmenskultur sowie die Ziele des Unternehmens. Für das Employer Branding können durch die Berücksichtigung der Erkenntnisse insb. Hinweise zur Gestaltung einer einzigartigen, von der Konkurrenz abgrenzenden **Markenpersönlichkeit** genutzt werden. Zudem liefert der Identitätsansatz Ideen zur Bewältigung der Positionierungsschwierigkeiten bei der Rekrutierung von mehreren konträren Zielgruppen.[247] Aus identitätsorientierter Perspektive kann eine Arbeitgebermarke schließlich definiert werden

*als **werteorientiertes Selbstkonzept**, welches die **Ausrichtung** der **Personalpolitik** bestimmt.*

3. Zusammenfassende Bewertung zur Anwendung des Markenkonzepts auf Arbeitgeber

3.1 Zum Erkenntnisgewinn aus den markenpolitischen Ansätzen

Die Ergebnisse der Diskussion um die Markenansätze belegen, dass im Sinne des herrschenden Verständnisses zur Marke die Voraussetzungen erfüllt sind, um aus wissenschaftlicher Perspektive von einer Arbeitgebermarke sprechen zu können. Den entscheidenden

---

[245] Das Ziel der identitätsorientierten Markenführung stellt eine starke Markenidentität dar, die durch Maßnahmen zur Erlangung einer hohen Übereinstimmung der vielfältigen Selbst- und Fremdbilder erreicht werden soll; vgl. Meffert, H./ Bierwirth, A. (2002), S. 197f.

[246] Vgl. dazu die Beiträge von Bierwirth (2003), Schleusener (2002), Bongartz (2002), Schneider (2002) sowie Kranz (2004).

[247] Siehe dazu die Auswertung zum empirischen Forschungsstand der Präferenzen, insb. den Vergleich der einzelnen Interessensgruppen *Techniker vs. Kaufleute, Frauen vs. Männer* sowie *Medium vs. High Potentials*; vgl. *Kapitel II.2.3.2.1*. Denn gemäß des Ansatzes sind die zielgruppenübergreifend akzeptierten Identitätsdimensionen als gemeinsame Klammer zu identifizieren; vgl. dazu Meffert, H./ Bierwirth, A. (2002), S. 197f.

Beitrag liefert der *wirkungsorientierte Ansatz* der über die Ausprägung eines **Vorstellungs-bildes** die weitestgehend universelle Anwendung des Markenkonzepts ermöglicht. Die nachfolgende Tabelle stellt die Ergebnisse der Diskussion der Markenansätze nochmals im Überblick dar:

Markenansatz	Existenz	Charakteristika	Definition
Merkmal	-	- hohe Qualität - Konstanz - Attraktivitätsmerkmale - Markierung	Die Arbeitgebermarke repräsentiert ein Eigenschaftsbündel subjektiv empfundener, personalpolitischer Attraktivitätsmerkmale hoher Qualität sowie Konstanz.
Instrument	-	- Brandingmaßnahmen	-
Wirkung	Vorstellungsbild zu einem Arbeitgeber	- in Psyche/ Kopf - fest verankert - Fremdbild/ Image - Outside-In-Orientierung	Die Arbeitgebermarke stellt ein in den Köpfen der Zielgruppen fest verankertes, unverwechselbares Vorstellungsbild dar.
Funktion	Arbeitgeber mit diverser Wirkung	- Präferenz - Differenzierung - Emotionalisierung - Orientierung - Vertrauen - Identifikation/ Prestige	Die Arbeitgebermarke erfüllt diverse Funktionen, die das Entscheidungs-verhalten der Zielpersonen beeinflussen.
Identität	Selbst- und Vorstellungsbild zu einem Arbeitgeber	- Identität - Selbstbild - Inside-Out-Orientierung	Die Arbeitgebermarke basiert auf einem werteorientierten Selbstkonzept, welches die Ausrichtung der Personalpolitik bestimmt. In der Fremdwirkung stellt sie das fest verankerte, unverwechselbare Vorstellungsbild dar.

Tab. III-6: Zusammenfassung der Erklärungsbeiträge zur Arbeitgebermarke

Quelle: Eigene Darstellung

Die erste Arbeitsdefinition aus *Kapitel II.2*, welche die Arbeitgebermarke als besondere Markierung zur Signalisierung einer bestimmten personalpolitischen Ausrichtung eines Unternehmens bestimmt, lässt sich mit den Erkenntnissen der Markenansätze auf ein wissenschaftliches Fundament setzen. I.A.a. das *wirkungsorientierte Verständnis* wird in dieser Arbeit folgende Definition der Arbeitgebermarke zugrunde gelegt:

*Die Arbeitgebermarke stellt im Ergebnis ein im Gedächtnis der umworbenen akademischen Fach- und Führungskräfte **fest verankertes, unverwechselbares Vorstellungsbild** eines Arbeitgebers dar. Dieses Vorstellungsbild umfasst zum einen ein Bündel subjektiv relevanter, **personalpolitischer Attraktivitätsmerkmale**. Zum anderen umfasst* *die Arbeitgebermarke entscheidungsrelevante* **Erfolgsdimensionen** *wie insb.* **Orientierung, Vertrauen und Identifikation.**[248]

Während die Arbeitgebermarke das Ziel der Markenbemühungen bezeichnet, skizziert das Branding den **Prozess** zur Zielerreichung. Kommt die erste Arbeitsdefinition der Arbeitgebermarke zur Anwendung, handelt es sich lediglich um **Maßnahmen** der **Markierung**.[249] Im engeren Sinne bezieht sich das Employer Branding daher ausschließlich auf eine Namensgebung sowie Zeichensetzung für einen Arbeitgeber.[250] Wird das Branding hingegen aus der Managementperspektive betrachtet und dem Terminus Markenpolitik oder -management gleichgesetzt, erhält dieses die Bedeutung eines **ganzheitlichen Managementkonzepts**. Das Employer Branding umfasst folglich

alle **Entscheidungen,** *welche die* **Planung, Gestaltung, Führung** *und* **Kontrolle** *einer* **Arbeitgebermarke** *sowie der entsprechenden* **Marketingmaßnahmen** *betreffen mit dem Ziel, die umworbenen Fach- und Führungskräfte* **präferenzwirksam (Employer-of-Choice)** *zu beeinflussen.*[251]

---

[248] Die Wirkungsgrößen der Arbeitgebermarke wurden von dem funktionsorientierten Ansatz abgeleitet und basieren auf den Erkenntnissen zum Prozess der Arbeitgeberwahl. Durch die besonderen Wirkungsgrößen soll schließlich das Ziel des Employer-of-Choice erreicht werden.

[249] Die Ursprünge des Begriffs Branding gehen höchstwahrscheinlich auf nordamerikanische Siedler zurück, die zur *Kennzeichnung ihrer Tiere* diese brandmarkten. Damit scheint der Begriff im Zuge der Expansion der Viehzucht hochgekommen zu sein; vgl. Chernatony, L./ McDonald, M.H.B. (1998), S. 28, Langner, T. (2003), S. 3f., Hermann, Ch. (1999), S. 35, Esch, F.-R. (2003), S. 153f. sowie Rüschen, G. (1994), S. 122f. Erkenntnisse, um welche Formen der Markierung es sich handelt, geben die Definitionsversuche von *Gotta (1994), Clausnitzer, Heide & Nasner (2002)* sowie *Langner (2003)*. Während *Gotta* das Branding zunächst ausschließlich auf die *Namensgebung* beschränkt, erweitern *Clausnitzer, Heide & Nasner* das Begriffsverständnis um die Entwicklung eines einprägsamen *Logos* mit klarer Absenderfunktion und hohem Wiedererkennungswert; vgl. Gotta, M. (1994), S. 773ff. sowie Langner, T. (2003), S. 153f. *Gotta,* wie auch *Weinberg,* bringen die Namensgebung in enge Verbindung mit einem Wertekatalog. So versteht *Weinberg* unter Branding „die Umsetzung einer Werthaltung der Konsumenten zum Produkt in einer unverwechselbaren Namensgebung..."; Weinberg, P. (1992), S. 35f. Nach *Langner* setzt sich das Branding aus *drei Komponenten* zusammen: dem Markennamen, dem Markenzeichen bzw. -bild und der Verpackungs- bzw. Produktgestaltung; vgl. Langner, T. (2003), S. 5f. sowie Esch, F.-R./ Langner, T. (2001), S. 441.

[250] Vgl. zur engen Sichtweise des Branding die Ausführungen von Brauer, W. (1997), S. 22f., Fantapié Altobelli, C/ Sander, M. (2001), S. 10f., Bruhn, M. (1994b), S. 17f., Ludwig, W.F. (2000), S. 16f. sowie Schmidt, H.J. (2001), S. 36ff.

[251] Die ganzheitliche Perspektive des Branding hat bereits der „Vater" des modernen Markenmanagements *Domizlaff* begründet; vgl. Domizlaff, H. (1976), S. 157ff. Zum *weiten Begriffsverständnis* des Branding im Sinne einer Managementorientierung siehe auch Koschnick, W.J. (1997), S. 1044f., Zentes, J./ Swoboda, B. (2001), S. 342ff., Brauer, W. (1997), S. 22f., Erichson, B./ Twardawa, W. (1994), S. 289f. sowie Meffert, H. (2000), S. 848f. *Demuth* spricht auch vom *Employee Branding*; vgl. Demuth, A. (2000), S. 14.

Die Ergebnisse der Markenansätze verdeutlichen ferner die Anknüpfungspunkte zwischen Arbeitgeberwahlverhalten und Markenkonzept. Während nach *Vroom (1964)* der akademische Nachwuchs seinen rationalen **Nutzen** bei der Wahl des Arbeitgebers zu maximieren sucht, symbolisiert die Arbeitgebermarke i.A.a. den *merkmalsorientierten Ansatz* das Vorhandensein bestimmter Nutzenelemente. Der Nutzen steht damit sowohl bei den Bewerbern als auch bei dem markierten Arbeitgeber im Mittelpunkt.

Über den rationalen Nutzen hinaus erfüllt die Marke weitere Funktionen, die in ihrer Wirkung gleichzeitig den Suchprozess und die Entscheidungsfindung der Nachwuchskräfte erleichtern. So schafft eine Arbeitgebermarke i.A.a. den *funktionsorientierten Ansatz* **Vertrauen** und reduziert somit die **Unsicherheit** bei der Arbeitgeberwahl. Des Weiteren bietet sie Orientierung und **Identifikation**. Diese Funktionen könne auch als **emotionale Nutzenelemente** bezeichnet werden, die den Gesamtnutzen erhöhen. Dass die Möglichkeit der Identifikation eine hohe Relevanz im Rahmen der Arbeitgeberwahlentscheidung besitzt, zeigt das Modell von *Behling et al. (1968)*. Folglich wirkt die Arbeitgebermarke durch ihre identifikationsstiftende Wirkung auf die Arbeitgeberpräferenzen des akademischen Nachwuchses.

Weitere inhaltliche Parallelen sind insb. zwischen dem *wirkungsorientierten Markenansatz* und den Modellen der Arbeitgeberwahl von *Simon et al. (1995)* sowie *Süß (1996)* gegeben. Denn sowohl bei der Marke als auch bei der Arbeitgeberwahl bildet das **Vorstellungsbild**, dass sich der akademische Nachwuchs von einem Arbeitgeber macht, d.h. das Image eines Arbeitgebers, die erfolgskritische Präferenzgröße. Die Möglichkeit des Transfers des klassischen Markenkonzepts auf das Betrachtungsobjekts des Arbeitgebers ist damit bestätigt.

3.2 Integrative Betrachtung der Markenansätze zur Gestaltung eines ganzheitlichen Employer Branding

Wie in *Kapitel III.2* dargestellt, liefert die Diskussion der Markenansätze verschiedene Beiträge zur Existenzprüfung sowie Charakteristika- und Begriffsbestimmung der Arbeitgebermarke. Die Unterschiedlichkeit der Ergebnisse liegt dabei in der differenzierten Betrachtung der Markenkonzeption begründet. Bei einer isolierten Anwendung eines Ansatzes zur Durchdringung eines markenwürdigen Betrachtungsgegenstandes ist daher zu befürchten, dass gewisse Aspekte eines ganzheitlichen Markenmanagement ausgegrenzt werden.[252] Für die konzeptionelle Entwicklung des Employer Branding kommt diese Vorgehensweise daher nicht in Frage. Stattdessen erscheint insb. bei einer umsetzungsorientierten Markendiskussion wie dem Employer Branding eine integrative Betrachtung unabdingbar. Aus der Kombination der Ansätze werden zentrale Hinweise sowohl zur

---

[252] In den überwiegenden Fällen werden die Markenansätze lediglich als theoretische Basis herangezogen, um die Arbeit als solches auf ein wissenschaftliches Fundament zu stellen. Das bewusste Hinzuziehen der Ansätze zur Gestaltung eines ganzheitliches Markenmanagements bleibt aus.

Konzeption als auch zum Management der Arbeitgebermarke erwartet.[253] Die nachfolgende Graphik integriert die Markenansätze und visualisiert die Wechselbeziehungen zwischen diesen sowie der Arbeitgebermarke und der Zielgruppe.[254]

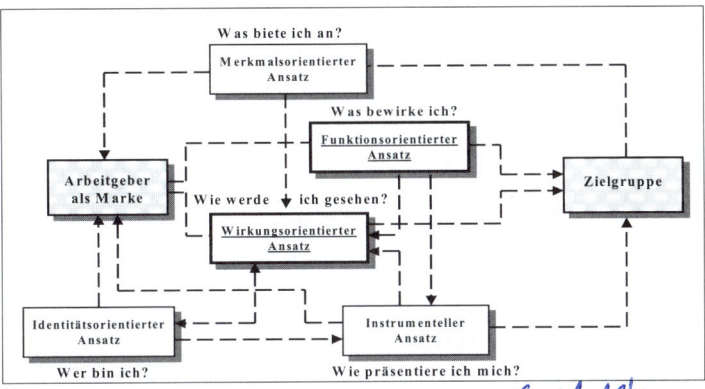

Abb. III-1: Integrative Vernetzung der Markenansätze

Quelle: Eigene Darstellung i.A.a. Esch (2003)

auf Wirkung ausgerichtet!

Der identitätsorientierte Ansatz bildet den Ausgangspunkt der Betrachtung. Die **Identität** stellt den Kern der Marke dar. Diese ist unabhängig von den Anforderungen der Zielgruppe und macht die Einzigartigkeit des Arbeitgebers aus. Aus der wahrgenommenen Identität ergibt sich das **Image** bei den Zielgruppen. Beide Größen stehen in direkter Wechselbeziehung zueinander, da sie sich gegenseitig bedingen. Das Angebot des Arbeitgebers an nutzenstiftenden Attraktivitätsfaktoren orientiert sich an den Anforderungen der Zielgruppen. Diese werden durch das Prinzip der Verkehrsgeltung im merkmalsorientierten Ansatz berücksichtigt. Zusammen mit den Funktionen einer Marke (funktionsorientierter Ansatz) finden die Identität und die Merkmale des Arbeitgebers in der **Konzeption** der Arbeitgebermarke Berücksichtigung. Das Markenimage aus dem wirkungsorientierten Ansatz stellt hingegen das **Resultat** des Employer Branding dar. Im Fokus der **Umsetzung** der Arbeitgebermarke stehen schließlich die Instrumente (instrumenteller Ansatz). Diese müssen so ausgerichtet sein, dass sie die gewünschten Wirkungen (Funktionen) bei der Zielgruppe erfüllen, der Identität nicht widersprechen sowie das gewünschte Image fördern.

[253] Hinweise zur Gestaltung einer Arbeitgebermarke geben der identitätsorientierte, merkmalsorientierte und der funktionsorientierte Ansatz. Der wirkungsorientierte und instrumentelle Ansatz beschäftigen sich mit der Umsetzung.

[254] Ähnliche Fragestellungen formulieren auch *Demuth* und *Muth*, um die Bausteine des Markenaufbaus zu ergründen; vgl. Demuth, A. (1999), S. 38ff. und Muth, C. (2000), S. 24.

3.3 Arbeitgeberspezifische Herausforderungen des Employer Branding

Wie aus der Definition zur Arbeitgebermarke zu entnehmen ist, besteht die Aufgabe des Employer Branding darin, in den Köpfen der Zielpersonen ein unverwechselbares **Vorstellungsbild** über einen Arbeitgeber zu schaffen und fest zu verankern. Die besonderen Herausforderungen für das Markenmanagement eines Arbeitgebers, dieses Vorstellungsbild zu entwickeln, wurden im Rahmen der Transferprüfung in *Kapitel III.2* bei der Gegenüberstellung der Betrachtungsbereiche Produkt, Dienstleistung und Arbeitgeber bereits grob skizziert. Da die Bewältigung der Herausforderungen die notwendige Bedingung für die Umsetzung sowie schließlich den Erfolg des Employer Branding darstellt, werden diese, welche als arbeitgebermarkenbezogene **Handlungsfelder** bezeichnet werden, in den folgenden Abschnitten vertiefend erläutert.[255]

3.3.1 Handlungsfelder: Wahrnehmung, Markierung

Ein zentrales Handlungsfeld für das Employer Branding lässt sich aus den Besonderheiten der **Wahrnehmung** von Arbeitgebern aus Sicht der Nachwuchskräfte ableiten. Wie bereits bei den Modellen der Arbeitgeberwahl skizziert, fehlen den meisten Nachwuchskräften konkrete Informationen über die Personalpolitik eines Unternehmens, die sie durch Eigenerfahrung im Rahmen von bspw. Praktika oder Werkstudententätigkeiten selbst hätten sammeln können.[256] Sie sind daher gezwungen, die Informationsdefizite durch globale, z.T. nicht im direkten Zusammenhang zu ihrer Bewerbung stehenden **Schlüsselinformationen** zu ersetzen oder zu ergänzen.[257] Zudem werden bei fehlendem direkten Zugang zu einem Unternehmen die Meinungen Dritter meist unreflektiert übernommen.[258] Eine Konsequenz dieses Verhaltens kann darin bestehen, dass wesentliche Einzelqualitäten eines arbeitsplatzanbietenden Unternehmens übersehen und in Form einer unkritischen Pauschalbewertung zusammengefasst werden.[259]

Jedes Unternehmen wird aufgrund seiner Eigenschaften und Ausrichtung unterschiedlich wahrgenommen. Die zentralen Schlüsselinformationen zur Meinungsbildung liefern dabei

---

[255] In den folgenden *Kapiteln III.3.3.1* und *3.3.2* werden die Handlungsfelder lediglich ausführlicher erläutert. Eine Ableitung von Handlungsempfehlungen zur erfolgreichen Umsetzung des Employer Branding erfolgt erst in den *Kapiteln IV* und *V*.

[256] Vgl. Simon, H. (1984), S. 324ff., Groenewald, H./ Horn, S. (1986), S. 489 sowie Zimmer, D. (1995), S. 53.

[257] Vgl. Böckenholt, I./ Homburg, Ch. (1990), S. 1169 sowie Wiltinger, K. (1997), S. 58f.

[258] Vgl. Moll, M. (1992a), S. 32, Zimmer, D. (1995), S. 53 sowie Groenewald, H./ Horn, S. (1986), S. 489.

[259] Vgl. Bertelsmann, G. (1981), S. 209 und Böckenholt, I./ Homburg, Ch. (1990), S. 1160.

das Unternehmen selbst sowie dessen Branche, Produkte und Standort, die jeweils ein eigenes **Image** besitzen. Die Teilimages wirken schließlich auf das Vorstellungsbild des Unternehmens als Arbeitgeber und können in Abhängigkeit einer positiven oder negativen Ausprägung die Meinungen und letztendlich die Arbeitgeberpräferenzen des akademischen Nachwuchses stark beeinflussen. In der Fachliteratur zum Personalmarketing wird dieses arbeitgeberbezogene Vorstellungsbild auch als **Arbeitgeberimage** bezeichnet.[260] Aufgrund der erfolgskritischen Relevanz der verschiedenen Teilimages eines Unternehmens auf das Vorstellungsbild eines Arbeitgebers bzw. Arbeitgeberimage und somit auf die Arbeitgebermarke werden diese im Folgenden näher erläutert.

a) Unternehmensimage

Das Unternehmensimage spiegelt die **Vorstellungen** und Meinungen der Umwelt über das **Unternehmen** wider. Zur Umwelt zählen je nach Aktionsgrad Kunden, Lieferanten, Kapitalgeber, die allgemeine Öffentlichkeit und die aktuellen sowie potenziellen Mitarbeiter.[261]

---

[260] Siehe detailliertere Ausführungen zum Image in *Kapitel III.3.3.* Grundsätzlich können nahezu alle Lebensbereiche und Meinungsobjekte bzw. –subjekte ein Image besitzen; vgl. dazu die Übersichten bei Huber, H. (1991), S. 28, Fopp, L. (1975), S. 73f., Schweiger, G. (1995), Sp. 918f., Reich, F. (1995), S. 22f., Gloger, A. (2001), S. 55ff. sowie Barich, H./ Kotler, Ph. (1991), S. 94ff. Heute sind sich die Experten aus dem Personalmarketing weitestgehend einig, dass das Image eines Unternehmens als Arbeitgeber als der *kritische Erfolgsfaktor* im Wettbewerb um die besten Fach- und Führungskräfte anzusehen ist; vgl. Freimuth, J. (1990a), S. 314, Claßen, I. (1995), S. 34, Simon et al. (1995), S. 59, Birker, K. (2002), S. 25, Schreiber, H. (1994), S. 618, Herman, R.E./ Gioia, J.L. (2001), S. 63ff., Moll, M. (1992a), S. 32., Simon et. al. (1995), S. 59 sowie Eisele, D./ Horender, U. (1999), S. 29. Denn nach herrschender Meinung fördert ein attraktives Arbeitgeberimage die *Akquisition* qualifizierter Bewerber und erhöht die Loyalität bestehender Mitarbeiter; vgl. Zimmer, D. (1995), S. 54, Bertelsmann, G. (1981), S. 209f., Freimuth, J. (1990a), S. 314, Schöbitz, E. (1986), S. 176, Schneider, D.J.G. (1989), S. 108, Möller, R. (1987), S. 294 sowie Birker, K. (2002), S. 25f. Weitere Einflüsse des Arbeitgeberimages sind nach *Joha* auf die *Leistung* der Mitarbeiter sowie die *Personalkosten* gegeben; vgl. Joha, J. (1969), S. 102. Nach *Vollmer* war es im Zuge einer immer größeren Annäherung der Personalpolitik an kundenorientierte Verhaltensweisen und Verfahren deshalb nur eine Frage der Zeit, bis dem Arbeitgeber- bzw. Personalimage die im zustehende Aufmerksamkeit entgegengebracht wurde; vgl. Vollmer, R.E. (1993), S. 180. Vgl. auch Süß, M. (1996), S. 53 sowie Knoblauch, R. (2001), S. 137. Die Begriffe *Personal-* und *Arbeitgeberimage* werden in der Fachliteratur z.T. synonym verwendet; vgl. zum Begriff Personalimage u.a. Freimuth (1989), Zimmer (1995), Flüshöh (1995). *Freimuth & Elfers* differenzieren hingegen zurecht zwischen beiden Begriffen; vgl. Freimuth, J./Elfers, C. (1991), S. 886ff. Denn der Begriff *Arbeitgeberimage* ist weiter gefasst. Dieser beinhaltet alle im Rahmen der Arbeitgeberwahl wahrgenommenen und entscheidungsrelevanten Faktoren, und schließt neben der Personalpolitik bspw. die Branche und das Produkt eines Unternehmens oder dessen Standort mit ein. *Süß* spricht sogar noch treffender von einem *Personalpolitikimage*; vgl. Süß, M. (1996), S. 94f. Bei der Diskussion um die Arbeitgebermarke handelt es sich genau um dieses Personalpolitikimage, welches ein Unternehmen unabhängig seiner restlichen Teilimages als Spitzen-Arbeitgeber kennzeichnet.

[261] Vgl. Knoblauch, R. (2001), S. 140f. Auch beim Image des Unternehmens handelt es sich nicht unbedingt um die tatsächlichen Merkmale der Organisation, sondern um Charakteristika, die ihr von den Meinungsträgern zugeschrieben werden; vgl. auch Schneider, B. (1995), S. 33 sowie Dietmann, E. (1993), S. 193.

Für den wirtschaftlichen Erfolg eines Unternehmens leistet dessen Image oder guter Ruf einen wesentlichen Beitrag.[262] Aber auch die Auswirkungen auf die Attraktivität als Arbeitgeber sind nicht zu vernachlässigen.[263] Es herrscht Einigkeit darüber, dass das Arbeitgeberimage nicht losgelöst vom Unternehmen betrachtet werden kann. Mit anderen Worten konkretisiert sich das Unternehmensimage im Arbeitgeberimage.[264] Bei einer schlechten Reputation der Firma sind deswegen negative Wechselwirkungen auf die Anziehungskraft als Arbeitgeber nicht auszuschließen. Umgekehrt können Rekrutierungsprobleme mithilfe eines vorteilhaften Unternehmensimages besser bewältigt werden.[265]

Aufgrund des enormen Einflusses des Unternehmensimages auf die Arbeitgeberattraktivität ist es unabdingbar, dieses genauer auf seine Zusammensetzung zu analysieren. Nach *Reich (1995)* handelt es sich hierbei um ein mehrdimensionales Gebilde, dass in seiner Gesamtheit nur schwer genauer bestimmbar ist. Eine scharfe Trennung der einzelnen Dimensionen und deren vollständige Aufzählung lässt sich deshalb nur äußerst schwierig durchführen.[266] Die nachfolgende Übersicht gibt einen Überblick über potenzielle Faktoren des Unternehmensimages:[267]

---

[262] Vgl. Dorenbeck, B. (1985), S. 132.

[263] Zur Bedeutung des Unternehmensimages für die Attraktivität als Arbeitgeber vgl. Lieber, B. (1995), S. 98ff., Bauer, H.H./ Jensen, S. (1998), S. 7f., Rastetter, D. (1996), S. 113f., Simon et al. (1995), S. 103ff., Freimuth, J. (1989), S. 43f. sowie Nerdinger, F.W. (1994), S. 26.

[264] Süß, M. (1996), S. 94f.

[265] Vgl. Nieschlag, R./ Dichtl, E./ Hörschgen, H. (2002), S. 994f. sowie Knoblauch, R. (2001), S. 142f. In einer von der Universität Mannheim durchgeführten Expertenbefragung ist dessen Relevanz empirisch bestätigt worden. So wird die Wichtigkeit des Unternehmensimages bei der Arbeitgeberwahl von Managern und Personalverantwortlichen mit ca. 50% bewertet. Die genauen Ergebnisse besagen, dass die Arbeitgeberattraktivität zu 46,34% durch das *Unternehmensimage*, zu 31,34% durch die *Personalsysteme* des arbeitgebenden Unternehmens und zu 22,32% durch das *Standortimage* bestimmt wird. An der schriftlichen Expertenbefragung nahmen insg. 52 Unternehmen aus 13 verschiedenen Branchen teil. Insgesamt wurden 133 Fragebögen ausgewertet.; vgl. Beck, M. et al. (2001), S. 36f.

[266] Vgl. Reich, F. (1995), S. 23 sowie Joha, J. (1969), S. 101.

[267] Vgl. dazu ausführlich Antonoff, R. (1975), S. 35ff., Barich, H./ Kotler, Ph. (1991), S. 95ff., Reich, F. (1995), S. 23f., Bauer, H.H./ Jensen, S. (1998), S. 8 und Buß, E./ Fink-Heuberger, U. (2000), S. 88f.

Faktoren des Unternehmensimages	
Antonoff (1975)	firmenbezogene, managementbezogene, kundenbezogene, produktbezogene, personalbezogene, umweltbezogene Imagepräger
Barich/ Kotler (1991)	corporate social conduct, corporate contribution conduct, corporate employee conduct, company business conduct, salesforce, distribution channels, services, support, price, communications, product
Bauer/ Jensen (1998)	Image der Produkte, Innovationskraft, Ansehen in der Gesellschaft, umweltgerechtes Verhalten, Ertragslage, ethisch-moralische Grundhaltung, Wachstumspotenzial, Unternehmenskultur, Internationalität, Unternehmensgröße
Buß/ Fink-Heuberger (2000)	betriebswirtschaftliche Kennzahlen (Umsatz, Eigenkapitalquote, Jahresergebnis, Finanz- und Ertragskraft), Solidität (Erfolgs- und Leistungsbild im Wettbewerbsvergleich), Managementqualität, Innovation
Walther (2001)	Corporate Appeal (Respekt, Vertrauen, Sympathie), Products & Services (Qualität, Innovation, Services, Zuverlässigkeit), Vision & Leadership (klare Zukunftsvision, Strategie, Topmanagement und CEO), Workplace Environment (Managementstil, attraktiver Arbeitsplatz, Kompetenz/ Qualität der Mitarbeiter), Financial Performance (Stellung im Wettbewerb, Profitabilität, Wachstum, gute Investition), Social Responsibility (Verantwortung gegenüber Mensch und Umwelt, Förderung sozialer und gesellschaftlicher Belange)

Tab. III-7: Faktoren des Unternehmensimages

Quelle: Eigene Darstellung

Aus der zusammenfassenden Darstellung geht hervor, dass der Terminus Unternehmensimage in Abhängigkeit des Autorenverständnisses unterschiedlich weit gefasst wird.[268] Im Sinne der Präzision und Trennschärfe zu weiteren Imagedimensionen soll deswegen zwischen dem Unternehmensimage im **engeren** und im **weiteren Sinne** unterschieden werden:

- Unternehmensimage **i.e.S**:   Wirtschaftlicher Erfolg/ Wirtschaftskraft, Finanzkraft/ Solidität, Innovationskraft, Qualität des Managements.

- Unternehmensimage **i.w.S.**:   Qualität der Produkte und Dienstleistungen, allgemeiner Bekanntheitsgrad, Erscheinungsbild in der Öffentlichkeit, ethisch-moralische Grundhaltung, Standort, Branche, Unternehmensgröße, Attraktivität als Arbeitgeber, Kommunikation, Umweltorientierung, Internationalität, Unternehmenskultur.

---

[268] Die Imagefaktoren sind das Ergebnis einer Auswertung einschlägiger Literatur, die das Unternehmensimage aufgreifen; vgl. Apitz, K. (1989b), S. 182ff., Reich, K.-H. (1992), S. 22, Knoblauch, R. (2001), S. 140, Süß, M. (1996), S. 86f., Buß, E./ Fink-Heuberger, U. (2000), S. 88f., Schwertfeger, B. (1996), S. 94ff., Bauer, H.H./ Jensen, S. (1998), S. 8, Holtbrügge, D./ Rygl, D. (2002), S. 20f. sowie Scholz, Ch. (2000), S. 15.

Den enormen Einfluss des Unternehmensimages auf die Arbeitgeberpräferenzen von akademischen Studenten zeigt die nachfolgende tabellarische Zusammenstellung der Ergebnisse
der *access* Absolventenstudie 2004 sowie der von der Zeitschrift *managermagazin* erhobenen **Imageprofile** 2004 von Unternehmen in Deutschland.[269]
Wie zu erkennen ist, belegen die Unternehmen mit ausgeprägtem positiven Image die vor-
deren Ränge der Präferenzliste bei den akademischen Nachwuchskräften. Aufgrund der fehlenden Informationen zu der personalpolitischen Qualität und Kompetenz des Arbeitgebers
ist davon auszugehen, dass das Unternehmensimage weitestgehend auf das Arbeitgeberimage übertragen wird.

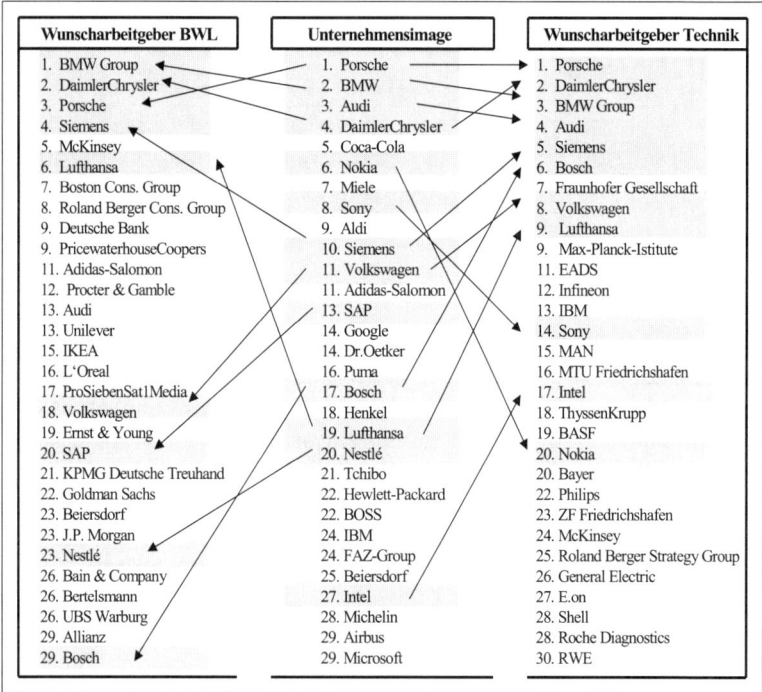

Wunscharbeitgeber BWL	Unternehmensimage	Wunscharbeitgeber Technik
1. BMW Group	1. Porsche	1. Porsche
2. DaimlerChrysler	2. BMW	2. DaimlerChrysler
3. Porsche	3. Audi	3. BMW Group
4. Siemens	4. DaimlerChrysler	4. Audi
5. McKinsey	5. Coca-Cola	5. Siemens
6. Lufthansa	6. Nokia	6. Bosch
7. Boston Cons. Group	7. Miele	7. Fraunhofer Gesellschaft
8. Roland Berger Cons. Group	8. Sony	8. Volkswagen
9. Deutsche Bank	9. Aldi	9. Lufthansa
9. PricewaterhouseCoopers	10. Siemens	9. Max-Planck-Istitute
11. Adidas-Salomon	11. Volkswagen	11. EADS
12. Procter & Gamble	11. Adidas-Salomon	12. Infineon
13. Audi	13. SAP	13. IBM
13. Unilever	14. Google	14. Sony
15. IKEA	14. Dr.Oetker	15. MAN
16. L'Oreal	16. Puma	16. MTU Friedrichshafen
17. ProSiebenSat1Media	17. Bosch	17. Intel
18. Volkswagen	18. Henkel	18. ThyssenKrupp
19. Ernst & Young	19. Lufthansa	19. BASF
20. SAP	20. Nestlé	20. Nokia
21. KPMG Deutsche Treuhand	21. Tchibo	20. Bayer
22. Goldman Sachs	22. Hewlett-Packard	22. Philips
23. Beiersdorf	22. BOSS	23. ZF Friedrichshafen
23. J.P. Morgan	24. IBM	24. McKinsey
23. Nestlé	24. FAZ-Group	25. Roland Berger Strategy Group
26. Bain & Company	25. Beiersdorf	26. General Electric
26. Bertelsmann	27. Intel	27. E.on
26. UBS Warburg	28. Michelin	28. Shell
29. Allianz	29. Airbus	28. Roche Diagnostics
29. Bosch	29. Microsoft	30. RWE

Abb. III-2: Einflüsse des Unternehmensimages auf Arbeitgeberpräferenzen

Quelle: Eigene Darstellung

---

[269] Zur Darstellung der Studienergebnisse siehe Machatschke, M. (2004), S. 46ff. sowie Scheltwort, S.
(2004), S. 18ff.

b) Branchenimage

Das Branchenimage fasst sämtliche Vorstellungen über einen bestimmten **Wirtschafts-zweig** zusammen.[270] Eine genaue Branchenzuordnung eines Unternehmens erscheint aufgrund von Diversifikationsbestrebungen jedoch meist kaum möglich.
Der Branche eines Unternehmens ist eine besondere Aufmerksamkeit zu widmen, da sie einen enormen Einfluss auf die Einstellung zum Unternehmen bzw. auf dessen Funktion als Arbeitgeber nehmen kann.[271] *Vollmer (1993)* spricht bei der Branche auch von einem der unternehmensbezogenen Wahrnehmung und Präferenz vorgeschalteten, stark **normativen Filter.**[272] Diese selektive Wirkung der Branche kann sogar dazu führen, dass potenzielle Bewerber den Kontakt zum Unternehmen grundsätzlich meiden.

Erste Untersuchungen zum Brachenimage führte bereits *Fopp (1975)* durch.[273] Eine besonders erkenntnisbringende Studie stammt von *Süß (1996)*, der aus den Ergebnissen seiner Umfrage bei Absolventen zur Branchenattraktivität Maßnahmen für das Personalmarketing ableitet. *Süß* identifiziert in seiner Untersuchung u.a. Gründe für die Ablehnung und Befürwortung einer Branche. Zu den Top-Five-Begründungen zählen:[274]

- **Ablehnungs**gründe: fehlendes Interesse, ethisch-moralische Gründe, keine Identifikation, schlechte Perspektiven und Bürokratie/ Starrheit.

- Gründe für **Zuspruch**:   Interesse, Vielseitigkeit/Abwechslung, gute Perspektiven, gewählte Studienschwerpunkte sowie praktische Erfahrung.

---

[270] Vgl. Knoblauch, R. (2001), S. 139f.

[271] Vgl. dazu auch Rudolph, Th./ Schweizer, M./ Knaus, A. (2002), S. 14ff., Vollmer, R.E. (1993), S. 179ff., Simon et al. (1995), S. 110, Schreiber, H. (1994), S. 618, Freimuth, J. (1990b), S. 354 sowie Simon, H. (1984), S. 88.

[272] Vgl. Vollmer, R.E. (1993), S. 191f. Diese selektive Wirkung der Branche kann sogar dazu führen, dass potenzielle Bewerber den Kontakt zum Unternehmen grundsätzlich meiden; vgl. Freimuth, J. (1990b), S. 354 sowie Rudolph, Th./ Schweizer, M./ Knaus, A. (2002), S. 14ff.

[273] *Fopp* untersucht als Erster das Brachenimage von Unternehmen und bezieht sich dabei auf die Wirtschaftszweige Banken, Versicherungen und Maschinenindustrie; vgl. Fopp (1975). Weitere Untersuchungen zum Branchenimage liefern Böde/ Ekkehardt/ Sänger (1991), Lieber (1995), Süß (1996), Franke (1999), Vollmer (1989), (1992), Unic (1989), (1992), Ploenzke (1992), Universum (1997), (1998), (1999), (2000), (2001), Trendence (1999) sowie Access (2002), (2003).

[274] Vgl. Süß, M. (1996), S. 153ff. Offensichtlich wird die Wirkung der Branche auf das Arbeitgeberimage, wenn die Assoziationen angehender Fach- unf Führungskräfte über verschiedene Wirtschaftszweige hinterfragt werden. Eine Befragung examensnaher Kaufleute im Jahr 1992 bringt die Erkenntnis, dass in der *chemischen Industrie* mit *hohen Gehältern*, bei *Automobilbauern* mit einer *hohen Produktidentifikation*, im *öffentlichen Dienst* mit hoher *Arbeitsplatzsicherheit* und in *IT-Unternehmen* mit einem *angenehmen Betriebsklima, Führungsstil, persönlichen Entfaltungsspielraum* und *Innovationskraft* gerechnet wird; über 1200 Examenskandidaten von den Kaufleuten wurden 1992 zu ihren Vorstellungen befragt; vgl. Vollmer, R.E. (1993), S. 186ff.

Je nach Branchenbeurteilung kann ein positives oder negatives Arbeitgeberimage damit auf Brancheneffekte zurückgeführt werden. Besonders bei Unternehmen mit geringer Bekanntheit kommt es häufig vor, dass das Brachenimage die Eigenschaften als Arbeitgeber überstrahlt.[275] Diverse Studien zeigen, dass vier Wirtschaftszweige in den letzten Jahren tendenziell besondere Ablehnung erfahren haben. Während die grundstoffgewinnende und verarbeitende Stahl- und Eisenindustrie wegen fraglicher Wachstumspotenziale mangelnde Berücksichtigung findet, werden die Wirtschaftszweige Wehrtechnik, Chemie, Tabak und Versicherung häufig aus moralischen Gründen abgelehnt.[276] Demnach hängt die Wahl der Branche u.a. von der **sozialen Unerwünschtheit** ab, da sich niemand im Verwandten- und Bekanntenkreis für seine Arbeitgeberwahl ständig rechtfertigen möchte.[277] Tendenziell wachsender Beliebtheit konnten sich in den vergangen Jahren hingegen das Dienstleistungsgewerbe und High-Tech-Unternehmen erfreuen. Die Top-Branche unter den angehenden Nachwuchskräften ist und bleibt jedoch die Automobilindustrie.[278]

In **konjunkturschwachen Zeiten** und der damit eng verbundenen Unsicherheit, als Arbeitnehmer in der freien Wirtschaft aufgrund rückgängiger Auftragslage freigesetzt zu werden, steigt das Sicherheitsbedürfnis auf Arbeitnehmerseite. Als Konsequenz können insb. Staatsbetriebe, die vor allem Arbeitsplatzsicherheit bieten, hohe Präferenzwerte bei den akademischen Nachwuchskräften erreichen.[279]

Allgemein lässt sich schlussfolgern, dass die Präferenz für eine bestimmte Branche maßgeblich mit dessen **aktuellen Wirtschaftskraft** und **zukünftigen Wachstumspotenzial** zusammenhängt. Brechen Branchen zusammen, verlieren die dazugehörenden Unternehmen bei den potenziellen Bewerbern an Attraktivität. Schließlich ist die Entwicklung der Mitarbeiter bzgl. Gehalt und Karrierebestrebungen sowie die grundsätzliche Sicherung des Arbeitsplatzes eng mit dem Schicksal einer Branche verknüpft.[280]

---

[275] Vgl. Simon et al. (1995), S. 110. Dass besonders bekannte Unternehmen bevorzugt werden, zeigt die Studie von Universum (2000), bei der die Medienunternehmen ProSieben, RTL und ARD erstmalig in den Befragung gelistet wurden und aufgrund ihrer allgemein hohen Bekanntheit zu den Branchen-Shooting Stars zählen; vgl. Eckstein, D. (2000), S. 107ff.

[276] Vgl. dazu die Studienergebnisse bei Böde, U./ Ekkehard, St./ Sänger, K.-D. (1991), S. 733ff., Freimuth, J. (1989), S. 43f., Lieber, B. (1995), S. 130f., Knoblauch, R. (2001), S. 139ff., Gatermann, M. (1992), S. 67ff., Schwertfeger, B. (1997), S. 81f., Süß, M. (1996), S.152f., De Luca et al. (2000), S. 88, Lentz, B. (1991), S. 170ff. sowie Bittl, A. (1998), S. 662.

[277] *Knoblauch* erläutert die zu den abgelehnten *Wirtschaftszweigen* gehörenden Assoziationen. Demnach steht die Wehrtechnik für Krieg und Terror, Chemie für Umweltverschmutzung und Tabak für Gesundheitsgefährdung; vgl. Knoblauch, R. (2001), S. 139.

[278] Vgl. dazu Böde, U./ Ekkehard, St./ Sänger, K.-D. (1991), S. 733ff., Gillies, J.-M./ Dannenmann, M. (2000), S. 29ff., Schumacher, C./ Schwartz, St. (1999), S. 200, Franke, N. (1999), S. 898ff., Holtbrügge, D./ Rygl, D. (2002), S. 20f. sowie Scheltwort, S. (2004), S. 18ff.

[279] Zu den besonders attraktiven Staatsbetrieben gehörten in der Konjunkturflaute 2003/2004 die Kreditanstalt für Wiederaufbau und das Auswärtige Amt; siehe dazu das Arbeitgeber-Ranking von trendence 2003; vgl. Grosse Halbuer, A. (2003), S. 68ff.

[280] Deutlich werden lässt dies der Branchencrash der IT- und Kommunikationsbranche im Jahr 2000/2001, der betroffene Firmen in der Gunst externer Nachwuchskräfte signifikant sinken ließ.

c) Standortimage

Die zunehmende Relevanz des Standorts bei der Arbeitgeberwahl wird häufig mit dem im Rahmen des Wertewandels diskutierten Stellenwerts der **Freizeitgestaltung** erklärt.[281] So erlangen in der Entscheidungsfindung diejenigen Städte und Regionen besondere Berücksichtigung, die entsprechende Angebote zur Gestaltung der arbeitsfreien Zeit bieten. Auch die Größe einer Stadt spielt erfahrungsgemäß eine Rolle. Während Absolventen eher zu Großstädten mit ausreichend Möglichkeiten zu Abend und Nachtaktivitäten in Bars und Diskotheken tendieren, bevorzugen die Young Professionals mit zunehmenden Familienbewusstsein provinzähnliche Regionen.[282]

Tendenziell besteht in der Standortpräferenz ein deutliches **Nord-Süd-Gefälle** in Deutschland.[283] So geht aus zahlreichen Befragungen hervor, dass Bayern und Baden-Württemberg sich besonderer Beliebtheit bei den Nachwuchskräften erfreuen können. Als besonders unattraktiv gilt hingegen das Ruhrgebiet.[284]

In einer Studie zur Standortattraktivität ermittelt *Seyfried (1993)* eine Reihe von Kriterien, die in den Entscheidungsprozess zur Standortwahl mit einfließen.[285] Die nachfolgende Auflistung zeigt das Ergebnis mit abnehmender Relevanz:

- Möglichkeiten für Sport und Naherholung, Umweltqualität, Kulturangebot, Wohnungsangebot, öffentliche Verkehrsmittel, Arbeitsmarktlage, Schulen und Kindergärten, Bevölkerungsmentalität, Gehaltsniveau und Aufstiegschancen, Weiterbildung, Lebenshaltungskosten, Gastronomie, günstiges Klima, Freunde und Bekannte am Ort, Einkaufsmöglichkeiten, Straßennetz und Wirtschaftskraft der Region.

d) Produktimage

In der Fachwelt herrscht Einigkeit darüber, dass das **Produkt** eines Unternehmens dessen Image besonders stark prägt. Es wird sogar davon ausgegangen, dass das Produktimage sich automatisch auf das Unternehmensimage überträgt.[286] Aufgrund der engen Wechselbeziehung zwischen Unternehmens- und Arbeitgeberimage ist es daher nicht verwunderlich, dass

---

[281] Vgl. Freimuth, J. (1989), S. 44f., Süß, M. (1996), S. 104f. sowie Knoblauch, R. (2001) S. 143f.

[282] Vgl. Süß, M. (1996), S. 105 sowie Henes-Karnahl, B. (1989), S. 40f. Hier geben eine saubere Umwelt, Schulangebote und soziale Kontakte den Ausschlag. *Möller* spricht im Zusammenhang mit kleinen Städten von einer *Wüstenzulage*, die Unternehmen für Absolventen zu zahlen haben, um die Verluste durch den Verzicht auf attraktive Großraumgegenden auszugleichen; vgl. Möller, R. (1987), S. 294.

[283] Vgl. Moser, K./ Stehle, W./ Schuler, H. (1993), S. 105ff., Rust, H. (2002), S. 214ff. sowie Holtbrügge, D./ Rygl, D. (2002), S. 20f.

[284] Vgl. die Studie access 2002 der Young Professionals.

[285] Vgl. die Ergebnisse der Capital-Studie; vgl. Seyfried, K.-H. (1993), S. 216. Ca: 600 abschlussnahe Studenten an 19 dt. Hochschulen wurden im Wintersemester 1992/93 befragt.

[286] Vgl. Wiedmann, K.-P. (2001), S. 17, Knoblauch, R. (2001), S. 140, Tomczak et al. (2001) sowie Schwertfeger, B. (1995), S. 90ff.

das Arbeitgeberimage stark vom Produkt abhängt. So profitieren Unternehmen mit attraktiven Produkten häufig von deren Ausstrahlungseffekten dermaßen, dass die Eigenschaften
der Arbeitsplätze im Unternehmen unberücksichtigt bleiben oder aber der Glanz der Produkte unreflektiert übertragen wird.[287] Insb. eine hohe **Bekanntheit** und **Medienpräsenz**
der Produkte und die Möglichkeit, sich mit diesen zu identifizieren, bewirken einen positiven Imageeffekt auf das Unternehmen als Arbeitgeber. Aber auch die direkte Produkter-
fahrung führt zu Rückschlüssen auf das Arbeitgeberimage.[288] Studien beweisen, dass insb.
Automobilbauer von dem guten Image ihrer Fahrzeuge profitieren. Die klassischen Beispiele für diesen Imagevorteil sind die Porsche AG und die BMW AG.[289]

Die Vielzahl an Dimensionen des Images eines Arbeitgebers, die in Summe schließlich das
Vorstellungsbild der akademischen Nachwuchskräfte über einen Arbeitgeber bilden, schrän-
ken den Handlungsspielraum zur Beeinflussung desselben ein.
Dass dabei der Einfluss der einzelnen Imagedimensionen auf das umfassende Arbeit-
geberimage unterschiedlich ist, zeigen die Untersuchungsergebnisse von *Teufer (1999)*.
Dieser analysierte den Entscheidungsprozess der Arbeitgeberwahl mittels der methodischen
Untersuchungskonzeption des Analytic Hierarchy Process nach *Saaty (1980)*.[290] Die nach-
folgende Graphik zeigt die Ergebnisse der Untersuchung als gewichtete Bedeutung der
Dimensionen des Arbeitgeberimages:

---

[287] Vgl. Neuhaus, Ch. (2002), S. 18, Knoblauch, R. (2001), S. 140, Schwertfeger, B. (1995), S. 90ff., Welp,
        C. (2001a), S. 68ff. sowie Ebel, B./ Hofer, M.B. (2002), S. 59f.
[288] Vgl. zur Auswirkung der *Bekanntheit* die Studien Universum 1998 und trendence 2003; vgl. Grosse
        Halbuer, A. (2003), S. 68ff. Zu den anderen Produkteffekten vgl. Schwertfeger, B. (1995), S. 90ff.,
        Knoblauch, R. (2001), S. 140 sowie Welp, C. (2001a), S. 68ff.
[289] Siehe Studien Unic 1992, EMDS-Group (1993), Universum (2001), trendence (2001); vgl. Gatermann,
        M. (1992), S. 67ff., Schwertfeger, B. (1999b), S. 190ff., Welp, C. (2001a), S. 68ff., Simon et al. (1995),
        S. 110f. sowie Schumacher, C./ Schwartz, St. (1999), S. 200ff. *Schumacher & Schwartz* erklären in
        diesem Zusammenhang die hohe Attraktivität der Lufthansa AG bei den Kaufleuten durch das „sexy
        Produkt" und der Möglichkeit des Fliegens zu 10%; vgl. Schumacher, C./ Schwartz, St. (1999), S. 200ff.
        Siehe auch Ebel, B./ Hofer, M.D. (2002), S. 59f. sowie Grosse Halbuer, A. (2003), S. 68ff.
[290] Siehe zur Untersuchung der Bedeutung der Imagedimensionen Teufer, St. (1999), S. 189. Das Verfahren
        des *Analytic Hierarchy Process* wurde in den siebziger Jahren von *Saaty (1980)* entwickelt. Es dient als
        Lösungsmethodik zur Strukturierung komplexer Entscheidungsprozesse. Der Grundgedanke des Ver-
        fahrens besteht darin, ein komplexes, schlecht strukturiertes Entscheidungsproblem als Hierarchie einzel-
        ner Entscheidungselemente aufzufassen, zwischen denen bestimmte Beziehungen bestehen. Um den
        erforderlichen Datenbestand für die Durchführung der Berechnung zu gewinnen, wurden im Januar 1999
        144 abschlussnahe Studenten an den Universitäten Mannheim und St.Gallen schriftlich befragt. Die
        Daten von 122 Fragebögen wurden letztendlich in die Untersuchung einbezogen. 95% der Befragten
        waren BWL-Studenten; vgl. Teufer, St. (1999), S. 176ff.

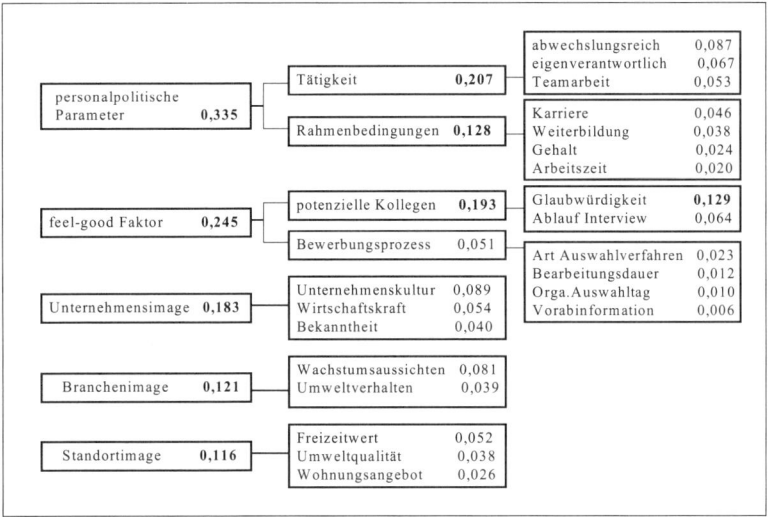

Abb. III-3: Relevanz der Dimensionen des Arbeitgeberimages
Quelle: Eigene Darstellung i.A.a. Teufer (1999)

Die Gewichtungen auf der ersten Ebene zeigen die dominierende Relevanz der **personal-politischen Parameter** sowie des **Feel-Good-Faktors**, der die Erfahrungen und Eindrücke im Rahmen des Bewerbungsprozesses umfasst. Übertragen auf das Präferenzverhalten der akademischen Nachwuchskräfte belegt die Untersuchung von *Teufer (1999)* folglich, dass die Personalpolitik in ihrer unterschiedlichen Ausgestaltung entscheidend für die Erreichung der Arbeitgeberpräferenzen ist, was schließlich die Notwendigkeit einer Arbeitgebermarke bekräftigt. Eine ebenfalls hohe Bedeutung im Entscheidungsprozess der Arbeitgeberwahl besitzt das **Unternehmensimage**.

Im Gegensatz zum Unternehmen, der Branche sowie des Standorts existieren jedoch die bereits erläuterten Schwierigkeiten für einen Außenstehenden, der bisher kein Wissen oder eigene Erfahrungen über einen Arbeitgeber erworben hat, die personalpolitische Ausge-staltung eines Unternehmens zu beurteilen. Daraus erwächst die dringende Notwendigkeit, das **Erkennen** eines Arbeitgebers mit hervorragenden personalpolitischen Leistungen zu gewährleisten. Die Markenpolitik wendet zur besonderen Kennzeichnung und Wiederer-kennung die Methode des **Markierens** an.

Zu den wichtigsten Markierungselementen im „Product Branding" zählen der **Marken-name** und das **Markenzeichen**.[291] Für das Branding eines Arbeitgebers ergeben sich auf-grund dessen Eigenschaft als Teilfunktion eines Unternehmens jedoch diverse Restrik-tionen. Das Unternehmen als solches besitzt bereits eine Bezeichnung, die sich meist aus dem Nachnamen des Gründers oder des Produktbereichs ergibt. Eine gesonderte Namens-gebung für die Organisation in der Funktion als Arbeitgeber führt zu Irritationen bei den akademischen Zielgruppen sowie weiteren Anspruchsgruppen und ist somit ausgeschlos-sen.[292] Auch die Einführung eines gesonderten Zeichens für das Unternehmen als Arbeit-geber kann problematisch werden, wenn bereits eins für das Gesamtunternehmen fixiert wurde. Die klassischen Markierungselemente dienen folglich nicht der Markierung eines Unternehmens als Arbeitgeber. Sie sind als gegeben aufzufassen und bei positiver Image-belegung in das Employer Branding aktiv zu integrieren.[293] Welche Möglichkeiten dennoch existieren, Unternehmen in ihrer Funktion als Arbeitgeber im Sinne einer Marke zu mar-kieren, werden im *Kapitel V.3.2.6* zur Umsetzung des Employer Branding diskutiert.[294]

3.3.2 Handlungsfelder: Bewertung, Entscheidungsrisiko

Aus der Schwierigkeit, die personalpolitische Ausrichtung eines arbeitgebenden Unterneh-mens sowie deren konkrete arbeitsplatzbezogene Umsetzung ohne internen Kontakt wahr-zunehmen bzw. zu erkennen, erwächst die Problematik seitens der akademischen Nach-wuchskräfte im Rahmen der Arbeitgebersuche, die Personalpolitik zu bewerten und den Arbeitgebern schließlich korrekte Präferenzwerte zuzuordnen. Wie bereits bei der Erklä-rung des Modells der Arbeitgeberwahl nach *Vroom (1964)* sowie der Vertrauensfunktion einer Arbeitgebermarke dargestellt, ist die Entscheidungssituation eines Arbeitsplatzsuchen-den aufgrund der mangelnden Bewertbarkeit sowie der Konsequenzen einer Fehlentschei-dung durch **Unsicherheit** und **Risiko** geprägt.[295] Die Unsicherheit der Entscheidung wird bei einem Großunternehmen zusätzlich dadurch geprägt, dass aufgrund der vielen Füh-

---

[291] Zu den Markierungselementen im Product Branding gehören des Weiteren die Produkt- bzw. Ver-packungsgestaltung; vgl. u.a. Esch, F.-R. (2003), S. 160, Berekoven, L. (1992), S. 35 sowie Langner, T. (2003), S. 26f. *Wiezorek* zählt die Verpackung zum „magischen Differenzierungsdreieck"; vgl. Wiezo-rek, H. (2001), S. 91f. Zu den Markierungselementen *Name* und *Zeichen* einer Marke siehe die ausführ-lichen Darstellungen u.a. bei Kapferer, J.-N. (1992), S. 96ff., Bugdahl, V. (1998), S. 9ff., Gotta, M. (1994), S. 774ff., Baumgarth, C. (2001), S. 151ff., Langner, T. (2003), S. 27ff. sowie Homburg, Ch./ Krohmer, H. (2003), S. 531.

[292] Zu den weiteren Anspruchsgruppen eines Unternehmens siehe *Kapitel V.4.1*. Zudem nimmt ein Bewer-ber bzw. Mitarbeiter z.T. auch gleichzeitig die Funktion des Kunden ein.

[293] Siehe dazu die Auswirkungen des Unternehmensimages und der weiteren Teilimages auf das Arbeit-geberimage in *Kapitel III.3.3.1*.

[294] Siehe zu Maßnahmen der Markierung von Arbeitgebern *Kapitel V.3.2.6.1*.

[295] Siehe dazu die Ausführungen zur *Unsicherheit* und zum *Risiko* im Rahmen der Arbeitgeberwahl in *Kapitel II.2.2.1* und *III.2.2.4.2*. Um Redundanzen zu vermeiden, wird auf diese Aspekte an dieser Stelle nicht näher eingegangen.

rungskräfte in den verschiedenen Abteilungen mit einer unterschiedlichen Umsetzung personalpolitischer Vorgaben sowie unterschiedlichen Führungsstilen, die sich schließlich auf das Abteilungsklima und somit auf die Zufriedenheit der Mitarbeiter auswirkt, zu rechnen ist.[296]

Die erforderlichen Lösungsstrategien zur Bewältigung der Handlungsfelder ergeben sich weitestgehend aus den **Funktionen** der Arbeitgebermarke selbst. Wie bereits aus dem funktions- und wirkungsorientierten Markenansatz abgeleitet, bilden diese den **Added Value** einer Arbeitgebermarke im Prozess der Arbeitgeberwahl. Insb. die Funktionen **Vertrauen** und **Identifikation** wirken den Entscheidungsrisiken entgegen und geben der akademischen Nachwuchskraft Sicherheit in der Wahl des Arbeitgebers. Es ist daher anzunehmen, dass je stärker der akademische Nachwuchs den werbenden Aussagen im Rahmen der Kommunikationspolitik des Personalmarketing vertraut sowie sich mit den Inhalten identifizieren kann, das empfundene Entscheidungsrisiko zur Wahl des Arbeitgebers sinkt.[297] Die Maßnahmen und die Umsetzung zu deren Entwicklung sind daher wichtiger Bestandteil der weiteren Ausführungen dieser Arbeit.[298]

Um das Vorstellungsbild einer Arbeitgebermarke sowie deren Erfolgsdimensionen durch entsprechende Branding-Maßnahmen zu entwickeln, wird in den folgenden Kapiteln zunächst die **Struktur** eines Vorstellungsbildes, basierend auf dem wirkungsorientierten Ansatz, ermittelt und die Arbeitgebermarke somit auf eine konzeptionelle Grundlage gestellt.

---

[296] Siehe dazu ebenfalls die Ausführungen zur Transferprüfung des Markenkonzepts auf Arbeitgeber in *Kapitel III.2.1.*

[297] Vgl. dazu die Erklärungen in den wissenschaftlichen Beiträgen *Theorie des wahrgenommenen Risikos, Informationsökonomie, Selbstkonzepttheorie* und der *Beziehungstheorie*; siehe *Kapitel IV.3.*

[298] Siehe dazu die wissenschaftlichen Beiträge zur Fundierung des *Vertrauens* und der *Identifikation* in *Kapitel IV.3.*

IV. Konzeption:
Herleitung der Struktur der Arbeitgebermarke sowie Formulierung eines Zielsystems

1. Bestimmung der wirkungsorientierten Struktur der Arbeitgebermarke als Ausgangspunkt des Markenmanagements

Um eine Arbeitgebermarke in den Köpfen der akademischen Fach- und Führungskräfte entwickeln zu können, bedarf es der Kenntnisse über die Form und Struktur derselben. Gemäß der dieser Arbeit zugrunde gelegten Definition stellt die Arbeitgebermarke ein im Gedächtnis der umworbenen Fach- und Führungskräfte fest verankertes, unverwechselbares **Vorstellungsbild** eines Arbeitgebers dar. Diese Definition basiert auf der wirkungsorientierten Betrachtung einer Marke und rückt damit die **Psyche** und das **Gedächtnis** des Individuums zur Verankerung der Arbeitgebermarke in den Mittelpunkt weiterer Analysen. Um die Struktur einer Arbeitgebermarke zu ergründen, erscheint es daher sinnvoll, Erkenntnisse der **Gedächtnisforschung** und der dort stattfindenden **Informationsverarbeitungsprozesse** hinzuziehen. Die sich mit dieser Thematik beschäftigenden Wissenschaften sind die Verhaltens- und Sozialwissenschaften. Diese werden nachfolgend für die Bestimmung der Struktur der Arbeitgebermarke diskutiert.

1.1 Verhaltenswissenschaftliche Herleitung der formalen Gedächtnisstruktur einer Arbeitgebermarke

Der verhaltenswissenschaftliche Ansatz dient insb. der Bestimmung der formalen, psychologischen Struktur der Arbeitgebermarke in den Köpfen der Zielgruppen. Zur theoretischen Durchdringung derselben bietet sich insb. die **Schematheorie** als Baustein der Verhaltenswissenschaften an.

Die Schematheorie beruht auf den Forschungsbemühungen zur schematheoretischen Gedächtnispsychologie von *Bartlett (1932)* und befasst sich mit der Entstehung und Veränderung von **Schemata**, die als spezielle Form semantischer Netzwerke interpretiert werden.[299] Schemata können grundsätzlich als **komplexe Wissensstrukturen**, welche typische Eigenschaften und standardisierte Vorstellungen von Objekten, Ereignissen und Situationen enthalten, definiert werden. Sie fassen die wichtigsten Merkmale eines Bezugsobjektes zu-

---

[299] Der Ansatz der semantischen Netzwerke erklärt den *Langzeitspeicher* als ein aktives Netzwerk miteinander verbundener Konzepte, die gewisse Bedeutungen abbilden; vgl. Bekmeier-Feuerhahn, S. (1998), S. 162 sowie Esch, F.-R. (2001f), S. 85.

sammen und sind weitestgehend abstrakt.[300] Anstatt von Merkmalen wird im schematheoretischen Zusammenhang häufig auch von **Assoziationen** zu einer Marke gesprochen.[301] Diese Markenassoziationen können neben **kognitiven** Sachverhalten auch **emotionale** Aspekte enthalten. Ferner können sie **sprachliche** als auch **bildliche** Formen annehmen.[302] Schemata steuern die Wahrnehmung und vereinfachen die Vorgänge der Informationsaufnahme, -verarbeitung und -speicherung. Als mit Denkschablonen gleichzusetzenden Strukturen fördern und beschleunigen diese die Lernprozesse des Individuums.[303] Die nachfolgende Graphik zeigt die unterschiedlichen Dimensionen zu den Assoziationen:

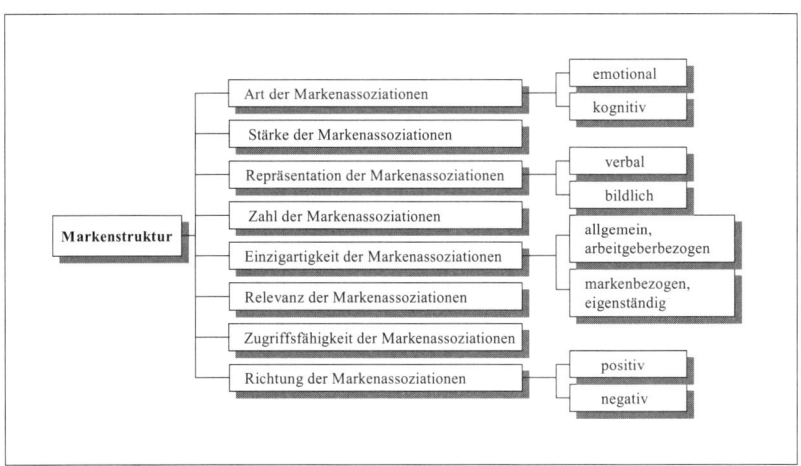

Abb. IV-1: Dimensionen der Markenassoziationen
Quelle: Eigene Darstellung i.A.a. Esch (2003)

[300] Vgl. dazu die Definitionen von Trommsdorff, V. (2002b), S. 286, Ruge, H.-D. (2001), S. 173f., Mayer, H./ Illmann, T. (2000), S. 167, Esch, F.-R. (2003), S. 68, Esch, F.-R./ Andresen, Th. (1997), S. 22, Caspar, M. (2002), S. 246f. sowie Kroeber-Riel, W./ Weinberg, P. (2003), S. 233.

[301] Vgl. Aaker, D.A. (1992), S. 136ff., Sommer,R. (1998), S. 47, Homburg, Ch./ Krohmer, H. (2003), S. 51f., Behrens, G. (1991), S. 198ff. sowie Dunn, M./ Davis, S. (2005), S. 24.

[302] Vgl. Bekmeier-Feuerhahn, S. (2001), S. 1109f. sowie Ruge, H.-D. (2001), S. 173f.

[303] Vgl. Ruge, H.-D. (2001), S. 171f., Herrmann, A. (1998), S. 80, Trommsdorff, V. (2002b), S. 87, Kroeber-Riel, W./ Weinberg, P. (2003), S. 234 sowie Esch, F.-R. (2003), S. 68. Daher ist es wichtig, *möglichst früh* positive Assoziationen bei den Zielgruppen zu entwickeln, um zum einen deren Wahrnehmung früh auf den bestimmten Arbeitgeber zu lenken, zum anderen um den Effekt der Beschleunigung beim Auf- und Ausbau der Markenstruktur zu gewährleisten.

Um bei zukünftigen potenziellen Bewerbern Strukturen einer Arbeitgebermarke zu entwickeln, sind daher den Arbeitgeber kennzeichnende Assoziationen erforderlich.[304] Die
Ausprägung der Assoziationsdimensionen bestimmt dabei den Erfolg der Arbeitgebermarke. Zur Umsetzung des Employer Branding ist daher vorab festzulegen, welche **Art,
Stärke, Repräsentation, Zahl, Einzigartigkeit, Relevanz, Zugriffsfähigkeit** und **Richtung** bei den Assoziationen der Arbeitgebermarke vorliegen sollen.[305]

Die Summe der einzelnen Markenassoziationen bildet das Markenschema. Der Aufbau
eines Markenschemas ähnelt einem **graphischen Netzwerk**, das sich aus sog. Knoten und
Kanten zusammensetzt.[306] Während die **Knoten** Begriffe, Situationen und Ereignisse wiedergeben, stehen die **Kanten** für die Beziehungen zwischen den Knoten in Form von Rela-
tionen zwischen Objekten und Objekteigenschaften oder zwischen Ereignissen und deren
Ursachen.[307] Mit anderen Worten bildet ein Markenschema die markenbezogenen Eigenschaften und deren Beziehungen zueinander im Langzeitgedächtnis der Zielpersonen ab.[308]
Nachfolgendes Beispiel zeigt ein potenzielles Gedächtnisschema eines arbeitsplatzsuchenden Individuums zu einem Arbeitgeber:[309]

---

[304] Der Inhalt bezieht sich auf die Ansätze von *Keller (1993)* und *Esch (2001b)*. Esch nutzt diese Ausprägungen zur Operationalisierung des Markenimages; vgl. Esch, F.-R. (2003), S. 70. Folgende Erläuterungen erleichtern das Verständnis zu den Dimensionen der Markenassoziationen. *Stärke*: Je enger
eine Assoziation mit einer Marke verknüpft ist, desto stärker wirkt sie sich auf die Beurteilung der
Marke aus. *Anzahl*: starke Marken umfassen meist mehr Assoziationen als schwache Marken. Eine gute
Vernetzung der Assoziationen ist dabei erfolgsentscheidend. Eine hohe Anzahl an vernetzter marken
bezogener Assoziationen beschleunigt die Aufnahme weiterer Gedächtnisinhalte zur Marke. *Richtung*:
Ziel ist es, besonders positive Assoziationen zur Marke herzustellen. *Relevanz*: Die Markenassoziationen
müssen den Bedürfnissen der Zielgruppen entsprechen. *Zugriffsfähigkeit*: Die Marke muss leicht mit bestimmten Eigenschaften und Vorstellung verknüpft werden können und umgekehrt; vgl. Esch, F.-R.
(2003), S. 73ff., Esch, F.-R./ Andresen, Th. (1997), S. 25ff. sowie Esch, F.-R./ Geus, P. (2001), S. 1033f.

[305] Die Dimensionen sind dabei nicht nur Bestandteil der Planung zum Employer Branding, sondern können
auch zum Controlling des Umsetzungserfolgs des Employer Branding herangezogen werden. Siehe dazu
mehr in *Kapitel IV.2.*

[306] *Esch* unterscheidet zur Erklärung der graphischen Netzwerke zwischen *positionalen* und *distribuierten*
Netzwerken. Aufgrund des fehlenden Erkenntnisgewinns wird auf diese Differenzierung nicht weiter
eingegangen; vgl. Esch, F.-R. (2001f), S. 81ff.

[307] Behrens, G. (1991), S. 198ff., Baumgarth, C. (2001), S. 41, Keller, K.L. (2001), S. 1061 sowie Bekmeier-Feuerhahn, S. (2001), S. 1109.

[308] Vgl. Esch, F.-R./ Wicke, A. (2001), S. 47ff.

[309] Das Gedächtnisschema basiert nicht auf Ergebnissen einer empirischen Erhebung, sondern ist zur Ver-
deutlichung der Gedächtnisstruktur einer Arbeitgebermarke frei erstellt. Das semantische Netzwerk gibt
die potenziellen Assoziationen wieder, welche durch die von der Robert Bosch GmbH ausgewählten
Elemente des Personalmarketing *Bild* und *Slogan* entstehen können. Die dunklen Felder entsprechen
Assoziationen, die sich aus den Vorstellungen zum Unternehmen als Ganzes ergeben und sich nicht nur
auf die Personalpolitik beschränken.

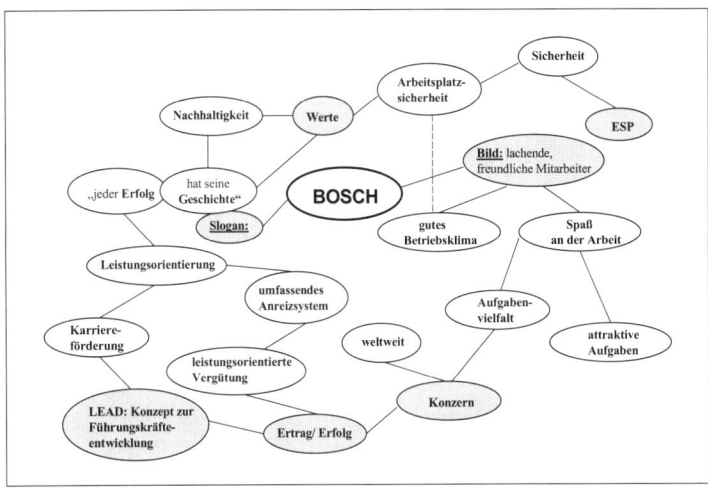

Abb. IV-2: Potenzielle Assoziationen zur Robert Bosch GmbH als Arbeitgeber dargestellt
in Form eines Markenschemas

Quelle: Eigene Darstellung

Schemata beeinflussen den gesamten Prozess der Informationsverarbeitung. Sie steuern die Wahrnehmung und vereinfachen die Denkvorgänge.[310] Ziel ist es, in der Phase der Markenbildung das grundlegende Schema für die Arbeitgebermarke aufzubauen. Nach dem **Aufbau** der Grundstrukturen der Marke in den Köpfen der Zielgruppe, ist in der Phase der Markenführung der **Verfestigung** und der **Intensivierung** der Assoziationen nachzugehen. Für die Stabilität und Intensität der Assoziationen ist die **Verarbeitungstiefe** der Informationen in der Stufe der Informationsspeicherung von zentraler Bedeutung.[311] Die Verankerung und Stabilität des semantischen Markennetzwerks korreliert positiv mit der **Erinnerungsleistung** und **Verhaltensrelevanz** der Marke in Entscheidungssituationen.[312] Mit

---

[310] Vgl. Ruge, H.-D. (2001), S. 171f., Esch, F.-R. (2003), S. 68, Caspar, M. (2002), S. 246f. sowie Trommsdorff, V. (2002b), S. 87.

[311] Vgl. Kroeber-Riel, W./ Weinberg, P. (2003), S. 344ff. sowie Trommsdorff, V. (2002b), S. 262.

[312] In der Modelldarstellung wird die *Intensität* der Assoziationen durch die unterschiedliche Länge der Kannten dargestellt. Gemäß des Grundsatzes der ausbreitenden Aktivierung werden durch innere oder äußere Reize gewisse assoziierte Vorstellungen (*Knoten*) aktiviert. Ausgehend von diesem Knotenpunkt werden weitere Assoziationen im Netzwerk aktiviert. Die Ausdehnung der Aktivierung über das Markennetzwerk nimmt allerdings stetig ab; vgl. Bekmeier-Feuerhahn, S. (1998), S. 166f., Baumgarth, C. (2001), S. 41f. sowie Kroeber-Riel, W./ Weinberg, P. (2003), S. 231f. Ein Beispiel soll diesen Zusammenhang verdeutlichen. Wird bspw. einem examensnahen Ingenieursstudenten die Frage gestellt, ob er in der Forschung und Entwicklung arbeiten möchte, wird in seinem Gedächtnis die Wortkombination *Forschung & Entwicklung* aktiviert, die anschließend zur Aktivierung weiterer verknüpfter Assozia-

steigender Stabilität und Intensität der Assoziationen zum Arbeitgeber wächst damit die Wahrscheinlichkeit der Arbeitgeberpräferenz bei den Zielpersonen.

1.2 Nutzenbasierte Darstellung der Arbeitgebermarke zur Herleitung der Wirkungsfelder

Wie aus dem funktionsorientierten Ansatz abgeleitet, zielt die Arbeitgebermarke auf die Erfüllung bestimmter Funktionen, die einem Arbeitgeber letztendlich den Markenstatus verleihen. Die Funktionen entsprechen den Bedürfnissen der Zielgruppen und erhöhen nach dem bereits diskutierten *Vroom'schen* Modell der Arbeitgeberwahl den Nutzenwert eines Arbeitgebers.[313] Der **Nutzen**, welcher von einer Arbeitgebermarke ausgeht, bestimmt folglich die Wahrscheinlichkeit, als Employer-of-Choice gesehen zu werden.[314] Aufgrund der Struktur- und Entscheidungsrelevanz des Nutzens bedarf es einer ausführlicheren Analyse des Nutzenkonstrukts.[315] Nach *Balderjahn (1995)* drückt der Nutzen eines Betrachtungsobjektes das Maß der erwarteten und tatsächlich eingetretenen **Bedürfnisbefriedigung** beim Individuum aus.[316] Eine interessante Unterteilung des Nutzens liefert *Vershofen (1959)*.[317] Demnach setzt sich der Gesamtnutzen aus einem Grund- und einem Zusatznutzen zusammen. Laut Definition bezieht sich der **Grundnutzen** auf die physika-

---

tionen führt. Verfolgt ein Unternehmen, sich über Forschungsaktivitäten zu positionieren, dann besteht das Ziel darin, eine direkte gedankliche Verknüpfung zwischen dem Knoten *Forschung & Entwicklung* und dem *Unternehmen* herzustellen, so dass sich der Ingenieur bei der gedanklichen Auseinandersetzung mit der Forschung automatisch an den Arbeitgeber erinnert. Das Employer Branding muss daher dermaßen ausgerichtet sein, dass neben der grundsätzlichen Entwicklung von Assoziationen bei den Zielgruppen, die besonders relevanten möglichst eng mit der Arbeitgebermarke, d.h. dem Unternehmensnamen, verbunden sind.

[313] Auch wenn dem Ansatz von *Vroom (1964)* eine gewisse Realitätsferne attestiert wurde, behält dessen Schlussfolgerung des Nutzenmaximierungsverhaltens der arbeitgeberwählenden Personen Gültigkeit. Dies lässt wiederum das Fazit zu, dass mit der *Anzahl* sowie der *Ausprägung* der Funktionen, die Relevanz der Arbeitgebermarke steigt. Siehe dazu die Ausführung zum Wahlmodell in *Kapitel II.2.2.1.*

[314] Nutzenorientierten Auswahlmodellen liegen die Annahmen *rationaler Entscheidungen* und das Streben nach *Nutzenmaximierung* zugrunde; vgl. Homburg, Ch./ Krohmer, H. (2003), S. 60f. sowie Balderjahn, I. (1995), Sp. 180f. Da diverse Facetten des potenziellen Nutzens für den akademischen Nachwuchs, der bisher keine Erfahrungen mit dem Arbeitgeber sammeln konnte, nicht überprüfbar sind, kann nicht davon ausgegangen werden, dass der tatsächliche Nutzen dem wahrgenommenen Nutzen entspricht.

[315] Für die wissenschaftliche Fundierung des Nutzens bietet sich die *multiattributive Nutzentheorie* an. Diese betrachtet den Nutzen als mehrdimensionales Konstrukt, d.h. die Summe der Teilnutzenkomponenten ergeben den Gesamtnutzen; vgl. dazu die Arbeit von *Lancaster (1966)* entnommen aus Kranz, M. (2004), S. 36f. Eine Analyse der Arbeitgebernutzen im klassischen Sinne ist jedoch nicht zielführend, da nach der Sichtweise der klassischen Nutzentheorie ausschließlich materielle Eigenschaften zugrunde gelegt werden. Stattdessen erscheint die Betrachtung nach *Vershofen (1959)*, der zwischen einem *Grund-* und *Zusatznutzen* differenziert erkenntnisgewinnend; siehe dazu die nachfolgenden Quellenverweise.

[316] Vgl. Balderjahn, I. (1995), Sp. 180f. Siehe auch Huber, F./ Herrmann, A./ Weis, M. (2001), S. 5f.

[317] Vgl. Vershofen, W. (1959), S. 86ff. aus Fischer, J. (2001), S. 11f. Siehe dazu auch Weis, H.Ch. (2001), S. 204, Huber, F./ Herrmann, A./ Weis, M. (2001), S. 5, Bauer, H.H./ Huber, F. (1997), S. 4f. sowie Essinger, G. (2001), S. 54f.

lisch-technischen Merkmale, während der **Zusatznutzen** aus psychologischen Eigenschaften besteht. Für die Wertigkeit einer Marke sind dabei insb. die psychologischen Zusatznutzen von Bedeutung.[318] Diese verleihen dem Arbeitgeber gemäß des funktionsorientierten Markenverständnisses in den Wirkungsfeldern Vertrauen, Identifikation, Orientierung und Prestige im Vergleich zu den Wettbewerbern einen **Added Value** und beeinflussen die Wahlentscheidung positiv.[319]

Aufgrund des weitestgehend homogenen personalpolitischen Angebots bei Großunternehmen bietet dieser Zusatznutzen die Chance einer einzigartigen **Differenzierung**. Aber auch der Grundnutzen, den ein arbeitsplatzanbietendes Unternehmen liefert, muss vergleichsweise besser sein und von potenziellen und aktuellen Mitarbeitern eindeutig erkannt werden.[320] Zur Identifikation möglicher Facetten des Grundnutzens können die Ergebnisse aus Präferenzstudien hinzugezogen werden. Die Zusatznutzen der Arbeitgebermarke wurden bereits aus dem funktionsorientierten Markenverständnis abgeleitet. Die nachfolgende Übersicht fasst die identifizierten potenziellen Nutzenfacetten einer Arbeitgebermarke zusammen:

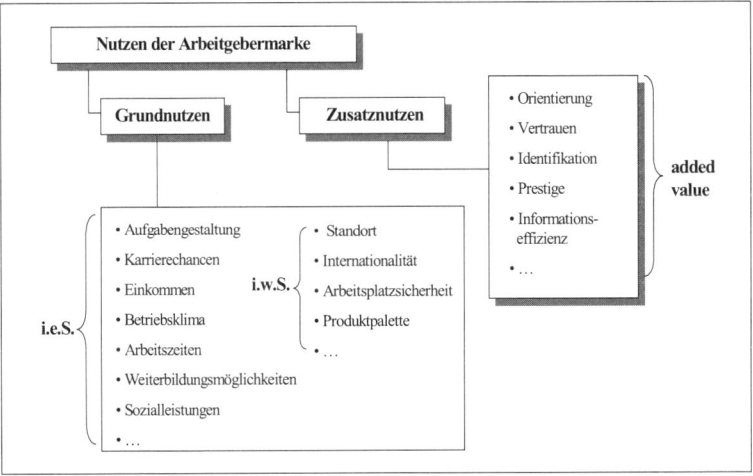

Abb. IV-3: Nutzenstruktur der Arbeitgebermarke

Quelle: Eigene Darstellung

---

[318] Vgl. dazu Sommer, R. (1998), S. 1, Arnold, D. (1992), S. 12f. sowie Rooney, J.A. (1995), S. 48f.

[319] Vgl. Backhaus, K. (2003), S. 405, Essinger, G. (2001), S. 54f. sowie Meffert, H./ Burmann, Ch./ Koers, M. (2002b), S. 7.

[320] Auf die Gefahr der Vernachlässigung des Grundnutzens weisen u.a. Hupp, O. (2002), S. 104ff. und Aumüller, J. (1994), S. 2058f. hin.

Der Nutzen einer Arbeitgebermarke ergibt sich damit aus der **Kombination** von Grund- und Zusatznutzen. Der Zusatznutzen trägt den besonderen Bedingungen der Arbeitgeberwahl Rechnung und erhöht den Gesamtnutzenwert und schließlich die Intensität der Arbeitgeberpräferenz.

2. Formulierung eines Modells der Markenstärke als Zielsystem der Arbeitgebermarke

Um das Employer Branding zielorientiert ausrichten zu können, bedarf es einer strukturierten sowie transparenten Systematisierung der Ziele sowie deren integrative Betrachtung in einem Zielsystem. Dass es sich erneut anbietet, an den Verhaltenswissenschaften anzusetzen, zeigen die nachfolgenden Zielzusammenhänge des Markenmanagements, die aufsteigend ineinanderwirken.[321]

- Globalziel: Unternehmenserfolg;
- ökonomisches Ziel: Nachwuchsrekrutierung;
- verhaltenswissenschaftliches Ziel: Arbeitgebermarke.

Danach leiten sich die ökonomischen Ziele aus den verhaltenswissenschaftlichen Zielen ab. D.h. dass die Arbeitgebermarke als verhaltenswissenschaftliches Konstrukt die Rekrutierung der umworbenen akademischen Fach- und Führungskräfte vorbereitet. Die Anzahl und Qualifizierung der Mitarbeiter wirkt schließlich unterstützend zur Erreichung und Sicherung des Unternehmenserfolgs.

Mit der Intention, den wirkungs- und nachfrageorientierten **Erfolg** einer Marke zu erfassen, wurde in der wissenschaftlichen Diskussion der Begriff der **Markenstärke** geprägt, der auch der Arbeitgebermarke als finale Zielgröße zugrunde gelegt werden soll.[322] Für die Er-

---

[321] Vgl. dazu Esch et al. (2004), S. 16.

[322] Vgl. i.A.a. u.a. Huber, F./ Herrmann, A./ Peter, S. (2003), S. 345ff., Kranz, M. (2002), S. 435, Morschett, D. (2002), S. 55ff. sowie Hupp, O. (2001), S. 20ff. Der Begriff des *Markenwerts* orientiert sich zu stark an der monetären Betrachtung der Marke und führt bei der Arbeitgebermarke daher zu Irritationen. Der Terminus der *Markenstärke* weist hingegen ausschließlich auf die Dominanz der Marke in der Wahrnehmung der Zielgruppen sowie in der Platzierung im Wettbewerbsumfeld hin. Die verhaltenswissenschaftliche Perspektive nutzt zur Erfassung des Markenwerts die Erkenntnisse der Verhaltenswissenschaften und der Konsumentenforschung. In der Fachliteratur wird der Markenwert aus zweierlei Perspektiven betrachtet: der finanz- sowie der verhaltensorientierten Perspektive; vgl. u.a. Zentes, J./ Swoboda, B. (2001), S. 345f., Fantapié Altobelli, C./ Sander, M. (2001), S. 12, Turley, L.W./ Moore, P.A. (1995), S. 42ff., Biel, A.L. (2001), S. 65ff., Kranz, M. (2002), S. 434f. sowie Sommer, R. (2001), S. 168. Der klassische Markenwertbegriff basiert auf einem *finanziell/monetär orientierten Ansatz*, der den Wert einer Marke als Barwert aller zukünftigen Einzahlungsüberschüsse, die der Eigentümer aus der Marke erwirtschaften kann, definiert; vgl. dazu Kaas, K.-P. (1990), S. 48, Franzen, O./ Trommsdorff, V./ Riedel, F. (1994), S. 1375f. und Irmscher, M. (1997), S. 57f. Diese Formulierung verdeutlicht, dass der Ursprung der Markenwertbetrachtung weniger im Marketing zu finden ist, sondern das Resultat von

klärung des Erfolgs einer Arbeitgebermarke ist daher nachfolgend die Markenstärke arbeitgeberbezogen zu operationalisieren.

2.1 Erkenntnisbeiträge verhaltenswissenschaftlicher Ansätze zur Operationalisierung der Markenstärke

Die Experten sind sich einig, dass die Markenstärke i.A.a. die wirkungsbasierte Definition der Arbeitgebermarke als **Gesamtheit** aller positiven und negativen **Vorstellungen** zu verstehen ist.[323] Aus verhaltenswissenschaftlicher Sicht kann die Stärke einer Arbeitgebermarke als Ergebnis der unterschiedlichen Vorstellungen auch als wahrgenommene **Attraktivität** eines Arbeitgebers bezeichnet werden.[324]

Die Operationalisierung der Markenstärke dient als Grundlage für die Zielvorgaben einer Marke.[325] Für die Entwicklung eines Markenstärke-Modells als Zielsystem des Employer Branding müssen daher dessen **Systematik** sowie **Erfolgsdimensionen** hergeleitet werden.

Finanz- und Investitionsüberlegungen darstellt. Denn das Hauptinteresse von Finanzexperten bestand darin, den monetären Wert bei Käufen und Veräußerungen von Marken und Unternehmen zu erfassen; vgl. Bauer, H.H./ Huber, F. (1997), S. 15 sowie Esch, F.-R./ Andresen, Th. (1997), S. 12f. Aufgrund der fehlenden Anknüpfungspunkte für das Employer Branding wird diesem Ansatz nicht weiter nachgegangen. Eine monetäre Betrachtung des Employer Brand erscheint auf den ersten Blick schwierig und eher fragwürdig. Denn eine Arbeitgebermarke ist im Zusammenhang eines Corporate Brand als Facette eines Unternehmens anzusehen und als separater Bestandteil nicht zu veräußern. Dennoch sollte der Gedanke, das Potenzial eines Unternehmens, das darin besteht, den Bedarf an kritischen Humanressourcen durch die Bindung aktueller und die Rekrutierung neuer Mitarbeiter zukünftig zu decken, finanziell zu bewerten, bei Unternehmensakquisitionen entsprechende Berücksichtigung finden. Das Humankapital, das aufgrund diverser Entwicklungen langfristig die Rolle des Engpassfaktors einnehmen wird, wäre dann in den finanziellen Wert eines Unternehmens einzurechnen.Eine Übersicht zu verschiednen Definitionen zum Markenwert siehe u.a. bei Morschett, D. (2002), S. 49ff. Das angloamerikanische Pendant zum Begriff Markenwert lautet *Brand Equity*. Weitere im deutschen Sprachgebrauch häufig verwendete Begriffe sind *Markenstärke, Markenkraft* oder *Markenkapital*. Entsprechend im angloamerikanischen Raum sind Termini wie *brand asset* oder *brand strength* zu finden. Vgl. dazu Bekmeier-Feuerhahn, S. (1994), S. 383f., Aaker, D.A (1996), S. 10ff., Simon, H. (1994a), S. 578ff., Kranz, M. (2002), S. 435, Hupp, O. (2001), S. 20ff. sowie Maretzki, J./ Wildner, R. (1994), S. 102.

[323] Vgl. dazu i.A.a. Meffert, H. (2000), S. 847, Kranz, M. (2002), S. 435 sowie Weinberg, P. (1992), S. 36f. Da diese Vorstellungen aktiv gestaltet werden können, kann sie auch als Reaktion auf marketingorientierte Maßnahmen gewertet werden; vgl. hierzu Weis, M./ Huber, F. (2000), S. 42, Esch, F.-R. (2003), S. 63, Esch, F.-R./ Wicke, A. (2001), S. 44ff., Turley, L.W./ Moore, P.A. (1995), S. 42ff. sowie Biel, A.L. (2001), S. 66f.

[324] Vgl. dazu i.A.a. Hupp, O. (2001), S. 20ff. sowie Maretzki, J./ Wildner, R. (1994), S. 102. Um die Markenstärke zu erfassen, vertritt daraus abgeleitet *Esch* den Standpunkt, dort anzusetzen, wo dieser Wert geschaffen wird, nämlich in den Köpfen der Anspruchsgruppen; vgl. Esch, F.-R. (2001b), S. 66ff. Siehe auch Aaker (1991), Kapferer (1992), Keller (1993) sowie Bekmeier-Feuerhahn (1998). Damit bildet wiederum die *Psyche des Menschen* und die dort verankerten Vorstellungsbilder den Analyseschwerpunkt. Zur Durchdringung der Markenstärke einer Arbeitgebermarke wird folglich der verhaltenswissenschaftlichen Forschung weiter nachgegangen.

[325] Vgl. Esch, F.-R. (2003), S. 67.

Da sich die wissenschaftlich- und praxisorientierte Forschung zur Modellierung und Er-
folgsmessung von Marken auf einem hohen Stand befindet, bietet es sich an, diese hinzuzuziehen.[326] Um eine beitragsrelevante Diskussion von Markenstärke-Modellen zu führen,
beschränken sich die folgenden Ausführungen auf diejenigen Ansätze, die an die hier angewandte schematheoretische Definition der formalen Struktur der Arbeitgebermarke anknü-
pfen und daher auf einer verhaltenswissenschaftlichen Fundierung basieren. Zudem zielt die
Operationalisierung der Markenstärke im Zusammenhang der konzeptionellen Entwicklung
der Arbeitgebermarke auf eine qualitative Darstellung derselben ab. Für die Entwicklung
eines Stärke-Modells für die Arbeitgebermarke erscheinen die Beiträge von *Aaker (1991),*
Keller (1993), (2001), Bekmeier-Feuerhahn (1998) sowie *Esch (1999), (2003)* besonders
interessant.

a) Aaker (1991)
Den ersten verhaltenswissenschaftlichen Ansatz zur Operationalisierung der Markenstärke
formuliert *Aaker (1991)*. Nach dessen Sichtweise ist die Markenstärke zu verstehen „*... as a*
set of assets (and liabilities) linked to a brand's name and symbol that adds to (...) the value
provided by a product or service to a firm/ or that firm's customers".[327] Für deren Darstellung bestimmt *Aaker* die Dimensionen Markentreue, Bekanntheit des Namens, angenom-
mene Qualität, weitere Markenassoziationen sowie weitere Markenvorzüge.[328] Die besondere Relevanz dieses Ansatz für das Employer Branding liegt darin begründet, dass *Aaker*
die Grundlage für eine qualitative Erfassung der Markenstärke legt. Das Modell der Arbeitgebermarke muss daher nicht zwingend auf ein quantitatives Fundament gesetzt werden,
sondern gestattet eine **deskriptive, qualitative Darstellung** der Wirkungszusammenhänge
mit entsprechend hohem Erklärungsgrad. Zudem liefert der Ansatz die ersten qualitativen
Erfolgsdimensionen einer Marke. Da sich diese Dimensionen, wie aus *Kapitel II.2* zu
entnehmen ist, auch als Erfolgskriterien bereits in den Modellen der Arbeitgeberwahl
wiederfinden, sollen diese auch für die Operationalisierung der Markenstärke einer Arbeitgebermarke genutzt werden. Daher werden die Erfolgsdimensionen der wahrgenommenen
Qualität als **Kompetenz** der **Personalpolitik**, die **Bekanntheit** des Unternehmens als Arbeitgeber sowie die **Loyalität** zu demselben übernommen. Mit stärkerer Ausprägung dieser
Kriterien erhöht sich folglich auch die Stärke der Arbeitgebermarke.

---

[326] Einen State-of-the-Art zu den Modellansätzen zur Markenstärke bieten Bentele et al. (2005), S. 43ff. Er
        unterscheidet u.a. zwischen *psychographisch bzw. verhaltensorientierten* sowie *betriebswirtschaftlich-*
        verhaltenswissenschaftlichen Kombinationsmodellen.
[327] Aaker, D.A. (1996), S. 7f. sowie Aaker, D.A. (1992), S. 31.
[328] Siehe zu den Dimensionen der Markenstärke Aaker, D.A. (1992), S. 31ff., Aaker, D.A. (1996), S. 7ff.,
        Aaker, D.A./ Joachimsthaler, E. (2000a), S. 17. Zu den weiteren Markenassoziationen zählt *Aaker* insb.
        Patente, Warenzeichen und Absatzwege. Unter Markentreue versteht *Aaker* die „Verbundenheit (...) mit
        einer Marke und dem Grad der Wahrscheinlichkeit, mit der er die Marke wechseln wird"; Aaker, D.A.
        (1992), S. 57. *Keller* gibt folgende Definition zur Markenstärke: „Customerbased brand equity is defined
        as the differential effect of brand knowledge on consumer response to the marketing of the brand";
        Keller, K.L. (1993), S. 8f.

b) Keller (1993), (2001) sowie Esch (1999), (2003)

Einen besonders relevanten verhaltenswissenschaftlichen Ansatz zur qualitativen Darstellung der Markenstärke aus Sicht des Adressaten entwickelt *Keller (1993)*. Dieser leitet unter Berücksichtigung verhaltenswissenschaftlicher Annahmen ein auf Markenwissen basierendes Markenstärke-Modell ab.[329] Das **Markenwissen** setzt sich dabei aus zwei Komponenten zusammen: der **Bekanntheit** (brand awareness) und dem **Image** (brand image).[330] *Keller* definiert für sein Modell die Assoziationstypen Attribute, Nutzen und Einstellungen.[331] Für den Aufbau des brand images sind die **Bewertung**, die **Stärke** und die **Einzigartigkeit** der Assoziationen von ausschlaggebender Bedeutung. Die Stärke einer Marke ergibt sich daher aus der Vielzahl und dem Grad starker, entscheidungsrelevanter sowie einzigartiger Assoziationen. Die nachstehende Graphik bildet diese Zusammenhänge ab:[332]

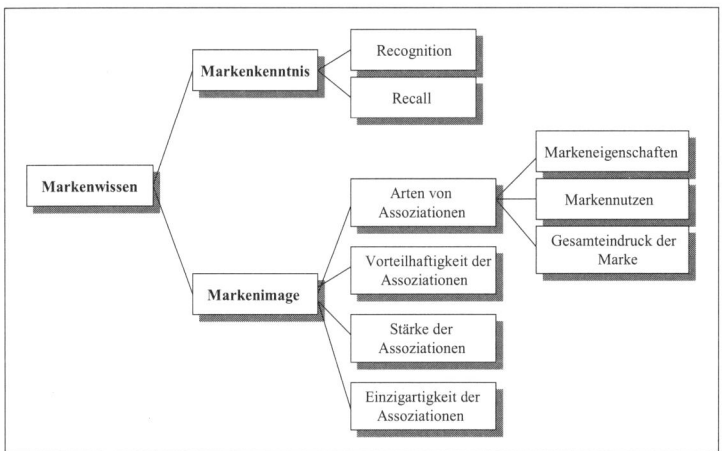

Abb. IV-4: Operationalisierung der Markenstärke nach Keller (1993)

Quelle: Keller (1993)

---

[330] *Keller* unterteilt die Markenbekanntheit in *brand recognition* und *brand recall*; vgl. Keller, K.L. (1993), S. 3. Formal lässt sich das *Markenwissen* als ein semantisches Netzwerk von einer Vielzahl miteinander verflochtenen Assoziationen darstellen. Die *Markenbekanntheit* ist verbunden mit der Stärke der Knoten im Gedächtnis. Das *Markenimage* wird als Wahrnehmung und Bevorzugung einer Marke auf der Basis verschiedener gespeicherter Markenassoziationen definiert; vgl. Keller, K.L. (2001), S. 1061.

[331] Die *Attribute* stellen beschreibende Eigenschaften dar, die einen Betrachtungsgegenstand charakterisieren. Der Nutzen umfasst den Wert und die Bedeutung zur Bedürfnisbefriedigung, die dem Betrachtungsgegenstand beigemessen werden. Einstellungen werden als ganzheitliche Bewertung des Betrachtungsgegenstandes betrachtet; vgl. Keller, K.L. (1993), S. 3ff.

[332] Vgl. dazu Keller, K.L. (1993), S. 7. Die vorliegende Abbildung wurde leicht modifiziert sowie ins Deutsche übersetzt. Ebenso oder gering modifiziert siehe auch Bekmeier-Feuerhahn, S. (1998), S. 93, Keller, K.L. (2001), S. 1063, Baumgarth, C. (2001), S. 238 sowie Esch, F.-R. (2003), S. 70. Alternative Begriffe für recall sowie recognition sind die *aktive* und *passive Bekanntheit*; vgl. dazu Keller, K.L. (1993), S. 3.

Kellers Markenstärke-Modell kann als Fortführung des *Aaker'schen* Ansatzes gesehen werden, der aufgrund des Hinzuziehens weiterer verhaltenswissenschaftlicher Kenntnisse einen höheren Differenzierungsgrad besitzt.[333] *Keller* gilt als Hauptbegründer der schematheoretischen Darstellung von Marken, auf die ebenfalls die Erkenntnisse zur formalen Struktur der Arbeitgebermarke basieren. Neben interessanten Impulsen zur Deskription der Markenstärke einer Arbeitgebermarke liefert er Ideen zur unterschiedlichen Ausgestaltung der Bekanntheit eines Unternehmens als Arbeitgeber. Ferner wird insb. das Image der Marke als Fremdbild des Arbeitgebers in den Mittelpunkt der Betrachtung gerückt.

Esch (1999), (2003) greift das Modell nach *Keller (1993)* auf und verfeinert dieses. Seinem Vorschlag zur Operationalisierung der Markenstärke nach stehen ebenfalls die beiden Zielgrößen **Bekanntheit** und **Image** im Mittelpunkt. Eine Erweiterung erhält das Modell, indem bei der Markenbekanntheit zwischen der verbalen und visuellen Verankerung und Zugriffsfähigkeit der Marke unterschieden wird sowie die Markenassoziationen eine erhöhte Differenzierung erfahren.[334]

c) Bekmeier-Feuerhahn (1998)

Dass die Annahmen von *Aaker (1991)* und *Keller (1993)* zum Wirkungszusammenhang zwischen Gedächtnisrepräsentationen und der Markenstärke Gültigkeit besitzen, bestätigt *Bekmeier-Feuerhahn (1998)* mittels einer empirischen Untersuchung. *Bekmeier-Feuerhahn* geht der grundsätzlichen Frage nach, ob und in welchem Maße die Markenstärke durch bildliche und verbale Speicherprozesse repräsentiert werden kann.[335] Neben der hohen Bedeutung von **visuellen Assoziationen** auf die Ausprägung der Markenstärke können die Determinanten zur Erhöhung der Markenstärke im Prozess der Informationsverarbeitung, insb. der Speicherung, identifiziert werden. Zu den entscheidenden Treibern der Markenstärke durch die Speicherung von verbalen und visuellen Informationen zählen demnach die **Zugriffsfähigkeit** auf Assoziationen sowie die **Qualität, Intensität** und **Einzigartigkeit** derselben. Übertragen auf die schemabasierte Arbeitgebermarke stellen diese Faktoren daher die **Treiber** des Employer Branding dar, die in die Ausgestaltung des Markenmanagements integriert werden müssen.

---

[333] Ähnlich wie *Aaker (1991)* muss sich auch *Keller (1993)* mit der Kritik einer fehlenden empirischen Fundierung, der Interdependenzen der Determinanten und darüber hinaus einer fehlenden Verdichtung der Einzelergebnisse konfrontieren lassen; vgl. zur Kritik an dem *Keller'schen* Ansatz Bekmeier-Feuerhahn, S. (1998), S. 95f. sowie Morschett, D. (2002), S. 65f.

[334] Zur Ausgestaltung der Markenassoziationen siehe Esch (1999), (2003).

[335] Vgl. dazu die Ausführungen zur kausalanalytischen Untersuchung zur Speicherung der Markenstärke bei Bekmeier-Feuerhahn, S. (1998), S. 184ff. *Bekmeier-Feuerhahn* ließ in der Studie Konsumenten nach ihren verbalen und visuellen Vorstellungen zu den Marken Mumm, Söhnlein, Swatch, Citizen, Sony und Schneider befragen.

2.2 Verhaltenswissenschaftliche Konkretisierung der Markenstärke

Das der Arbeitgebermarke zugrunde gelegte wirkungsorientierte Verständnis führte, wie bereits vorgestellt, zu einer bewussten Fokussierung auf verhaltenswissenschaftliche Modelle der Markenstärke. Für die Entwicklung eines theoretisch fundierten Zielsystems der Arbeitgebermarke soll an diesen Modellen angeknüpft werden. Basierend auf die Verhaltenswissenschaften sowie den Markenstärke-Modellen werden nachfolgend die **Systematik** eines Zielsystems hergeleitet sowie konkretisiert und die bereits identifizierten **Erfolgsdimensionen** zusammengetragen und erklärt.

2.2.1 Einstellungsbasierte Herleitung des Markenstärke-Modells

Aus den von den Ansätzen nach *Keller (1993), Bekmeier-Feuerhahn (1998)* sowie *Esch (1999), (2003)* abgeleiteten Erkenntnissen lässt sich die Arbeitgebermarke in der Form eines **Vorstellungsbildes** über einen Arbeitgeber, bestehend aus verbalen und visuellen Assoziationen, weiter konkretisieren sowie wissenschaftlich operationalisieren.[336] Die nachfrageorientierte Perspektive der Markenstärke rückt damit das **Fremdbild** der Arbeitgebermarke in den Vordergrund. Für die Begriffe Vorstellungsbild oder Fremdbild wird in der verhaltenswissenschaftlichen Forschung vorzugsweise der Terminus **Image** genutzt. Analog zu *Keller (1993)* oder *Esch (1999), (2003)* bietet es sich zur Konkretisierung des Fremdbildes daher an, das bereits wissenschaftlich fundierte Imagekonstrukt hinzuzuziehen.

Den Eingang in die marktpsychologische Forschung fand der Imagebegriff im Jahr 1955 mit dem Beitrag *„The product and the brand"* von *Gardner & Levy (1955).*[337] Seitdem wurden zahlreiche Versuche unternommen, das Image zu definieren und es von ähnlichen Konstrukten abzugrenzen.[338] Die nachfolgende Definition bringt das vorherrschende Verständnis zum Image besonders deutlich zum Ausdruck:

---

[336] Insb. nach den Ausführungen von *Keller (1993)* und *Esch (2003)* stellt sich dieses als Netzwerk unterschiedlicher Markenassoziationen dar. Diese Assoziationen können sowohl verbaler als auch bildlicher Art sein. Dass die bildliche Einheit in Form von inneren Bildern einen besonders hohen Effekt auf die Markenstärke besitzt, zeigt der Ansatz von *Bekmeier-Feuerhahn (1998).*

[337] Vgl. Gardner, B.B./ Levy, S.J. (1955), S. 33ff. Hier wurde das Image erstmals zur Beschreibung des *Verbraucherverhaltens* und zur Lösung spezieller Probleme in der *Absatzforschung* herangezogen; vgl. Rühl, M. (1993), S. 57f. Zu den wichtigen Pionieren der Imageforschung stammen neben *Gardner & Levy (1955)* auch *Bergler (1963)* sowie *Boulding (1964).* Seitdem findet es in der Praxis nahezu inflationäre Anwendung. Nach *Kroeber-Riel/ Weinberg* muss das Image „als Mädchen für alles herhalten"; Kroeber-Riel, W./ Weinberg, P. (2003), S. 16. Kein Kommunikationskonzept oder Marketingstrategie scheinen ohne den Imagebegriff auszukommen; vgl. Adjouri, N. (2002), S. 94. Vgl. dazu auch Herzig, O.A. (1991), S. 1 sowie Dorenbeck, B. (1985), S. 133.

[338] *Johannsen* führt den heutigen Imagebegriff auf das griechische *eikon,* dem lateinischen *imago,* dem französischen *l'image,* dem deutschen *pilde* bzw. *bilde* und das englische *image* zurück; vgl. Johannsen,

*„Image ist die Gesamtheit aller subjektiven Ansichten und Vorstellungen einer
Person von einem Gegenstand, also einem Bild, das sich eine Person von einem
Gegenstand macht."*[339]

Die Operationalisierung der Markenstärke der Arbeitgeber dient der Integration der markenrelevanten Erfolgsdimensionen in ein aussagekräftiges Zielsystem. Da auch das Image-Kon-
strukt als solches wenig Anknüpfungspunkte für eine integrative Einbindung der Nutzen-
sowie Zusatznutzen bietet, bedarf es ebenfalls einer Konkretisierung.
Hinweise zur Konkretisierung des Image bieten die **Imagetheorien**, die laut *Trommsdorff
(1980)* in drei Ansätze unterteilt werden können: der ökonomisch, gestaltpsychologisch und
einstellungspsychologisch orientierten Imagetheorie.[340] Besonders erkenntnisreich erscheint
dabei die Interpretation des Images als **mehrdimensionale Einstellung** gemäß der einstellungspsychologisch orientierten Imagetheorie.[341] Diese erfüllt die Forderung nach einer
nachfrageorientierten Perspektive des Images und eröffnet durch die Anwendung des Ein-

---

U. (1971), S. 19, Groenewald, H./ Horn, S. (1986), S. 489. Definitionen zum Imagebegriff sind u.a.
nachzulesen bei Bentele, G. (1992), S. 152, Zimmer, D. (1995), S. 53, Drgala, W./ Distler, G.F. (2002),
S. 185f., Triandis, H.C. (1975), S. 2ff., Kroeber-Riel, W./ Weinberg, P. (2003), S. 197f., Wiswede, G.
(1992), S. 72f. sowie Buß, E./ Fink-Heuberger, U. (2000), S. 41f.

[339] Knoblich, H./ Esch, F.-R. (2001), S. 627.

[340] Vgl. dazu die Ausführungen von Trommsdorff, V. (1980), S. 118f. Die Ursprünge des Imagebegriffs
lassen sich in der *ökonomischen Theorie* finden. Dort gilt das Image als ganzheitliches, objektbezogenes
Konzept, das dazu dient, den Teil des Markterfolges zu erklären, der nicht durch die objektiven Faktoren
bestimmt werden kann. Als objektive Faktoren gelten bspw. der Preis oder die technische Qualität; vgl.
Knoblich, H./ Esch, F-R. (2001), S. 627 sowie Pepels, W. (2001a), S. 247f. Häufig wird der Teil auch als
subjektiver Rest bezeichnet, dessen Ausprägung ausschließlich von der nachfragenden Seite abhängt;
vgl. Gardner, B.B./ Levy, S.J. (1955), S. 34f., Trommsdorff, V. (1980), S. 119 sowie Lieber, B. (1995),
S. 5. Die ökonomische Imagetheorie vertritt die Auffassung, dass ein Arbeitgeber bzw. dessen Ausgestaltung als Marke ein Image besitzt. Diese ausschließlich objektorientierte Sichtweise verhindert jedoch eine Analyse und Erklärung der subjektiven Imagekomponenten und blendet letztendlich die
nachfrageorientierte Seite aus; vgl. auch Trommsdorff, V. (1980), S. 118f. Hinweise zur Konkretisierung
des Images im Sinne des Fremdbildes einer Arbeitgebermarke können aus diesem theoretischen Ansatz
daher nicht erwartet werden. Zudem widerspricht die ausschließliche Objektbezogenheit der dem Employer Branding zugrunde gelegten wirkungsorientierten Markenverständnis. Die ersten *subjektorien-
tierten, psychologischen Impulse* erhält das Imagekonzept durch die Beiträge von *Spiegel (1958)* und
Bergler (1963). Diese wechseln die objektorientierte Perspektive und betrachteten das Image als ganzheitliches Eindruckssystem, welches alle Vorstellungen eines Individuums in Bezug auf ein Objekt
zusammenfasst; vgl. Trommsdorff, V. (1980) S. 120 sowie Knoblich, H./ Esch, F.-R. (2001), S. 627.
Bergler bezeichnet das Image auch als stereotypisches Orientierungssystem des Individuums; vgl. Bergler, R. (1963), S. 20. Auch wenn dieser Ansatz zur Fundierung des Images den erforderlichen Perspek-
tivenwechsel liefert, bleibt die Definition des Images als Eindruckssystem sehr allgemein gehalten.
Erforderlich ist eine detaillierte Ausweisung des Eindruckssystems, die diese Theorie jedoch nicht
liefert. Den erkenntnisgewinnenden Beitrag zur Konkretisierung des Images bietet die *einstellungs-
psychologische Imagetheorie*.

[341] Vgl. Kroeber-Riel, W./ Weinberg, P. (2003), S. 197 sowie Gloger, A. (2001), S. 53ff. *Kroeber-Riel &
Weinberg* sind der Meinung, dass die Merkmale von Image und Einstellung *nahezu identisch* sind. Der
Tendenz in der Marketing-Literatur folgend präferiert er daher den schärfer operationalisierbaren Ein-
stellungsbegriff; vgl. Kroeber-Riel, W./ Weinberg, P. (2003), S. 197f. Die Diskussion über die Abgrenzung der Begriffe Image und Einstellung stellt sich kontrovers dar. Es besteht bis dato keine Einigkeit

stellungs-Konzepts die Chance, Strukturen für das Image zu setzen und somit letztendlich die Markenstärke differenziert zu betrachten.

Zum Verständnis der **Einstellung** wird dieser Arbeit die Definition nach *Nieschlag et al. (2002)* zugrunde gelegt, welche die Einstellung als

> *„Bereitschaft zur positiven oder negativen Bewertung eines Betrachtungsobjekts"*

bezeichnet.[342] Dem Aufbau des Einstellungskonstrukts widmet sich insb. die sozialpsychologische Forschung. Experten waren sich dabei vor allem uneinig darüber, inwieweit die Einstellung durch Gefühle (affektiv) oder Gedanken (kognitiv) geprägt ist.[343] Der konfliktären, eindimensionalen Betrachtung der Einstellung wich daher der mehrdimensionale Ansatz der Einstellung.[344] Den größten Verbreitungsgrad hat dabei das **Drei-Komponenten-Modell** von *Rosenberg & Hovland (1960)* erlangt, das in seiner mehrdimensionalen Ausprägung über eine Zusammenfassung der **kognitiven** und **affektiven** Komponente hinaus zudem eine **Verhaltenskomponente** (intentional oder konativ) integriert.[345] Die Verhaltenskomponente äußert sich dabei zunächst nicht in einer konkreten Handlung, sondern

---

darüber, ob beide eigenständige, voneinander abgrenzbare Konstrukte darstellen. Zu den Vertretern, die eine Trennung beider verhaltenswissenschaftlicher Größen postulieren, zählen bspw. Johannsen, U. (1971), S. 812 sowie Herzig, O.A. (1991), S. 3ff. Für eine Gleichsetzung hingegen stimmen u.a. Kroeber-Riel, W./ Weinberg, P. (2003), S. 197, Tolle, E./ Steffenhagen, H. (1994), S. 380ff., Gloger, A. (2001), S. 53ff., Esch, F.-R. (2002), S. 192, Sattler, H. (2001), S. 138ff. sowie Sommer, R. (1998), S. 149.

[342] Neben dem Image hat in den vergangenen Jahren kaum ein anderes Konstrukt so viel Aufmerksamkeit in der sozialpsychologischen Forschung sowie der Konsumentenforschung erhalten wie die Einstellung. Aber auch wenn sich der einstellungsbezogene Forschungsstand auf einem sehr hohen Niveau befindet, existieren dennoch eine Vielzahl unterschiedlicher Definitionen, die z.T. ein konträres Verständnis zugrunde legen. Einen Ansatz zur Definition des Einstellungskonstrukts liefern u.a. Silberer, G. (1983), S. 535ff., Herrmann, A. (1998), S. 74f., Mayer, H./ Illmann, T. (2000), S. 130, Fischer, L./ Wiswede, G. (1997), S. 208, Kroeber-Riel, W./ Weinberg, P. (2003), S. 169, Knoblich, H./ Esch, F.-R. (2001), S. 627, Trommsdorff, V. (2002b), S. 150ff., Bänsch, A. (2002), S. 38f., Nieschlag, R./ Dichtl, E./ Hörschgen, H. (2002), S. 594f., Felser, G. (2001), S. 304ff. sowie Solomon, M./ Bamossy, G./ Askegaard, S. (2001), S. 153f.

[343] Einstellungen werden zum einen als *kognitiv* geprägtes Konstrukt angesehen; vgl. u.a. Wiswede, G. (1992), S. 72f., Felser, G. (2001), S. 304 sowie Schweiger, G. (1995), Sp. 917f. *Pepels* bezeichnet Einstellungen hingegen als *Affekte*; vgl. Pepels, W. (2001a), S. 246. Integrierende Sichtweisen sehen die Einstellung als ein *kognitiv-affektives Verbundkonstrukt*; vgl. Trommsdorff, V. (1980), S. 121ff. sowie Kroeber-Riel, W./ Weinberg, P. (2003), S. 169ff.

[344] Zu den bekanntesten Vertretern des eindimensionalen Einstellungskonzepts gehören *Thurstone (1931)* und *Fishbein (1966)*. Die mehrdimensionale Betrachtung hingegen propagieren zu Beginn der Einstellungsdiskussion insb. *Rokeach (1968)* sowie *Triandis (1964)*. Einen ausführlichen Überblick zur historischen Entwicklung des Einstellungskonstrukts liefern u.a. Silberer, G. (1983), S. 536f. sowie Pepels, W. (2001a), S. 246.

[345] Vgl. dazu Rosenberg & Hovland (1960) in Six, B./ Schäfer, B. (1984), S. 25ff., Trommsdorff, V. (2002b), S. 154f. sowie Fischer, L./ Wiswede, G. (1997), S. 208ff.

impliziert eine Absicht zum bestimmten Verhalten.[346] Graphisch lässt sich der Zusammenhang aus Markenstärke, Image und Einstellungskomponenten wie folgt darstellen:

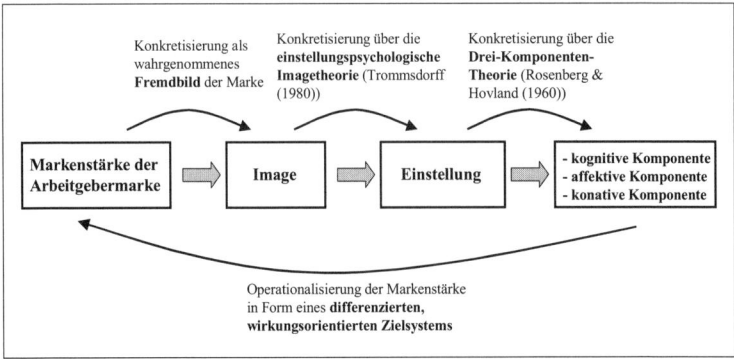

Abb. IV-5: Konkretisierung der Markenstärke

Quelle: Eigene Darstellung

Die Differenzierung des Einstellungskonstrukts bildet die Grundlage für die Operationalisierung der Markenstärke als Zielsystem.[347] Um das Zielsystem der Arbeitgebermarke inhaltlich auszugestalten, werden die Komponenten der Einstellung zunächst beschrieben. Direkt im Anschluss erfolgt eine Zuordnung der Erfolgsdimensionen zu diesen einstellungsorientierten Komponenten.[348]

a) Kognitive Strukturkomponente

Die kognitive Komponente umfasst die **Informationen** und in deren Komplexität das **Wissen** über ein Einstellungsobjekt. Neue Informationen zu einem Unternehmen als Arbeitgeber wirken daher hauptsächlich auf die kognitive Komponente. Neben der Kenntnis der Marke schlägt sich diese darüber hinaus auch in **Urteilen** und Schlussfolgerungen des Indi-

---

[346] Die *konative* Komponente gibt daher die Absicht zur Bewerbung, des Vertragsabschlusses, der Loyalität sowie der Weiterempfehlung wieder. Die konkrete Umsetzung der Absicht erfolgt im nächsten Schritt.

[347] Eine eindeutige Trennbarkeit der Einstellungskomponenten wird häufig in Frage gestellt, mit der Begründung, dass sie zusammen hängen und sich sogar z.t. bedingen; vgl. dazu Hoch, D. (2000), S. 16f., Baderjahn, I. (1995), Sp. 524ff. sowie Silberer, G. (1983), S. 538. Dennoch wird zur Konzeption der Markenstärke der Arbeitgebermarke diesem Drei-Komponenten-Modell weiter nachgegangen.

[348] Bei der Formulierung eines Stärke-Modells für die Arbeitgebermarke sind die *Anforderungen* an ein Zielsystem einzuhalten, alle relevanten Zielgrößen darzustellen, die Beziehungen zwischen den einzelnen Zielgrößen aufzuzeigen sowie die Wirkungen und entsprechenden Kausalbeziehungen zwischen den in Beziehung zueinander stehenden Zielgrößen zu beachten; vgl. Esch, F.-R. (2003), S. 77. Nach *Unger* können die Ziele einer Marke mit den Zielen der Werbung gleichgesetzt werden; vgl. Unger, F. (1986b), S. 13.

viduums nieder.[349] Aufgrund des Zusammenhangs von Information und Urteil besitzt sie einen prozessualen Charakter. Der kognitiven Komponente sind schließlich die Prozesse der **Informationsaufnahme, -verarbeitung** und **-speicherung** von Informationen zuzuordnen, welche die **Lernprozesse** zum gedächtnispsychologischen Aufbau der Arbeitgebermarke bestimmen.[350]

Diesen Ausführungen zufolge sind in der kognitiven Strukturkomponente diejenigen Erfolgsdimensionen zusammen zu fassen, die sich aus den Wahrnehmungen, den Informationen und schließlich aus dem Wissen ergeben.[351] Folglich zählen die **Bekanntheit** und die **wahrgenommene Leistungskompetenz** und **-qualität** der Personalpolitik des Arbeitgebers zu dieser Einstellungsfacette.[352] Die Arbeitgeberqualität als wahrgenommene Fähigkeit, durch das Vorliegen relevanter Faktoren Bedürfnisse zu befriedigen, repräsentiert den Grundnutzen des Arbeitgebers.[353]

b) Affektive Strukturkomponente

Die affektive Einstellungskomponente beinhaltet die **gefühlsmäßige Grundlage** der positiven und negativen Bewertung eines Betrachtungsobjekts. Sie drückt damit die Gefühle und Emotionen eines Individuums gegenüber einer Arbeitgebermarke aus.[354] Wie bereits erwähnt, deckt diese Strukturkomponente die verschiedenen Facetten des Zusatznutzens ab.[355] Diese geben einem Arbeitgeber erst den Charakter einer Marke und bestimmen ausschlaggebend deren Stärke. Daher können die Erfolgsdimensionen wie das **Vertrauens**, die **Iden-**

---

[349] Vgl. zum Verständnis der kognitiven Komponente auch Balderjahn, I. (1995), Sp. 543, Hoch, D. (2000), S. 116f., Lieber, B. (1995), S. 4f., Benkenstein, M. (2001), S. 40, Nieschlag, R./ Dichtl, E./ Hörschgen, H. (2002), S. 596, Solomon, M./ Bamossy, G./ Askegaard, S. (2001), S. 155ff. sowie Mayer, H./ Illmann, T. (2000), S. 131f.

[350] Vgl. zu den kognitiven Lernprozessen der Informationsverarbeitung Spanier, J. (1999), S. 37, Balderjahn, I. (1995), Sp. 546, Mayer, H./ Illmann, T. (2000), S. 132 sowie Bruhn, M. (2003a), S. 135.

[351] Vgl. dazu auch Bruhn, M. (2003a), S. 135, Simon et al. (1995), S. 107f., Meffert, H./ Schürmann, U. (1994), S. 992ff. sowie Kroeber-Riel, W./ Weinberg, P. (2003), S. 499.

[352] Hinweise zur einstellungsorientierten Charakterisierung der Bekanntheit und Qualität geben auch Nieschlag, R./ Dichtl, E./ Hörschgen, H. (2002), S. 656, Hupp, O./ Hofmann, J. (2003), S. 17f., Bruhn, M. (2003a), S. 135, Herrmanns, A./ Püttmann, M. (1993), S. 31f., Meffert, H./ Schürmann, U. (1994), S. 992ff. sowie Biel, A.L. (2001), S. 86f. Die Nähe zwischen der Qualität und dem Einstellungskonstrukt werden in der Literatur häufiger hervorgehoben. *Balderjahn* bezeichnet Qualitätsurteile als *objektbezogene Einstellungen*; vgl. Balderjahn, I. (1993), S. 52f. *Trommsdorff* definiert die Qualität als *mehrdimensionale Einstellung*; vgl. Trommsdorff, V. (2002b), S. 169f.

[353] Eine weitere in der Literatur der kognitiven Einstellungskomponente zugeordnete Wirkungsgröße ist die *Einzigartigkeit*; vgl. dazu Biel, A.L. (2001), S. 87ff. sowie Hupp, O./ Hofmann, J. (2003), S. 17f. Diese ist als Konsequenz der arbeitgeberseitigen Differenzierung zu sehen.

[354] Vgl. dazu Solomon, M./ Bamossy, G./ Askergaard, S. (2001), S. 155ff., Nieschlag, R./ Dichtl, E./ Hörschgen, H. (2002), S. 596, Benkenstein, M. (2001), S. 40, Herrmanns, A./ Püttmann, M. (1993), S. 31f. sowie Mayer, H./ Illmann, T. (2000), S. 132.

[355] Vgl. zur affektiven Einordnung des Zusatznutzens auch Clausnitzer, Th./ Heide, G./ Nasner, N. (2002), S. 34f., Esch, F.-R. (2003), S. 43, Hupp, O. (2002), S. 104ff., Rüschen, G. (1994), S. 124., Pflaum, D. (2002), S. 281 sowie Weis, M./ Huber, F. (2000), S. 37ff. Zur ausschlaggebenden Bedeutung der affektiven Komponente für die Markenstärke siehe Esch, F.-R. (2003), S. 43.

tifikation oder das **Prestige** zum affektiven Bestandteil der Arbeitgebermarke zugeordnet werden. Darüber hinaus wird in der Markenliteratur die **Sympathie** häufig als gefühlsbasiertes Gefallen aufgeführt.[356]

c) Konative Strukturkomponente
Die konative bzw. intentionale Komponente bezeichnet eine **Handlungsabsicht** des Individuums, die in einer grundsätzlichen Bereitschaft, sich gegenüber einem Bezugsobjekt in einer gewissen Form zu verhalten, zum Ausdruck kommt. Aufgrund des Einbeziehens der konativen bzw. intentionalen Komponente wird das Einstellungskonstrukt häufig für die Analyse und Erklärung von Wahlentscheidungen herangezogen.[357] Übertragen auf die Arbeitgeberwahl bezeichnet diese daher das Potenzial, sich für eine bestimmten Arbeitgeber zu entscheiden und repräsentiert daher in deren Konsequenz die finale Zielgröße der Präferenz. Diese Präferenz kann in den verschiedenen Facetten der **Bewerbung**, des **Vertragsabschlusses**, der **Loyalität** sowie der **Weiterempfehlung** wirksam werden.[358] Eine weitere Facette kann auch die Bereitschaft des Bewerbers darstellen, im Vergleich zum Wettbewerb weniger Gehalt zu akzeptieren (**Gehaltsakzeptanz**).[359]

---

[356] Vgl. dazu in der Fachliteratur zur Markenpolitik Hupp, O./ Hofmann, J. (2003), S. 17f., Diller, H. (2001), S. 950, Simon et al. (1995), S. 107f., Bruhn, M. (2003), S. 135, Meffert, H./ Schürmann, U. (1994), S. 992ff. sowie Biel, A.L. (2001), S. 86f.

[357] Vgl. dazu Kuß, A. (1993), S. 177f., Herrmann, A. (1998), S. 74f. sowie Nieschlag, R./ Dichtl, E./ Hörschgen, H. (2002), S. 594f. Dennoch ist zu berücksichtigen, dass die Bereitschaft nicht grundsätzlich zu einer Handlung führen muss; vgl. Balderjahn, I. (1995), Sp. 543, Solomon, M./ Bamossy, G./ Askegaard, S. (2001), S. 155ff., Nieschlag, R./ Dichtl, E./ Hörschgen, H. (2002), S. 596, Benkenstein, M. (2001), S. 40, Behrens, G. (1991), S. 112f. sowie Mayer, H./ Illmann, T. (2000), S. 132. Auch wenn sich Marketing-Experten aus dem Zusammenhang von Einstellung und Verhalten erhoffen, das Entscheidungsverhalten insb. beim Kauf zu prognostizieren, bleibt die verhaltenssteuernde Wirkung der Einstellung strittig. Die Frage, ob die Einstellung mit der konativen Komponente das Verhalten von morgen bedingt (E-V-Hypothese) wird heftig diskutiert; vgl. die Ausführungen zur E-V-Hypothese bei Kroeber-Riel, W./ Weinberg, P. (2003), S. 171ff., Nieschlag, R./ Dichtl, E./ Hörschgen, H. (2002), S. 597f. sowie Herrmann, A. (1998), S. 75f. Aufgrund der präferenzfördernden Wirkung einer Marke, die sich in der Intensität der Präferenz äußert, wird die *Verhaltenskomponente* bewusst in der Markenstärke integriert. Die wissenschaftliche Debatte zur zweifelhaften Verhaltenswirksamkeit der Einstellung wurde maßgeblich durch die Untersuchung von *LaPiere (1934)* ausgelöst. Dieser reiste für mehrere Wochen mit einem chinesischen Paar durch Amerika. Während der einzelnen Aufenthalte in verschiedenen Städten genossen diese eine anständige Unterkunft und umfassende Bewirtung. Im Nachgang befragte *LaPiere* die Gastronomiebetriebe schriftlich, ob diese auch Chinesen aufnehmen würden. In den überwiegenden Fällen wurde dieses verneint, was zu der Erkenntnis führt, dass die geäußerten Einstellungen nicht unbedingt mit dem tatsächlichen Verhalten konsistent sind; vgl. dazu Trommsdorff, V. (2002b), S. 155f sowie Fischer, L./ Wiswede, G. (1997), S. 247.

[358] Siehe dazu auch die Ausführungen zur Präferenz in *Kapitel II.1*.

[359] Vgl. zu den verschiedenen Erfolgsdimensionen der konativen Komponente auch Hupp, O./ Hoffmann, J. (2003), S. 17f., Bruhn, M. (2003a), S. 135, Becker, J. (1992), S. 106f. sowie Biel, A.L. (2001), S. 86f.

2.2.2 Konkretisierung und Zusammenführung der Erfolgsdimensionen der Arbeitgebermarke

Die affektive und konative Komponente der Einstellung wurden in den Kapiteln zum funktionsorientierten Markenansatz bzw. in den Ausführungen zur Präferenz ausreichend dargestellt. Vernachlässigt wurde bisher hingegen die kognitive Einstellungsfacette. Die dazu zählenden qualitativen Aspekte eines Arbeitgebers wurden mit dem Grundnutzen nach *Vershofen (1959)* gleichgesetzt. Bevor die einzelnen Erfolgsdimensionen der Arbeitgebermarke zusammengefasst dargestellt werden, erfolgt deshalb eine ausführlichere Darstellung der kognitiven Bestandteile **Bekanntheit** und **Leistungskompetenz** und **-qualität**.

a) Leistungskompetenz und -qualität
Die Anerkennung eines Betrachtungsobjekts als Marke durch die Anspruchsgruppe beruht letztendlich auf dessen **Qualität**.[360] Die Arbeitgebermarke repräsentiert daher ein Versprechen für sowohl ein hohes **Niveau** als auch die **Konstanz** der Qualität.[361] Der akademische Nachwuchs kann daher ohne Bedenken auf die personalpolitische Leistungspolitik vertrauen und die Arbeitgebermarke als Qualitätssignal in seinem Such- und Entscheidungsprozess der Arbeitgeberwahl heranziehen.
Um den Qualitätsaspekt personalpolitisch umzusetzen, bedarf es eine Konkretisierung der Qualität. Diese Konkretisierung lässt sich im Wesentlichen aus der Begriffsbestimmung derselben ableiten. In der Literatur hat sich die Definition der Qualität als dem Grad der Eignung eines Betrachtungsgegenstandes zur **Zweckerfüllung** durchgesetzt.[362] Aus dieser Zweckorientierung zur Bedürfnisbefriedigung rückt die Nutzendiskussion erneut in den Vordergrund. Denn das Niveau der Qualität korreliert positiv mit dem Nutzengrad, zur Befriedigung gewisser Bedürfnisse. Daher können für die Konkretisierung der Arbeitgeberqualität die Elemente des **Grundnutzens** für die Ausgestaltung der Personalpolitik zugrunde gelegt werden.[363]

---

[360] Vgl. Dichtl, E. (1992), S. 35, Rüschen, G. (1994), S. 124, Bruhn, M. (2001c), S. 24f., Plüss, J. (2001), S. 50, Domizlaff, H. (1982), S. 79, Irmscher, M. (1997), S. 243 sowie Arnold, D. (1992), S. 4.

[361] Vgl. dazu i.A.a. Irmscher, M. (1997), S. 31, Merbold, C. (1994), S. 106f., Meffert, H./ Burmann, Ch./ Koers, M. (2002b), S. 9f. und Essig, C./ Soulas de Russel, D./ Semankova, M. (2003), S. 89.

[362] Vgl. dazu Schneider, Ch. (1997), S. 32ff., Brockhoff, K. (1999), S. 51f., Nieschlag, R./ Dichtl, E./ Hörschgen, H. (2002), S. 611 sowie Koschnick, W.J. (1997), S. 1593f. Die nachfragenden Individuen nehmen eine Bewertung der einzelnen Eigenschaften der Betrachtungsgegenstände in Anbetracht ganz konkreter *Verwendungssituationen* sowie *Bedürfnisbefriedigungen* vor; vgl. Brockhoff, K. (1999), S. 54f.

[363] Auf eine Unterteilung der Qualität in Grund- und Zusatzqualität weist *Koschnick* hin; vgl. Koschnick, W.J. (1997), S. 1593. Die differenzierte Betrachtung des Qualitätsbegriffs in Bezug auf das Personalmarketing nimmt *Batz* vor. Dieser schreibt der Qualität eine integrierende Funktion im Wettbewerb zu. *Batz* ordnet dem Kunden die *Ergebnisqualität*, der Umwelt die *Wertequalität* und dem Mitarbeiter die *Prozessqualität* zu; vgl. Batz, M. (1996), S. 16f.

Um eine valide Basis für potenzielle Elemente der Qualität einer Arbeitgebermarke zu gewinnen, ist im Rahmen dieser Forschungsarbeit eine Auswertung von über 70 Studien zur Erhebung von Präferenzen bei Absolventèn und Young Professionals vorgenommen worden. Aus den Ergebnissen wurden dann diejenigen Arbeitgeberfaktoren mit der höchsten Relevanz herausgefiltert.[364] I.A.a. *Herzberg (1966)* werden diese nachfolgend nach den Kriterien der **Hygienefaktoren** und **Motivatoren** sowie **weichen** und **harten Faktoren** unterteilt:[365]

---

[364] Siehe dazu die wissenschaftlichen Beiträge zur Ermittlung von Arbeitgeberpräferenzen bei Fopp (1975), Simon, H. (1984), S. 82ff., Simon, H./ Wiltinger, K. (1998), S. 28ff., Krauß, D./ Kurtz, H.-J. (1986), S. 380ff., Schöbitz, E. (1986), S. 174ff., Böckenholt, I./ Homburg, Ch. (1990), S. 1159ff., Böde, U./ Ekkehard, St./ Sänger, K.-D. (1991), S. 733ff., Schwaab (1991), Schwaab, M.-O./ Schuler, H. (1991), S. 105ff., Kolter (1991), Moll (1992a), Scholz, M./ Schlegel, D. (1993), S. 56ff., Udris/ Rimann (1994), Thom/ Zaugg (1994), Simon/ Wiltinger/ Sebastian/ Tacke (1995), Lieber (1995), Süß (1996), Wiltinger, K. (1997), S. 55ff., Steinmetz (1997), Bauer/ Jensen (1998), Franke, N. (1999), S. 898ff., Teufer (1999), Franke (2000), Frölich-Kummenauer, M./ Bruns, I. (2000), S. 536ff., Beck et al. (2001), Eisele (2001), Wöhr (2002), Nerdinger, F.W./ Baasner, R. (2002), S. 51ff., Kirchgeorg/ Lorbeer (2002), Holtbrügge, D./ Rygl, D. (2002), S. 18ff., Kirchgeorg/ Grobe (2003), Watzka, K. (2003), S. 8ff., Hinzdorf, T./ Priemuth, K./ Erlenkämper, St. (2003b), S. 18ff. Von den Präferenzstudien wurden folgende hinzugezogen: Vollmer-Studie (1989), (1990), (1991), (1992) in Plogmann, F./ Groß-Heitfeld, R. (1992), S. 221ff., Vollmer, R.E. (1993), S. 179ff.; Unic-Studie (1987), (1989), (1992) in Sebastian, K.-H. (1987), S. 35ff., Sebastian, K.-H./ Simon, H./ Tacke, G. (1988), S. 999ff., Sebastian, K.-H./ Tacke, G. (1990), S. 84ff., Lentz, B. (1991), S. 170ff., Lentz, B./ Plüskow, H.-J.v. (1991), S. 84ff., Schuchart, S. (1989), S. 133ff. sowie Gatermann, M. (1992), S. 67ff.; Universum (1995), (1996), (1997), (1998), (1999), (2000), (2001), (2002), (2003) in Schwertfeger, B. (1998), S. 74ff., Eckstein, D. (1999), S. 90ff., Gillies, J.-M./ Jung, A. (1999), S. 21ff., Eckstein, D. (2000), S. 107ff., Gillies, J.-M./ Dannenmann, M. (2000), S. 29ff.; weitere Datenquellen online im Internet unter www.universum.se; trendence-Studie (1999), (2000), (2001), (2002), (2003) in Schumacher, C./ Schwartz, St. (1999), S. 200ff., Matthes, N./ Sammet, S. (2000), S. 163ff., Welp, C. (2001a), S. 68ff., Katzensteiner, Th. (2002a), S. 108ff., Katzensteiner, Th. (2002b), S. 76ff., Grosse Halbuer, A. (2003), S. 68ff., Welp, C. (2001b), S. 74ff.; access - Studie (2000/ 01), (2002/03), (2002) in Sammet, St. (2002), S. 210ff., Rust, H. (2002), S. 214ff.; managermagazin-Studie (1989) in Lentz, B. (1989), S. 254ff.; Aiesec-Studie (1991) in Kowalewski, R./ Reuss, A. (1991), S. 46ff. sowie Kadel, P./ Marcucci, M. (1993), S. 136ff.; Ploenzke-Studie (1992); Capital-Studie in Seyfried, K.-H. (1993), S. 209ff.; McKinsey-Studie (1998) in Baumann (1998); EMDS-Group-Studie (1989) in Schwertfeger, B. (1999b), S. 190ff.; Modalis Market Tracks (2001); Jobpilot-Studie (2002) sowie Scheltwort, S. (2004), S. 18ff.

[365] Nach *Herzberg (1966)* unterscheiden sich die *Motivatoren* und *Hygienefaktoren* in der Möglichkeit, Zufriedenheit zu schaffen. Während das Vorhandensein der Hygienefaktoren lediglich Unzufriedenheit verhindert, führen die Motivatoren zur Zufriedenheit und Steigern diese. *Kaschube (1993)* kann die Aufteilung der Faktoren empirisch bestätigen. Er befragt 1991 ca. 900 examensnahe Studenten an der Hochschule; vgl. Kaschube, J. (1993), S. 192f. Die Unterteilung in *harte* und *weiche Faktoren* zeigt auf, welche dieser Faktoren durch entsprechende Konzepte eindeutig entwickelt und eingeführt werden können. Siehe zur Begriffsverwendung auch Kowalewski, R./ Ruess, A. (1991), S. 46ff. sowie Bröcker-mann, R./ Pepels, W. (2002), S. 10.

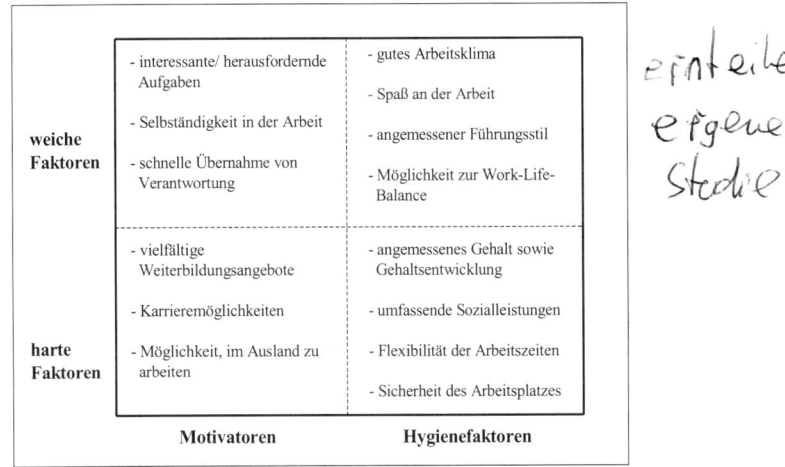

	Motivatoren	Hygienefaktoren
weiche Faktoren	- interessante/ herausfordernde Aufgaben - Selbständigkeit in der Arbeit - schnelle Übernahme von Verantwortung	- gutes Arbeitsklima - Spaß an der Arbeit - angemessener Führungsstil - Möglichkeit zur Work-Life-Balance
harte Faktoren	- vielfältige Weiterbildungsangebote - Karrieremöglichkeiten - Möglichkeit, im Ausland zu arbeiten	- angemessenes Gehalt sowie Gehaltsentwicklung - umfassende Sozialleistungen - Flexibilität der Arbeitszeiten - Sicherheit des Arbeitsplatzes

Abb. IV-6: Personalpolitische bzw. arbeitsplatzbezogene Leistungsqualitäten

Quelle: Eigene Darstellung

Zwei Anmerkungen zum Qualitätsbegriff sollen das Verständnis zur Leistungsqualität eines Arbeitgebers erhöhen. Da die Bedürfnisse der akademischen Fachgruppen subjektiv und daraus folgend heterogen sind, unterliegt auch die Qualität des personalpolitischen Angebots der subjektiven Wahrnehmung. Eine absolute, für alle akademischen Gruppen gleiche Qualität ist daher nicht zu erreichen. Die Präferenzen der akademischen Nachwuchsgruppen fallen damit unterschiedlich aus. Darüber hinaus impliziert die Eigenschaft der Konstanz der Qualität nicht die Starrheit der Leistungspolitik. Ganz im Gegenteil wird das hohe Niveau der Qualität im relativen Wettbewerb durch die ständige Weiterentwicklung und Einführung von innovativen Konzepten in der Personalarbeit gehalten. Die Fähigkeit, personalpolitische **Innovationen** zu entwickeln sowie die relevanten Anspruchsgruppen darüber in Kenntnis zu setzen, beeinflusst daher ebenfalls den Erfolg einer Arbeitgebermarke.[366]

b) Bekanntheit

Eine besonders relevante Zielgröße im Modell der Markenstärke stellt die Bekanntheit dar.[367] Nach *Diller (2001)* drückt die Bekanntheit das Ausmaß des Zusammenwirkens der **Wahrnehmung** und des **Erinnerungsvermögens** von Empfängern einer Botschaft aus.[368]

---

[366] Vgl. zur Bedeutung von Innovationen in der Markenpolitik Spinner, W. (1999), S. 10, Herrmann, Ch. (1999), S. 81 und Wübbenhorst, K.L./ Wildner, R. (2002), S. 66f.

[367] Vgl. dazu Hätty, H. (1989), S. 19f., Freter, H./ Baumgarth, C. (2001), S. 322, Irmscher, M. (1997), S. 15, Bruhn, M. (1994b), S. 8 sowie Baumgarth, C. (2001), S. 5 .

[368] Vgl. Diller, H. (2001), S. 939. Siehe ähnlich auch Aaker, D.A. (1992), S. 83ff. sowie Sattler, H. (2001), S. 134ff. *Keller* benutzt den Begriff „brand awareness"; vgl. Keller, K.L. (1993), S. 3.

Aus Sicht der Schematheorie wirkt sie auf die Stärke der Knoten und dient als Anker zur Befestigung markenspezifischer Assoziationen.[369] Sie nimmt einen besonderen Stellenwert im Modell der Markenstärke ein, da sie als Voraussetzung für die Erreichung der übrigen psychischen markenpolitischen Zielsetzungen gilt. Ohne Bekanntheit können logisch begründet zum einen keine Assoziationen entstehen, zum anderen fördert eine hohe Bekanntheit u.a. das Vertrauen zu einer Marke.[370] Eine positive Ausprägung der Bekanntheit stellt daher die **notwendige Bedingung** der Markenstärke und somit der Präferenz dar.[371] Zudem ist erwiesen, dass eine deutliche Korrelation zwischen persönlichem Informationsstand über ein Unternehmen und der empfundenen Attraktivität besteht. So kann eine negative Beurteilung eines Unternehmens als Arbeitgeber allein durch die Unkenntnis über dessen arbeitsplatzspezifischen Faktoren begründet sein, ohne dass dieses den Tatsachen entspricht.[372] Die Wechselbeziehung zwischen Bekanntheit und wahrgenommener Attraktivität eines Unternehmens verdeutlicht die nachfolgende Graphik:

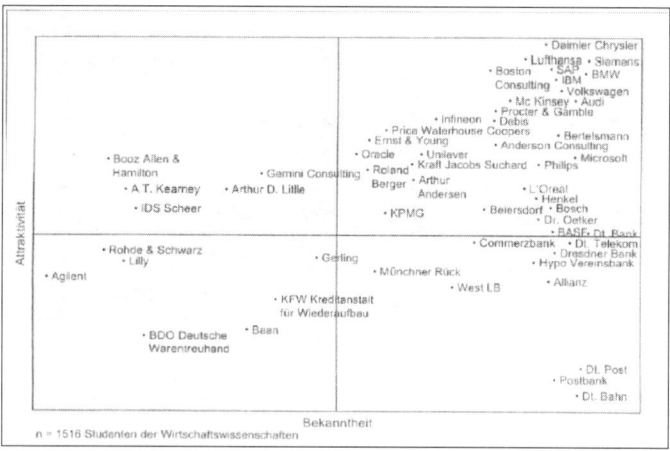

Abb. IV-7: Wechselbeziehung zwischen Bekanntheit und Attraktivität

Quelle: Esch (2003) basierend auf den Ergebnissen einer access-Studie

---

[369] Vgl. dazu Esch, F.-R. (2003), S. 71, Aaker, D.A. (1992), S. 85ff., Langner, T. (2003), S. 18 sowie Keller, K.L. (2001), S. 1061.

[370] Vgl. zur Korrelation zwischen Bekanntheit und Vertrauen Esch, F.-R. (2003), S. 71 sowie Aaker, D.A. (1992), S. 85ff.

[371] Vgl. dazu Meffert, H. (1994a), S. 177f., Esch, F.-R. (2003), S. 71, Herbst, D. (2002), S. 63f., Esch, F.-R./ Andresen, Th. (1997), S. 25, Brockhoff, K. (1999), S. 37f., Schmidt, H.J. (2001), S. 94ff. sowie Esch, F.-R./ Wicke, A. (2001), S. 49f. Zur Bedeutung der Bekanntheit im Personalmarketing siehe auch Vedder, G./ Mehring, I. (2002), S. 46, Eisele, D./ Horender, U. (1999), S. 29, Hummel, Th./ Wagner, D. (1996), S. 18, Hartwig, G. (1991), S. 922, Schröder, B./ Steiner, A. (1999), S. 46 sowie Wiltinger, K./ Simon, H. (1999), S. 177.

[372] Vgl. i.A.a. Bauer, H.H./ Jensen, S. (1998), S. 31.

Unternehmen sind daher gut beraten, meinungsbildende Informationen nicht nur bereitzu-
stellen, sondern diese auch aktiv zu verbreiten. Denn die Informationsmenge und -häufig-
keit beeinflusst die Bekanntheit und Attraktivität eines Unternehmens als Arbeitgeber.[373]

Zur besseren Durchdringung der Bekanntheit wurden die Gliederungskriterien der Tiefe und
der Breite in die Markendiskussion eingebracht. Während sich die **Bekanntheitstiefe** auf
die Wahrscheinlichkeit bezieht, an einen bestimmten Arbeitgeber zu denken und zu erinnern, werden in der **Breite** der **Bekanntheit** deren Bezugsgrößen festgelegt.[374] Entscheidungen zur Bekanntheitsbreite sind eng mit der Positionierung des Arbeitgebers und dessen
Markenkern verknüpft. Es wird festgelegt, welche Facetten des Arbeitgebers besonders
markiert, folglich im Gedächtnis abgespeichert und daher bekannt sein sollen.[375]
Das Kriterium der Tiefe erfährt eine Differenzierung durch verschiedene Bekanntheitsstufen
der Marke.[376] Aufgrund der hohen Relevanz derselben zur Erreichung des Employer-of-
Choice bietet es sich an, auch für die Arbeitgebermarke eine stufenweise Differenzierung
einzuführen. Die folgenden Stufen werden dem Employer Branding zugrunde gelegt:

- **Arbeitgeber ist unbekannt**
  Die akademischen Nachwuchskräfte kennen das Unternehmen nicht; wegen der
  fehlenden Unternehmensbekanntheit kann dieses auch nicht als Arbeitgeber in Betracht kommen;[377]

---

[373] Vgl. dazu i.A.a. Borghs, H.-P. (1994), S. 465f., Herbst, D. (1998), S. 20ff., Bauer, H.H./ Jensen, S.
(1998), S. 31 sowie Rudolph, Th./ Schweizer, M./ Knaus, A. (2002), S. 14ff. Bereits *Worecaster*
entdeckt den positiven Zusammenhang zwischen Informationsniveau und Einstellung zu einem Unternehmen; vgl. Worecaster, R. (1972), S. 514 in Achterhold, G. (1988), S. 18ff. *Kolter* bestätigt diese
Annahme für das Personalmarketing, indem sie in ihrer Studie zur Arbeitgeberattraktivität herausfindet,
dass die hohe Attraktivität des Unternehmens BMW AG mit dem hohen firmenspezifischen Wissens-
stand der Befragter korreliert; vgl. Kolter, E.R. (1991), S. 68. Die Relevanz der Bekanntheit für das
Personalmarketing betonen auch Schreiber, H. (1994), S. 618, Holtbrügge, D./ Rygl, D. (2002), S. 21,
Schwertfeger, B. (1995), S. 90ff. sowie Simon et al. (1995), S. 55ff.

[374] Vgl. zur Unterscheidung u.a. Keller, K.L. (2001), S. 1061 sowie Esch, F.-R. (2003), S. 71ff.

[375] Vgl. dazu ausführlicher in *Kapitel V.3.2.4* zur Positionierung der Arbeitgebermarke.

[376] *Kapferer* formuliert eine 3-stufige Bekanntheit, bestehend aus Top-of-Mind, spontane Markenbekanntheit und gestützte Markenbekanntheit; vgl. Kapferer, J.-N. (1992), S. 101. *Aaker* unterscheidet zwischen Marke ist unbekannt, man erkennt die Marke wieder, die Marke fällt wieder ein und Marke fällt
sofort wieder ein; vgl. Aaker, D.A. (1992), S. 83f. *Esch* erweitert das Stufenkonzept von Aaker und legt
die folgenden Stufen fest: „dominierende Marke (exklusive Markenerinnerung)", intensive aktive Markenerinnerung (Top-of-Mind)", aktive Markenbekanntheit (Erinnerung)", „passive Markenbekanntheit
(gestützte Wiedererkennung)" sowie „Marke ist unbekannt"; vgl. Esch, F.-R. (2003), S. 71f. Ähnlich
auch Herbst, D. (2002), S. 64.

[377] In dem idealtypischen Präferenzmodell nach *Bisoux & Laroch (1980)* liegen diese Arbeitgeber im un-
Awareness Set und fallen aus dem Selektionsprozess heraus; vgl. in *Kapitel II.2.1*. Von einer Arbeit-
gebermarke kann hier nicht gesprochen werden. Vgl. zu dieser Stufe auch Herbst, D. (2002), S. 64,
Aaker, D.A. (1992), S. 83f. sowie Esch, F.-R. (2003), S. 72.

- **Arbeitgeber ist passiv bekannt**
  Die sog. gestützte Bekanntheit liegt vor, wenn der Nachwuchs nur nach Lesen oder Hören des Namens, sich an dieses Unternehmen erinnert;[378]
- **Arbeitgeber ist aktiv bekannt**
  Bei der kognitiven Auseinandersetzung mit der Arbeitgeberwahl kann sich der Nachwuchs frei an den Arbeitgeber erinnern; auch bei der Betrachtung besonderer Nutzenvorteile assoziiert er selbständig den Namen des Arbeitgebers;[379]
- **Arbeitgeber ist Top-of-Mind**
  Das Unternehmen fällt dem Nachwuchs als erstes bei Thematisierung der Attraktivität oder Wahl eines Arbeitgeber ein; der Arbeitgeber ist gedanklich präsent; eine Arbeitgebermarke setzt diese Bekanntheitsstufe voraus.[380]

Welche Tiefenausprägung der Bekanntheit für das Employer Branding anzustreben ist, hängt von dem Informationssuch- und Entscheidungsverhalten des akademischen Nachwuchses ab.[381] Der Grundannahme zur Arbeitgeberwahl des akademischen Nachwuchses zufolge, lassen die meisten einen direkten Kontakt zum potenziellen Arbeitgeber vermissen, so dass nicht von eigenen erinnerungsfähigen Erfahrungen die mit dem Arbeitgebernamen im Zusammenhang gebracht werden, ausgegangen werden kann. Zudem legen die meisten Nachwuchskräfte, sofern eine Einstellung nicht direkt im Anschluss einer temporäreren Beschäftigung bspw. nach einem Praktikum oder Diplomarbeit erfolgt, ihr relevant set außerhalb des Unternehmens fest. Stellenbörsen im Internet oder Stellenausschreibungen in Zeitungen rechtfertigen zwar z.T. eine passive Bekanntheit des Arbeitgebers, da hier die Erinnerung durch Lesen des Firmennamens angestoßen wird. Aufgrund der hohen Anzahl an potenziellen arbeitgebenden Unternehmen auf dem Arbeitgebermarkt sowie des relevant sets ist eine **aktive Bekanntheit** anzustreben. Ziel des Employer Branding ist es, als **Top-of-Mind-Arbeitgeber** im Gedächtnis abgespeichert zu sein.

Die drei Komponenten der Einstellung bilden in ihrer Zusammensetzung die Modellstruktur der Markenstärke. Komponentenbezogene Veränderungen beeinflussen den Grad der Markenstärke und folglich den Grad der Arbeitgeberpräferenz. Die konative Komponente fasst die durch die Markenbildung erwünschten, präferenzfördernden Effekte zusammen und ist als Ergebnis der beiden vorgeschalteten, einstellungsbasierten Komponenten der Marken-

---

[378] Ob der Arbeitgeber in das Awareness Set des Präferenzmodells gelangt, ist daher abhängig von dem individuellen Informationsverhalten des Nachwuchses. Bei gestützter Bekanntheit liegt bei dem Arbeitgeber ebenfalls kein Markenstatus vor. Zu der Stufe vergleiche Kapferer, J.-N. (1992), S. 101 sowie Herbst, D. (2002), S. 64.

[379] Vgl. dazu Behrens, G. (1991), S. 202f., Langner, T. (2003), S. 18f., Tolle, E./ Steffenhagen, H. (1994), S. 1294ff., Kapferer, J.-N. (1992), S. 101 sowie Unger, F. (1986b), S. 13. Die aktive Bekanntheit ist die minimale Stufe für ein Employer Brand. Hier liegt ebenfalls bereits ein gewisses Wissen zur Arbeitgebermarke vor.

[380] Vgl. zu Top-of-Mind Schmidt, H.J. (2001), S. 99 sowie Herbst, D. (2002), S. 64.

[381] Vgl. zur Relevanz des Entscheidungsverhaltens für die Bakanntheit Esch, F.-R. (2003), S. 72, Schmidt, H.-J. (2001), S. 97 sowie Langner, T. (2003), S. 18f.

stärke zu sehen. Die besondere Aufmerksamkeit ist daher den ergebnisbeeinflussenden **affektiven** und **kognitiven** Erfolgsdimension zu widmen sowie der Frage nachzugehen, wie diese entwickelt und bei den Zielgruppen in deren Wirkung optimiert werden können.[382] Zusammengefasst lässt sich das einstellungsbasierte **Modell** der **Markenstärke** wie folgt graphisch darstellen:

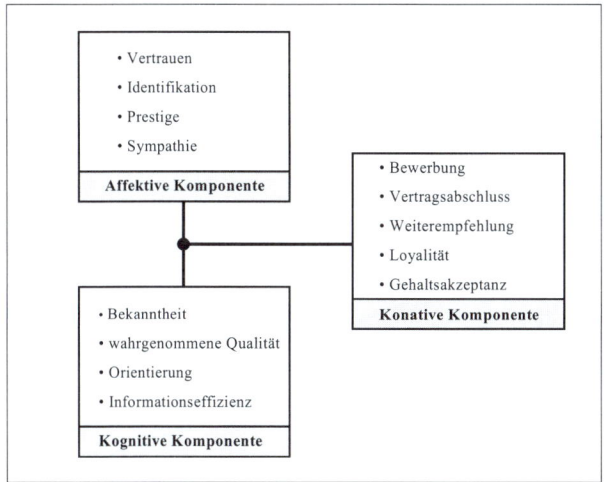

Abb. IV-8: Einstellungsbasierte Modellstruktur der Markenstärke einer Arbeitgebermarke dargestellt anhand der Komponenten und Erfolgsdimensionen

Quelle: Eigene Darstellung

Während die kognitiven Einstellungskomponenten der Bekanntheit und der wahrgenommenen Qualität mittels entsprechender personalpolitischer Konzepte und Instrumente sowie kommunikationspolitischer Maßnahmen zu erreichen sind, existieren in der Literatur zum Personalmarketing bisher keine Hinweise darüber, wie insb. die für das durch Unsicherheit und Emotionalität geprägte Entscheidungsverhalten der Nachwuchskräfte relevanten affektiven Dimensionen Vertrauen, Identifikation, Prestige und Sympathie aufgebaut werden können. Um für diese markenspezifischen, affektiven Elemente der Markenstärke geeignete Maßnahmen zu definieren, werden nachfolgend erkenntnisbringende, wissenschaftliche Theorien und Ansätze herangezogen. Der Schwerpunkt wird dabei auf das **Vertrauen** und die **Identifikation** gelegt, da diese den größten Beitrag zur Erklärung und zur Identifi-

---

[382] Das Einstellungskonstrukt kann positiv oder negativ ausgerichtet sein. Aufgrund der einstellungsorientierten Basis der Markenstärke kann folglich auch diese unterschiedliche Ausprägungen annehmen; vgl. dazu Nieschlag, R./ Dichtl, E./ Hörschgen, H. (2002), S. 595, Tolle, E./ Steffenhagen, H. (1994), S. 380ff., Felser, G. (2001), S. 304 sowie Solomon, M./ Bamossy, G./ Askegaard, S. (2001), S. 154f.

zierung von Implikationen zur Begegnung der in *Kapitel III* erläuterten Herausforderungen einer arbeitgeberspezifischen Markenpolitik liefern.[383]

3. Wissenschaftliche Beiträge zur theoretischen Fundierung der wirkungsorientierten Erfolgsdimensionen der Arbeitgebermarke

Die wirkungsorientierten Erfolgsdimensionen der Arbeitgebermarke wurden in *Kapitel III.2.2.4* aus den Markenfunktionen abgeleitet und als affektive Elemente in das qualitative Modell der Markenstärke eingebunden. Um eine Integration derselben in das Modell aus wissenschaftlichen Gesichtspunkten zu ermöglichen, bedarf es zunächst deren theoretischer Fundierung. Aus den wissenschaftlichen Erklärungsansätzen werden schließlich die erforderlichen Handlungsempfehlungen für die Ausgestaltung des Employer Branding, insb. der kommunikationspolitischen Umsetzung abgeleitet.

3.1 Wissenschaftliche Fundierung des Vertrauens

Dem **Vertrauen** zu einem Unternehmen in seiner Funktion als Arbeitgeber kommt im Rahmen der Arbeitgeberwahl besondere Relevanz zu, da die meisten der akademischen Fach- und Führungskräfte keinen direkten Kontakt zum Unternehmen aufnehmen können und sich bzgl. der Ausgestaltung der Personalpolitik im Unternehmen daher unsicher sind. Potenzielle Mitarbeiter bringen einem arbeitplatzanbietenden Unternehmen daher nur dann Vertrauen entgegen, wenn sich diese sicher sein können, bei dem Unternehmen ihrer Wahl die von ihnen gewünschten personalpolitischen Gegebenheiten vorzufinden. Der Aufbau einer gewissen Vertrauensbasis erfordert somit, die Sicherheit auf Seiten des Nachwuchses zu erhöhen bzw. mit anderen Worten die bestehende **Unsicherheit** im Rahmen der Arbeitgeberwahl zu **minimieren**.[384] An dieser Stelle greift die Arbeitgebermarke, denn *„Markenpolitik bedeutet nichts anderes, als diese Unsicherheit (...) abzubauen".*[385] Zwei theoretische Ansätze, welche erkenntnisgewinnende Beiträge zur Reduktion von Unsicherheiten bieten, sind die Theorie des wahrgenommen Risikos sowie die Institutionenökonomie. Diese werden in den folgenden Abschnitten zum Zweck der Ausgestaltung des Employer Branding diskutiert.

---

[383] Die Erfolgsdimensionen *Orientierung* und *Informationseffizienz* sind als positive Effekte einer bereits bestehenden Arbeitgebermarke im Rahmen der Arbeitgebersuche sowie -wahl zu werten. Auf das *Prestige* wird bei den Erläuterungen zur Identifikation eingegangen. Die *Sympathie* stellt eine gefühlsbetonte Erfolgsdimension dar, die aus dem allgemeinen Gefallen des Unternehmens als Arbeitgeber ergibt.

[384] Vgl. i.A.a. Homburg, Ch./ Krohmer, H. (2003), S. 84, Meffert, H. (2000), S. 24f. sowie Kaas, K.-P. (1995), Sp. 973ff.

[385] Kaas, K.-P. (1990), S. 49.

3.1.1 Erkenntnisbeiträge der Theorie des wahrgenommenen Risikos

a) Theoretische Fundierung

Die Theorie des wahrgenommenen Risikos wird maßgeblich von *Bauer & Cox (1967)* durch die Einführung in die verhaltenswissenschaftliche Konsumentenforschung geprägt. Diese analysiert **Entscheidungssituationen**, die mit dem Risiko einer Fehlentscheidung verbunden sind. Übertragen auf die Situation der Arbeitgeberwahl empfindet der vor einer Entscheidung stehende Bewerber in Abhängigkeit der potenziellen Folgerisiken kognitive Inkonsistenzen.[386] Diese Spannungszustände können auf folgende vier Risikoarten zurückgeführt werden:[387]

- das **Ressourcenrisiko** umfasst insb. die Gefahr, Zeit und Geld in die Informationssuche sowie Bewerbungsaktivitäten zu investieren;
- das **Qualitätsrisiko** bezieht sich auf die Problematik, dass der Arbeitgeber die im Rahmen des Personalmarketing proklamierten personalpolitischen Leistungen gar nicht oder nicht in dem erwarteten Umfang aufweist;
- das **soziale Risiko** beinhaltet das Gefahrenpotenzial, dass die Wahl des Arbeitgebers nicht zu der gewünschten Anerkennung sowie dem Prestige im sozialen Umfeld wie Familie und Freundeskreis führt;[388]
- das **psychische Risiko** erklärt sich durch eine potenzielle ex-post Unzufriedenheit nach erfolgter Arbeitgeberwahlentscheidung.

Risiko → Lebenslauf

Gemäß der Theorie versucht der Bewerber grundsätzlich das als unangenehm empfundene Risiko zu beseitigen bzw. zumindest zu reduzieren.[389] Er strebt die Herstellung eines inneren Gleichgewichts insb. dann an, wenn das wahrgenommene Risiko eine individuelle Tole-

---

[386] Dazu *Bauer & Cox*: „behavior involves risk in the sense that any action of consumers will produce consequences which he cannot anticipate with anything approximating certainly, and some of which at least are likely to be unpleasant"; Bauer, R.A. (1967), S. 24. Vgl. auch Kroeber-Riel, W./ Weinberg, P. (2003), S. 397ff. sowie Pepels, W. (2001a), S. 253. Kaufentscheidungen sind in Abhängigkeit der Relevanz und Komplexität des Produkts mit einer mehr oder minder großen Unsicherheit verbunden, insb. wenn das Individuum vor dem Kaufakt keine Überprüfung der Produktqualität wahrnehmen kann; vgl. Behrens, G. (1991), S. 123f. Da diese Entscheidungssituation in ihrer Komplexität und Bedeutung stark der Arbeitgeberwahl ähnelt, sollen die Erkenntnisse der Theorie von *Bauer & Cox* auf die Arbeitgebermarke übertragen und für die Ableitung von Empfehlungen für das Employer Branding genutzt werden. Zur Darstellung der Arbeitgeberwahl unter Risiko sowie Unsicherheitsgesichtspunkten siehe *Kapitel II.2.2.* Vgl. dazu auch i.A.a. Fritz, W./ Thiess, M. (1986), S. 23f., Pepels, W. (1998), S. 191f. sowie Kroeber-Riel, W./ Weinberg, P. (2003), S. 398.

[387] Vgl. dazu i.A.a. Behrens, G. (1991), S. 123f., Homburg, Ch./ Krohmer, H. (2003), S. 75f., Kranz, M. (2004), S. 59f., Bänsch, A. (2002), S. 76 sowie Pepels, W. (2001a), S. 253f.

[388] Die *soziale Unerwünschtheit* wird, wie bereits erläutert, insb. bei Branchen deutlich. Bspw. die Wahl eines Unternehmens aus der Chemie- oder Tabakindustrie könnte zur „sozialen Isolation" führen, vgl. dazu auch die Ausführungen zum Branchenimage *Kapitel III.3.3.1.*

[389] Vgl. Homburg, Ch./ Krohmer, H. (2003), S. 75ff., Pepels, W. (2001a), S. 253 sowie Bänsch, A. (2002), S. 76f.

ranzschwelle übersteigt.[390] Im Rahmen des Employer Branding bietet dieser Zeitraum erhöhter Unsicherheit für einen Arbeitgeber die Chance, durch unsicherheitsreduzierende
Maßnahmen Vertrauen bei den akademischen Nachwuchskräften aufzubauen.

b) Implikationen für das Employer Branding
Die Theorie des wahrgenommenen Risikos bietet unterschiedliche Strategien zur Reduktion
des wahrgenommenen Entscheidungsrisikos und folglich zum Aufbau der Vertrauenseigenschaft einer Arbeitgebermarke.[391] Insb. gibt sie Anhaltspunkte zu dem für die Gestaltung der
Kommunikationspolitik des Employer Branding erforderlichen Informationsverhalten der
potenziellen Bewerber. Auch wenn die Risikotoleranzschwelle von Person zu Person unterschiedlich ausgeprägt ist, kann davon ausgegangen werden, dass mit zunehmender Entscheidungsnähe der Arbeitgeberwahl das Risikoempfinden steigt, was sich auch aus der zunehmenden Informationssuche zum Ende des Studiums ableiten lässt.[392] Empirische Studien
haben gezeigt, dass für die hier zugrunde gelegte risikotheoretische Betrachtung die kritische Toleranzschwelle im Verlauf des vorletzten Semesters erreicht wird.[393]

Eine Risikoreduktionsstrategie bei den arbeitsplatzsuchenden Nachwuchskräften besteht
darin, die Informationssuche zu steigern, um durch eine ausreichende Menge entscheidungsrelevanter Daten Sicherheit in die Entscheidungsfindung zur Arbeitgeberwahl zu bekommen.[394] Wie bereits angeführt, ist die Bereitschaft des Nachwuchses, Arbeitgeberinformationen aufzunehmen, mit zunehmender Entscheidungsnähe zum Abschluss des Studiums
besonders hoch. Den Nachwuchskräften sollte daher die Möglichkeit eröffnet werden, ausreichend Daten über den Arbeitgeber sammeln zu können. Ein für die Bildung des Vertrauens erfolgsförderndes Kriterium ist daher die **Zugriffsfähigkeit** auf **Informationen** zum
Arbeitgeber. Als logische Konsequenz für das Employer Branding ergibt sich daraus, eine

[390] Vgl. Kroeber-Riel, W./ Weinberg, P. (2003), S. 251 sowie Homburg, Ch./ Krohmer, H. (2003), S. 75ff.
Bänsch führt zur Höhe der Verhaltenswirksamkeit des wahrgenommenen Risikos darüber hinaus bestimmte Kriterien an, die übertragen auf die Arbeitgeberwahl lauten: *Dauer* des im Awareness Set befindlichen Unternehmens, *Komplexität* und *Größe* des arbeitgebenden Unternehmens sowie der damit verbundenen unterschiedlichen Arbeitsplatzbedingungen sowie die *Risikobereitschaft* des Bewerbers; vgl. dazu
Bänsch, A. (2002), S. 76.
[391] Grundsätzlich wäre eine Senkung des Entscheidungsrisikos des Bewerbers auch durch die Verminderung
des Anspruchsniveaus oder die Herabsetzung der Erwartungen denkbar; vgl. Behrens, G. (1991), S.
125f. sowie Fritz, W./ Thiess, M. (1986), S. 23f. Diese Möglichkeit soll allerdings hier ausgeschlossen
werden, da wir dem akademischen Fach- und Führungsnachwuchs ein den Nutzen maximierendes Vorgehen zugrunde gelegt haben.
[392] Vgl. i.A.a. Trommsdorff, V. (2002b), S. 127, Bänsch, A. (2002), S. 76 sowie Nieschlag, R./ Dichtl, E./
Hörschgen, H. (2002), S. 603.
[393] Siehe dazu die Studienergebnisse von Kolter, E.R. (1991), S. 120, Böde, U./ Ekkehard, St./ Sänger, K.-
D. (1991), S. 733ff., Schöbitz, E. (1986), S. 174ff. sowie Eisele, D.S. (2001), S. 415.
[394] Vgl. Bänsch, A. (2002), S. 77, Kroeber-Riel, W./ Weinberg, P. (2003), S. 251 sowie Fritz, W./ Thiess,
M. (1986), S. 23f.

aktive **Bereitstellung** und intensive **Verbreitung** von relevanten Informationen zum Studienende vorzunehmen.[395] Um eine erfolgreiche Informationssuche sowie Empfang von attraktivitätserhöhenden Botschaften durch den akademischen Nachwuchs zu garantieren, müssen die richtigen von den Zielgruppen zur Meinungsbildung herangezogenen Informationsinstrumente zur Anwendung kommen.[396] Die Aufgabe besteht daher zunächst darin, die von den Zielgruppen **genutzten Informationsquellen** zu identifizieren.[397] Zur Ermittlung derselben können diverse Studien herangezogen werden.[398] Die nachfolgende Tabelle fasst die von akademischen Nachwuchskräften am häufigsten genutzten Informationskanäle zusammen:[399]

Quellen zur Informations- und Arbeitsplatzsuche	
1. Praktika	6. von Unternehmen veranstaltete Abendessen
2. Internethomepage der Unternehmen;	7. Newsletter
insb. Karriereseiten	8. Werkstudentenstellen
3. Firmenbeiträge in Vorlesungen	9. von Firmen gesponserte Wettbewerbe;
4. Firmenpräsentationen	Online-/ Unternehmensplanspiele
5. ganz- und mehrtägige Veranstaltungen	

Tab. IV-1: Ranking zur Nutzung von Informationsquellen

Quelle: Eigene Darstellung i.A.a. Müller-Örlinghausen & Schäfer (2005)

Um entscheidungsrelevante Informationen sowie Erfahrungen zu sammeln, präferieren die akademischen Nachwuchskräfte **Praktika**, die vom arbeitgebenden Unternehmen folglich in ausreichender Anzahl angeboten werden sollten.[400] Für die Reduktion des Entscheidungsrisikos liegt eine besondere Bedeutung bei der Lieferung von **sachlich, kognitiven**

---

[395] Vgl. Homburg, Ch./ Krohmer, H. (2003), S. 76f. sowie Baumgartner, B./ Hruschka, H. (2002), S. 302. *Nieschlag et al.* nehmen in Abhängigkeit des Informationsbedarfs eine Unterscheidung zwischen *High-Interest-* und *Low-Interest-Products* vor; vgl. Nieschlag, R./ Dichtl, E./ Hörschgen, H. (2002), S. 581. Das Gut *Arbeitsplatz* oder *Personalpolitik* lässt sich aufgrund der vom Nachwuchs geforderten hohen Menge an Informationen den High-Interest-Products zuordnen.

[396] Vgl. auch Schwaab, M.-O./ Schuler, H. (1991), S. 106, Eisele, D. (2001), S. 414f. sowie Watzka, K. (2003), S. 10f.

[397] Vgl. Kotler, Ph./ Bliemel, F. (2001), S. 357.

[398] Vgl. dazu u.a. die Studien von Fopp (1975), Böde/ Ekkehard/ Sänger (1991), Moll (1992b), Scholz/ Schlegel (1993), Kowalewsk/ Ruess (1991), Lieber (1995), Schwertfeger (1998), Olesch (2000), Wöhr (2002), Eisele (2001), Nerdinger/ Baasner (2002) sowie Watzka (2003).

[399] Die Angaben sind das Ergebnis der „Most Wanted - Arbeitgeberstudie" 2005. *McKinsey & Company* befragt in Kooperation mit dem Karrierenetzwerk e-fellows.net und dem Lehrstuhl für innovatives Markenmanagement der Universität Bremen 3300 Top-Studenten aller Fachrichtungen; vgl. Müller-Örlinghausen, J./ Schäfer, C. (2005), S. 42.

[400] Zur Reduktion von Risiko durch das Sammeln von Erfahrung siehe Bänsch, A. (2002), S. 77 sowie Baumgartner, B./ Hruschka, H. (2002), S. 302.

Informationen. Emotional ausgerichtete Marketingaktionen stimulieren zu diesem Zeitpunkt die Stimmung zum Unternehmen, wirken sich jedoch nicht risikomindernd aus.[401] Um kognitiv relevante Informationen zur Verfügung zu stellen, bietet sich insb. das **Internet** an. Hier lassen sich eine hohe Menge an Informationen kostengünstig hinterlegen und gleichzeitig ein hoher Anteil der Zielgruppen erreichen. Auch die Veröffentlichung von informierenden **Artikeln** in der Fachpresse dient der kognitiven Verarbeitung der Botschaften und wirkt sicherheitsfördernd. Ferner reduziert jeglicher verbaler Austausch mit **Unternehmens-** und **Personalvertretern** am Telefon oder auf Veranstaltungen die Unsicherheit bei der Arbeitgeberwahl.

3.1.2 Erkenntnisbeiträge der Informationsökonomie

a) Theoretische Fundierung

Weitere erkenntnisbringende Perspektiven zur Fundierung des Vertrauens einer Arbeitgebermarke ergeben sich aus deren institutionenökonomischen Betrachtung.[402] Interessante Anhaltspunkte zur Unsicherheitsreduktion bietet insb. die **Informationsökonomie.**[403] Die-

---

[401] Zur Bedeutung der Unterscheidung zwischen kognitiver und emotionaler Ausgestaltung von Branding-Maßnahmen sowie deren Verarbeitung durch die Zielgruppe über den Brandingzeitraum hinweg siehe *Kapitel V.3.2.6.* Über die Erklärung der Vertrauensfunktion der Arbeitgebermarke hinaus lässt sich die Theorie des wahrgenommenen Risikos auch für die Fundierung der *Loyalität* heranziehen. Nach allgemeingültiger Auffassung von Marketing-Experten dient die Markentreue dazu, das wahrgenommene Entscheidungsrisiko beim Wahlakt unter Kontrolle zu halten oder zu reduzieren; siehe zur risikotheoretischen Betrachtung der Markentreue Bänsch, A. (2002), S. 77, Baumgartner, B./ Hruschka, H. (2002), S. 302 sowie Kroeber-Riel, W./ Weinberg, P. (2003), S. 400.

[402] Die neue Institutionenökonomie vereint alle Ansätze der Mikroökonomie, die die Erklärung und Gestaltung von Institutionen zum Gegenstand haben; vgl. Bayon, T. (1997), S. 27f. sowie Williamson, O.E. (1990), S. 64ff. Sie stellt kein einheitliches Theoriegebäude dar, sondern besteht aus mehreren verwandten, sich überwiegend überschneidenden Ansätzen; vgl. Picot, A./ Dietl, H./ Franck, E. (1999), S. 54f., Kaas, K.-P. (1995), Sp. 979f. sowie weiter detaillierte Ausführungen zu den Ansätzen bei Weiber, R./ Adler, J. (1995), S. 43f. und Schneider, Ch. (1997), S. 72. Zu den theoretischen Bausteinen der Neuen Institutionenökonomie gehören der Transaktionskostenansatz, der Property-Right-Ansatz, die Principle-Agent-Theorie und die Informationsökonomie. Für die Erklärung des Kriteriums Vertrauen einer Arbeitgebermarke bieten sich allerdings nicht alle vier Ansätze gleichermaßen an. Die *Property-Rights-Theorie* thematisiert Verhaltensbeziehungen zwischen ökonomischen Akteuren, die sich aus der Existenz von Gütern ergibt. Die in diesem Zusammenhang bestehenden Handlungs- und Verfügungsrechte werden Property-Rights genannt; vgl. Picot, A./ Dietl, H./Franck, E. (1999), S.55ff. sowie Gümbel, R./ Woratschek, H. (1995), Sp. 1010f. Im Mittelpunkt der *Transaktionskostentheorie* steht die Übertragung von Verfügungsrechten. Ziel dieser Theorie ist es, im Rahmen einer Transaktion die Kosten derselben zu minimieren; vgl. Williamson, O.E. (1985), S. 93, Picot, A./ Dietl, H./ Franck, E. (1999), S.178ff. und Bayon, T. (1997), S. 37f. Aufgrund der starken Güterfixierung und der geringen Unsicherheitsbetrachtung werden diese Ansätze aus der weiteren Analyse ausgeklammert.

[403] Eng verwandt mit der Informationsökonomie ist die *Prinzipal-Agent-Theorie.* Im Rahmen dieses Ansatzes werden Auftragsbeziehungen zwischen einem Prinzipal (Auftraggeber) und einem Agenten (Auftragnehmer) analysiert und Empfehlungen zu deren Ausgestaltung gegeben; vgl. Picot, A./ Dietl, H./ Franck, E. (1999), S. 85ff., Schölling, M. (2000), S. 4 sowie Weiber, R./ Adler, J. (1995), S. 48ff. Im

ser Zweig der mikroökonomischen Theorie befasst sich maßgeblich mit den Voraussetzungen und Konsequenzen von Unsicherheiten, die dadurch entstehen, dass Marktteilnehmer für ihre Entscheidungsfindung nicht alle erforderlichen Informationen besitzen.[404] In derselben Weise sehen sich auch die Nachwuchskräfte bei ihrer Arbeitgeberwahl einer ungleichen Informationsverteilung gegenüber, da ihnen nicht alle Informationen über Arbeitsplatzmerkmale wie bspw. Weiterbildungsmöglichkeiten oder Karrierechancen bei potenziellen Arbeitgebern für ihre Wahlentscheidung zur Verfügung stehen.[405] Die Beseitigung dieser **Informationsasymmetrien** durch die Generierung entscheidungsrelevanter Kenntnisse verursacht Kosten und ist daher oft beschränkt.[406]

Es werden wichtige Hinweise aus der Informationsökonomie für den Aufbau der Vertrauensfunktion einer Arbeitgebermarke erwartet, da eine wichtige informationsökonomische Strategie zur Lösung des Unsicherheitsproblems im Aufbau eines gewissen **Vertrauenskapitals** gesehen wird.[407] Um die vertrauensbildende Funktion einer Arbeitgebermarke zu erklären und Gestaltungsempfehlungen zum Aufbau des Vertrauens abzuleiten, ist es zunächst erforderlich, die zentralen Konstrukte der Informationsökonomie auf die Arbeitgeberwahl zu übertragen. Dazu werden nachfolgend die spezifische Arbeitnehmer-Arbeitgeber-Transaktion und die Arbeitgebermerkmale aus mikroökonomischer Sicht analysiert sowie definiert und die Formen der Unsicherheit sowie deren Konsequenzen diskutiert.

Gegensatz zur vorvertraglichen Unsicherheit bei der Arbeitgeberwahl steht hier die nachvertragliche Phase im Mittelpunkt. Zudem soll die Arbeitgebermarke ihre Wirkung (den Treueeffekt unberücksichtigt) schwerpunktmäßig auf die potenziellen Mitarbeiter ausüben. Der Auftraggeber-Auftragnehmer-Ansatz wird daher ebenfalls nicht weiter behandelt.

[404] Vgl. dazu Kaas, K.-.P. (1995), Sp. 972f., Homburg, Ch./ Krohmer, H. (2003), S. 81ff., Akerlof, G.A. (1970), S. 489ff. und Adler, J. (1996), S. 11f.

[405] Vgl. auch Teufer, St. (1999), S.80f. Bereits *Akerlof* erkannte einen engen Zusammenhang zwischen der Informationsökonomie und der Markenpolitik, was in seinen Ausführungen durch die Worte „...brand name goods..." deutlich wird; vgl. Akerlof, G.A. (1970), S. 499f. Besonders vorteilhaft erscheint die Tatsache, dass die Informationsökonomie nicht am Verwendungszweck von Gütern ansetzt, sondern den Beziehungstypen in das Zentrum der Betrachtung stellt. Damit lassen sich die Zusammenhänge und Aussagen auch auf das konsumgüterfremde Employer Branding übertragen; vgl. dazu auch die Ausführungen von Schölling, M. (2000), S. 5 sowie Irmscher, M. (1997), S. 281.

[406] Vgl. Akerlof, G.A. (1970), S. 489ff., Adler, J. (1996), S. 11f sowie Gümbel, R./ Woratschek, H. (1995), Sp. 1010.

[407] Vgl. Kaas, K.-P. (1990), S. 545. Siehe auch Irmscher, M. (1997), S. 178 und Kemper, A.Ch. (2000), S. 78. Aus Sicht der Informationsökonomie kann der Aufbau von Vertrauen als besondere Form der Selbstbindung gesehen werden. Denn die Angst, Vertrauen auf dem Markt zu verlieren, was sich negativ auf das Präferenzverhalten der Nachwuchskräfte auswirken würde, wirkt selbstbindend; vgl. Bauer, H.H. (1991), S. 244 sowie Kaas, K.-P. (1990), S. 545. Jeder Bewerber, der sich zum Einstieg in ein Unternehmen entscheidet, aufgrund der unerfüllten Erwartungen jedoch wieder kündigt, spiegelt und multipliziert die Enttäuschungen auf dem Arbeitnehmermarkt, so dass auf längere Sicht dieser Arbeitgeber nicht mehr zu den Präferenzen der umworbenen Fach- und Führungskräfte zählen wird. Die getätigten Investitionen des Employer Branding wären folglich versunken (*Sunk Costs*).

Um das Arbeitnehmer-Arbeitgeberverhältnis informationsökonomisch einzuordnen, bietet sich die Unterscheidung von *Alchian & Woodward (1988)* an, die zwischen sog. Austausch- und Kontraktgütern differenzieren. Während bei **Austauschgütern** deren Leistung bzw. Qualität bereits vor Vertragsabschluss existent und damit sichtbar ist, lässt sich diese bei **Kontraktgütern** erst meist nach Abschluss des Vertrages verifizieren.[408] Arbeitgeber und Arbeitnehmer begründen mit dem Arbeitsvertrag ein Arbeitsverhältnis. Stark vereinfacht, bezieht sich die Transaktion dabei auf den Austausch von Arbeitsleistung und Arbeits- entgelt über die Dauer des Arbeitsverhältnisses. Über diese beiden Vertragsbestandteile hinaus besitzen, wie bereits dargestellt, weitere attraktivitätsbildende Merkmale eines Ar- beitgebers wie Karriereperspektiven, Arbeitsklima oder Weiterbildungsmöglichkeiten eine hohe Entscheidungsrelevanz. Diese Merkmale sind jedoch i.d.R. nicht Vertragsbestandteil und können auch erst nach Vertragsabschluss auf Existenz und Realisierbarkeit geprüft werden. Folglich entspricht das Arbeitsverhältnis bzw. das Gut „Arbeitsplatz" oder „Perso- nalpolitik" der informationsökonomischen Definition der Kontraktgüter bzw. der Kontrakt- güterbeziehungen.[409] Zum leichteren Verständnis soll i.A.a. *Adler (1996)* von der klas- sischen Begrifflichkeit abgesehen werden und stattdessen von **Leistungseigenschaften** bzw. einem **Leistungsversprechen** gesprochen werden.[410]

Es wird deutlich, dass bei der Beurteilung eines Arbeitgebers im Rahmen der Arbeitgeber- wahl die unterschiedlichen Faktoren wie Entgelt, Karriere oder Arbeitsklima zu unter- schiedlichen Zeitpunkten bewertbar sind. Zur weiteren Analyse der Kontraktbeziehung des „Arbeitsverhältnisses" bietet sich daher die Differenzierung nach *Nelson (1970)* und *Derby & Karni (1973)* an, die ihrer Gütereinteilung den **Zeitpunkt** der Bewertung und den Grad der **Beurteilbarkeit** der Leistungseigenschaft zugrunde legen.[411] Gemäß deren Typologie

---

[408] Die Unterscheidung basiert auf den Untersuchungen von *Alchian & Woodward (1988)*. Unter einem *Austauschgut* verstehen sie „... a transfer of property rights to resource that involves no promises or latent future responsibility", *Kontraktgüter* hingegen sind"... promises future performance', typically because one party makes an investment, the profitability of which depends on the other´s party future bahaviour"; vgl. Alchian, A.A. / Woodward, S. (1988), S. 66., Kleinaltenkamp, M. (1992), S. 813f. sowie Kemper, A.Ch. (2000), S. 68f.

[409] Deutlicher wird die Zuordnung, wenn anstatt des Terminus Kontraktgut der Begriff *Leistungsver- sprechen* nach *Schade & Scott (1993)* genutzt wird; vgl. Schade, Ch./ Scott, E. (1993), S. 16ff. Denn Versprechen basieren auf einem wohlwollenden Vertrauen. Die tatsächliche Leistungserbringung in Form der Leistung am Arbeitsplatz oder der Karriereförderung werden erst nach Vertragsabschluss sicht- bar. *Kaas* prägt den Begriff der Kontraktgüterbeziehungen, der aufgrund des auf längere Zeit definierten Arbeitsverhältnisses eher zum hier betrachteten Kontext passt; vgl. Kaas, K.-P. (1992b), S. 13.

[410] Vgl. dazu Adler, J. (1996), S. 68f. sowie Kemper, A.Ch. (2000), S. 69. Von Leistungseigenschaften eines Arbeitgebers spricht im Rahmen der Personalmarketingdiskussion auch Staffelbach, B. (1995), S. 153f.

[411] Vgl. Adler, J. (1996), S. 69f., Kaas, K.-P./ Busch, A. (1996), S. 243 sowie Schneider, Ch. (1997), S. 85.

lassen sich Betrachtungsgegenstände nach deren Such-, Erfahrungs- und Vertrauenseigen-schaften einordnen.[412]

		Zeitpunkt der Arbeitgeberbeurteilung	
		vor Einstellung	nach Einstellung
Beurteilbarkeit des Arbeitsplatzes / Personalpolitik	möglich	Sucheigenschaft	Erfahrungseigenschaft
	nicht möglich	Erfahrungs- bzw. Vertrauenseigenschaft	Vertrauenseigenschaft

Tab. IV-2: Informationsökonomische Kategorisierung von Arbeitgebereigenschaften

Quelle: Eigene Darstellung i.A.a. Schneider (1997)

Die **Sucheigenschaften** sind dadurch charakterisiert, dass sie aus der Sicht des schlechter informierten Marktakteurs bereits vor Vertragsabschluss vollständig beurteilt werden kön-nen. Bei einem Arbeitgeber zählen zu den sog. Search Qualities insb. das Entgelt.[413] Weitere die Entscheidungsfindung eines Bewerbers zur Wahl eines Arbeitgebers beeinflussende Sucheigenschaften stellen u.a. der Standort, die Branche, das Produkt oder die Größe des Unternehmens dar. Dem Bewerber entstehen bezogen auf diese Eigenschaften keine nennenswerten Suchkosten. Zudem liegt das Risiko der Arbeitgeberwahlentscheidung auf-grund der eindeutigen Bewertbarkeit der search qualities nahe bei Null.[414]

Anders verhält es sich hingegen bei den **Erfahrungseigenschaften** eines Arbeitgebers, die u.a. die Faktoren Arbeitsklima, Weiterbildung und Arbeitsinhalt umfassen. Nach *Nelson (1970)* lassen sich die sog. Experience Qualities erst nach der Transaktion und somit nach Abschluss des Arbeitsvertrages sowie einer gewissen Zeit der eigenen Nutzung derselben beurteilen.[415] Die Informationsasymmetrien zwischen dem Bewerber und dem Arbeitgeber

---

[412] Beiträge zu den informationsökonomischen Typeneigenschaften liefern u.a. Nelson, Ph. (1970), S. 318ff., Darby, M.R./ Karni, E. (1973), S. 81ff., Kaas, K.-P. (1990), S. 542ff., Mengen, A. (1993), S. 128ff., Schneider, Ch. (1997), S. 84ff. sowie Kapferer, J.-N. (2000), S. 28f.

[413] Ausführungen zu den *Search Qualities* siehe bei Nelson, Ph. (1970), S. 318f., Adler, J. (1996), S. 41f., Schmidt, I./ Elßer, St. (1992), S. 49f. sowie Weiber, R./ Adler, J. (1995), S. 53.

[414] Vgl. zu den Informationskosten Schölling, M. (2000), S. 104f., Irmscher, M. (1997), S. 161 sowie Schmidt, I. / Elßer, St. (1992), S. 49.

[415] Zu den *Experience Qualities* vgl. Nelson, Ph. (1970), S. 318f., Adler, J. (1996), S. 41f., Schmidt, I./ Elßer, St. (1992), S. 49f., Weiber, R./ Adler, J. (1995), S. 53 sowie Schölling, M. (2000), S. 112f.

sowie die Informationskosten zur Reduktion des Entscheidungsrisikos liegen deutlich höher.[416]
Durch die Erweiterung der Eigenschaftstypologie um die **Vertrauenseigenschaften** durch *Darby & Karni (1973)* können schließlich auch diejenigen personalpolitischen Elemente eines Arbeitgebers erfasst werden, die auch lange Zeit nach der Einstellung nicht bewertbar sind.[417] Dazu gehören insb. die individuellen Karrierechancen in einem Unternehmen. Denn neben der eigenen objektiven Leistung und den Potenzialen eines Mitarbeiters bestimmen weitere Faktoren wie subjektive Einschätzung des Vorgesetzten, ungerechtfertigte Bevorzugungen oder die allgemeinen Unternehmensentwicklungen die eigenen Aufstiegsmöglichkeiten. Der Mitarbeiter ist damit unabhängig der ihm genannten Gründe letztendlich nicht in der Lage, den wahren Grund einer ausbleibenden Beförderung zu überprüfen. Die Credence Qualities sind daher von einer Bewertung weitestgehend ausgeschlossen. Die Informationskosten liegen im Vergleich zu den Erfahrungseigenschaften deutlich höher.[418] Die nachfolgende Tabelle stellt eine Vielzahl von Eigenschaften eines Arbeitgebers gemäß der informationsökonomischen Typologie dar:

Sucheigenschaften	Standort, Produkt, Branche, Unternehmensgröße, Internationalität, Umsatz, Höhe des Einkommens, Sozialleistungen, Urlaubsregelung, Arbeitszeiten
Erfahrungseigenschaften	Betriebsklima, Weiterbildungsmöglichkeiten, Arbeitsinhalte
Vertrauenseigenschaften	Zukunftsfähigkeit der Branche, dauerhafte Existenz des Unternehmens, Sicherheit des Arbeitsplatzes, Karrierechancen

Tab. IV-3: Arbeitgebermerkmale nach informationsökonomischer Eigenschaftstypologie

Quelle: Eigene Darstellung

Die informationsökonomische Differenzierung der Eigenschaften eines Arbeitgebers verdeutlicht, dass sich die Fach- und Führungskräfte bezogen auf bestimmte Merkmale gewissen Risiken bei der Arbeitgeberwahl aussetzen.[419] Um den Risiken mit entsprechenden

---

[416] Vgl. i.A.a. Irmscher, M. (1997), S. 162 sowie Adler, J. (1996), S. 69f.

[417] Siehe zu den *Credence Qualities* Darby, M.R./ Karni, E. (1973), S. 67, Weiber, R./ Adler, J. (1995), S. 54 und Schneider, Ch. (1997), S. 84f.

[418] Vgl. dazu Irmscher, M. (1997), S. 162 sowie Weiber, R./ Adler, J. (1995), S. 54f.

[419] Vgl. dazu auch die Ausführungen von Teufer (1999), Schmidtke (2002), Grobe (2003), Bierwirth (2003) sowie Kranz (2004). Die Zuordnung der Arbeitgebermerkmale zu den informationsökonomischen Eigenschaften ist dabei nicht eindeutig möglich. Die empfundene Unsicherheit unterliegt zum Großteil auch der subjektiven Wahrnehmung des Individuums. Denn auch wenn diese tabellarische Zusammenfassung einen Überblick über die verschiedenen Eigenschaften eines Arbeitgebers aus der Sicht der Informationsökonomie gibt, existieren auch kritische Stimmen gegen eine a priori Zuordnung der Eigenschaften;

Maßnahmen begegnen zu können, müssen die durch die Informationsasymmetrie entstandenen Unsicherheiten zunächst identifiziert werden. Auch diesbzgl. liefert die Informationsökonomie interessante Aspekte.

Die Informationsökonomie unterscheidet grundsätzlich zwischen zwei Arten von Unsicherheiten: der Umweltunsicherheit und der Marktunsicherheit. Bei der **Umweltunsicherheit** handelt es sich um die Unsicherheiten der Marktakteure über zukünftige Entwicklungen ihrer Umwelt, von der beide Seiten gleichermaßen betroffen sind und auf die sie kaum oder keinen Einfluss nehmen können.[420] **Marktunsicherheit** liegt hingegen dann vor, wenn die Transaktionspartner nur unzureichend über die Bedingungen der Transaktion informiert sind.[421] Bezogen auf die im Markt zusammentreffenden Individuen konkretisiert sich diese in der **Qualitäts-** und **Verhaltensunsicherheit**, die darin besteht, dass eine häufig gegebene asymmetrische Informationsverteilung Spielräume für opportunistisches Verhalten eröffnet und die Informationsdefizite zu Lasten des Unwissenden ausgenutzt werden können.[422] Diese Formen der Unsicherheit entstehen analog zum Gütermarkt auf dem Bewerbermarkt, wenn Unternehmen und Bewerber vor Vertragsabschluss nicht in der Lage sind, die bestehenden Informationsmängel auszuräumen.[423]

Die entscheidende Annahme der Informationsökonomie besteht darin, dass im Gegensatz zur neoklassischen Perspektive ein stark eigennütziges Menschenbild zugrunde gelegt wird. Dieses äußert sich im unehrlichen, betrügerischen Verhalten sowie arglistiger Täuschung, was als **Opportunismus** bezeichnet wird.[424] Analog zu der Eigenschaftstypisierung lassen

---

[420] Vgl. Irmscher, M. (1997), S. 145f., Kaas, K.-P. (1992), S. 478 sowie Schneider, Ch. (1997), S. 74ff. Diese Form der Unsicherheit wird häufig auch als *exogene* oder *technologische* Unsicherheit bezeichnet; vgl. Weiber, R./ Adler, J. (1995), S. 47f. Darunter fallen bspw. eine wirtschaftliche Rezession, die neben einem Rückgang an Aufträgen und damit zu Umsatzeinbrüchen bei den Unternehmen auch zu Entlassungen von Mitarbeitern führen kann. Solche z.T. unabwendbaren betrieblichen Kündigungen sind dann meist nicht das Ergebnis willkürlichen Handelns des Arbeitgebers, sondern die Folge exogener Einflüsse. *Hirshleifer & Riley* sprechen von E*vent Uncertainty*; vgl. Hirshleifer, J./ Riley, J.G. (1979), S. 1377. Auf diese Form der Unsicherheit wird im Folgenden nicht näher eingegangen.

[421] Vgl. Weiber, R./ Adler, J. (1995), S. 47f., Hirshleifer, J./ Riley, J.G. (1979), S. 1377 sowie Kaas, K.-P. (1995), Sp. 972. Aufgrund der Transaktionsbezogenheit wird diese auch *endogene Unsicherheit* genannt; vgl. Irmscher, M. (1997), S. 145f. Auf beiden Seiten existieren dann Informationsvorsprünge hinsichtlich des Transaktionsinputs; vgl. Hirshleifer, J./ Riley, J.G. (1979), S. 1376f., Weiber, R./ Adler, J (1995), S. 47f. sowie Schneider, Ch. (1997), S. 75.

[422] Vgl. Weiber, R./ Adler, J. (1995), S. 47f., Williamson, O.E. (1990), S. 54, Kleinaltenkamp, M. (1992), S. 813, Schneider, Ch. (1997), S. 75f. sowie Kemper, A.Ch. (2000), S. 68f.

[423] Die Personaler eines Unternehmens können theoretisch beliebige Botschaften senden und Perspektiven aufzeigen, die den tatsächlichen personalpolitischen Gegebenheiten widersprechen. Den Bewerbern und potenziellen Mitarbei tern, die diese Aussagen nicht überprüfen können, bleibt folglich die Ungewissheit und die Gefahr einer falschen Arbeitgeberwahl. In den nachfolgenden Ausführungen wird explizit auf die Unsicherheiten aus Sicht des Bewerbers und dem damit zusammenhängenden opportunistischen Verhaltens von Seiten des Unternehmens eingegangen, da die Arbeitgebermarke als Unsicherheitsproblem der nachfragenden Bewerber zu beseitigen beabsichtigt. Erläuterungen zur Marktunsicherheit seitens des Unternehmens lassen sich bei *Teufer* finden; vgl. Teufer, St. (1999), S. 81ff.

[424] Vgl. Irmscher, M. (1997), S. 147ff. sowie Kemper, A.Ch. (2000), S. 69.

sich nach *Spremann (1990)* drei Grundtypen des opportunistischen Verhaltens unterscheiden: Hidden Characteristics, Hidden Intention und Hidden Action.[425] Da im Gegensatz zu Austauschgütern bei Kontraktgütern sowie –beziehungen unbeschränkter Spielraum opportunistischen Verhaltens besteht, muss der B̃ewerber bei der Arbeitgeberwahl mit diversen Verhaltensunsicherheiten rechnen.[426]

Die **Hidden Characteristics**, die sich auf die Qualität des Leistungsangebots beziehen, werden auch als Qualitätsunsicherheit bezeichnet.[427] Diese entstehen, da der Nachfragende die wahren Eigenschaften des Angebots i.d.R. erst nach Vertragsabschluss (ex-post) zu prüfen vermag.[428] So kann ein Bewerber, ohne konkrete Erfahrung im Unternehmen gemacht zu haben, weder vor Arbeitsantritt noch nach einer gewissen Einarbeitungszeit genau erkennen, ob der Arbeitgeber gewisse entscheidungsrelevanten Attraktivitätskriterien erfüllt.[429]

Hidden Intention liegen dann vor, wenn ein Marktteilnehmer seinem Vertragspartner transaktionsrelevante Informationen bewusst verheimlicht. Auch in diesem Fall wird entscheidungsrelevantes Wissen vorenthalten, um Vertragsfreiräume zum Nachteil des anderen auszunutzen.[430] Bei genauerer Betrachtung des Inhaltes von Arbeitsverträgen wird deutlich, dass auch bei der Arbeitgeberwahl die Gefahr von Hidden Intentions besteht. Denn neben den Hauptleistungspflichten beider Parteien, der Erbringung der Arbeitsleistung zum einen, und der Zahlung des Entgelts zum anderen, bleiben weitere die Attraktivität eines Arbeitgebers bestimmenden Faktoren undefiniert. So finden bspw. die Gehaltsentwicklung oder die Möglichkeiten zur betrieblichen Weiterbildung keinerlei vertragliche Berücksichtigung. Deren Umsetzung nach Einstieg des Bewerbers ist folglich vom Wohlwollen des Vor-

---

[425] Vgl. Spremann, K. (1990), S. 567ff. Siehe dazu auch Stigler, G.J. (1961), S. 224, Kleinaltenkamp, M. (1992), S. 813 sowie Picot, A./ Dietl, H./ Franck, E. (1999), S. 88ff. *Spremann* kategorisiert diese drei Typen der Unsicherheit anhand der Kriterien *Determiniertheit* des Verhaltens *vor* Vertragsabschluss sowie *Beobachtbarkeit* des Verhaltens *nach* Vertragsabschluss.

[426] Zu den Spielräumen des opportunistischen Verhaltens in Abhängigkeit der Güter bzw. Beziehungen siehe Akerlof, G.A. (1979), S. 488ff., Alchian, A.A./ Woodward, S. (1988), S. 66, Spremann, K. (1990), S. 566ff. sowie Schneider, Ch. (1997), S. 81f. Im klassischen, sich auf Produkte beziehenden Markenmanagement werden ausschließlich die *Hidden Characteristics* wirksam. Aus diesem Grund blendet *Irmscher* die beiden weiteren Verhaltensweisen aus der Markenbetrachtung aus; vgl. Irmscher, M. (1997), S. 149.

[427] Vgl. dazu Spremann, K. (1990), S. 566, Kaas, K.-P. (1992), S. 23f. sowie Adler, J. (1996), S. 60f. Im Rahmen der Marktunsicherheit wird zwischen *Qualitäts-* und *Verhaltensunsicherheit* unterschieden.

[428] Vgl. Picot, A./ Dietl, H./ Franck, E. (1999), S. 88. Auf dem Gütermarkt wären bspw. virenfreies Rindfleisch oder ökologische Lebensmittel als Beispiele für Hidden Characteristics zu nennen; siehe Irmscher, M. (1997), S. 148f.

[429] Auf der anderen Seite ist es aber auch dem Unternehmen verwehrt, die genaue Leistungsbereitschaft und das -potenzial des neuen Mitarbeiters in der Selektionsphase festzustellen. Da die Vertrauensfunktion der Arbeitgebermarke der Wirkungsseite des Bewerbers zuzurechnen ist, wird der Arbeitgeber jedoch in den weiteren Ausführungen zum Vertrauen ausgeblendet.

[430] Vgl. Schneider, Ch. (1997), S. 80f. sowie Irmscher, M. (1997), S. 148. Nach *Schneider* gehören bspw. die Auslegung von Verträgen, Kulanz, Fairness oder Kundendienstverhalten nach einem Kauf zu den Verhaltensweisen, die unter Hidden Intentions subsumiert werden können; vgl. Schneider, Ch. (1997), S. 80.

gesetzten abhängig.[431] Auch hinsichtlich des sog. Versetzungsvorbehaltes eröffnet sich der Arbeitgeber den Spielraum, dem Mitarbeiter andere der Qualifikation entsprechende Tätigkeit zuzuweisen und diesen sogar gegebenenfalls an andere Standorte zu versetzen. Nach *Alchian & Woodward (1988)* wird diese Form des opportunistischen Verhaltens **Hold Up** bezeichnet.[432]

Die dritte Form des opportunistischen Verhaltens stellt das **Hidden Action** dar. Diese ist gemäß Definition in dem Fall gegeben, wenn ein Marktteilnehmer im Rahmen einer Transaktion aktiv Maßnahmen einleitet, um sich einen Vorteil gegenüber dem Vertragspartner zu verschaffen.[433] Auch wenn diese Ausprägung des Opportunismus dem Hidden Intention ähnelt, liegt jedoch ein deutlicher Unterschied vor, der darin begründet liegt, dass diese im Vergleich unentdeckt bleibt und damit für den anderen nicht klar nachzuvollziehen ist.[434] Als Beispiel für dieses Verhalten in der Arbeitswelt kann die Zusicherung gewisser Karriereentwicklungen bei entsprechender Leistung genannt werden. Wird der Mitarbeiter nach der vereinbarten Zeit nicht befördert, kann dieser nicht feststellen, ob die nicht erfolgte Beförderung auf der eigenen unzureichenden Leistung oder doch auf möglichen opportunistischen Absichten des Vorgesetzten beruht. Für dieses opportunistische Verhalten des Hidden Action prägte *Arrow (1985)* den Begriff **Moral Hazard**.[435] Zusammenfassend be-

---

[431] Vgl. dazu auch Teufer, St. (1999), S. 84f.

[432] Vgl. Alchian, A.A./ Woodward, S. (1988), S. 67. Siehe u.a. Adler, J. (1996), S. 60f. Die *Hold-Up*-Problematik entsteht dann, wenn das Verhalten noch variabel, d.h. vor Vertragsabschluss noch nicht determiniert ist und vom Vertragspartner erst ex-post zu beobachten ist. Als Beispiele werden häufig im Allgemeinen auch Entgegenkommen, Kulanz und Fairness genannt. Das *Hold Up* ist daher eng mit dem *Hidden Intention* gekoppelt.

[433] Vgl. Irmscher, M. (1997), S. 148.

[434] Vgl. Kaas, K.-P. (1995b), S. 26. Als klassisches Beispiel für *Hidden Action* wird in der Institutionenökonomie die von einem Arzt als erforderlich betrachtete Operation eines Patienten angeführt, da aufgrund des fehlenden Sachverstandes die tatsächliche Notwendigkeit des medizinischen Eingriffs nicht nachzuprüfen ist.

[435] Vgl. Arrow, K.J. (1985), S. 37ff. In der Informationsökonomie werden für das *Moral Hazard* die klassischen Beispiele Anstrengung, Fleiß und Sorgfalt angeführt. Um die informationsökonomische Diskussion der Arbeitgeberwahl abzurunden, werden die potenziellen Folgen der Informationsasymmetrien sowie des opportunistischen Verhaltens auf dem Arbeitgeber-Arbeitnehmer-Markt kurz vorgestellt. Die insb. auf die Hidden Characteristics zurückzuführende Konsequenz beschreibt *Akerlof* mit dem Prozess der *Adverse Selection*, was übersetzt „Negativauswahl" bedeutet. Nach *Akerlof* beschreibt diese Form des Marktversagens einen Verdrängungsprozess guter Angebote, so dass dem Markt nur noch niedere Qualitäten verfügbar bleiben. Auf dem von *Akerlof* betrachteten Markt fehlt es an Signalträgern wie der Marke. Dargestellt wird das Marktversagen mit dem klassischen Beispiel des Gebrauchtwagenmarktes; vgl. Akerlof, G.A. (1970), S. 488ff. Siehe auch bei Adler, J. (1996), S. 32f. sowie Kemper, A.Ch. (2000), S. 69. Übertragen auf die Arbeitgeberwahl kann die Fehlauswahl über die Präferenzfaktoren der Nachwuchskräfte und deren Überprüfbarkeit vor Vertragsabschluss erklärt werden. Den Präferenzstudien zufolge besitzt das Entgelt neben den weiteren personalpolitischen Faktoren eine hohe Entscheidungsrelevanz bei der Arbeitgeberwahl. Dieses kann als Sucheigenschaft im Gegensatz zu den Erfahrungs- und Vertrauenseigenschaften leicht identifiziert und überprüft werden. Um das persönliche Risiko möglichst gering zu halten, könnte sich die Nachwuchskraft ausschließlich nach diesem Faktor orientieren und dem Unternehmen den Zuschlag erteilen, welches das höchste Gehalt bietet. Die Arbeitgeber mit hervorragenden, in der Entwicklung und Umsetzung kostspieligen personalpolitischen Instru-

steht das Ziel darin, bei dem akademischen Fach- und Führungsnachwuchs durch die Anwendung zielführender Instrumente „Sicherheit in eine Welt der Unsicherheit" zu bringen.[436]

b) Implikationen für das Employer Branding
Wird der Arbeitgebermarkt einem unvollkommenen Markt mit asymmetrischer Informationsverteilung gleichgesetzt, so stehen die Unternehmen, die tatsächlich attraktive Arbeitsbedingungen bieten, der Herausforderung gegenüber, ihre **Arbeitgeberqualität** und deren
Glaubwürdigkeit durch unsicherheitsreduzierende Informationen zu vermitteln.[437] Eine
zentrale Aufgabe der Arbeitgebermarke stellt damit das **Aufzeigen** von **Qualität** dar, welche die Summe aus Such-, Erfahrungs- und Vertrauenseigenschaften integriert.[438]
Eines der wichtigsten Surrogate für Informationen stellt dabei der **Markenname** selbst
dar.[439] Eine Arbeitgebermarke in Form des Firmennamens ersetzt insb. die Erfahrungs- und
Vertrauenseigenschaften eines arbeitgebenden Unternehmens. Der Name des Unternehmens in seiner Eigenschaft als Employer Brand wirkt folglich wie eine **Sucheigenschaft**,
die an die Stelle der kaum überprüfbaren Eigenschaften tritt.[440] Das bedeutet, dass sich die

---

menten sind folglich nicht mehr gewillt, ihre personalpolitische Qualität aufrechtzuerhalten und fokus-
sieren sich zunehmend auf die Höhe des Entgelts. Dieser Prozess setzt sich letztendlich so lange fort, bis
die Arbeitgeberwahl nahezu ausschließlich über das Entgelt determiniert wird. Als Resultat ergeben sich
Arbeitgeber bspw. ohne kostenverursachende Weiterbildungsangebote, ausschließlich auf Wertgenerie-
rung ausgelegte Aufgabeninhalte sowie Unternehmen mit einem schlechten Arbeitsklima. Diese Bedingungen führen nach einer gewissen Zeit schließlich zu Enttäuschungen bei den Arbeitnehmern und letztendlich zu einem hohen Fluktuationsverhalten. Die weiteren in der Informationsökonomie diskutierten
Konsequenzen des *Moral Hazard* und des *Hold Up* wurden bereits dargestellt.

[436] Irmscher, M. (1997), S. 158. Die Informationsökonomie bietet die Strategien und Instrumente, um die
transaktionshemmenden Informations- und Unsicherheitsprobleme zu begegnen. Denn im Gegensatz zur
Ungewissheitsökonomie, in dem die Marktteilnehmer einen exogen vorliegenden Informationsstand
hinnehmen und sich diesem passiv anpassen, wird in der Informationsökonomie davon ausgegangen,
dass der Informationsstand endogen durch Maßnahmen aktiv im Sinne einer Reduzierung der Unsicherheit beeinflusst werden kann; vgl. Adler, J. (1996), S. 33f., Irmscher, M. (1997), S. 157 sowie
Schneider, Ch. (1997), S. 71ff.

[437] Vgl. i.A.a. Kemper, A.Ch. (2000), S. 82. Forschungsergebnisse im Konsumentenverhalten zeigten, dass
in Situationen erhöhter Unsicherheit verstärkt auf Qualitätshinweise zurückgegriffen wird. Ein solches
indirektes Qualitätssignal stellt schließlich die Marke dar. Zu den indirekten Qualitätssignalen zählen des
weiteren der Preis und die Höhe der Werbeausgaben; vgl. Tolle, E. (1994), S. 926f.

[438] Sie erfüllt damit die Rolle einer qualitätssichernden Institution; vgl. Schölling, M. (2000), S. 104f., Tolle,
E. (1994), S. 926f. sowie Schmidt, I./ Elßer, St. (1992), S. 48ff.

[439] Vgl. Kaas, K.-P. (1995), Sp. 977, Tolle, E. (1994), S. 929 sowie Freter, H./ Baumgarth, C. (2001), S.
341. Weitere auf dem Gütermarkt existierende Informationssurrogate sind beobachtbare Präferenzen von
Nachfragern oder die mit einer Marke verbundene Absatzmenge; vgl. Baumgarth, C. (2001), S. 24.
Demnach orientieren sich Bewerber u.a. an dem Arbeitgeberwahlverhalten ihrer Kommilitonen. Auch
eine positive Personal Relations, die bspw. eine im Vergleich zu konkurrierenden Arbeitgebern hohe
Zahl an Einstellungen verkündet, beeinflusst die Einstellung von potenziellen Bewerbern bzgl. der
Qualitätswahrnehmung eines Arbeitgebers.

[440] Vgl. i.A.a. Kaas, K.-P./ Busch, A. (1996), S. 245f. *Kaas & Busch* sprechen auch von *Inspektions-
eigenschaften*. Markennamen können ihrer Meinung nach auch als institutionelle Eigenschaften bezeichnet werden.

Bewerber allein an dem Employer Brand zu orientieren brauchen, ohne das Vorliegen der einzelnen Arbeitsplatzmerkmale zu hinterfragen. Mit anderen Worten vertraut der Bewerber auf das durch den markierten Arbeitgeber angebotene Leistungspaket. Die Arbeitgebermarke dient in diesem Zusammenhang als Institution, um eine Fehlauswahl zu verhindern.[441] Ein positiver Nebeneffekt des Markennamens als Sucheigenschaft ergibt sich zudem aus dessen Potenzial, Kosten der Informationssuche zu reduzieren (**Transaktionskosten**).[442] Die Arbeitgebermarkenpolitik kann aus informationsökonomischem Blickwinkel daher abschließend als eine informationskostensenkende und transaktionsfördernde Strategie interpretiert werden, die durch den Einsatz glaubwürdiger Qualitätssignale Markenvertrauen schafft. In der Informationsökonomie wird dieser Weg der Reduzierung der Unsicherheit durch Signalgebung als **Signalling** bezeichnet.[443] Diese Strategie kommt aller-

---

[441] Vgl. i.A.a. Kemper, A.Ch. (2000), S. 82 sowie Schmidt, I./ Elßer, St. (1992), S. 50ff.

[442] Vgl. Henkens, U. (1992), S. 234f., Schölling, M. (2000), S. 38ff., Kaas, K.-P. (1990c), S. 498 sowie Kemper, A.Ch. (2000), S. 80ff. Die Wirkung der Arbeitgebermarke als gebündelter Informationenersatz ergibt sich zunächst aus den irreversiblen Fixkosten für Markenaufbau- und -pflege in Form von diversen Personalmarketingaktivitäten, die bei einem Imageverlust den Charakter von Sunk Costs annehmen und daher den potenziellen Nachwuchskräften ein glaubwürdiges Qualitätssignal darstellen; vgl. Tolle, E. (1994), S. 931 sowie Baumgarth, C. (2001), S. 24.

[443] Das Konzept des Signalling ist von *Spence* begründet worden; vgl. Spence, M.A. (1973), S. 358ff. Dieses dient insb. dazu, das Marktversagen in Form der Adverse Selection zu verhindern; vgl. Adler, J. (1996), S. 45f. sowie Kaas, K.-P. (1995), S. 976f. Das Signalling wird auch als *Leistungsbegründung* bezeichnet; vgl. Kaas, K.-P. (1990), S. 541 sowie Kaas, K.-P. (1995), Sp. 973f. *Spence* beschreibt am Beispiel des Arbeitsmarktes, wie sich die Gefahr der Negativauswahl (Sicht der Arbeitgeber) durch Signalling der überdurchschnittlich guten arbeitsplatzanbietenden Unternehmen reduzieren lässt. Er verdeutlicht, dass Arbeitgeber dann von einer höheren Ausprägung eines Signals bspw. Bildungsabschluss auf eine höhere Leistungsfähigkeit des Bewerbers schließen können, wenn die Kosten für das Erreichen des Bildungsabschlusses negativ mit dessen Leistungsfähigkeit korreliert. Signalisiert ein Bewerber am Arbeitsmarkt einen hohen Bildungsabschluss wie bspw. eine Promotion, so schließen die nachfragenden Arbeitgeber daraus auf eine überdurchschnittliche Leistungsfähigkeit, weil der Erwerb des Abschlusses für einen Bewerber unterdurchschnittlicher Leistungsfähigkeit, der seinen Nettonutzen zu maximieren sucht, mit prohibitiv hohen Kosten verbunden wäre; vgl. Spence, M.A. (1973), S. 358f. sowie Bayon, T. (1997), S. 19f. Weitere Ausführungen zum Signalling siehe auch bei Vahrenkamp, K. (1991), S. 54, Schneider, Ch. (1997), S. 92f., Baumgarth, C. (2001), S. 24 sowie Homburg, Ch./ Krohmer, H. (2003), S.83f. Das Signalling wird insb. bei Erfahrungs- und Vertrauenseigenschaften in Form von Informationssurrogaten, sprich der Arbeitgebermarke, empfohlen. Vgl. zu der Priorisierung der Erfahrungs- und Vertrauenseigenschaften im Rahmen der Markenpolitik Weiber, R./ Adler, J. (1995), S. 60, Schneider, Ch. (1997), S. 91, Baumgarth, C. (2001), S. 24 sowie Homburg, Ch./ Krohmer, H. (2003), S. 84. Des Weiteren hängen die Maßnahmen zur Risikoreduktion bei den Erfahrungs- und Vertrauenseigenschaften von der Festsetzung der *Unique-Selling-Proposition* der Marke ab; vgl. Irmscher, M. (1997), S. 164. Daher gilt es, im Rahmen des Employer Branding keine willkürliche Sicherheit zu schaffen, sondern die Unsicherheit bzgl. der für die Positionierung der Arbeitgebermarke relevanten Eigenschaften zu beseitigen. Zur Strategie der Informationssubstitution durch die Marke siehe auch Kemper, A.Ch. (2000), S. 73, Tolle, E. (1994), S. 929ff. sowie Kaas, K.-P./ Busch, A. (1996), S. 245. Ist die Arbeitgebermarke existent und wirksam, kommt diese einer Sucheigenschaft gleich, so dass die akademischen Fach- und Führungskräfte ihre Informationsbemühungen ausschließlich auf die Suche der Arbeitgebermarke richten müssen. Dieses bewerberseitige Verhalten wird durch den Terminus des *Screening* erfasst. Der Begriff *Screening* wurde von *Stiglitz* geprägt; vgl. Stiglitz, J.E. (1974), S. 28ff. Als alternativer Terminus wird auch die *Leistungsfindung* genutzt; vgl. Kaas, K.-P. (1995), Sp. 973f. Diese

dings erst zur Anwendung, wenn die Arbeitgebermarke vorhanden ist. Zu Beginn des Employer Branding liegt daher die Herausforderung zunächst im Aufbau derselben, insb. zur Reduktion der Unsicherheit bzgl. der Erfahrungs- und Vertrauenseigenschaften. Ein in der Informationsökonomie propagierter Lösungsweg zur Reduktion der Unsicherheit bei Erfahrungs- und Vertrauenseigenschaften stellt der Aufbau einer guten **Reputation** auf dem betrachteten Markt dar.[444] Unter Reputation ist ein den Anforderungen der Fach- und Führungskräfte an den idealen Arbeitgeber entsprechender positiver Ruf eines Unternehmens zu verstehen, der dem **Fremdbild** einer Arbeitgebermarke gleichzusetzen ist.[445] Aufgrund der engen Verknüpfung zwischen Reputation und Marke sollen die Erkenntnisse zur Reputationsstrategie daher auf das Employer Branding übertragen werden.[446]

Den Ausführungen der informationsökonomischen Vertretern nach wird die Reputation durch Informationen und Erfahrungen beeinflusst.[447] Dabei unterscheidet die Theorie bei der Sendung von Informationen und Botschaften **Informationsquellen**, denen eine unterschiedliche Wirksamkeit auf die Reduktion der Unsicherheit bezogen auf die Such-, Erfahrungs- und Vertrauenseigenschaften nachgesagt wird.[448] Das ausschlaggebende Kriterium

---

Strategie der Unsicherheitsreduktion bezeichnet die Informationssuchaktivitäten der weniger informierten Marktseite, d.h. dass sich i.d.R. der Nachfrager die erforderlichen Informationen beschafft; vgl. zu Screening die Ausführungen bei Adler, J. (1996), S. 46f., Schneider, Ch. (1997), S. 91, Bayon, T. (1997), S. 21f., Baumgarth, C. (2001), S. 24 sowie Homburg, Ch./ Krohmer, H. (2003), S. 83f. Die direkte Informationssuche kommt bei Leistungen mit überwiegendem Anteil an Sucheigenschaften in Betracht; vgl. Baumgarth, C. (2001), S. 24 sowie Kemper, A.Ch. (2000), S. 73. Das Screening wird daher insb. nach dem Aufbau des Employer Brand relevant. Ist die Arbeitgebermarke auf dem Markt vertreten, liegen die Informationsaktivitäten in Form des Suchverhaltens auf Seiten der Bewerber.

[444] Nach *Spremann* ist die positive Wirkung der Reputation umso ausgeprägter, je unvollkommener die Informationen sowie größer die Qualitätsunsicherheit; vgl. Spremann, K. (1988), S. 613. Siehe auch Henkens, U. (1992), S. 105.

[445] Vgl. Kaas, K.-P. (1995), Sp. 977. In der Informationsökonomie wird die Reputation häufig auch dem *Goodwill* gleichgesetzt; vgl. Tolle, E. (1994), S. 928, Spremann, K. (1988), S. 619ff.

[446] Analog zur Marke wird die Reputation ebenfalls als Indikator für Qualität verstanden; vgl. Bauer, H.H. (1991), S. 244. Entsprechend der Marke wird ein Betrachtungsgegenstand, der vorwiegend aus Erfahrungs- und Vertrauenseigenschaften besteht, mittels Reputation mit Sucheigenschaften angereichert, wodurch sich die Kosten des Nachfragenden für die Informationsbeschaffung reduzieren; vgl. Mengen, A. (1993), S. 161.

[447] Vgl. Henkens, U. (1992), S. 105 sowie Schneider, Ch. (1997), S. 135f.

[448] Die Informationsökonomie unterscheidet darüber hinaus zwischen *direkten* und *indirekten* Informationsarten. Auf diese Unterscheidung wird im Rahmen dieser Ausführungen nicht weiter eingegangen. Direkte Informationen beziehen sich unmittelbar auf den Betrachtungsgegenstand, indirekte Informationen auf die Potenziale sowie ggf. auf einen vorhandenen Produktionsprozess. Da die Potenziale eines Unternehmens in der Eigenschaft als Arbeitgeber nahezu unmöglich zu prognostizieren sind und auch nicht davon ausgegangen werden kann, dass ein Unternehmen diese Eigenschaft auch tatsächlich optimieren und daher seine Potenziale ausreizen möchte, beschränkt sich die weitergehende Analyse auf die direkten Informationsarten; vgl. zur Differenzierung Mengen, A. (1992), S. 118. Die Unterteilung sowie gleichzeitige Zusammenfassung der Informationsquellen und –arten in *persönliche* und *unpersönliche* Kommunikation erscheint sinnvoll, da inhaltliche Überschneidungen aus der Informationsökonomie vermieden werden sollen. Zudem entspricht diese Unterteilung auch der dieser Arbeit zugrunde gelegten Gliederung der Kommunikationsinstrumente; vgl. dazu *Kapitel V.3.2.5.2.*

für die Effektivität der Quelle stellt dabei deren **Glaubwürdigkeit** dar.[449] Zum effektiven Einsatz von Kommunikationsinstrumenten erfolgt daher nachfolgend eine Analyse zu dem für den Abbau von Unsicherheit bzw. dem Aufbau von Vertrauen erforderlichen Kriterium der Glaubwürdigkeit mit der entsprechenden Zuordnung zu den Eigenschaftstypen.

In der Informationsökonomie wird eine Einteilung zwischen internen und externen sowie primären und sekundären Informationsquellen vorgenommen. Die **internen Quellen** umfassen diejenigen Informationen, die ein Individuum in früheren Lebensperioden erworben und im Gedächtnis gespeichert hat. Darunter fallen das durch den allgemeinen Bildungsprozess erworbene Wissen (Allgemeinbildung), das durch frühere Informationsaufnahme explizit erworbene sowie das durch persönliche Erfahrungen generierte Wissen.[450] Potenzielle und aktuelle Mitarbeiter eines Unternehmens speichern, soweit Informationen und Erfahrungen gesammelt wurden, diverse Informationen ab.[451] Diese Informationen formieren sich zu den bereits diskutierten Assoziationen über den Arbeitgeber. Da diese durch gespeicherte Informationen gebildeten Assoziationen letztendlich das Resultat einer aktiven Arbeitgebermarkenpolitik sowie externer Informationsquellen darstellen, wird auf weitere Ausführungen zu den internen Informationsquellen verzichtet.[452] Stattdessen erfolgt eine Konzentration auf die externen sowie primären und sekundären Informationsquellen, da sich diese auf die Aufbauphase der Marke beziehen.

Externe Quellen bedeuten, dass das Individuum neue Informationen von der Außenwelt aufnimmt.[453] Informiert sich ein Nachfrager unmittelbar selbst durch Inspektion des Beurteilungsgegenstandes, handelt es sich um eine **externe, primäre Informationsquelle**.[454] Dazu zählen unternehmensinterne Veranstaltungen wie Unternehmensbesichtigungen, Präsentationen, Workshops, etc. im Unternehmen. Diese enthalten einen hohen Grad an Glaubwürdigkeit insb. dann, wenn die entscheidungsrelevanten personalpolitischen Elemente in

---

[449] Vgl. Irmscher, M. (1997), S. 215ff. sowie Schneider, Ch. (1997), S. 118ff. Die Glaubwürdigkeit der Informationsmittler sowie der Informationen selbst ist zwingende Voraussetzung, um das Vertrauen zu einem Arbeitgeber aufzubauen.

[450] Vgl. Vahrenkamp, K. (1991), S. 31ff. sowie Schneider, Ch. (1997), S. 99ff.

[451] Gemäß der Informationsökonomie bezieht sich dieses Wissen auf konkrete Wahlentscheidungen und somit auf Entscheidungen der Arbeitgeberwahl, so dass i.e.S. die internen Informationsquellen höchstens bei Young Professionals, die bereits entscheidungsrelevantes Wissen durch die Arbeitgeberwahl generiert haben, zur Anwendung kommen können. Diese enge Betrachtung greift für das Employer Branding jedoch zu kurz, da auch vor und während des Studiums Wahlakte bzgl. Arbeitgeber erfolgen können. Daher werden hier auch die Erfahrungen, die bei der Wahl eines Unternehmens für eine Berufsausbildung, ein Praktikum, eine Werkstudententätigkeit oder Diplomarbeit gesammelt wurden, dem Wissen, welches auf wiederholte Entscheidung beruht, gleichgesetzt, auf das der Bewerber letztendlich bei der finalen Arbeitgeberwahl zurückgreifen kann.

[452] Die internen Informationsquellen in Form von gebildeten Assoziationen haben auf die externen Informationsquellen in der Form einen Einfluss, dass sie die Aufnahme der dargebotenen Informationen filtern und den Bewerber daher für bestimmte Informationen besonders empfänglich machen.

[453] Vgl. dazu Vahrenkamp, K. (1991), S. 30.

[454] Vgl. Mengen, A. (1993), S. 118ff. sowie Schneider, Ch. (1997), S. 100f.

die Maßnahmen integriert werden.[455] Kurze direkte Kontakte zu Vertretern und Mitarbeitern eines Unternehmens generieren dabei hauptsächlich Sicherheit hinsichtlich der Erfahrungseigenschaft Betriebsklima.[456] Da laut der empirischen Ergebnisse zu den Arbeitgeberpräferenzen dieser Faktor entscheidend die Attraktivität eines Arbeitgebers prägt, sind im Rahmen des Employer Branding diese Maßnahmen folglich sehr zu empfehlen. Möglichkeiten für den akademischen Nachwuchs, einen potenziellen Arbeitgeber intensiver kennen zu lernen, bieten längerfristige, direkte Kontakte wie Praktika, Werkstudententätigkeiten sowie praxisorientierte Diplomarbeiten. Diese ermöglichen den Studenten, neben Einblicken in die Berufswelt insb. personalpolitische Attraktivitätsfaktoren wie Betriebsklima oder Weiterbildungsmöglichkeiten zu prüfen.[457] Auch wenn diese primären Informationsquellen aus informationsökonomischen Gesichtspunkten mit hohen Kosten verbunden sind, zeichnen sich diese aufgrund der direkten Überprüfung der Gegebenheiten durch eine hohe Glaubwürdigkeit aus.[458] Für ein Unternehmen, das sich in Abgrenzung zu opportunistischen Arbeitgebern, durch reale, personalpolitische Attraktivität auszeichnet, impliziert dies, ein großes Angebot an längerfristigen **unternehmensinternen Direkt-Kontakten** wie Praktika, Praxisstudententätigkeiten und Diplomarbeiten zur Verfügung zu stellen, um dadurch die eigenen Qualitäten direkt erlebbar zu machen und die Multiplikatoreneffekte durch die Weitergabe der Erfahrungen an Kommilitonen zu nutzen.

Eine Mischform aus externen primären und sekundären Informationsquellen stellen die **Hochschulaktivitäten** dar. Diese enthalten sowohl interne als auch externe Komponenten, weil sie zwar außerhalb des Unternehmens stattfinden, sich jedoch durch die Teilnahme von Arbeitgebervertretern Rückschlüsse auf bestimmte Faktoren ziehen lassen. Durch Campusveranstaltungen wie Kontaktmessen, Unternehmenspräsentationen oder Workshops senden Arbeitgebervertreter entscheidungsrelevante Informationen. Da diese in Abhängigkeit des

---

[455] Um bspw. eine gewisse Sicherheit zu der Vertrauenseigenschaft der Karriereperspektiven herzustellen, bietet es sich an, karriereerfahrene Mitarbeiter in die Veranstaltungen zu integrieren. Deren Präsenz bzgl. Existenz und Anzahl sowie deren Ausführungen geben Vertrauen.

[456] In den Gesprächen zwischen dem potenziellen Mitarbeiter und dem Unternehmensvertreter werden Sucheigenschaften über den Arbeitgeber ausgetauscht. Diese lassen sich aber auch über Massenmedien kostengünstiger verbreiten. Für die Vertrauenseigenschaften bieten die Aussagen der Vertreter keinen Mehrwert.

[457] Vgl. Mengen, A. (1993), S. 135. Auch wenn die befristete Studententätigkeit keinem vollwertigen Arbeitsverhältnis gleichzusetzen ist, so sammelt der potenzielle Mitarbeiter dennoch wertvolle, entscheidungsrelevante Informationen. Die direkten Erfahrungen im Unternehmen liefern daher insb. einen Beitrag zur Reduzierung der Unsicherheit bei den Erfahrungseigenschaften. Für die Sucheigenschaften des Arbeitgebers bieten die direkten Erfahrungen keinen zusätzlichen Erkenntnisgewinn. Diese lassen sich über andere Informationsquellen einfacher sowie schneller einholen. Für die Vertrauenseigenschaften wie bspw. die Funktion des Arbeitgebers als Karrieresprungbrett sind die Erfahrungen als Student jedoch nicht ausreichend, da es sich um eine befristete Tätigkeit handelt. Außerdem hängt die Karriere von den Potenzialen des einzelnen Mitarbeiters sowie der Förderbereitschaft des Vorgesetzten ab. Die Beobachtungen des Studenten bei anderen Mitarbeitern und der spezifischen Abteilung lassen sich kaum auf sich sowie auf das gesamte Unternehmen übertragen.

[458] Vgl. Mengen, A. (1993), S. 114ff. sowie Schneider, Ch. (1997), S. 101. Als Kosten für die Studenten sind insb. die Zeit, die durch die Verlängerung des Studiums entsteht, zu sehen. Monetäre Kosten wie Reise- oder Unterkunftsbelastungen werden meistens zum Großteil von den Unternehmen getragen.

Verkaufstalents der Organisatoren und präsenten Personaler jedoch meist geschönt dargestellt werden, sind sie meist wenig objektiv und bergen zusätzlich die Gefahr des moral
hazard. Dennoch besteht für die Studenten die Möglichkeit, aus den Gesprächen mit den
Vertretern des Unternehmens Hinweise hinsichtlich des Zusammenarbeitens und des Betriebsklimas abzuleiten. [459]

Da nur ein Bruchteil des akademischen Nachwuchses solche Direkterfahrungen sammeln
kann, ist den **externen, sekundären Informationsquellen** für das Employer Branding
besondere Aufmerksamkeit zu widmen. Nach *Mengen (1993)* zählen zu diesen Informationsquellen die eingesetzten Medien der Arbeitgeber, Kommilitonen, Familie, Freunde und
Bekannte sowie Dritte. [460] Mit dem Ziel, einen möglichst hohen Anteil der Zielgruppe durch
die Markenbotschaften zu erreichen, spielt die **Werbung** eine immense Rolle. Die Werbung
gilt in der Informationsökonomie als klassisches Instrument der Leistungsbegründung. [461] Zu
dem Oberbegriff Werbung zählen im Personalmarketing hauptsächlich die Personalwerbung und die Personalimagewerbung. Für das Employer Branding mit der Zielsetzung,
anhand von Massenmedien das Vertrauen zu einem Arbeitgeber aufzubauen, ergibt sich aus
der Diskussion der Glaubwürdigkeitsproblematik jedoch keine eindeutige, allgemeingültige
Gestaltungsempfehlung. [462] Laut *Irmscher (1997)* ist die vertrauensbildende Wirkung von
Werbeaktivitäten bezogen auf die Such-, Erfahrungs- und Vertrauenseigenschaften sehr

---

[459] Bzgl. der Erfahrungseigenschaft des Betriebsklimas erweisen sich die Aktivitäten an den Hochschulen
bei der Reduktion von Unsicherheit daher als gewinnbringend. Darüber hinaus enthält jeder positive
Kontakt durch die Herstellung einer temporären Beziehung zwischen zwei Personen eine vertrauensbildende Komponente. Ohnehin wirkt die *persönliche Kommunikation* sehr vertrauensbildend. Die
Instrumente der persönlichen Kommunikation wie die Hochschulkontakte und Direkt-Kontakte zum
Unternehmen wirken besonders vertrauensbildend und risikoreduzierend; vgl. dazu Fritz, W./ Thiess, M.
(1986), S. 23f. Der persönlichen Kommunikation im Rahmen des Employer Branding muss unter diesem
Gesichtspunkt daher besondere Aufmerksamkeit geschenkt werden; vgl. zur risikomindernden Wirkung
der persönlichen Kommunikation auch Kroeber-Riel, W./ Weinberg, P. (2003), S. 251. Aus dem
Maßnahmenpool des Personalmarketing gehören dazu u.a. die Firmenkontaktmessen, Unternehmenspräsentationen, Managementbesuche, Unternehmensexkursionen sowie Tage der offenen Tür.

[460] Vgl. Mengen, A. (1993), S. 118.

[461] Vgl. Schneider, Ch. (1997), S. 121 sowie Bauer, H.H. (1991), S. 241f.

[462] Die Rolle der *Werbung* als Signal für unbekannte Produktqualität wurde erstmals von *Nelson* untersucht.
Nach *Nelson* kann der Werbung aufgrund der hohen Wahrscheinlichkeit der Manipulationsabsicht kaum
Glaubwürdigkeit beigemessen werden; vgl. Nelson, Ph. (1974), S. 732, Irmscher, M. (1997), S. 217
sowie Adler, J. (1996), S. 121ff. Die Personalwerbung wie die Personalimagewerbung hat diesen
Aussagen zufolge keinen Informationswert für die potenziellen Bewerber hinsichtlich der tatsächlichen
Attraktivität von Arbeitsplatzmerkmalen. Auch *Comanor & Wilson* vertreten den Standpunkt, dass Wer-
bung eher mit einer Problematik der Glaubwürdigkeit behaftet ist. Bei geringerer Qualität beabsichtigen
Anbieter insb. durch erhöhte Werbemaßnahmen die Qualitätsdefizite auszugleichen; vgl. Comanor,
W.S./ Wilson, Th.A. (1979), S. 453ff., Adler, J. (1996), S. 122, Schneider, Ch. (1997), S. 121ff. sowie
Irmscher, M. (1997), S. 217. Daraus folgern *Comanor & Wilson* den Schluss, dass die Höhe der
Werbeausgaben mit der Qualität negativ korreliert; vgl. Comanor, W.S./ Wilson, Th.A. (1979), S. 453ff.
Folglich würde eine massive Personalwerbung nicht die gewünschte Auswirkung einer erhöhten Arbeit-
geberattraktivität bewirken, sondern eher gegenteilige Effekte hervorrufen. Eine weitere Negierung der
Werbung lässt sich aus der Bedingung der Selbstbindung nach *Spence* ableiten. *Spence* formuliert zur
Beurteilung der informationsökonomischen Glaubwürdigkeit die Bedingung der *Selbstbindung*, welche

unterschiedlich.[463] Nach *Kaas (1990)* bestehen die größten Probleme bzgl. der Glaubwürdigkeit bei **Vertrauensqualitäten** wie bspw. Versprechungen hinsichtlich Karriereperspektiven.[464] Da hierbei die personalpolitischen Qualitäten eines Arbeitgebers selbst nach Vertragsabschluss nicht abschließend bewertet werden können, bleibt dem Bewerber eine Überprüfbarkeit der Werbebotschaften versagt.[465] Ähnlich verhält es sich bei den **Erfahrungsqualitäten** wie dem Betriebsklima oder den Aufgabeninhalten. Die vertrauensbildende Wirkung der klassischen Werbemaßnahmen hängt letztendlich an der Überprüfbarkeit der Botschaften. Je leichter und günstiger sich die Informationsbeschaffung darstellt und sich die Werbeaussagen somit verifizieren lassen, desto höher ist die Wahrscheinlichkeit, dass über klassische Werbung Qualitätssignale gesendet werden können.[466] Die Überprüfbarkeit der Werbeaussagen zwingt das Unternehmen schließlich, soweit dieses keine kurzfristige Marktpräsenzstrategie verfolgt, wahrheitsgetreue Botschaften zu sen-

---

besagt, dass Kommunikationsinstrumente nur dann valide Qualitätsinformationen senden, wenn zwischen der Investition in die Signalmaßnahme und den nicht direkt überprüfbaren Qualitätseigenschaften eine negative Korrelation besteht. Bei der Personalwerbung wäre die Glaubwürdigkeit damit nicht gegeben, da jedes Unternehmen dieselben haltlosen Botschaften zu denselben Kosten senden kann; vgl. Ungern-Sternberg, Th./ Weizsäcker, C.C.v. (1981), S. 619, Irmscher, M. (1997), S. 215f. So sagt *Spence*, dass „for a signal to be effective, it must be unprofitable for sellers of low quality to imitate it. That is, high quality must have lower costs for signalling activities"; Spence, M.A. (1976), S. 592. Andere Vertreter der Informationsökonomie attestieren vor allem einem hohen Werbevolumen positive Effekte auf die Glaubwürdigkeit der Botschaften, so dass davon ausgegangen werden kann, dass allein die Werbeintensität und die Werbeausgaben Sicherheit hinsichtlich der Qualität geben; vgl. Nelson, Ph. (1974), S. 732, Tolle, E. (1994), S. 930, Schmalensee, R. (1978), S. 485ff., Henkens, U. (1992), S. 211 sowie Schneider, Ch. (1997), S. 122f. Denn eine intensive Personalwerbung sowie -imagewerbung könne ein Zeichen dafür sein, dass ein Arbeitgeber längere Zeit am Markt zu existieren beabsichtigt und somit sichere Arbeitsplätze biete. Ferner würde eine erhöhte Zahl an geleisteten Einstellungen implizieren, dass der Arbeitgeber in der Vergangenheit von einer hohen Reputation profitierte. Nach *Nelson* lohnt es sich daher für Arbeitgeber mit höherer Attraktivität die eigenen Werbemaßnahmen zu intensivieren. Werbung und Attraktivität korrelieren positiv; vgl. Nelson, Ph. (1970), S. 311f., Nelson, Ph. (1976), S. 286 sowie Tolle, E. (1994), S. 931f. Weitere Ausführungen zum positiven Zusammenhang von Werbeausgaben und Qualität siehe bei *Kirmani & Wright*, die diesen Zusammenhang anhand einer empirischen Studie bei Jogging-Schuhen belegen; vgl. Kirmani, A./ Wright, P. (1989), S. 347f. *Ungern-Sternberg & von Weizsäcker* befürworten ebenfalls eine offensive Werbepolitik. Diese waren der Auffassung, dass Werbemaßnahmen allein deshalb ein Qualitätssignal darstellen, weil Empfänger der Werbebotschaften annehmen, dass nur ein Anbieter hoher Qualität einen Nutzen aus der Werbung ziehen und folglich bewusst hohe Werbeinvestitionen im Gegensatz zu den Anbietern schlechter Qualität auf sich nehmen; vgl. Ungern-Sternberg, Th. (1984) S. 70f., Henkens, U, (1992), S. 212 sowie Schneider, Ch. (1997), S. 122f. Schließlich würden bei einer Überprüfung der Werbebotschaften auf ihre tatsächliche Stimmigkeit, die Anbieter schlechter Qualität als Opportunisten entlarvt und müssten mit negativen Konsequenzen rechnen; vgl. Schneider, Ch. (1997), S. 122f. und Henkens, U. (1992), S. 212. Eine Differenzierung von der Konkurrenz ist damit allein über die Höhe der Signalkosten möglich; vgl. Brockhoff, K. (1999), S. 58. Folglich sind Unternehmen mit einer hohen Arbeitsplatzqualität gut beraten, bewusst in Werbemaßnahmen zu investieren und sich dadurch von den die Nachwuchskräfte konkurrierenden Arbeitgebern abzugrenzen.

[463]   Vgl. Irmscher, M. (1997), S. 217.

[464]   Vgl. Kaas, K.-P. (1990a), S. 544.

[465]   Ein Aufbau von Sanktionsmechanismen, die Anbieter mit falschen Aussagen bestrafen, ist damit auch nicht möglich. Vgl. dazu Schneider, Ch. (1997), S. 123 sowie Irmscher, M. (1997), S. 218ff.

[466]   Vgl. Irmscher, M. (1997), S. 218ff. sowie Schneider, Ch. (1997), S. 124.

den.[467] Die potenziellen Mitarbeiter können die Werbeaussagen jederzeit einer Prüfung unterziehen und somit haltlose Werbeversprechen aufdecken.[468] Um Unsicherheiten zu vermeiden, sollte die Personalwerbung schwerpunktmäßig für die Darstellung der Sucheigenschaften wie bspw. Standort, Sozialleistungen oder Entgelt Anwendung finden.[469]

Eine weitere externe, sekundäre Informationsquelle stellen die **Nachwuchskräfte** selbst dar, wenn sie bereits diverse Erfahrungen mit dem Arbeitgeber sammeln konnten und sich dahingehend untereinander austauschen.[470] Sie fungieren dann als sog. **Multiplikatoren.**[471] Gemäß der informationsökonomischen Gliederung der sekundären Informationsquellen nach *Mengen (1993)* liefern auch sog. **Dritte** entscheidungsrelevante Informationen.[472] Zu diesen Dritten zählen u.a. Personalberater, Professoren sowie Forschungsinstitute. Für den akademischen Nachwuchs eröffnet sich durch den Austausch mit dieser Personengruppe die Chance, Näheres insb. über die Erfahrungs- und Vertrauenseigenschaften des Arbeitgebers zu erfahren.[473] Auch wenn der Nachwuchs diese Informationsquelle meist als objektiv wertet, da nicht die direkten Vertreter des Unternehmens involviert sind, ist die Objektivität und Glaubwürdigkeit bei den Dritten differenziert zu betrachten. Denn insb. bei den Personalberatern kann von einem Eigeninteresse ausgegangen werden, mittels Direktwerbung die „bestellten" Nachwuchskräfte für ein Unternehmen auf Honorarbasis zu rekrutieren.

Mit einer recht hohen Objektivität ist bei den Professoren zu rechnen, auch wenn bei Universitätsdozenten Kooperationen mit Unternehmen bestehen und folglich von einer gewissen Neigung zu diesen auszugehen ist. Diese werden durch die Studenten als Experten angesehen mit der Konsequenz, dass ihnen eine hohe Glaubwürdigkeit geschenkt und Vertrauen entgegengebracht wird. Ihnen kommt damit die Funktion eines **Meinungsführers** zu. Als sog. Opinion Leader werden diejenigen Mitglieder einer Gruppe bezeichnet, die im Rahmen des Kommunikationsprozesses einen vergleichsweise stärkeren persönlichen Einfluss als

---

[467] Vgl. Nelson, Ph. (1976), S. 214. Gegenteiliger Meinung sind dabei *Comanor & Wilson*, welche die Meinung vertreten, dass Anbieter geringerer Qualität angehalten werden zu werben, da die tatsächliche Qualität nicht direkt ohne Erfahrungsbildung widerlegt werden kann; vgl. Comanor, W.S./ Wilson, Th.A. (1979), S. 453ff.

[468] Vgl. i.A.a. Nelson, Ph. (1974), S. 734 sowie Irmscher, M. (1997), S. 218ff. Die klassischen Werbemaßnahmen sind im Zusammenhang mit den Suchqualitäten folglich als effizient anzusehen; vgl. Kaas, K.-P. (1990), S. 545.

[469] Darüber hinaus ist festzuhalten, dass Personalanzeigen und -imagebroschüren weniger dem Vertrauensaufbau bzgl. des Vorliegens personalpolitischer Faktoren dienen, sondern eher der grundsätzlichen Bildung von markenrelevanten Assoziationen. Durch entsprechende Werbewiederholungen assoziiert der umworbene Nachwuchs daher bei Nennung des Arbeitgebers gewisse Attribute. Der Massenwerbung kommt im Rahmen des Employer Branding daher weniger eine vertrauensbildende, sondern eher eine lerntheoretische Bedeutung zu.

[470] Vgl. i.A.a. Vahrenkamp, K. (1991), S. 31.

[471] Vgl. dazu die Ausführungen in *Kapitel V.3.2.5.2.*

[472] Vgl. Mengen, A. (1993), S. 118ff. sowie Vahrenkamp, K. (1991), S. 29. Diese Informationsquelle lässt sich wiederum unterteilen in private, staatliche und halbstaatliche Informationsquellen.

[473] Vgl. Schneider, Ch. (1997), S. 109f. Analog zur Multiplikation der Information durch den Nachwuchs selbst liefern die Dritten bzgl. der Sucheigenschaften ebenfalls keine zusätzlichen Erkenntnisse.

andere ausüben und daher die Meinung anderer zu beeinflussen oder auch zu ändern im Stande sind.[474] Ein ähnlich hohes Vertrauen genießen auch **Testurteile**, welche die Attraktivität eines Arbeitgebers zu messen beabsichtigen. Denn diese überführen die Erfahrungs- und Vertrauenseigenschaften des Arbeitgebers in eine Sucheigenschaft.[475] Der potenzielle Unternehmensnachwuchs muss sich für die Arbeitgeberwahl daher lediglich an den Testurteilen orientieren und den bestplatzierten Arbeitgeber wählen.[476]

Zusammenfassend bietet die Informationsökonomie interessante Gestaltungshinweise für den Aufbau einer Arbeitgebermarke, insb. bzgl. der **Vertrauenskomponente**.[477] Für das Employer Branding in der Phase des Aufbaus der Arbeitgebermarke gewinnen dabei vor allem die **Direkt-Kontakte** eine hohe Bedeutung, da diese die Möglichkeit bieten, Kennt-

---

[474] Die *Meinungsführer* haben bzgl. der Glaubwürdigkeit und somit der Vertrauensbildung eine besonders hohe Wirkung; vgl. zur Definition Pepels, W. (2001a), S. 303f., Bänsch, A. (2002), S. 105, Bromley, D.B. (1993), S. 208ff. sowie Martin, M. (2002), S. 28f. Weitere Ausführungen zum Konzept des Meinungsführers siehe in *Kapitel V.3.2.5.2.* Neben den Professoren können auch andere meinungsbildenden Personen die Rolle eines *Opinion Leaders* einnehmen, bspw. studentische Vertreter in Hochschulgremien, High Potentials, etc. Diese gilt es zu identifizieren und für den Aufbau der vertrauensbildenden Komponente der Arbeitgebermarke heranzuziehen.

[475] Vgl. i.A.a. Ford/ Smith/ Swasy (1990) übernommen aus Kaas, K.-P./ Busch, A. (1996), S. 245. Zu den arbeitgeberspezifischen Testurteilen siehe die empirischen Forschungsergebnisse zu Arbeitgeberpräferenzen in *Kapitel II.2.3*. Die Ergebnisse der Befragung von aktuellen Mitarbeitern entsprechend der Great-Place-to-Work-Studie und der Hewitt-Studie genießen dabei ein höheres Vertrauen als die trendence, access sowie Universum Studien, die überwiegend Präferenzen von Studenten erfassen, die bisher keine oder nur wenig Erfahrungen mit den Arbeitgebern sammelten und somit kaum eine realistische Bewertung derselben vornehmen können. Siehe zur Wirkung von Testurteilen auch Schmidt, I./ Elßer, St. (1992), S. 60.

[476] Hieraus wird die hohe Relevanz der Präferenzstudien wie von trendence, access oder Universum deutlich. Auch wenn das Präferenzergebnis nicht in der Lage ist, die Arbeitgeberattraktivität i.e.S. zu erfassen, wirkt dieses als Orientierungsgröße bei der Arbeitgebersuche und impliziert eine hohe Qualität bei den Arbeitgebereigenschaften.

[477] Unabhängig der Erkenntnisse, die aus der Informationsökonomie für das Employer Branding abzuleiten sind, ist eine direkte Übertragung auf den Arbeitgebermarkt kritisch zu hinterfragen. Bereits *Weiber & Adler* widersprechen einer uneingeschränkten Übertragung der neuen mikroökonomischen Theorie auf das Marketing und fordern Erweiterungen und Modifikationen zur Darstellung des realen Transaktionsprozesses; vgl. Weiber, R./ Adler, J. (1995), S. 61, Tolle, E. (1994), S. 935 sowie Adler, J. (1996), S. 49. So kann entgegen der zugrunde gelegten Annahmen bei den potenziellen Bewerbern nicht von vollkommenen Informationen sowie vollkommener Rationalität ausgegangen werden. Auch die mechanistische Wirkung von Informationen auf die Sicherheit und folglich das Vertrauen werden kritisiert; vgl. Adler, J. (1996), S. 50. Zudem gilt nicht ausschließlich die Quantität der Information als entscheidendes Erfolgskriterium, sondern die Qualität und Überzeugungsfähigkeit der Botschaften im Rahmen des Employer Branding. Des Weiteren liefert die Informationsökonomie schwerpunktmäßig Hinweise zur Bearbeitung der Zielgruppe, wenn sich diese in der Entscheidungsphase befindet und aktiv nach Informationen sucht. Die potenziellen Bewerber in den Stadien der Grundschule oder Mittelstufe, die durch ein geringes Involvement geprägt sind, werden nicht berücksichtigt; vgl. i.A.a. Tolle, E. (1994), S. 935f. Die sehr ökonomische, rationale Betrachtung der Märkte vernachlässigt zudem die Relevanz von emotionalen Botschaften. Diese werden in der informationsökonomischen Diskussion komplett ausgeblendet; vgl. Irmscher, M. (1997), S. 282.

nisse über die schwer nachprüfbaren Erfahrungs- und Vertrauenseigenschaften zu erlangen. Zu beachten ist dabei, dass jegliche erfahrungsbildenden Maßnahmen mit hoher Sorgfalt vorbereitet und durchgeführt werden müssen, da diese im Vergleich zu indirekten Medien einen besonders hohen Erinnerungseffekt haben, so dass sich ein mangelhafter Arbeitgeberauftritt lange Zeit negativ im Gedächtnis festsetzen kann und ggf. nicht mehr zu revidieren ist.

Des Weiteren sollte dem **Multiplikatoreffekt** der Informationen und Erfahrungen bei den potenziellen Bewerbern große Aufmerksamkeit geschenkt werden. Die Mund-zu-Mund-Information stellt einen einfachen und kostenminimalen Weg dar, flächendeckend bestimmte Arbeitgebermarkenassoziationen zu verbreiten und in den Köpfen der Zielgruppen festzusetzen.[478]

3.2 Wissenschaftliche Fundierung der Identifikation

Die identifikationsstiftende Wirkung von Marken zählt zu den markenspezifischen Zusatznutzen, die nur sehr schwer greifbar erscheinen. Wie bereits erläutert wurde, überträgt das Individuum die Attribute der Marke auf sich selbst und definiert dadurch sein Eigenbild.[479] Zur Fundierung der Identifikationsfunktion bieten sich verhaltenspsychologische Theorien und Ansätze an. In der markenpolitischen Diskussion zeigen sich die **Selbstkonzept-** und die **Beziehungstheorie** als besonders erkenntnisgewinnend.[480] Um die Identifikationsfunktion einer Arbeitgebermarke zu erklären und die entscheidenden Treiber der Identifikation herzuleiten, werden deshalb beide theoretischen Ansätze nachfolgend diskutiert.

---

[478] Zu den Multiplikatoren zählen neben den alters- und ausbildungsähnlichen Kommilitonen des Weiteren die Mitarbeiter des Unternehmens, Lehrer, Professoren, Eltern und prominente Personen. Im Personalmarketing ist auf das Multiplikatoren-Konzept bisher recht wenig eingegangen worden; siehe dazu Hartwig, G. (1991), S. 928, Niedenhoff, H.-U. (1983), S. 211 sowie Gloger, A. (2001), S. 54.

[479] Vgl. Meffert, H./ Burmann, Ch./ Koers, M. (2002b), S. 11f. *Bierwirth* unterscheidet hinsichtlich der Identifikation *von* und der Identifikation *mit* einer Marke. Während sich die erste Form der Identifikation auf die Wahrnehmung von Marken bezieht, geht es bei der Identifikation mit einer Marke um ein Zugehörigkeits- und Verbundheitsgefühl zwischen Individuum und Marke; vgl. Bierwirth, A. (2003), S. 89f. Nachfolgend geht es um die Identifikation der Bewerber bzw. Mitarbeiter mit dem Arbeitgeber.

[480] Vgl. dazu die Arbeiten von Bierwirth (2003) und Kranz (2004). *Aaker* nutzt zur Erklärung der Wirkung der Markenpersönlichkeit die *Kongruenztheorie* (Self-Expression-Modell), die *Relationship-Theorie* (Relationship-Basis-Modell) sowie das *Information Chunking* (Functional-Benefit-Representation-Modell); vgl. Aaker, D.A. (1996), S. 153ff. Die Theorie des Information Chunking wird für die Erklärung der Arbeitgebermarke nicht aufgegriffen, da die Marke als komprimiertes Symbol für diverse Funktionen bereits in *Kapitel III.2.2.4* beleuchtet wurde.

3.2.1 Erkenntnisbeiträge der Selbstkonzepttheorie

a) Theoretische Fundierung
Wird den Ausführungen von *Meffert & Bierwirth (2002)* Folge geleistet, so liefert die aus den Verhaltenswissenschaften stammende Theorie des Selbstkonzepts einen bedeutenden Erklärungsbeitrag für die Relevanz von Marken.[481] Diese zählt zu den einflussreichsten, sozialpsychologischen Persönlichkeitstheorien und umfasst unterschiedliche Definitionsansätze.[482] Die einfachste Definition bezeichnet das Selbstkonzept als die **Einstellungen** zu **sich selbst**.[483] Häufig wird das Selbstkonzept daher auch mit dem Selbstimage einer Person gleichgesetzt.[484]

Der Ansatz des Selbstkonzepts liefert in Abhängigkeit der Perspektive des Selbst zwei Theoriezweige. Während die sog. **Selbsttheorie** die Identifikationsfunktion aus dem Blickwinkel des Individuums erklärt, stellt die sog. **Umwelttheorie** das soziale Umfeld in den Mittelpunkt der Betrachtung.[485] Aus diesen zwei Sichtweisen ergeben sich in der Konsequenz unterschiedliche Effekte der Arbeitgebermarke in ihrer Identifikationsfunktion. Zum einen bietet die Arbeitgebermarke dem Mitarbeiter die Möglichkeit, sich als Person mit dem Unternehmen und seinen Eigenschaften als Arbeitgeber zu identifizieren. Parallelen bzgl. seiner Werte, Einstellung sowie der gewünschten Außenwirkung auf der einen Seite und dem Unternehmen bspw. hinsichtlich seiner Produkte, Umweltpolitik oder Sozialpolitik auf der anderen deuten auf eine gemeinsame Basis hin, auf die sich ein langfristiges, auf ähnlichen Idealen basierendes Arbeitsverhältnis bauen lässt (Selbsttheorie). Des Weiteren dienen Marken den Individuen überwiegend dazu, sich selbst darzustellen (Umwelttheorie). Ziel ist es, ein besonders positives Fremdbild in dem eigenen sozialen Umfeld aufzubauen.[486] Die Identifikation kommt damit einer Art Demonstrationsfunktion gleich.[487]

[481] Vgl. Meffert, H./ Bierwirth, A. (2002), S. 192. Eine vorangegangene Literaturrecherche zeigt, dass *Süß* in seinem wissenschaftlichen Beitrag zum Arbeitgeberimage bisher als einziger die Bedeutung des Selbstkonzepts im Personalmarketing thematisiert, um damit die Bildung von Arbeitgeberpräferenzen zu erklären; vgl. Suß, M. (1996), S. 92f. Eine weitere tiefgreifendere Analyse des Ansatzes des Selbstkonzepts in der Personalmarketing-Diskussion bleibt bisher aus.

[482] Einen ausführlichen Überblick zu den unterschiedlichen Ansätzen und Definitionen des Selbstkonzepts bieten Weis, M./ Huber, F. (2000), S. 20ff.

[483] Vgl. Pepels, W. (2001a), S. 245. Ähnlich auch Meffert, H./ Bierwirth, A. (2002), S. 192 sowie Kressmann et al. (2003), S. 403.

[484] Zur Verwendung des Begriffs Selbstimage in der psychologischen Marktforschung siehe Conrady, R. (1990), S. 63 sowie Mayer, H./ Illmann, T. (2000), S. 119.

[485] Vgl. Trommsdorff, V. (2002b), S. 224ff. sowie Huber, F./ Herrmann, A./ Weis, M. (2001), S. 7. Unabhängig der unterschiedlichen Herangehensweisen handelt es sich bei der Selbstkonzepttheorie um eine ausführliche Beschreibung der Persönlichkeit eines Individuums; vgl. dazu Bierwirth, A. (2003), S. 91ff.

[486] Häufig wird auch von einer Prestigefunktion in Abgrenzung zur Konkurrenz gesprochen. Das Individuum versucht, sich von seinem Umfeld positiv abzuheben; vgl. dazu Meffert, H. (2000), S. 847f., Weis, M./ Huber, F. (2000), S. 37ff., Frieders, G. (1997), S. 6ff. sowie Rüschen, G. (1994), S. 124.

[487] Vgl. Berend, P. (2002), S. 17f. sowie Biel, A.L. (2001), S. 69.

Übertragen auf die Arbeitgebermarke bedeutet dies, dass die akademischen Nachwuchskräfte diejenigen Arbeitgeber präferierten, die es ihnen ermöglichen, sich in ihrem Freundes- und Bekanntenkreis positiv darzustellen (**Prestigefunktion**).[488]

Die hohe Relevanz des Selbstkonzepts bzw. Selbstimages resultiert aus dessen hohen Orientierungs- und Steuerungsfunktion auf das individuelle Wahlverhalten.[489] Je stärker das Image eines Individuums mit dem Bild einer Marke übereinstimmt, desto höher ist dessen Präferenz für diese Marke, was sich in der Ausgestaltung der Neuwahl oder der Loyalität äußert (**Kongruenzhypothese**).[490] Dieser Zusammenhang konnte bei der Arbeitgeberwahl bereits festgestellt werden. So führt eine wahrgenommene Ähnlichkeit zwischen einem Unternehmen und dem Selbstimage eines Bewerbers zur erhöhten Attraktivität eines Unternehmens als Arbeitgeber.[491]

Darüber hinaus kann die Identifikation mit einer Marke das Selbst eines Individuums beeinflussen. Eine Beeinflussung ist in unterschiedlicher Weise denkbar. Eine Marke kann sowohl zu einer Bestätigung des realen Selbst führen als auch die Differenz zwischen dem idealen und realen Selbst verringern.[492] Meistens sucht das Individuum jedoch nicht nach der Markenpersönlichkeit, die dem tatsächlichen Selbstkonzept entspricht, sondern vielmehr dem **angestrebten Idealkonzept** nahe kommt.[493] Ein Bewerber fühlt sich demnach von demjenigen arbeitsplatzanbietenden Unternehmen besonders angezogen, welches es ihm ermöglicht, das gewünschte Selbstimage zu erreichen. Um diesen Zusammenhang zu verdeutlichen, sei ein Beispiel zweier konkurrierender Automobilbauer, die durch ihre Produkte ein unterschiedliches Image ausstrahlen, angeführt. So ist anzunehmen, dass diejenigen Bewerber, die nach einem sportlichen und dynamischen Image streben, das für diese Imagegrößen stehende Unternehmen die BMW AG präferieren, wobei die nach Seriosität suchenden Bewerber eher die DaimlerChrysler AG bevorzugen. Der Zusatznutzen der Arbeitgebermarke liegt damit u.a. darin begründet, die Entwicklung der externen Nachwuchskräfte hin zu ihrem idealen Selbst zu unterstützen.[494]

---

[488] Den Ausführungen zufolge sind die Funktionen der Arbeitgebermarke, Identifikation und Prestige zu liefern, eng miteinander verbunden. Während sich die *Identifikation* über die Selbsttheorie erklären lässt, dient die Umwelttheorie zur Erklärung der *Prestigefunktion*.

[489] Vgl. Mayer, H./ Illmann, T. (2000), S. 119ff. sowie Trommsdorff, V. (2002b), S. 225.

[490] Vgl. Huber, F./ Herrmann, A./ Weis, M. (2001), S. 6f., Mayer, H./ Illmann, T. (2000), S. 119 sowie Herrmann, A./ Huber, F./ Braunstein, Ch. (2001), S. 119ff. Eine Studienübersicht zur Prüfung der Kongruenzhypothese siehe bei Sirgy (1982).

[491] Vgl. Süß, M. (1996), S. 92f.; Bezug nehmend auf die Studie von Tom (1971).

[492] Vgl. Bierwirth, A. (2003), S. 94f. Die Differenzreduktion setzt voraus, dass die Persönlichkeit einer Marke dem *idealen Selbst* besser entspricht als das *reale Selbst*. Den empirischen Nachweis für die Dominanz der idealen vor der tatsächlichen Selbstkongruenz liefern *Kressmann et al.* am Beispiel der PKW-Nachfrage; vgl. Kressmann et al. (2003), S. 401ff.

[493] Vgl. Meffert, H./ Bierwirth, A. (2002), S. 192, Herrmann, A./ Huber, F./ Braunstein, Ch. (2001), S. 113 sowie Kressmann et al. (2003), S. 402f.

[494] Vgl. i.A.a. Meffert, H./ Bierwirth, A. (2002), S. 192.

In der Fachliteratur wird anstelle des Markenimages häufig der Begriff der **Markenper-sönlichkeit** genutzt.[495] I.A.a. das wirkungsbezogene Markenverständnis lässt sich diese definieren als „*the set of human characteristics associated with a brand*".[496] Die Persön-lichkeit einer Marke gewinnt im heutigen Markenmanagement immer mehr an Bedeutung, nachdem diese aufgrund des hohen Abstraktionsgrades und der fehlenden Steuerbarkeit lange Zeit vernachlässigt worden ist.[497] Es wird ihr nachgesagt, dass sie das Entschei-dungsverhalten des Individuums beeinflusst. Folglich prägt die Persönlichkeit eines Arbeit-gebers den Entscheidungsprozess zur Arbeitgeberwahl.[498] Zudem bringt das Vorhandensein einer Arbeitgebermarken-Persönlichkeit eine Reihe von Vorteilen mit sich.[499] Neben deren präferenzfördernden Wirkung in Form des Neuwahlverhaltens und der Loyalität erzeugt die Persönlichkeit **Emotionalität**, die den Arbeitgeber sprichwörtlich „zum Leben erweckt". Durch das Hinzufügen von menschlichen Charakterzügen erfolgt eine Humanisierung der Arbeitgebermarke, was zum einen Identifikation, Vertrauen und Loyalität des Individuums mit derselben schafft, und zum anderen eine Differenzierung gegenüber den im Wettbewerb stehenden Arbeitgebern erzeugt.[500] Die Arbeitgebermarke erhält die Bedeutung eines Identi-fikationsankers.

---

[495] Entgegen dieses allgemeinen Sprachgebrauchs bemühen sich *Kressmann et al.* um eine semantische Klarstellung hinsichtlich des Begriffs der Markenpersönlichkeit. Sie widersprechen der allgemeinen Meinung, die Markenpersönlichkeit als Teil des Markenimages zu betrachten. Stattdessen stelle die Per-sönlichkeit einen expressiven Teil der *Markenassoziationen* dar. Deren Ausführungen zufolge enthält diese als Repräsentation der vermenschlichten Markeneigenschaften keinerlei explizite Wertung; vgl. Kressmann et al. (2003), S. 414f.

[496] Aaker, J.L. (1996), S. 141. Zur Definition der Markenpersönlichkeit siehe auch Hieronimus, F. (2003), S. 46, Mayer, H./ Illmann, T. (2000), S. 105f. sowie Erke, H. (2002), S. 254.

[497] Vgl. dazu Hieronimus, F. (2003), S. 18f. Der Ansatz der Markenpersönlichkeit basiert auf der aus der Psychologie stammenden *Animisus-Theorie*, die besagt, dass der Mensch ein Bedürfnis empfindet, Ob-jekten menschliche Eigenschaften zu verleihen. Der Mensch interpretiert die Marke als Persönlichkeit, um diese mit Leben zu erfüllen, zu personifizieren und dieser ein unverwechselbares Bild zu verleihen.

[498] Zur Beeinflussung der Entscheidung und der Präferenz beim Individuum siehe u.a. Huber, F./ Herrmann, A./ Weis, M. (2001), S. 6f. und Kressmann et al. (2003), S. 7.

[499] *Bauer, Mäder & Huber* können anhand einer empirischen Untersuchung die Kongruenzhypothese für den Automobilmarkt bestätigen. Sie zeigen, dass die Übereinstimmung von Markenpersönlichkeit und Selbstkonzept in starkem Ausmaß die Identifikation mit einer Marke begründet. Diese wirkt schließlich ausschlaggebend auf die Loyalität zur Marke; vgl. Bauer, H.H./ Mäder, R./ Huber, F. (2002), S. 687ff. Da sich das Selbstkonzept und die Persönlichkeitsperspektive auch auf die Arbeitgeber und Arbeitneh-mer übertragen lässt, sind diese Loyalitätseffekte, die sich in einer geringen Fluktuationsquote äußern, auch bei den Mitarbeitern zu erwarten.

[500] Vgl. Bauer, H.H./ Mäder, R./ Huber, F. (2002), S. 688f., Hieronimus, F. (2003), S. 105f. sowie Meffert, H./ Bierwirth, A. (2002), S. 192.

b) Implikationen für das Employer Branding

Den Ausführungen zur Selbstkonzepttheorie zufolge kommt der **Markenpersönlichkeit** eine hohe Relevanz zu. Die Persönlichkeit eines arbeitgebenden Unternehmens fördert die präferenzbildenden Funktionen des Vertrauens und der Loyalität und zielt insb. auf die Erfolgsdimensionen der Identifikation.[501] Zudem erscheint die Personifizierung eines Arbeitgebers als Lösungsweg zur Emotionalisierung und somit auch zur entscheidenden Differenzierung auf dem um Fach- und Führungskräfte konkurrierenden Arbeitgebermarkt. Eine zentrale Aufgabe des Employer Branding besteht folglich darin, dem Arbeitgeber eine Persönlichkeit zu verleihen.[502] Gemäß des angestrebten idealen Selbst ist dabei eine Ausrichtung des Markenmanagements auf die gewünschten Idealfacetten der Persönlichkeit aus Sicht des potenziellen Bewerbers erforderlich.

Wie bereits angeführt, handelt es sich bei der Betrachtung der Markenpersönlichkeit um menschliche Charakteristika, die auf einen bestimmten Betrachtungsbereich übertragen werden.[503] Die nachfolgende Gegenüberstellung von *Herrmann et al. (2001)* verdeutlicht, aufbauend auf den Erkenntnissen von *Aaker (2001)*, die große Vergleichbarkeit der Persönlichkeiten von Menschen und Marken:

---

[501] Wie bereits erläutert, korreliert die Loyalität eines Individuums zu einer Marke mit der von ihr ausgehenden Identifikationsfunktion; vgl. Koppelmann, U. (1994), S. 224ff., Meffert, H./ Burmann, Ch./ Koers, M. (2002b), S. 12f. sowie Pepels, W. (1998), S. 173. Persönlichkeitspsychologischer Untersuchungen zufolge strebt das Individuum nach einer Übereinstimmung der eigenen mit der Markenpersönlichkeit; vgl. Kressmann et al. (2003), S. 401f., Meffert, H./ Giloth, M. (2002), S. 115f. sowie Huber, F./ Herrmann, A./ Weis, M. (2001), S. 6f. und die dort genannten Studien. *Aaker* sieht die Persönlichkeit einer Marke selbst als eigenständige Zusatzfunktion; vgl. Aaker, J.L. (2001), S. 94.

[502] Nach *Mayer & Mayer* steht die Entwicklung einer Markenpersönlichkeit im Mittelpunkt der Markenbildung; vgl. Mayer, A./ Mayer, R.U. (1987), S. 16ff. Siehe auch Biel, A.L. (2001), S. 79ff., Wiedmann, K.-P. (1994), S. 1034, Schmidt, H.J. (2001), S. 102f. sowie Ludwig, W.F. (2000), S. 16f. Die dominante präferenzfördernde Wirkung der idealen Selbstkongruenz erfordert dabei keine Ausrichtung des Markenmanagements auf das tatsächliche Selbst, sondern auf die gewünschten Idealfacetten der Persönlichkeit.

[503] Siehe zur Marke als Gesamtheit menschlicher Eigenschaften auch Weis, M./ Huber, F. (2000), S. 46f., Fournier, S.M. (2001), S. 94ff., Aaker, D.A. (1996), S. 141f. sowie Herrmann, A./ Huber, F./ Braunstein, Ch. (2001), S. 110f. Um die Markenfacette der Persönlichkeit weiter zu konkretisieren, lässt sich diese auch als Teil des *Wertesystems* definieren. Denn die Persönlichkeit des Unternehmens als Arbeitgeber signalisiert den Zielgruppen letztendlich eine bestimmte Werthaltung; siehe zur Verbindung zwischen Persönlichkeit und Werten Herrmann, A./ Huber, F./ Braunstein, Ch. (2001), S. 112.

Dimensionen der menschlichen Persönlichkeit "Big 5 des Menschen"	Dimensionen der Markenpersönlichkeit "Big 5 der Marke"
1. **Extrovertiertheit** (gesprächig, offen, abenteuerlustig, gesellig)	1. **Aufrichtig** (konventionell, konservativ, traditions- bewusst, familienorientiert, freundlich, warm- herzig, glücklich)
2. **Liebenswürdig** (gutmütig, nicht eifersüchtig, nett, sanft- mütig, hilfsbereit)	2. **Excitement** (trendy, aufregend, provokativ, cool, jung,
3. **Gewissenhaftigkeit/ Pflichtbewusstsein** (ordentlich, verantwortungsvoll, gewissen- haft, ausdauernd)	lebhaft, abenteuerlustig, humorvoll, lustig, künstlerisch, unabhängig, innovativ)
4. **Emotionale Stabilität** (gelassen, ruhig, beherrscht)	3. **Kompetenz** (hart arbeitend, sicher, glaubwürdig, effizient, technisch ernst, erfolgreich, einflussreich)
5. **Kultur** (künstlerisch, sensibel, intellektuell, vornehm, phantasievoll)	4. **Kultiviert** (glamourös, gut-aussehend, angeberisch, sophisticated, smooth, sexy, gentle, weiblich)
	5. **Robustheit** (aktiv, athletisch, stark, männlich)

Tab. IV-4: Dimensionen der Markenpersönlichkeit

Quelle: Herrmann, Huber & Braunstein (2000)

Die Persönlichkeit eines Arbeitgebers ist letztendlich integraler Bestandteil der Assoziationen zur Arbeitgebermarke.[504] Diese persönlichkeitsorientierten Assoziationen sind emotionaler Art und können sowohl verbal als auch visuell repräsentiert werden. Die Markenpersönlichkeit ist folglich ein Teil der Markenstärke und beeinflusst diese in hohem Maße. Zur Beschreibung dieser Persönlichkeit steht ein breites Spektrum an Attributen zur Verfügung, die als Assoziationen im Gedächtnis vernetzt die Persönlichkeit abbilden.

---

[504] Siehe zum Aufbau einer Arbeitgebermarke als assoziatives Netzwerk *Kapitel IV.1.1.* Es handelt sich um die emotionalen Attribute, die einer Marke zugeordnet werden; vgl. Schmidt, H.-J. (2001), S. 102f. Vgl. zum Einfluss auf die Markenstärke Hölscher, A./ Hecker, A./ Hupp, O. (2003), S. 38ff. sowie Kressmann et al. (2003), S. 414. Zur Relevanz der Entwicklung einer Markenpersönlichkeit siehe Herbst, D. (2002), S. 24f. sowie Simon, H.-J. (1997), S. 64. Der besondere Einfluss der Persönlichkeit beruht auf der Fähigkeit, den Prozess der Abbildung und Abrufung von Markenassoziationen positiv zu verstärken. D.h. zum einen, dass markenrelevante Informationen mit einer *höheren Erinnerungstiefe* verarbeitet werden, und des Weiteren auf diese bei anstehender Entscheidung leichter zugegriffen werden kann. Dieser Effekt basiert auf dem Functional-Benefit-Representation-Modell nach *Aaker*. Diesem Modell zufolge dient die Markenpersönlichkeit als *Strukturierungshilfe* mit dem Ziel, die zum Markenwissen aggregierten Assoziationen zu repräsentieren und abzurufen; vgl. Aaker, D.A. (1996), S. 168ff. Siehe auch Hieronimus, F. (2003), S. 102ff. Dieser Wirkungszusammenhang lässt die Schlussfolgerung zu, dass die Stärke der Arbeitgebermarke mit der Existenz und der Ausgestaltung der Persönlichkeit korreliert.

Damit die akademischen Nachwuchskräfte die definierten Persönlichkeitsfacetten zum Arbeitgeber in ihr Gedächtnisschema aufnehmen, sind entsprechende wahrnehmbare Signale zu senden. Unabhängig der das Unternehmen als Ganzes betreffende Eigenschaften, welche unter dem Arbeitgeberimage i.w.S. diskutiert wurden, geben die Art der **personalpolitischen Konzepte** sowie die **Instrumente** des Personalmarketing und der Rekrutierung Auskunft über die Arbeitgeberpersönlichkeit. So spiegeln bspw. spezielle Weiterbildungsangebote sowie Förderprogramme die fördernde Haltung des Arbeitgebers gegenüber seinen Mitarbeitern wider. Eine flexible Entgeltgestaltung mit hohen variablen Anteilen weist auf eine hohe Leistungsorientierung des Arbeitgebers hin. Auch die angewandten Instrumente zur Personalrekrutierung prägen das Markenbild. Die Anwendung eines Assessment Centers bspw. signalisiert den Bewerbern eine anspruchsvolle und elitäre Einstellung. Unternehmensbesichtigungen und Tage der offenen Tür deuten auf eine Offenheit und Vertrauenswürdigkeit des Unternehmens hin. Eine besonders effektive Möglichkeit, das persönlichkeitsorientierte Markenbild des Arbeitgebers zu prägen, bietet der Einsatz von bekannten **Personen** mit **hoher Relevanz** im Unternehmen. In der Umsetzung heißt dies, bspw. Vertreter der Geschäftsleitung in das Hochschulmarketing einzubinden, die durch ihren Auftritt einen Persönlichkeitstransfer auf das Unternehmen als Arbeitgeber leisten.[505] Auch wenn das Employer Branding versucht, durch eine starke Arbeitgebermarke das für eine Rekrutierung z.T. hinderliche Unternehmensimage auszublenden, kann für Unternehmen mit einem sehr ansprechenden Image eine Integration von Unternehmens-, Produkt- und Personalwerbung persönlichkeitsfördernd wirken. Im Idealfall werden durch die Kopplung von Produkt- und Personalwerbung die Attribute des Unternehmens oder des Produktes auf den Arbeitgeber teilweise übertragen. Neben einer **integrierten Berichterstattung** von Unternehmens-, Produkt- und Arbeitgeberinformationen stellen **Events** eine günstige Plattform dar, durch gemeinsame Werbe- und Imageaktionen eine Übertragung von Persönlichkeitsfacetten zu realisieren.[506] Darüber hinaus lässt sich die Persönlichkeit des Arbeitgebers durch gezielte arbeitgeber- und personalbezogene Botschaften formen.[507] Insb. **personalbezogene Öffentlichkeitsarbeit** in der Fachpresse kann dazu dienen, eine glaubwürdige persönliche Note zu vermitteln. Aufgrund der Multimedialität von Text und Bild ist zudem das **Internet** zu empfehlen. Es bedarf daher neben der sinnvollen Integration der Maßnah-

---

[505] Im Marketing heißt dieses Vorgehen auch *Testimonial-Werbung*: durch den gezielten Einsatz von Prominenten dessen Eigenschaften auf die Persönlichkeit einer Marke übertragen; vgl. Hölscher, A./ Hecker, A./ Hupp, O. (2003), S. 40. Weitere brandingrelevante Prominente können darüber hinaus Vertreter der Politik, der Gewerkschaften und der Arbeitgeberverbände sein, die sich über einen Arbeitgeber positiv äußern.

[506] Eine im Personalmarketing bekannte Maßnahme dazu, die bisher allerdings hauptsächlich unter Rekrutierungsgesichtspunkten gesehen wurde, stellen *Industriemessen* dar, auf der auch Vertreter der Personalabteilung mit einem integrierten Stand werben; vgl. zur Empfehlung von Industriemessen für das Personalmarketing u.a. auch Möller, R. (1987), S. 295, Schröder, B./ Steiner, A. (1999), S. 48 sowie Sunter et al. (2000), S. 445.

[507] Zudem unterstützten die das Idealselbstbild der Zielgruppe bestätigende Informationen eine schnelle und positive Aufnahme der Botschaften; vgl. Süß, M. (1996), S. 93. Zu der Integration und Wirkung personalpolitischer Konzepte im Rahmen des Employer Branding siehe *Kapitel V.3.2.5.1.*

men zum schnellen und festen Aufbau eines Markenschemas ebenfalls eines besonderen Augenmerks auf die Kompatibilität derselben mit der tatsächlichen oder gewünschten Persönlichkeit des Arbeitgebers.[508]

Nach *Aaker (1996)* lassen sich aufbauend auf die definierten Persönlichkeitsfacetten bestimmte **Treiber** der Markenpersönlichkeit ableiten.[509] Übertragen auf die Arbeitgebermarke ergibt sich für das Employer Branding folgendes modifizierte und erweiterte Set an Treibern:

Arbeitgeber-Charakteristika	Unternehmens-Charakteristika	
	nicht-personenbezogen	personenbezogen
• personalpolitische Einstellung (Nachhaltigkeit vs. hire&fire) • personalpolitische Konzepte (Entgeltgestaltung, Förderung,…) • Kommunikationsinstrumente / -veranstaltungen • Vertreter der Personalabteilung • Zusammenarbeit mit Betriebsrat • Botschaftsinhalte	• CI des Unternehmens (Image) • Herkunftsland • Produktpalette • Produkt-Werbekonzept • Standort • Branche • Organisationsform • Gesellschaftsengagement	• Mitarbeiter • Geschäftsführung • Promotoren

Tab. IV-5: Treiber der Markenpersönlichkeit

Quelle: Eigene Darstellung i.A.a. Aaker (1996)

Wir wissen nicht, wovon sich der Eindruck bezieht (handschriftliche Anmerkung)

3.2.2 Erkenntnisbeiträge der Beziehungstheorie

a) Theoretische Fundierung

Ein weiterer Ansatz zur Erklärung der Erfolgsdimension der Identifikation stellt die Beziehungstheorie dar. Im Gegensatz zum Ansatz des Selbstkonzepts, der die Selbstdarstellung des Individuums durch die Marke in den Mittelpunkt rückt, beleuchtet diese die **Beziehungs-**

---

[508] Denn alle wahrgenommenen Konzepte und Kommunikationsinstrumente wirken zusammen und prägen gemeinsam das Vorstellungsbild über einen Arbeitgeber bei den Zielgruppen; auf die Wechselwirkung zwischen Marken- und Maßnahmenimage weisen u.a. Mayer, A./ Mayer, R.U. (1987), S. 23f. sowie Kroeber-Riel, W./ Weinberg, P. (2003), S. 638f. hin. Siehe dazu auch Fantapie Antabelli, C./ Sander, M. (2001), S. 104f. sowie Clausnitzer, T./ Heide, G./ Nasner, N. (2002), S. 6.

[509] Siehe dazu die Übersicht bei Aaker, D.A. (1996), S. 146. *Aaker* differenziert zwischen *produktbezogenen* und *nicht-produktbezogenen* Charakteristika. Die letzteren unterteilt er in *personalbezogen* und *nicht-personalbezogen*. Weitere Hinweise zu Methoden der Persönlichkeitsvermittlung geben Hölscher, A./ Hecker, A./ Hupp, O. (2003), S. 36ff., Weis, M./ Huber, F. (2000), S. 58f., Fournier, S.M. (1998), S. 363 sowie Huber, F./ Herrmann, A./ Weis, M. (2001), S. 13.

ebene zwischen Marke und Individuum.[510] Nach *Aaker (1996)* entstehen Marken-Kunden-Beziehungen hauptsächlich, wenn es sich um Personen oder Organisationen handelt, weshalb eine Übertragung der Theorie auf das Management der Arbeitgebermarke interessant erscheint.[511]

Gemäß des beziehungsorientierten Ansatzes wird die Marke zum aktiven Element einer Beziehung und nimmt die Rolle eines vollwertigen Partners ein.[512] In der Fachliteratur haben sich drei unterschiedliche Ansätze zur Definition der Beziehungen durchgesetzt. Nach *Aaker (1996)* kommt der **freundschaftsähnlichen Beziehung** eine besonders bedeutende Rolle zu. Die Arbeitgebermarke übernimmt demnach die Funktion eines menschlichen Freundes, bei der sich der Mitarbeiter wohlfühlt und gerne seine Zeit verbringt.[513] Der Mitarbeiter ist mit den Leistungen des Arbeitgebers zufrieden und verhält sich loyal. *Blackstone (1992)* erweitert die Perspektive und betont die Bedeutung der **Wechselseitigkeit** von Beziehungen. Demnach bedarf es zur Analyse der Beziehung sowohl der Kenntnis über die Einstellung des Nachfragenden zur Marke als auch der Haltung der Marke gegenüber dem Nachfragenden. Übertragen auf die Markenpolitik eines Arbeitgebers bedeutet dies, dass nicht nur die Wahrnehmung der personalpolitischen Konzepte durch den potenziellen oder aktuellen Mitarbeiter für die Präferenz in Form einer langandauernden Beziehung (i.d.R. Arbeitsverhältnis oder Praktikantenbindungsprogramme) ausschlaggebend sind, sondern auch die durch den Bewerber oder Mitarbeiter wahrgenommene Einstellung des Arbeitgebers gegenüber diesen.[514] Der dritte Ansatz geht auf die Forschungsergebnisse von *Fournier (1998)* zurück. Auch hier wird die Marke als **aktiven Partner** in einer wechselseitigen Beziehung beschrieben und begründet die Qualität einer Kunden-Markenbeziehung durch das Vorhandensein diverser beziehungsprägender Kriterien.[515] Die Beziehungstheorie be-

---

[510] Vgl. dazu Fournier, S.M. (2001), S. 137ff. sowie Aaker, J.L. (1996), S. 159ff.

[511] Vgl. i.A.a. Aaker, D.A. (1996), S. 103f. Die Beziehung zu einem Produkt entsteht seltener.

[512] Vgl. auch Bierwirth, A. (2003), S. 100f., Kranz, M. (2004), S. 76f. sowie Hieronimus, F. (2003), S. 96ff.

[513] Vgl. dazu Aaker, D.A. (1996), S. 160f., Blackstone, M. (1992), S. 231f. sowie Fournier, S.M. (1998), S. 366.

[514] Vgl. dazu Blackstone, M. (1992), S. 231f. Das Verständnis, einen Betriebsangehörigen als kostspieliges Betriebsmittel zur Erwirtschaftung des Unternehmensumsatzes zu sehen, stört den Aufbau einer Beziehung.

[515] *Fournier* entwickelt anhand eines Vergleichs von 35 starken Markenbeziehungen ein Qualitätskonstrukt der Markenbeziehungen, die *Brand-Relationship-Quality*. Danach wird die Qualität und die Stabilität der Beziehung durch die Liebe/Leidenschaft, Verbindung zum Selbstkonzept, Abhängigkeit, Verpflichtung, Intimität und Beurteilung des Partners bestimmt; vgl. Fournier, S.M. (1998), S. 366. Übertragen auf die Arbeitgeber-Mitarbeiter-Beziehung resultiert folgender Zusammenhang: Die Facette *Liebe & Leidenschaft* bezeichnet die emotionale Verbindung zwischen Mitarbeiter und Unternehmen. Sie äußert sich u.a. darin, dass der Mitarbeiter gern zur Arbeit erscheint und der Arbeitgeber bspw. verstärkt für die sozialen Belange Sorge trägt. Die *Interdependenz* beschreibt die gegenseitige Abhängigkeit der Beziehungspartner. Diese Abhängigkeit zeigt sich auf Mitarbeitseite u.a. durch das Angewiesen sein auf das Entgelt. Auf der anderen Seite kann der Arbeitgeber ggf. nur unter großen Verlusten auf die Expertise seines Partners verzichten. Die *Bindung* führt zum loyalen Verhalten der Beziehungspartner. Trennungsgedanken bestehen weder bei dem Mitarbeiter noch beim Arbeitgeber. Die *Intimität* drückt ein tiefes gegenseitiges Verständnis aus, das häufig auf der Annahme einer hohen Leistungsfähigkeit beruht. Kür-

sagt, dass sich ein wesentlicher Nutzen von Beziehungen aus deren Leistung zur **Strukturierung** des individuellen Lebens ergibt. Diese Strukturierungsleistung einer Beziehung
bezeichnet *Fournier* als sog. soziokulturelle Sinnquelle, die dem menschlichen Beziehungspartner Zugehörigkeit und Stabilität bietet.[516] Insb. bei den Studenten gewährleisten
spezielle Programme in Form von Praktika und Unternehmensexkursionen bereits während
der akademischen Ausbildung eine Zugehörigkeit zur Berufswelt. Der Kontakt zum Arbeitgeber vermittelt Sicherheit und Stabilität, indem studienbegleitend praxisrelevante Inhalte
erlernt und Beziehungen zu Unternehmen aufgebaut werden. Zudem eröffnet eine studien-
begleitende Tätigkeit die Wahrscheinlichkeit einer festen Übernahme nach Studienabschluss
und reduziert somit die Angst vor der Arbeitslosigkeit.

b) Implikationen für das Employer Branding
Ermöglicht wird dieses Arbeitgeber-Arbeitnehmer-Verhältnis durch die **Personifizierung**
der Marke. Letztendlich stehen sich zwei Persönlichkeiten in der Interaktion gegenüber.
Beziehungen zwischen Mitarbeitern und Arbeitgebern bestehen insb. dann, wenn bereits ein
Arbeitsverhältnis begründet ist. Aber auch bei potenziellen zukünftigen Betriebszugehöri-
gen können durch **Kontakt-** und **Bindungsprogramme** über die Studienzeit Beziehungen
aufgebaut werden. Kann sich der Student mit der Persönlichkeit des Arbeitgebers identifizieren, nimmt er die angebotenen Programme an und hält den Kontakt zum Unternehmen.[517]

Die praktische Umsetzung der Beziehungstheorie für Marken wird in der Fachliteratur unter
dem Begriff des **Brand-Relationship-Managements** diskutiert. Dieses im deutschen
Sprachgebrauch als Kundenbindungsmanagement bekannte Relationship Management steht
für eine kundenorientierte Strategie, die meist mithilfe moderner Informationstechnologien
versucht, auf lange Zeit erfolgreiche Kundenbeziehungen durch ganzheitliche und individuelle Marketingkonzepte aufzubauen und zu festigen. Das Ziel für die Marken-Kunden-

---

zungen in den Sozialleistungen oder im Gehalt zwecks Standortsicherung werden folglich von den Mitarbeitern akzeptiert, da sie der Unternehmensleitung vertrauen, die optimalen Entscheidungen zum Erhalt einer langfristigen, zufriedenstellenden Beziehung zu treffen. Abschließend trägt die *Qualität* der
Arbeitgebermarke selbst zur Qualität der Arbeitnehmer-Arbeitgeber-Beziehung bei. Je vielfältiger und
ansprechender die personalpolitischen Konzepte auf der einen und die Leistung sowie das Verhalten auf
der anderen Seite sind, desto intensiver und länger ist die Beziehung.

[516] *Fournier* führt zur Bedeutung von Markenbeziehungen darüber hinaus folgende zwei Sinnquellen an: die
psychologische und die relationale Sinnquelle. Während bei der *psychologischen sinnstiftenden Quelle*
der identitätsschaffende Charakter einer Marke deutlich wird, bestimmt sich die *relationale Sinnquelle*
bestehend aus einem Vergleich ihrer Sinnstiftung im Gesamtzusammenhang aller vorhandenen Beziehungen eines Individuums; vgl. Fournier, S.M. (2001), S. 141f. Aufgrund der geringen Relevanz und
Übertragbarkeit auf die Arbeitgebermarke werden diese beiden Sinnquellen nicht weiter vertieft.

[517] Auch im Personalmarketing hat dieser Ansatz bereits Einzug erhalten; vgl. dazu Olesch, G. (2000), S.
286ff., Westerwelle, A./ Beuerle, I. (2002), S. 30, Kolter, E.R. (1991), S. 73f., Welch, J. (1996), S. 9f.
sowie Wöhr (2002). *Ruch* fordert zur Senkung der Fluktuation bestehender Mitarbeiter ein internes
Beziehungsprogramm; vgl. Ruch, W. (2002), S. 3.

Beziehung besteht in der Schaffung von Identifikation sowie Vertrauen und Loyalität.[518] Analog basiert das Verhältnis zwischen dem Arbeitgeber sowie dem potenziellen und aktuellen Mitarbeiter idealerweise auf diesen Erfolgsdimensionen. Zur Entwicklung derselben im Rahmen einer Arbeitgebermarken-Beziehung ist es dabei erforderlich zu wissen, dass diese schwerpunktmäßig aus **positiven Erfahrungen** resultieren.[519] Für das Employer Branding sind daher **Direkt-Kontakte** sowie auf längere Zeit angelegte, beziehungsbildende **Kontaktprogramme**, mittels welcher die Studenten Erfahrungswerte für ein mögliches Arbeitsverhältnis nach Abschluss des Studiums sammeln können, zu empfehlen. Für Direkt-Kontakte bieten sich u.a. Unternehmensexkursionen, Tage der offenen Tür oder Inhouse-Workshops an. Als Bausteine für ein Kontaktprogramm können Praktika, Ferienjobs, Exkursionen, Unternehmensplanspiele, Diplom- sowie Doktorandenprogramme sowie weitere spezielle Förderprogramme dienen.[520]

3.3 Zusammenfassung der Erkenntnisse der wissenschaftlichen Beiträge

Dass die Erfolgsdimensionen des Vertrauens und der Identifikation in der allgemeinen wissenschaftlichen Diskussion eine hohe Relevanz besitzen, zeigt der hohe Reifegrad der dargestellten theoretischen Ansätze. Wie die Ausführungen in den letzten Kapiteln zeigen, konnten durch deren Übertragung auf das Forschungsfeld des Employer Branding Maßnahmen und kommunikationspolitische Instrumente identifiziert werden, die den Aufbau der Arbeitgebermarke bzgl. der Erfolgsdimensionen fördern. Auch wenn die abgeleiteten Maßnahmen im Personalmarketing bereits Anwendung finden und daher trivial erscheinen, ist deren Wirkung im Gesamtzusammenhang bisher unberücksichtigt geblieben. Eine gezielte Umsetzung der wissenschaftlichen Gestaltungsempfehlung eröffnet daher die Chance, die affektive Einstellungskomponente der Markenstärke zu entwickeln und somit den Entscheidungsprozess der akademischen Nachwuchskräfte bei der Arbeitgeberwahl aktiv zu beeinflussen.

---

[518] Siehe dazu die Definition von Pflaum, D. (2002), S. 63ff. Vgl. auch Diller, H. (1995), Sp. 286ff. Siehe darüber hinaus bei Jordan, J. (2002), S. 4ff. sowie Oelsnitz, D.d.v. (2000), S. 8.

[519] Vgl. Wiswede, G. (1992), S. 84f., Kuß, A. (1993), S. 174, Kroeber-Riel, W./ Weinberg, P. (2003), S. 403f., Behrens, G. (1994), S. 214f. sowie Mayer, H./ Illmann, T. (2000), S. 249f.

[520] Siehe zu Instrumenten zur Bindung von akademischem Nachwuchs u.a. Kolter, E.R. (1991), S. 73f., Vollmer, R.E. (1993), S. 203, Ahlers (1994) sowie Wöhr (2002). Für einen Beziehungsaufbau über spezielle *Förderprogramme* sprechen u.a. Moll, M. (1992b), S. 69ff., Leitl, M./ Rust, H./ Schmalholz, C.G. (2001), S. 270, Behrenbeck, K.R. (2001), S. 934f. sowie Steinle, M./ Hies, M. (2002), S. 64ff. Des Weiteren ist auf *informationstechnologiebasierte Methoden* hinzuweisen. Beziehungen können auch durch News- oder Glückwunschmails oder durch speziell eingerichtete Chats erreicht werden. Um eine erfolgreiche Beziehung zwischen dem Arbeitgeber und dem Studenten im Sinne des Markengedankens herzustellen, sind bei der Ausgestaltung der Kontakte auf die Qualitätskriterien einer Marken-Kunden-Beziehung nach Fournier (1998) zu achten.

Die nachfolgende Übersicht fasst die in der Markenliteratur empfohlenen, auf das Employer Branding übertragenen **vertrauens-** sowie **identifikationsaufbauenden Maßnahmen** zusammen:[521]

Theorie	Wirkungsgrößen	Branding-Maßnahmen
Wahrgenommenes Risiko	a) Vertrauen b) Risikoreduktion	- Zugriffsmöglichkeit auf ausreichende Informationen gewährleisten (HR-Seite auf Unternehmenshomepage, Broschüren) - aktive Verbreitung von relevanten Infos bei Entscheidungsnähe - sachliche, kognitive Informationen (Nutzen, Argumente) - Gespräche mit Unternehmens- und Personalvertretern - positive Erfahrungen (langfristige Direktkontakte wie Praktika, Diplomarbeiten, etc.)
Informations-ökonomie	a) Vertrauen, Qualitätssicherheit Verhaltenssicherheit b) Informationseffizienz c) Loyalität	- externe, primäre Infoquellen: unternehmensinterne Veranstaltungen (Exkursionen, Workshops, etc.), langfristige, unternehmensinterne Direkt-Kontakte (Praktika, Diplomarbeiten, etc.), Hochschulaktivitäten - externe, sekundäre Infoquellen: Personalwerbung (Stellenanzeigen), Personalimagewerbung (Broschüren, Plakate), Meinungsführer aus Studentenkreisen - Dritte (Professoren, Personalberater, Testurteile)
Selbstkonzept-theorie	a) Identifikation b) Loyalität, Vertrauen, Differenzierung, Präferenz c) Emotionalität, Persönlichkeit	- personalpolitische Konzepte und Instrumente - Personen hoher Relevanz - Kombination mit Unternehmen und/oder Produkt - Events - Internet - Personal Relations
Beziehungs-theorie	a) Identifikation b) Vertrauen, Loyalität	- Direkt-Kontakte zum Unternehmen (Exkursionen, Tage der offenen, Tür, Inhouse-Workshops, etc.) - beziehungsbildende Kontaktprogramme (Praktika, Exkursionen, Planspiele, Diplomarbeiten, Doktorarbeiten, spezielle Förder-programme) - positive Erfahrungen - beziehungsfördernde Kontakte (Glückwünsche, Informationen per Mail oder Post)

Tab. IV-6: Zusammenfassende Erkenntnisbeiträge der Theorien und Ansätze

Quelle: Eigene Darstellung

Aufbauend auf die grundlegende wirkungsorientierte Struktur der Arbeitgebermarke und deren Erfolgsdimensionen besteht die Notwendigkeit, einen geeigneten Prozess zur Zielerreichung zu definieren. Da das Employer Branding i.A.a. den Markengedanken eine nachhaltige Strategie zur Schaffung von Arbeitgeberpräferenzen darstellt, handelt es sich dabei sowohl um den Aufbau als auch die Führung der Arbeitgebermarke im Zeitverlauf.

---

[521] Siehe dazu die Ausführungen in der Fachliteratur insb. Behrens, G. (1991), S. 126f., Bänsch, A. (2002), S. 77, Kroeber-Riel, W./ Weinberg, P. (2003), S. 400, Baumgartner, B./ Hruschka, H. (2002), S. 302 sowie Homburg, Ch./ Krohmer, H. (2003), S. 76f.

V. Management:
Ausrichtung, Aufbau und Führung der Arbeitgebermarke

Aufgrund der Relevanz der Arbeitgebermarke zur nachhaltigen Gewinnung des akademischen Fach- und Führungsnachwuchses ist das Management zum Aufbau und Führung derselben konsequent und professionell durchzuführen.[522] Was unter dem Begriff des **Marken-**
managements zu verstehen ist, herrscht in der Fachliteratur ein unterschiedliches Verständnis.[523] Da das Employer Branding in der wissenschaftlich fundierten Vorgehensweise ein
neuartiges Forschungs- sowie Umsetzungsfeld darstellt und somit eine ausführliche Darstellung unumgänglich ist, wird in den nachfolgenden Kapiteln das Management in den drei
Phasen der **Markenausrichtung, -aufbau** und **-führung** diskutiert.

1. Ausrichtung der Arbeitgebermarke

Bevor das Employer Branding zum Aufbau der Arbeitgebermarke angestoßen werden kann,
müssen grundlegende Fragen zur Ausrichtung derselben geklärt werden. Im Fokus dieser
Überlegungen steht das Herzstück der Marke, der **Markenkern**.[524] Dieser gibt Auskunft
über das „Selbst" des Arbeitgebers und hebt daher die identitätsorientierte Betrachtung einer
Marke erneut in den Vordergrund. Die Identität eines zu markierenden Betrachtungsgegenstandes stellt die Basis für die Umsetzung und Führung einer Marke dar und dient gleichzeitig als Orientierungsrahmen für imagebildende Maßnahmen des Arbeitgebers.[525] Die zentralen Elemente der Identität finden sich schließlich konzentriert im Markenkern wieder, an
dem die leistungs- und kommunikations-politische **Positionierung** des Employer Branding
auszurichten ist.

Die zentralen Elemente der Identität, die im Markenkern zusammengefasst werden, stellen
die **Werte** dar, die ein Unternehmen als Arbeitgeber vertritt.[526] Werte lassen sich als *„Auf-*
fassungen von Wünschenswerten" definieren und werden i.d.R. für aggregierte soziale Ein-

---

[522] Vgl. i.A.a. Buchholz, A./ Wördemann, W. (2003), S. 59f. sowie Tomczak et al. (2001), S. 3.

[523] Vgl. zu möglichen Definitionen u.a. Herrmann, Ch. (1999), S. 59f. und Meffert, H./ Burmann, Ch./
       Koers, M. (2002b), S. 8.

[524] Vgl. zur Relevanz des Markenkerns Winterling, K. (1993), S. 85, Clausnitzer, Th./ Heide, G./ Nasner, N.
       (2002), S. 34f., Adjouri, N. (2002), S. 118f., Thiemann, K. (1995), S. 94ff., Linxweiler, R. (2001), S.
       74f. sowie Homburg, Ch./ Krohmer, H. (2003), S. 523ff.

[525] Vgl. dazu i.A.a. Dingler, R. (1997), S. 4ff., Esch, F.-R. (2003), S. 86, Aaker, D.A./ Joachimsthaler, E.
       (2000a), S. 27 sowie Gloger, A. (2001), S. 63ff.

[526] Vgl. i.A.a. Linxweiler, R. (2001), S. 68ff., Köhler, R. (2001b), S. 55, Kapferer, J.-N. (1992), S. 86,
       Dingler, R. (1997), S. 60, Regenthal, G. (2003), S. 179f. sowie Chernatony, L. (2005), S. 18ff. Die Werte
       des Arbeitgebers ergeben sich aus den Werten des Unternehmens bzw. kumuliert aus der Unternehmens-
       kultur.

heiten wie Kulturen oder Gruppen betrachtet.[527] Sie fungieren als kognitive Ordnungsmuster und besitzen als Orientierungspunkte eine handlungsleitende Funktion.[528] Ferner prägen und stabilisieren die Werte nach innen die Unternehmenskultur und verleihen dem Arbeitgeber nach außen eine wertorientierte **Persönlichkeit**. Durch ihre latente Verhaltenssteuerung wirken diese damit auf die Präferenzen von Individuen und folglich auch auf die Arbeitgeberpräferenzen beim Wahlverhalten.[529] Die hohe zeitliche Stabilität der Werte macht sie für die **langfristige Ausrichtung** der Arbeitgebermarke besonders interessant.[530] Die im Markenkern definierten Werte bilden den Dreh- und Angelpunkt für den Aufbau und die Führung der Arbeitgebermarke. Neben den Werten werden im Markenkern des Weiteren die elementaren **Nutzenelemente** der Arbeitgebermarke integriert, die von den Zielgruppen als Attraktivitätsfaktoren zur Nutzenmaximierung wahrgenommen werden.[531]

Im Markenmanagement stehen die Identität, der Markenkern, die Positionierung sowie das Image eng beieinander. Deren Wirkungszusammenhang kann wie folgt graphisch dargestellt werden:

---

[527] Rosenstiel, L.v./ Nerdinger, F.W. (1999), S. 320. Siehe auch Bismarck, W.-B.v./ Baumann, St. (1995), S. 61f., Pepels, W. (1998), S. 193 sowie Trommsdorff, V. (2002b), S. 180.

[528] Vgl. Rappensberger, G./ Schramm, F./ Wittmann, A. (1994), S. 588f., Bismarck, W.-B.v./ Baumann, St. (1995), S. 62f. sowie Rosenstiel, L.v. (1993), S. 54.

[529] *Werte* beeinflussen das Verhalten nicht direkt. Zwischen dem Verhalten von Menschen und deren Werten steuert ein Bündel von Normen, Anforderungen und Erwartungen ihr Verhalten. Sobald Normen und Erwartungen außerhalb einer gewissen Normtoleranz des Individuums liegen, werden Werte handlungsleitend; vgl. Einsiedler, H.E. (1993), S. 116ff. Die Relevanz von Werten für die Ausrichtung des Personalmarketing ist unumstritten; vgl. Batz, M. (1996), S. 12f., Hofer, M. (2001), S. 65, Duncker, Ch. (2000), S. 20, Simon et al. (1995), S. 62, Hartwig, G. (1991), S. 926, Pietschmann, B.P./ Bell, Ch. (1999), S. 62f. sowie Gloger, A. (2001), S. 55. Denn Werte determinieren sowohl das Leistungsverhalten der Arbeitnehmer als auch die Anforderungen an einen Arbeitgeber; vgl. dazu die Ausführung in *Kapitel V.3.2.4.*

[530] Vgl. zur zeitlichen Stabilität von Werten Huber, B. (1991), S. 63, Strümpel, B./ Scholz-Ligma, J. (1992), Sp. 2338 sowie Bismarck, W.-B.v./ Baumann, St. (1995), S. 81f. *Grabner* gibt Perioden in einer Länge von 10 Jahren an; vgl. Grabner, L. (1993), S. 101. Dennoch unterliegen Werte auch Schwankungen und nehmen im Rahmen des Werteprozesses dynamische Züge an. Die Veränderung von Werten wird unter dem Begriff *Wertewandel* diskutiert, der eine gesellschaftliche Entwicklung bezeichnet, die sich in einer grundlegenden Verschiebung der Meinungen und Einstellungen in der Bevölkerung äußert; vgl. Rosenstiel, L.v./ Nerdinger, F.W. (1999), S. 318ff., Einsiedler, H.E. (1993), S. 132 sowie Kroeber-Riel, W./ Weinberg, P. (2003), S. 143.

[531] Vgl. i.A.a. Meffert, H. (1994b), S. 191f. sowie Clausnitzer, Th. (2002), S. 28f.

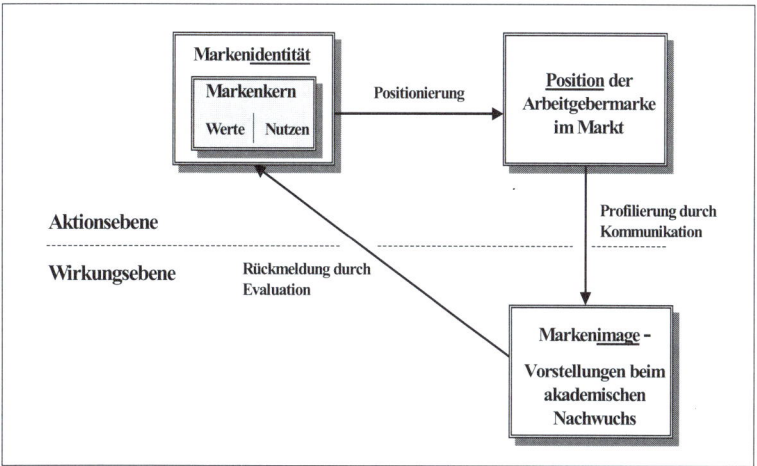

Abb. V-1: Wirkungszusammenhänge auf Aktions- und Wirkungsebene

Quelle: Eigene Darstellung i.A.a. Tomczak et al. (2005)

Während die Identität und der Markenkern die innere Ausrichtung der Arbeitgebermarke bestimmen, wird diese in der Positionierung für die aktuellen und potenziellen Mitarbeiter konkretisiert. Markenidentität und -positionierung stehen aus Arbeitgebersicht für die **Aktionsebene**. Die akademischen Zielgruppen nehmen die gesendeten Botschaften wahr und entwickeln ein Vorstellungsbild vom Arbeitgeber, dem Markenimage. Dieses ist der **Wirkungsebene** zuzuordnen.[532] Durch empirische Evaluation kann sich das Unternehmen eine Rückmeldung zu seinem Image einholen und prüfen, inwieweit Identität und Image übereinstimmen.[533]

---

[532] Die Unterschiede zwischen der Identität, der Positionierung und des Images werden deutlich, wenn die Differenzierung nach *Dingler* angewendet wird. Dieser bezeichnet die Markenidentität als *Aussagekonzept*, mit dem Inhalte, Ideen und die Eigendarstellung der Marke spezifiziert werden. Die Positionierung stellt hingegen ein *Analysekonzept* dar, mit dem die optimale Position im Markt unter Berücksichtigung der Zielgruppen sowie der Wettbewerber erreicht werden soll. Das Image umfasst schließlich die kumulierte Wahrnehmung der Adressaten zur Marke und stellt in seiner Konsequenz ein *Akzeptanzkonzept* dar; vgl. Dingler, R. (1997), S. 45f.

[533] Letztendlich besteht das Ziel darin, den Unterschied zwischen Identität und Image möglichst gering zu halten; vgl. u.a. Adjouri, N. (2002), S. 122f.

2. Aufbau der Arbeitgebermarke in Form eines semantischen Netzwerks

I.A.a. an die Schematheorie wurde das in der Psyche des Individuums verankerte Vorstellungsbild zu einer Arbeitgebermarke in Form eines semantischen Netzwerks beschrieben. Dieses entspricht dem finalen Zustand eines Arbeitgebermarkenbildes. Wie der Prozess des wirkungsorientierten Markenaufbaus zu gestalten ist, blieb bisher offen. Bevor die instrumentelle Umsetzung des Employer Branding gestaltet werden kann, ist daher nachfolgend zunächst der Frage nachzugehen, wie die Entstehung und Bildung des Markenschemas theoretisch zu erklären sind. Interessante Hinweise für die theoretische Fundierung des Markenaufbaus bietet das der Markenstärke bereits zugrunde gelegte **Einstellungskonstrukt**. Denn dieses kann aus verhaltenswissenschaftlicher Perspektive **lerntheoretisch** erklärt werden.[534] Daraus abgeleitet ist davon auszugehen, dass die in der kognitiven Einstellungskomponente integrierten verbalen und bildlichen Elemente des Markenschemas eines Arbeitgebers ebenfalls erlernt werden. Inwieweit lerntheoretische Erkenntnisse für die Ausgestaltung des Employer Branding genutzt und übertragen werden können, ist daher nachfolgend zu diskutieren.

2.1 Informationsprozesse als Grundlage der Bildung eines Markenschemas

Vorstellungen zu einem Unternehmen in der Funktion als Arbeitgeber formieren sich aus einer Menge unterschiedlicher, aus der Umwelt aufgenommener Informationen. Um die Entstehung dieser Vorstellungen zu verdeutlichen, bietet es sich an, den kognitiven Prozess der **Informationsaufnahme**, **-verarbeitung** und **-speicherung** näher zu beleuchten.[535] In den Verhaltenswissenschaften wird zur Darstellung gedanklicher Verarbeitung häufig das sog. **Dreispeichermodell**, das zwischen drei Gedächtniskomponenten unterscheidet, angewandt.[536]

---

[534] Da die Einstellung durch Lernen gebildet wird, hängt die Markenstärke folglich ebenfalls von Lernprozessen ab. Vgl. zur lerntheoretischen Erklärung der Einstellung Triandis, H.C. (1975), S. 152, Mayer, H./ Illmann, T. (2000), S. 131, Benkenstein, M. (2001), S. 40, Balderjahn, I. (1995), Sp. 542ff., Süß, M. (1996), S. 56, Fischer, L./ Wiswede, G. (1997), S. 221ff., Pepels, W. (2001a), S. 246, Trommsdorff, V. (2002b), S. 150, Hätty, H. (1989), S. 98ff. sowie Nieschlag, R./ Dichtl, E./ Hörschgen, H. (2002), S. 595ff. Auch *Esch & Andresen* bezeichnen den Markenwert als *Lernkonzept*; vgl. Esch, F.-R./ Andresen, Th. (1997), S. 22f. *Meffert et al.* bezeichnen die Markenbildung daher zurecht als *sozialpsychologisches Phänomen*; vgl. Meffert, H./ Burmann, Ch./ Koers, M. (2002b), S. 6.

[535] *Fritz & Thiess* stellen den Entscheidungsprozess eines Individuums anhand *der Informationsgewinnung* und *-verarbeitung* dar; vgl. Fritz, W./ Thiess, M. (1986), S.3ff. Die Erkenntnisse über die Informationsaufnahme, -verarbeitung und -speicherung sind zudem für die Umsetzung der Positionierungsstrategie sowie der realistischen Erörterung des Informationsverhaltens des Individuums nützlich; vgl. Esch, F.-R. (2003), S. 142 und Kuß, A. (1993), S. 181ff. Deshalb wird für die Ausgestaltung des Employer Branding auf diese Erkenntnisse zurückgegriffen.

[536] Eine ausführliche Darstellung des *Dreispeichermodells* siehe u.a. bei Trommsdorff, V. (2002b), S. 239f., Kroeber-Riel, W./ Weinberg, P. (2003), S. 225ff. sowie Fritz, W./ Thiess, M. (1986), S. 17ff.

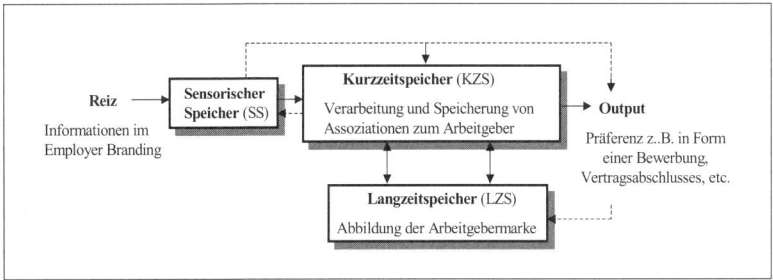

Abb. V-2: Dreispeichermodell zur Darstellung des Informationsverarbeitungsprozesses

Quelle: Eigene Darstellung i.A.a. Kroeber-Riel & Weinberg (2003)

Wie dem Modell zu entnehmen ist, startet die kognitive Informationsbearbeitung mit der Aufnahme wahrgenommener Reize in Form von semantischen und bildlichen Informationen in den sog. **sensorischen Speicher**. Hier werden die mit den Sinnesorganen wahrgenommenen Informationen in ihrer relativ genauen Abbildung kurzzeitig dargestellt.[537] Anschließend werden in dem sog. **Kurzzeitspeicher** die aufgenommenen Reize entschlüsselt und interpretiert. Des Weiteren findet hier eine Selektion der für die weitere Verarbeitung als relevant empfundenen Informationen statt.[538] Interessant ist dabei die Kapazitätsleistung des **Kurzzeitspeichers**. Nach *Kuß* beschränkt sich diese auf maximal 7 Schlüsselinformationen.[539] Bei der Bildung der Arbeitgebermarke ist daher eine strategische Entscheidung

---

[537] Siehe weitere Ausführungen zum *sensorischen Speicher* bei Nieschlag, R./ Dichtl, E./ Hörschgen, H. (2002), S. 603f., Kuß, A. (1993), S. 180f., Kroeber-Riel, W./ Weinberg, P. (2003), S. 226f., Fritz, W./ Thiess, M. (1986), S. 17. Die kurze Speicherung gilt überwiegend den visuellen und akustischen Reizen. Aufgrund der sehr kurzen Speicherung der Informationen wird der sensorische Speicher auch als *Durchgangsspeicher* bezeichnet; vgl. Behrens, G. (1994), S. 205f.

[538] Zu den Aufgaben des *Kurzzeitspeichers* vgl. Kroeber-Riel, W./ Weinberg, P. (2003), S. 227f., Kuß, A. (1993), S. 180f. sowie Nieschlag, R./ Dichtl, E./ Hörschgen, H. (2002), S. 603f. Da der Kurzzeitspeicher nicht nur eine Speicherfunktion hat, sondern auch ein Träger von Denkprozessen und des Bewusstseins ist, wird dieser auch *Arbeitsspeicher* genannt; vgl. Behrens, G. (1994), S. 205f. sowie Kuß, A. (1993), S. 180f.

[539] Vgl. Kuß, A. (1993), S. 182. Siehe auch zur kapazitativen Beschränkung des Kurzzeitspeichers Behrens, G. (1994), S. 205 sowie Kroeber-Riel, W./ Weinberg, P. (2003), S. 228. *Bänsch* reduziert die für eine Beurteilung eines Betrachtungsobjektes erforderlichen Eigenschaften sogar auf drei bis fünf; vgl. Bänsch, A. (2002), S. 75. Den Meinungen der Marketingexperten zufolge unterliegt der Langzeitspeicher keiner Kapazitätsbeschränkung. Hier kann eine große Menge an Informationen über längere Zeit gespeichert werden. Die Organisation des Langzeitspeichers entspricht der eines Lexikons. Alternativ zum Langzeitspeicher wird auch der Begriff *Identifikationsspeicher* verwendet; vgl. Kroeber-Riel, W./ Weinberg, P. (2003), S. 228f. sowie Behrens, G. (1991), S. 198ff. Der gesamte Prozess der Informationsverarbeitung umfasst über die reine Speicherung hinweg Vorgänge des Ordnens und Bewertens aufgenommener Informationen. Das Resultat bildet schließlich ein Urteil im Rahmen eines Entscheidungsprozesses; vgl. Behrens, G. (1991), S. 205, Fritz, W./ Thiess, M. (1986), S. 18f. sowie Benkenstein, M. (2001), S. 38.

und Selektion von markensubstanziellen Assoziationen erforderlich, um eine klares, eindeutiges Bild vom Arbeitgeber zu gewährleisten. Abschließend werden die Informationen
im sog. **Langzeitspeicher** abgespeichert. Dieser entspricht dem Gedächtnis des Menschen
und ermöglicht auch über eine längere Zeit eine Reproduzierbarkeit der Informationen.[540]
Wird der Langzeitspeicher mehrdimensional abgebildet, ergibt sich das bereits erläuterte
semantische Netzwerk, bestehend aus verschiedenen Markenassoziationen. Aufgrund der
langfristigen Speicherung wird schließlich auch von einem **Erlernen** der **Informationen**
gesprochen. Um die Speicherung der über den Wahrnehmungsprozess aufgenommenen
Informationen zu analysieren und bewusst zu gestalten, bedarf es daher lerntheoretischer
Erkenntnisse.

Nachfolgend wird eine weitere Unterteilung im Prozess des Employer Branding i.A.a. das
Gedächtnismodell der Informationsverarbeitung vorgenommen. Die Aufteilung verdeutlicht
eine grobe Unterteilung in einen Vorgang der Informationsaufnahme sowie der -verarbei-
tung. Der erste Vorgang entspricht dabei der klassischen **Wahrnehmung**. Sie entscheidet,
welche Attribute grundsätzlich für die Belegung von Arbeitgeberassoziationen zugelassen
werden. Die Informationsverarbeitung hingegen wird als Prozess zur **Schemabildung** sowie
-modifikation gesehen, der über die lerntheoretischen Ansätze zu erläutern ist.

2.1.1 Wahrnehmung als Vorstufe der Schemabildung

Um eine Organisation als potenziellen Arbeitgeber beurteilen zu können, muss eine Wahrnehmung derselben durch die umworbenen Zielgruppen gewährleistet sein.[541] Es reicht
daher nicht aus, eine objektiv gute Personalpolitik im Unternehmen zu führen und attraktive
Arbeitnehmerleistungen anzubieten, sondern diese müssen der relevanten Umwelt bekannt
sein. Eine zentrale Voraussetzung eines erfolgreichen Employer Branding besteht daher
darin, die **Wahrnehmbarkeit** des Unternehmens als attraktiven Arbeitgeber zu garantieren.
Da die grundsätzliche Wahrnehmung die Voraussetzung weiterer kognitiver Verarbeitungen
im Sinne von Lernen darstellt, erscheint es unausweichlich, den Prozess der Wahrnehmung
genauer zu analysieren, um daraus schließlich Implikationen für den ersten Schritt der Markenbildung abzuleiten.

Definieren lässt sich die Wahrnehmung als Teil der kognitiven Informationsverarbeitung,
wobei die Wahrnehmung insb. auf die **Informationsgewinnung** abstellt.[542] Die potenziellen

---

[540] Ausgangspunkt jeglicher Beurteilungsprozesse bildet die *Wahrnehmung* des Bezugsobjektes; vgl. Hätty,
       H. (1989), S. 126ff. sowie Gregory, J.R./ Wiechmann, J.G. (1999), S. 2f.
[542] Vgl. Pepels, W. (1998), S. 186f., Benkenstein, M. (2001), S. 36f., Behrens, G. (1994), S. 201ff. sowie
       Hätty, H. (1989), S. 127f. Zur Wahrnehmung als kognitiver Vorgang siehe auch Meffert, H. (2000), S.
       114, Hupp, O. (2000), S. 193f., Kroeber-Riel, W./ Weinberg, P. (2003), S. 272 sowie Nieschlag, R./
       Dichtl, E./ Hörschgen, H. (2002), S. 605f.

Fach- und Führungskräfte sammeln im Verlauf ihrer Ausbildung sowie im weiteren Berufs-leben diverse Informationen, die sie über kommunikative Botschaften oder Erfahrungen mit dem Unternehmen, dessen Produkten oder mit demselben in seiner Funktion als Arbeitgeber aufnehmen. Befragungen von Absolventen und Young Professionals über Präferenzen bei der Arbeitgeberwahl zeigen, dass die Wahrnehmung eines Unternehmens als Arbeitgeber z.t. sehr unterschiedlich ausfallen kann. Gründe für diese Unterschiede liegen u.a. in den Charakteristika der menschlichen Wahrnehmung. Drei Eigenschaften sind in diesem Zu-sammenhang besonders hervorzuheben: Subjektivität, Aktivität sowie Selektivität.

Die **Subjektivität** besagt, dass sich das Individuum weniger an der objektiven Realität orientiert, sondern die eigenen Vorstellungen über die wahrgenommenen Eigenschaften in den Vordergrund stellt.[543] Dieses kann dann dazu führen, dass dieselben Ausprägungen eines Unternehmens als Arbeitgeber verschiedenartig wahrgenommen werden. Das zweite Kennzeichen, welches die menschliche Wahrnehmung beeinflusst, stellt die **Aktivität** dar. Diese steht im Zusammenhang mit der Neuartigkeit sowie dem Interesse, Informationen zu einem Objekt oder Sachverhalt zu sammeln.[544] Mit zunehmender Entscheidungsnähe zur Arbeitgeberwahl kann dabei mit einer verstärkten aktiven Informationssuche und -verar-beitung gerechnet werden. Eng mit der Subjektivität einher geht das Wahrnehmungsprinzip der **Selektivität.** Aufgrund der eingeschränkten psychischen Aufnahme- und Verarbeitungs-kapazität reduziert der potenzielle Bewerber die verfügbare Informationsmenge mit dem Ziel der kognitiven Entlastung.[545] Geprägt wird dessen selektives Vorgehen u.a. von seinen Erwartungen, Einstellungen und Attributionen an einen Arbeitgeber.[546] Herausgefiltert wer-den insb. Schlüsselinformationen, die schließlich eine differenzierte Auseinandersetzung mit den Informationen ersetzen.[547]

Die wahrnehmungsbedingten Unterschiede der Perzeption lassen sich des Weiteren durch zahlreiche verzerrende Effekte erklären. Zu den besonders häufig wirksam werdenden **Wahrnehmungsverzerrungen** zählen der Halo-Effekt, die Irradiation sowie die Attribut-dominanz.[548] Bei dem **Halo-Effekt** handelt es sich um einen Überstrahlungseffekt, bei dem von einem Gesamteindruck auf eines oder mehrere Einzelattribute geschlossen wird.[549] Dieser Effekt fällt umso stärker aus, je geringer die Bekanntheit und Vertrautheit für ein

---

[543] Vgl. Behrens, G. (1994), S. 216, Meffert, H. (2000), S. 114, Weinberg, P. (1981), S. 33 sowie Unger, F./ Fuchs, W. (1999), S. 90f.
[544] Vgl. Kroeber-Riel, W./ Weinberg, P. (2003), S. 268f, Pepels, W. (2001a), S. 277f. sowie Unger, F./ Fuchs, W. (1999), S. 90f.
[545] Vgl. i.A.a. Trommsdorff, V. (2002b), S. 246f., Benkenstein, M. (2001), S. 37f., Kroeber-Riel, W./ Weinberg, P. (2003), S. 268f. sowie Meffert, H. (2000), S. 114.
[546] Vgl. dazu i.A.a. Wiswede, G. (1992), S. 7ff.
[547] Vgl. Essinger, G. (2001), S. 73f. sowie Pepels, W. (1998), S. 186f.
[548] Vgl. Pepels, W. (2001a), S. 279ff. sowie Nieschlag, R./ Dichtl, E./ Hörschgen, H. (2002), S. 607.
[549] Vgl. Homburg, Ch./ Krohmer, H. (2003), S. 46, Bänsch, A. (2002), S. 74f., Trommsdorff, V. (2002b), S. 269 sowie Baumgarth, C. (2001), S. 76. Bei dieser Form der Informationsgenerierung kann von einem deduktiven Vorgehen gesprochen werden; vgl. Pepels, W. (2001a), S. 279.

Betrachtungsbereich ausfallen.[550] So können attraktive Produkte eines Unternehmens deren Eigenschaften als Arbeitgeber überstrahlen und eine anziehende Wirkung bei dem Nachwuchs erzeugen. Die Eigenschaften der Produkte dominieren daher die Wahrnehmung (**Attributdominanz**).[551] Sie werden von den Bewerbern als Schlüsselinformationen genutzt und erleichtern bei der Wahl des Arbeitgebers die Realitätsbildung. Diese Ausstrahlungseffekte von einem Wahrnehmungsbereich auf einen anderen werden auch **Irradiationen** genannt.[552] Unternehmen und deren Eigenschaften als Arbeitgeber werden nicht unabhängig voneinander erlebt. Wenn einer Nachwuchskraft kaum Informationen über ein Unternehmen als Arbeitgeber vorliegen, werden daher die Eigenschaften des Unternehmens auf die Arbeitsbedingungen projiziert. Bspw. können der allgemeine Erfolg eines Unternehmens sowie der Absatzerfolg von Produkten dazu dienen, aussichtsreiche Karrieremöglichkeiten darzustellen.[553]

2.1.2 Strukturbildung und -modifikation der Arbeitgeberassoziationen

Wie bereits angeführt, liegen der Bildung von semantischen Netzwerken zu Arbeitgebermarken lerntheoretische Prozesse zugrunde. Zum Lernbegriff selbst existieren eine Vielzahl unterschiedlicher Definitionen. Werden deren zentralen Kernelemente zusammengefasst, lässt sich eine Übereinstimmung zum einen dahingehend erkennen, dass es sich um den **Erwerb** von Informationen und Erfahrungen handelt. Die Summe aus verschiedenen Informationen und Erfahrungen führt in ihrer Konsequenz schließlich zu einer überdauernden Änderung von Verhaltensmustern.[554]

Da in der verhaltenswissenschaftlichen Fachliteratur unterschiedliche Ansätze des Lernens dargestellt werden, liegt die Annahme nahe, dass bei der Entwicklung eines Markenschemas

---

[550] Vgl. Weinberg, P. (1981), S. 37f. sowie Wiswede, G. (1992), S. 78ff. Nach *Trommsdorff* prägen darüber hinaus die Klarheit des beeinflussten Merkmals sowie dessen Thematisierung die Wahrnehmung; vgl. Trommsdorff, V. (2002b), S. 269.

[551] Vgl. Hätty, H. (1989), S. 133ff., Pepels, W. (2001a), S. 280 sowie Baumgarth, C. (2001), S. 75. Dieses Prinzip der Verallgemeinerung und Vervollständigung wird in der Fachliteratur auch unter dem Begriff der *Inferenz* diskutiert. Die Dominanz von bestimmten Informationen oder Eigenschaften führt dazu, dass nur eine geringe Teilmenge davon zur Beurteilung herangezogen wird; vgl. Wiswede, G. (1992), S. 7ff. sowie Trommsdorff, V. (2002b), S. 186.

[552] Vgl. Pepels, W. (2001a), S. 279, Nieschlag, R./ Dichtl, E./ Hörschgen, H. (2002), S. 607 sowie Wiswede, G. (1992), S. 78ff.

[553] Vgl. dazu auch Simon et al. (1995), S. 108 sowie Süß, M. (1996), S. 109. Für das Employer Branding hat der *Halo-Effekt* markenpolitische Relevanz. Denn allein der Name eines arbeitsplatzanbietenden Unternehmens soll die Qualitäten als Arbeitgeber signalisieren und von den Nachwuchskräften als überstrahlendes Signal wahrgenommen werden.

[554] Vgl. zu den Definitionen Kuß, A. (1993), S. 183, Trommsdorff, V. (2002b), S. 251, Kreober-Riel, W./ Weinberg, P. (2003), S. 322, Pepels, W. (2001a), S. 231, Bänsch, A. (2002), S. 85, Baumgarth, C. (2001), S. 51ff., Mayer, H./ Illmann, T. (2000), S. 450f. sowie Behrens, G. (1994), S. 205.

ebenfalls unterschiedliche Formen des Lernens Anwendung finden.[555] Daher macht es Sinn, verschiedene Lerntheorien für die Ausgestaltung des Employer Branding zu nutzen und zielführend zu verknüpfen.[556] Aufgrund der Betrachtung kognitiver Verarbeitung von Informationen und Reizen wird in dieser Arbeit i.a.a. *Kuß (1993)* der Einteilung in **kognitive Lerntheorien** und **Reizreaktionstheorien** gefolgt. Diesen Theorien lassen sich wiederum interessante Ansätze zur Bildung assoziativer Netzwerke zuordnen.

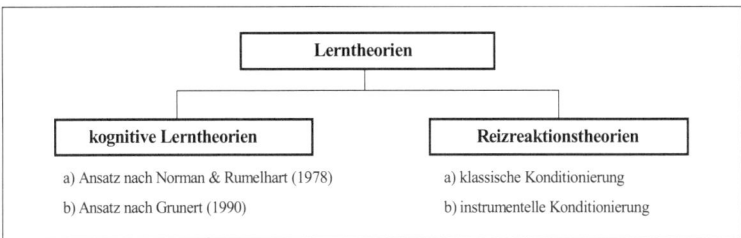

Abb. V-3: Übersicht zu Lerntheorien und lerntheoretischen Ansätzen

Quelle: Eigene Darstellung

2.1.2.1 Erkenntnisbeiträge kognitiver Lerntheorien

Die Betrachtung von Marken unter schematheoretischen Gesichtspunkten impliziert insb. die Anwendung der kognitiven Lerntheorien. Diese interpretieren das kognitive Schema als **Wissen**.[557] Die Verknüpfungen diverser Informationen und Erfahrungen zu komplexen Wissensstrukturen, die in ihrer Wirkung das Vorstellungsbild der Marke ergeben, gelten als Resultat kognitiven Lernens.[558] Das kognitive Lernen bezeichnet damit den Aufbau und die

---

[555] Hinsichtlich des Spektrums an *Lerntheorien* weist die Fachliteratur eine große Bandbreite auf. Die Berücksichtigung und Systematisierung dieser Lerntheorien fällt in Abhängigkeit des Autors unterschiedlich aus. Einen Überblick über die verschiedenen Lerntheorien bieten u.a. Kroeber-Riel, W./ Weinberg, P. (2003), S. 330ff., Baumgarth, C. (2001), S. 51ff. sowie Homburg, Ch./ Krohmer, H. (2003), S. 49. Die Kategorisierung von Lerntheorien erfolgt in unterschiedlicher Weise. *Trommsdorff* trennt zwischen *automatischem* (kognitive Berieselung, Mere Exposure, klassisches und instrumentelles Lernen) und *komplexem* Lernen (Imitationslernen und kognitiv verknüpftes Lernen); vgl. Trommsdorff, V. (2002b), S. 250ff. *Homburg & Krohmer* unterscheiden zwischen drei Ansätzen: Lernen durch klassische und instrumentelle Konditionierung und das Lernen am Modell; vgl. Homburg, Ch./ Krohmer, H. (2003), S. 49.

[556] Vgl. Behrens, G. (1994), S. 206 sowie Kroeber-Riel, W./ Weinberg, P. (2003), S. 321.

[557] Von *Wissen* im Rahmen der Arbeitgeberwahl kann nur eingeschränkt gesprochen werden. Zum einen kann sich das Wissen nur auf die Such- und Erfahrungseigenschaften eines Arbeitgebers beschränken, zum anderen bedingt das Wissen direkte Erfahrungen, die nur bei den wenigsten Nachwuchskräften vorausgesetzt werden können.

[558] Vgl. Kroeber-Riel, W./ Weinberg, P. (2003), S. 340ff., Bänsch, A. (2002), S. 89f. sowie Kuß, A. (1993), S. 185.

Veränderung von semantischen Wissensnetzwerken. Informationen als Ergebnis von Informations- und Problemlösungsprozessen werden in das **Langzeitgedächtnis** übernommen.[559] Zur Veränderung von Wissensnetzwerken haben insb. zwei Ansätze die wissenschaftliche Landschaft geprägt. Um Implikationen für den Aufbau und die Gestaltung von Netzwerken für eine Arbeitgebermarke zu bekommen, werden diese nachfolgend vorgestellt.

a) Ansatz nach Norman & Rumelhart (1978)
Der Ansatz von *Norman & Rumelhart (1978)* ist der erste wissenschaftliche Beitrag, dem zur Entwicklung und Modifikation von Wissensschemata erhöhte Aufmerksamkeit geschenkt wurde. Diese beiden Autoren unterscheiden zwischen den folgenden Veränderungsprozessen:[560]

- **Wissenszuwachs** als assimilativer Prozess, bei dem ein vorhandenes Schema selbst nicht verändert, sondern die bereits gegebenen Schemastrukturen ergänzt sowie vertieft und verstärkt werden;
- **Feinabstimmung** vorhandener Schemata, bei der diese lediglich eine geringfügige Veränderung erfahren;
- **Umstrukturierung** des Wissens durch Schemainduktion. Die Wahrnehmung von Sachverhalten, die häufig zusammen auftreten, kann zum Aufbau neuer und zur Umstrukturierung bestehender Schemata führen.

Der Prozess des Wissenszuwachses skizziert den Vorgang einer Vergrößerung des semantischen Netzwerks zur Arbeitgebermarke, indem weitere verbale bildliche Elemente integriert werden. Durch den Einsatz kommunikationspolitischer Maßnahmen im Rahmen des Employer Branding ist dieser über einen Planungszeitraum aktiv und systematisch zu gestalten, indem zunächst der erforderliche Markenkern, bestehend aus den elementaren Nutzenversprechen und den Werten, in den Köpfen der akademischen Zielgruppen verankert und das **Wissen** zum Arbeitgeber nach und nach **erweitert** und stabilisiert wird.[561] Ergeben sich im Planungszeitraum leichte Veränderungen in der Positionierung der Arbeitgebermarke, werden Maßnahmen zur **Feinabstimmung** des bereits aufgebauten Markenschemas eingeleitet und entsprechende Botschaften gesandt. Verfolgt ein Arbeitgeber hingegen eine Umpositionierung, die bestehendes Wissen zu einem Arbeitgeber grundlegend verändern soll, ist die **Schemainduktion** einzuleiten. Die Schemainduktion kommt insb. bei

---

[559] Vgl. Baumgarth, C. (2001), S. 54, Kuß, A. (1993), S. 173ff. sowie Kroeber-Riel, W./ Weinberg, P. (2003), S. 340ff. Siehe hierzu das bereits erläuterte Dreispeichermodell in *Kapitel V.2.1.*

[560] Vgl. Rumelhart/ Norman (1978); entnommen aus Esch, F.-R. (2001b), S. 99f., Kroeber-Riel, W./ Weinberg, P. (2003), S. 342f. sowie Morschett, D. (2002), S. 162ff.

[561] Die Bedeutung des Wissens in der Wahl eines Arbeitgebers wurde bereits in der Darstellung des idealen Präferenzbildungsprozesses verdeutlicht. Ohne ausreichende Kenntnis gelangt ein Unternehmen als Arbeitgeber nicht einmal in das *Processed Set* und bleibt in der weiteren Betrachtung bis zur Entscheidung unberücksichtigt.

den Personen der Zielgruppe zur Anwendung, die bereits ein festes und eher negatives Vorstellungsbild von einem Arbeitgeber besitzen.

Für die Erreichung der Assimilations- und Induktionsprozesse sind nach *Norman & Rumelhart (1978)* zwei Anforderungen zu erfüllen: zum einen eine **gewisse Wiederholung** von Reizen in Form von markengerechter Kommunikation und Interaktion gekoppelt mit dem Namen des arbeitgebenden Unternehmens, um Assoziationen mit dem Arbeitgeber entstehen zu lassen, zum anderen die größtmögliche **Übereinstimmung** der **inhaltlichen Aussagen**, um die Schemata zu festigen und den Lernprozess zu beschleunigen.

Eine Schlüsselrolle für das kognitive Lernen spielt das bereits **vorhandene Wissen**. Denn dieses ermöglicht erst das Lernen von neuen Wissenseinheiten, indem die neuen Informationen zu dem bereits gespeicherten Wissen in Beziehung gesetzt werden.[562] Denn sobald sich in den Köpfen der akademischen Zielgruppen ein Schema gebildet hat, suchen und erinnern diese primär schemakonsistente Informationen. Inkonsistente Meldungen über den Arbeitgeber in Form von positiven personalbezogenen Nachrichten oder einer Umpositionierung werden meist abgelehnt oder ignoriert. Grundsätzlich gilt, dass fest verankerte und weit entwickelte Schemata sich schwieriger verändern lassen als Schemata mit einfachen und kaum entwickelten Strukturen.[563] Für den Aufbau einer Arbeitgebermarke impliziert dies die Notwendigkeit, die bereits bei den Zielgruppen bestehenden Assoziationen zum Unternehmen als Arbeitgeber zu erfragen, da ansonsten bei inkonsistenter Kommunikation kein präferenzschaffendes Markenschema gebildet werden kann. Ferner birgt es die Dringlichkeit einer frühen markengerechten Kommunikation, um mit Beginn der Wahrnehmung ein erstes Schema mit zielführenden Assoziationen zu schaffen.

Für das Management einer Arbeitgebermarke sind zwei Merkmale der assoziativen Netzwerke besonders zu berücksichtigen. Ein Merkmal steht für die **hierarchische Speicherung** der Assoziationen. Die Markenassoziationen werden demnach den Assoziationen zur entsprechenden „Objektkategorie" untergeordnet.[564] Des Weiteren unterliegen die Assoziationen der **Vererbung** der übergeordneten Assoziationseinheiten. Alle Marken einer „Objektkategorie" erben damit automatisch die mit dieser Kategorie gespeicherten Vorstellungen.[565] Dass das Prinzip der Vererbung auch für die Konzeption von Arbeitgebermarken Gültigkeit besitzt, lässt sich aus der Studie von *Lieber (1995)*, welche in die Personalimge-Diskussion einzuordnen ist, ableiten.[566] *Lieber* befragt abschlussnahe Studenten der FH Coburg, um den

---

[562] Vgl. Trommsdorff, V. (2002b), S. 286 sowie Kroeber-Riel, W./ Weinberg, P. (2003), S. 342ff. Stimmen aufgenommene Informationen über ein Bezugsobjekt mit dem Konzept eines existenten Schemas überein, so kann das Objekt diesem Schema zugeordnet werden und damit schematisch bearbeitet werden. Diese Funktion wird auch *Kategorisierungsfunktion* genannt; vgl. Caspar, M. (2002), S. 246f.

[563] Vgl. Esch, F.-R. (2001b), S. 92f.

[564] Vgl. Dingler, R. (1997), S. 73ff., Esch, F.-R. (2003), S. 69 sowie Esch, F.-R./ Wicke, A. (2001), S. 47f.

[565] Vgl. Esch, F.-R. (2003), S. 69, Dingler, R. (1997), S. 73ff sowie Baumgarth, C. (2001), S. 41f.

[566] *Lieber* legt seiner Studie einen schematheoretischen Bezugsrahmen zugrunde; vgl. Lieber (1995).

Fragen nachzugehen, ob generelle Vorstellungsmuster über das Image von Unternehmen existieren und ob Personalimageschemata einen ganzheitlichen Charakter besitzen. Dazu gibt er fiktive Unternehmen an. Seine Befragungsergebnisse bestätigen die Annahmen deutlich. Für den Vererbungsmechanismus von Assoziationen sprechen u.a. die folgenden entdeckten Zusammenhänge: Die Studenten schließen aufgrund moderner Technologie und High-Tech-Produkte auf innovative Konzepte im Personalbereich mit zudem herausfordernder Tätigkeit im Arbeitsbereich. Ferner werden Unternehmen mit hohem Marketingerfolg automatisch auch positiv bzgl. der personalwirtschaftlichen Größen wie Gehalt und Herausforderungsgrad der Tätigkeit bewertet. Aus den Angaben eines jungen, dynamischen Unternehmens mit einem innovativen Produktionsprogramm und einer einfallsreichen Werbung werden ein jugendlicher, moderner, unkonventioneller und unbürokratischer Führungsstil mit kooperativer Führung, Teamarbeit und gutem Betriebsklima abgeleitet. Diese Studienergebnisse zeigen, dass die Zielgruppe, analog zu den Wahrnehmungsstufen eines Unternehmens als potenziellen Arbeitgeber, die Assoziationen der Unternehmens- und Produktschemata auf das Arbeitgeberschema übertragen.

Für die informationssuchenden, potenziellen Bewerber ist dieser Vererbungsmechanismus von Vorteil. Sie formen ihr Vorstellungsbild aus allen das Unternehmen betreffenden Informationen und Vorstellungen.[567] Der kognitive Aufwand zur Verarbeitung und Speicherung der Informationen zu einem Arbeitgeberschema werden reduziert.[568] Der Arbeitgeberseite können daraus hingegen Vor- oder Nachteile entstehen. Es profitieren insb. diejenigen Organisationen, die aufgrund ihrer attraktiven Produkte, Branche oder allgemeinen Reputation mit positiven Attributen beschrieben werden.[569] Diese können im Rahmen des Employer Branding bewusst eingesetzt werden, um einen **Transfer** der positiven Attribute auf die Personalpolitik zu erzielen. Werden u.a. Produkt und Branche von der Zielgruppe als kritisch beurteilt, erfolgt eine automatische Projektion der negativen Eigenschaften auf das Profil als Arbeitgeber. Der Aufbau von eigenständigen positiven Arbeitgeberassoziationen erfolgt erschwert oder wird sogar gänzlich verhindert.[570]

b) Ansatz nach Grunert (1990)
Ebenfalls interessante Erkenntnisse zu dem Aufbau von Markenschemata liefert der theoretische Ansatz von *Grunert (1990),* der zur Erklärung von Kaufentscheidungen seman-

---

[567] Dazu zählen insb. das Unternehmens-, Branchen- und Produktimage; vgl. *Kapitel III.3.3.1.*
[568] Vgl. zur Konsequenz der Reduktion des Speichervorgangs Trommsdorff, V. (2002b), S. 87 und Baumgarth, C. (2001), S. 41f.
[569] Vgl. dazu die Studie von Lieber (1995).
[570] Siehe hierzu die bereits diskutierten Herausforderungen eines Employer Branding, die sich durch die verschiedenen Imagefacetten eines Unternehmens und deren Transfer auf das Arbeitgeberimage i.e.S. ergeben; vgl. hierzu *Kapitel III.3.3.*

tische Netzwerke untersuchte.[571] Seiner Auffassung nach stehen die Assoziationen eines Schemas derart in Beziehung, dass bestehend aus Kenntnissen, Erfahrungen und Anforderungen an ein Bezugsobjekt ein Wirkungszusammenhang entsteht.[572] Der Aufbau eines Arbeitgebermarken-Schemas nach *Grunert (1990)* erfordert demnach:

- **Kenntnis:** Überzeugung, dass der Arbeitgeber ein bestimmtes Merkmal aufweist (bspw. die Robert Bosch GmbH besitzt ein monetäres Anreizsystem in der Vergütung);

- **Anforderung:** Überzeugung, dass das bestimmte arbeitgeberbezogene Merkmal einen besonders großen Nutzen liefert (bspw. ein Anreizsystem führt zur leistungsgerechten Vergütung);

- **Erfahrung:** Überzeugung, dass der Arbeitgeber durch das Merkmal den gewünschten Nutzen bietet (bspw. die Robert Bosch GmbH gewährleistet eine leistungsgerechte Vergütung).

Dem *Grunert'schen Ansatz* zufolge sollten den akademischen Zielgruppen zum Aufbau eines Arbeitgebermarkenschemas von Beginn an Zusammenhänge in Form von **Mittel-Zweck-Beziehungen** aufgezeigt werden. Die potenziellen Bewerber müssen lernen, welche personalpolitischen Konzepte existieren, was diese leisten und bei welchem Arbeitgeber diese zu finden sind. Die vernetzte Kommunikation dieser Inhalte erhöht das grundsätzliche Verständnis zur Relevanz und Wirkung der Konzepte sowie die spezifische Erinnerung an den Arbeitgeber. Ferner bildet sich ein langfristig stabiles Schema. Bei der Kommunikation arbeitgeberbezogener Botschaften sollten diese Mittel-Zweck-Beziehungen daher Berücksichtigung finden.

2.1.2.2 Erkenntnisbeiträge von Reiz-Reaktions-Theorien

Innerhalb der Reiz-Reaktions-Theorien haben sich zwei Richtungen herausgebildet: das Lernen durch Kontiguität und das Lernen durch Verstärkung.[573]

a) Klassische Konditionierung

Ein interessanter Ansatz, der das Lernen nach dem **Kontiguitätsprinzip** erklärt, ist die Theorie der **klassischen Konditionierung**. Diese besagt, dass durch häufige Wiederholung der gemeinsamen, zeitnahen Präsentation zweier Reize neue Reiz-Reaktionsmuster entste-

---

[571] Zur Kritik am *Grunert'schen Ansatz* siehe Bekmeier-Feuerhahn, S. (1998), S. 167. Aus der kognitiven Lerntheorie abgeleitete Gestaltungsempfehlungen geben auch Nieschlag, R./ Dichtl, E./ Hörschgen, H. (2002), S. 615ff. sowie Bänsch, A. (2002), S. 89f.

[572] Vgl. Grunert, K.G. (1990), S. 70ff. sowie Bekmeier-Feuerhahn, S. (1998), S. 167f.

[573] Vgl. dazu Kroeber-Riel, W./ Weinberg, P. (2003), S. 335ff., Baumgarth, C. (2001), S. 51, Pepels, W. (2001a), S. 231ff. sowie Bänsch, A. (2002), S. 85ff.

hen. Nach wiederholter Darbietung der beiden Reize löst bereits der einst neutrale Stimulus eine Reaktion aus.[574] Gemäß des Kontiguitätsprinzips braucht ein zu erlernender Stimulus nur oft genug zusammen mit der zu lernenden Reaktion unter Berücksichtigung einer gewissen räumlichen und zeitlichen Nähe in Verbindung gebracht werden.[575] Wie bereits erläutert, besagt diese Lernform übertragen auf den Markenkontext, dass die Wahrnehmung von häufig zusammen auftretenden Sachverhalten zum Aufbau neuer oder zur Umstrukturierung bestehender Schemata führt.[576]

Im Marketing findet das Kontiguitätsprinzip besondere Anwendung in Form der **emotionalen Konditionierung**, die weniger darauf abzielt, markenspezifisches Wissen aufzubauen, sondern positionierungsrelevante Gefühle zu vermitteln. Marken und Markennamen werden häufig mit bestimmten positiven Gefühlen zusammengebracht, so dass nach einiger Zeit die Emotionen mit der Marke automatisch in Verbindung gesetzt werden.[577] Im Produktmarketing wird diese Emotionalisierung eingesetzt, um eine positive Grundhaltung bei den Zielgruppen zu erzeugen. Sie findet meistens in der Phase des Lebenszykluses statt, in der das Produkt auf dem Markt noch nicht profiliert ist. Die positive Grundhaltung soll trotz fehlender inhaltlicher Beschäftigung bzw. Information zum Kauf führen.[578] Für das Employer Branding gilt es ebenfalls, **emotionale Assoziationen** mit dem Arbeitgeber aufzubauen. Neben den im Personalmarketing bisher eher untypischen Instrumenten wie Fernsehen, Kino oder Radio, die durch die Darbietung von dynamischen Bildern und passender Musik sowie Jingles Erlebniswelten mit einem hohen Gehalt an Emotionen in den Köpfen der Konsumenten entstehen lassen, bieten sich für die instrumentelle Umsetzung des Branding insb. **Bilder** und **Veranstaltungen** mit **Eventcharakter** an, welche die Entwicklung des zuvor definierten Images mit entsprechenden Attributen verstärken.[579]

b) Instrumentelle Konditionierung
Auch die Erkenntnisse des Lernens nach dem **Verstärkungsprinzip** können für das Employer Branding genutzt werden. Diese sog. instrumentelle Konditionierung erklärt das Lernen

[574] Das bekannteste Beispiel zur klassischen Konditionierung ist das Experiment des russischen Psychologen *Pawlow*, das wie folgt aus einem Tierversuch besteht. Die Fütterung von Tauben wird regelmäßig durch einen Glockenton angekündigt. Nach ausreichend häufiger Wiederholung wird beobachtet, dass die physische Reaktion auf das Futterangebot (Speichelbildung) mit dem ursprünglich neutralen Reiz (Glockenton) verbunden wird und dieser, anfangs neutrale Reiz dann auch zur physischen Reaktion führt; vgl. Nieschlag, R./ Dichtl, E./ Hörschgen, H. (2002), S. 614, Behrens, G. (1991), S. 259ff., Kuß, A. (1993), S. 184, Kroeber-Riel, W./ Weinberg, P. (2003), S. 336 sowie Mayer, H./ Illmann, T. (2000), S. 452ff.

[575] Vgl. Trommsdorff, V. (2002b), S. 252f. sowie Kuß, A. (1993), S. 184.

[576] Vgl. Esch, F.-R. (2001b), S. 90f. sowie Morschett, D. (2002), S. 162ff.

[577] Vgl. Benkenstein, M. (2001), S. 38, Trommsdorff, V. (2002b), S. 253, Jeck-Schlottmann, G. (1988), S. 13 sowie Kuß, A. (1993), S. 183ff.

[578] Vgl. Trommsdorff, V. (2002b), S. 253 sowie Homburg, Ch./ Krohmer, H. (2003), S. 49f.

[579] Der klassischen Konditionierung zuzuordnenden Werbeinstrumente siehe bei Solomon, M./ Bamossy, G./ Askegaard, S. (2001), S. 159, Jack-Schlottmann, G. (1988), S. 12f. sowie Bänsch, A. (2002), S. 86f.

in Form von wiederkehrendem Verhalten aufgrund positiver oder negativer Erfahrungen.[580] Lernen durch Verstärkung bedeutet, dass ein Verhalten durch dessen Handlungskonsequenz verstärkt und als Konsequenz vom Individuum wiederkehrend eingesetzt wird.[581] Das dem Verhalten vorgelagerte Konstrukt der Einstellung, das durch die belohnenden und bestrafenden Stimuli beeinflusst wird, erfährt vorab eine entsprechende Veränderung.[582] Marketing-Experten versprechen sich durch diese Form der Konditionierung eine Förderung und Beschleunigung des Entscheidungsverhaltens bei der Produktwahl. Sie führen diesen Effekt darauf zurück, dass durch den nach einer gewissen Zeit entwickelten Ankerreiz „Marke" lang andauernde Kaufentscheidungsakte routiniert und damit verkürzt werden.[583] Folglich habitualisiert eine Arbeitgebermarke das Such- und Wahlverhalten von Nachwuchskräften nach einem Arbeitgeber.

Die Herausforderung im Prozess des Employer Branding besteht darin, geeignete Maßnahmen der Verstärkung im Sinne der instrumentellen Konditionierung zu identifizieren und einzusetzen. Erste Anhaltspunkte bietet die Systematisierung der Verstärkung im Sinne von Belohnung nach *Wiswede (1992)*, der zwischen drei Arten der Belohnung unterscheidet: die Objekt-, Sozial- und Selbstbelohnung.[584] Besondere Aufmerksamkeit gilt der **Objektbelohnung**, welche die Belohnung durch den Nutzen des Bezugsobjekts impliziert. Den potenziellen Bewerbern sollte demnach der **Nutzen** eines Arbeitgebers verdeutlicht werden, d.h. wie und in welchem Ausmaß die verfolgten persönlichen und beruflichen Ziele bei einem Arbeitgeber verwirklicht werden können. Die in Botschaften formulierten Nutzenversprechen können dann als symbolische bzw. antizipierte positive Verstärkung interpretiert werden.[585] Die **Sozialbelohnung** entspricht der Demonstrations- und Pestigefunktion einer Arbeitgebermarke. Die soziale Belohnung drückt aus, was die relevanten Bezugs-

---

[580] Vgl. Behrens, G. (1991), S. 262ff., Bänsch, A. (2002), S. 87ff., Baumgarth, C. (2001), S. 52f. sowie Pepels, W. (2001a), S. 233f. Es wird auch von *operantem* Konditionieren gesprochen; vgl. u.a. Nieschlag, R./ Dichtl, E./ Hörschgen, H. (2002), S. 615 sowie Pepels, W. (2001a), S. 233f. Empirisch untersucht wurde dieser Zusammenhang von *Skinner*. Ratten wurden in einem Käfig mit einem Hebelmechanismus konfrontiert, dessen richtige Betätigung zu einer Futterzufuhr führte; vgl. Nieschlag, R./ Dichtl, E./ Hörschgen, H. (2002), S. 615 sowie Pepels, W. (2001a), S. 232f.

[581] Vgl. Wiswede, G. (1992), S. 80f., Silberer, G. (1983), S. 579, Benkenstein, M. (2001), S. 38f. sowie Kuß, A. (1993), S. 184f. Der Hauptunterschied zur klassischen Konditionierung liegt darin begründet, dass die Lernwirkung nicht automatisch durch die gleichzeitige Wahrnehmung zweier Stimuli eintritt, sondern dass das Individuum selbst in Aktion tritt und dieses Verhalten belohnt oder bestraft wird.

[582] Zur Veränderung der Einstellung siehe Silberer, G. (1983), S. 579 sowie Trommsdorff, V. (2002b), S. 254f.

[583] Vgl. Koppelmann, U. (1994), S. 227f., Kroeber-Riel, W./ Weinberg, P. (2003), S. 337ff. sowie Benkenstein, M. (2001), S. 38f.

[584] Vgl. Wiswede, G. (1992), S. 81f.

[585] Vgl. dazu die Ausführungen von Nieschlag, R./ Dichtl, E./ Hörschgen, H. (2002), S. 1023. Eine *Sozial-* und *Selbstbelohnung* durch die Wahl eines bestimmten Arbeitgebers ist erst nach der Profilierung als Marke zu erwarten. Dann führen u.a. gesellschaftliche Anerkennung und innere Befriedigung durch die gewünschte Beschäftigung beim Wunscharbeitgeber zur Verstärkung; vgl. zur Sozial- und Selbstbelohnung Wiswede, G. (1992), S. 81f.

gruppen eines Bewerbers von einer Beschäftigung bei einem bestimmten Arbeitgeber denken, und wie wichtig dieses Urteil in den eigenen Augen ist. Bei der **Selbstbelohnung** ist
schließlich nicht mehr der Nutzen eines Arbeitgebers oder eines externen sozialen Personenkreises die Quelle der Belohnung, sondern das eigene Selbst. Die Beschäftigung bei der
Arbeitgebermarke führt zu einer gewissen inneren Befriedigung.[586] Die Sozial- und die
Selbstbelohnung sind Effekte, die sich automatisch aus der Beschäftigung bei einer Arbeitgebermarke ergeben und daher erst nach erfolgter Entwicklung derselben wirksam werden.
Implikationen für das Employer Branding werden deshalb nicht abgeleitet.

Weitere verstärkende positive Reize können bei einzelnen **Kontakten** mit den Zielpersonen
gesetzt werden. Von der ersten telefonischen Auskunft durch die Personalabteilung, über
die Mitarbeiter bei externen Recruitingveranstaltungen bis hin zu Erfahrungen in Form von
Praktika oder Diplomarbeiten im Unternehmen können die Erwartungen des Nachwuchses
bestätigt und in Form des gewünschten wiederkehrenden Kontaktes zum Unternehmen verstärkt werden. Der Kontaktkette im Rahmen des Bewerberservices ist dabei eine besondere
Aufmerksamkeit zu widmen, da der umworbene Fach- und Führungsnachwuchs in der Entscheidungsphase besonders sensibel reagiert und durch Fehlverhalten von Seiten des Unternehmens nicht dazu angeregt wird, den Arbeitgeber weiterhin im relevant set zu halten.[587]
Negative Reize wie u.a. ein das Informationsverhalten des Bewerbers hemmender Internetauftritt oder Unfreundlichkeiten durch Repräsentanten des Arbeitgebers führen zur gegen-
teiligen Motivation, die Kontaktaufnahme zum Unternehmen nicht zu wiederholen.[588] Mit
anderen Worten erklärt das Lernen am Erfolg das **Treueverhalten** gegenüber einer Marke.
Führt die Arbeitgebermarke zu positiven Erfahrungen, weil das Leistungsangebot (Qualität)
des Arbeitgebers die Anforderungen der potenziellen Mitarbeiter erfüllt, steigt die Wahrscheinlichkeit, den Kontakt zu wiederholen. Derselbe Wirkungszusammenhang betrifft die
aktuellen Mitarbeiter in der ex-post Wahlbetrachtung, deren Bindung zum Arbeitgeber ge-
stärkt und Wechselabsichten minimiert werden.[589] Die im Rahmen von Praktika, Werkstudententätigkeiten oder Diplomarbeiten gesammelten positiven Erfahrungen motivieren
den akademischen Nachwuchs, den Kontakt aufrechtzuerhalten und bewegen nach Studienabschluss ggf. zum Eintritt in das Unternehmen.

---

[586] Vgl. i.A.a. Wiswede, G. (1992), S. 81f. Die Beschäftigung bei einer Arbeitgebermarke verhilft der
      akademischen Nachwuchskraft im Idealfall zu Geltung und Ansehen, zu sozialen Kontakten sowie ggf.
      zur themenbezogenen Meinungsführerschaft (Sozialbelohnung).

[587] Zur gezielten Ausgestaltung des Bewerberservices im Sinne des Employer Branding siehe *Kapitel
      V.3.2.5.2.*

[588] *Nieschlag et al.* führen als positive Reize zur Erreichung eines gewünschten Kaufverhaltens Freundlich-
      keit, Bestätigung und problemadäquate Beratung, als negative Reize eine umständliche Verpackung an;
      vgl. Nieschlag, R./ Dichtl, E./ Hörschgen, H. (2002), S. 1023f.

[589] Vgl. dazu die Ausführungen von Baumgartner, B./ Hruschka, H. (2002), S. 301 sowie Bänsch, A.
      (2002), S. 89.

2.2 Aufbau eines inneren Markenbildes zum Arbeitgeber

In den bisherigen Ausführungen wurde das Arbeitgebermarkenschema hauptsächlich als Netzwerk kognitiven, verbalen Wissens dargestellt. Potenzielle visuelle Elemente innerhalb des semantischen Netzwerks wurden nur am Rande erwähnt. Die verhaltenswissenschaftliche Forschung fand heraus, dass der Mensch gewisse Reize in Form von Vorstellungsbildern kodiert.[590] Es existiert damit eine Wissensform in der Ausprägung **innerer Bilder**. Innere Bilder stellen bildhafte innere Vorstellungen dar, die im Langzeitgedächtnis abgespeichert werden.[591] Diese prägen analog zu verbalem Wissen die Einstellung sowie das individuelle Verhalten.

Um ein Verständnis dafür zu schaffen, warum auch für eine Arbeitgebermarke der Aufbau eines solchen Markenbildes unausweichlich erscheint, können zusammenfassend folgende Charakteristika der inneren Bilder angeführt werden: bei Existenz von inneren Bildern, werden diese auch über eine lange Zeit hinweg erinnert. Die **Erinnerung** findet im Gegensatz zur Reproduktion von verbalem Wissen ohne nennenswerte Gedächtnisleistung statt und findet somit spontaner statt.[592] Die schnelle Verfügbarkeit von Gedächtnisbildern kommt insb. der **Einstellungsbildung** zugute.[593] Denn innere Bilder entfalten eine besonders starke emotionale und aktivierende Wirkung.[594] Sie stehen im engen Zusammenhang zur Speicherung von **Emotionalität**. *Kroeber-Riel & Esch (2000)* bezeichnen innere Bilder deshalb auch als „gespeicherte Gefühle".[595] Die Eigenschaft der **Lebendigkeit** beeinflusst dabei im besonderen Maße den emotionalen Wirkungsgrad des Gedächtnisbildes. Bei besonders hoher Lebendigkeit können sich diese dynamischen Bilder zu emotionsgeladenen **Erlebniswelten** entwickeln.[596] Eine potenzielle Erlebniswelt einer Arbeitgebermarke kann bspw. besonders herausfordernde Aufgaben, die interkulturelle Zusammenarbeit, die Auseinandersetzung mit Technologien der Zukunft oder internationale Arbeitseinsätzen umfassen.

---

[590] Vgl. Kroeber-Riel, W./ Weinberg, P. (2003), S. 350ff.

[591] Vgl. Bekmeier-Feuerhahn, S. (2001), S. 1110f., Esch, F.-R. (2001b), S. 128f. sowie Ruge, H.-D. (2001), S. 167. Die inneren Bilder sind abzugrenzen von äußeren Bildern, die über das Sinnesorgan Auge wahrgenommen werden. *Kroeber-Riel & Weinberg* unterscheiden in diesem Zusammenhang auch zwischen *Wahrnehmungsbild* und Gedächtnisbild (memory image). Das *Gedächtnisbild* (inneres Bild) ist in Abgrenzung zum wahrgenommenen Bild auch in Abwesenheit des Bezugsobjektes existent. Nachfolgend werden die Begriffe innere Bilder und Gedächtnisbilder synonym verwendet; vgl. Kroeber-Riel, W./ Weinberg, P. (2003), S. 242, Baumgarth, C. (2001), S. 47 sowie Langner, T. (2003), S. 32ff.

[592] Vgl. Jeck-Schlottmann, G. (1988), S. 16f., Trommsdorff, V. (2002b), S. 106 sowie Ruge, H.-D. (2001), S. 170.

[593] *Levermann* spricht beim Aufbau von inneren Bildern auch von einer Beeinflussungsstrategie; vgl. Levermann, Th. (1995), S. 66.

[594] Vgl. Trommsdorff, V. (2002b), S. 106, Ruge, H.-D. (2001), S. 170 sowie Esch, F.-R. (2001b), S. 134ff.

[595] Kroeber-Riel, W./ Weinberg, P. (2003), S. 265.

[596] Vgl. Ruge, H.-D. (1988), S. 151, Kroeber-Riel, W./ Weinberg, P. (2003), S. 352f., Ruge, H.-D. (2001), S. 173 sowie Kroeber-Riel, W./ Esch, F.-R. (2000), S. 165.

Neben der in *Kapitel IV.3.2* erläuterten Persönlichkeitsbildung steht damit eine weitere Methode der **Emotionalisierung** von Arbeitgebern zur Verfügung.[597] Aufgrund deren Verhaltensrelevanz sind die Vorstellungsbilder in der Ziel- und Maßnahmenplanung des Employer Branding zu berücksichtigen.[598] Das Ziel besteht darin, über den Einsatz geeigneter kommunikationspolitischer Maßnahmen ein zur Positionierung passendes, unverwechselbares, stabiles inneres Bild zur Arbeitgebermarke aufzubauen. Handlungsempfehlungen zur Umsetzung können von der Hemisphärenforschung und der darauf aufsetzenden Imagery-Forschung erwartet werden, welche die Existenz und Entstehung der inneren Bilder erklären.[599]

2.2.1 Erkenntnisbeiträge der Hemisphärenforschung

Die Hemisphärenforschung betrachtet das Gehirn als Doppelorgan und diskutiert die funktionalen Unterschiede der linken und rechten Großhirnhälften (Hemisphären) bei den geistigseelischen Aktivitäten des Menschen.[600] Die Wissenschaft ist sich einig, dass beide Hemisphären unabhängig voneinander arbeiten können und gleiche Informationen unterschiedlich verarbeiten. Wie Untersuchungen zur Gehirnforschung zeigen konnten, widmet sich die linke Gehirnhälfte vorwiegend den sprachlich-begrifflichen Reizen (**begriffliches Denken**; **semantisches Wissen**).[601] Hier werden folglich die verbalen Repräsentationen der Marke gespeichert. Die rechte Gehirnhälfte hingegen dient der Bearbeitung von nonverbalen Informationen in Form von räumlichen Formen und Verhältnissen. Eine Speicherung der aufgenommenen Informationen erfolgt durch Bilder (**bildliches Denken**; **visuelles Wis-**

---

[597] Des Weiteren unterliegen *innere Bilder* im Vergleich zu verbalen Informationen einer geringeren kognitiven Kontrolle; vgl. Levermann, Th. (1995), S. 66. Es können folglich Botschaften verarbeitet werden ohne Reaktanz auszulösen; vgl. Ruge, H.-D. (2001), S. 170f. Bildwissen stößt kaum auf Kapazitätsgrenzen; vgl. Trommsdorff, V. (2002b), S. 106f. Innere Bilder können weitere gespeicherte Informationen aus dem Langzeitgedächtnis reaktivieren; vgl. Ruge, H.-D. (2001), S. 170.

[598] Wie bereits in den Modellen zur Markenstärke vorgestellt, tragen innere Bilder einen hohen Beitrag zur Bildung der Markenstärke bei; vgl. dazu die Modelle von Keller (1993) sowie Bekmeier-Feuerhahn (1998). Zur hohen Relevanz der inneren Bilder siehe auch Behrens, G. (1994), S. 211f., Ruge, H.-D. (2001), S. 168ff., Fantapié Altobelli, C./ Sander, M. (2001), S. 103, Bruhn, M. (2003a), S. 28 sowie Unger, F./ Fuchs, W. (1999), S. 145.

[599] Die Hemisphären- und die Imagery-Forschung liefern die theoretische Erklärung für das Konzept der inneren Bilder; vgl. Ruge, H.-D. (2001), S. 168 sowie Bekmeier-Feuerhahn, S. (2001), S. 1110f. Die Hemisphärenforschung wird nur kurz behandelt, indem deren Forschungsergebnisse grob skizziert werden. Sie dienen als Vorlage für die weiterführende Imagery-Forschung, die im Fokus der folgenden Ausführungen steht.

[600] Vgl. Lasogga, F. (1998), S. 261ff. sowie Kroeber-Riel, W./ Weinberg, P. (2003), S. 350ff.

[601] Die *linke Hemisphäre* gilt als Sprachzentrum und der Sitz der Logik, wo rechnerische und analytische Prozesse stattfinden. Die Informationsverarbeitung in Form von kognitiven Aufgaben verläuft sequenziell; vgl. Lasogga, F. (1998), S. 262 sowie Bekmeier-Feuerhahn, S. (1998), S. 177ff.

sen).[602] Auch die **linke Hemisphäre** ist an dem Aufbau eines Schemas zur Arbeitgeber-marke beteiligt, indem diese die Speicherung der visuellen Markenassoziationen übernimmt.

Eindrücke, vor allem „linkshemisphärisch" gespeichert	Eindrücke, vor allem „rechtshemisphärisch" gespeichert
Zahlen, Worte, Slogan, Nutzenversprechen, Arbeitgebername, etc.	Bilder, Farben, Formen, Musik, Emotionen, etc.

Tab. V-1: Reizabhängige Gedächtnisspeicherung

Quelle: Eigene Darstellung i.A.a. Hertle (2003)

Die Erkenntnis der Hemisphärenforschung, dass neben semantischem Wissen auch visuelles Wissen existiert, welches in den beiden Hirnhälften separat gespeichert wird und sich gemeinsam zu einer Schemastruktur formiert, eröffnet die Möglichkeit, den Employer Brand auf unterschiedliche Weise in den Köpfen der Zielgruppen zu verankern. Gleichzeitig verpflichtet sie im Sinne eines effektiven Markenmanagements zur Sendung unterschiedlicher kommunikativer Reize, um letztendlich die Wirkungen des Bildwissens zu nutzen.[603]

2.2.2 Erkenntnisbeiträge der Imagery-Forschung

Als Imagery wird die gedankliche Entstehung, Verarbeitung und Speicherung von inneren Bildern bezeichnet.[604] Die Imagery-Forschung greift die Erkenntnisse der Hemisphärenforschung auf und dient als Basis zur Analyse von inneren Bildern. Für die Gestaltung des Employer Branding stellt sich die Frage nach dem Zustandekommen von inneren Marken-

---

[602] Die Informationsverarbeitung verläuft in der *rechten Gehirnhälfte* gleichzeitig. Durch die simultanen Denkvorgänge wird ein komplexes Bild erfasst; vgl. Bekmeier-Feuerhahn, S. (1998), S. 178f.

[603] Für die Erweiterung der Schematheorie um die Erkenntnisse der Imagery-Forschung können die Ergebnisse zur Beziehung zwischen Schemata und Imageryprozessen herangezogen werden. Nach *Esch* haben Individuen mit bestehenden Schemata eine größere Tendenz zur Visualisierung bei der Erinnerung an Informationen. Zudem verfügen sie über eine deutlich höhere Anzahl an lebendigen Bildern. Die Lebendigkeit (Vividness) von Informationen beeinflusst besonders den Zugriff auf Wissenselemente und führt dazu, dass diese Informationen bevorzugt werden; vgl. Esch, F.-R. (2001b), S. 129. Die Existenz von Schemata bedingt und fördert damit den Aufbau von inneren Bildern, die wiederum die Form und die Erinnerung an die Informationen beeinflussen.

[604] Vgl. Leven, W. (1995), Sp. 928ff., Levermann, Th. (1995), S. 62f. sowie Kroeber-Riel, W./ Weinberg, P. (2003), S. 350ff.

bildern, die dem Unternehmen als Arbeitgeber ein „**verhaltenswirksames Gesicht**" geben.[605]

Zu der bekanntesten Theorie der Imageryforschung zählt die **Theorie** der **dualen Kodierung** von *Paivio (1991)*. Diesem Ansatz wird die Annahme zugrunde gelegt, dass verbale und visuelle Informationen in unabhängigen, aber miteinander verbundenen Gedächtnissystemen verarbeitet und gespeichert werden. Trotz der funktionalen Unabhängigkeit besteht zwischen dem semantischen und visuellen System eine derartige Verbindung, dass verbale und bildliche Informationen in beiden Systemen enkodiert werden können. Diese Form der Speicherung bezeichnet *Paivio* als duale Kodierung. Aufgrund der beidseitigen Repräsentation der Informationen werden diese im Gedächtnis stärker verankert und in der Folge besser erinnert. Daraus abgeleitet sollten im Sinne einer langfristigen Speicherung Informationen derart dargeboten werden, dass diese in der Lage sind, beide Systeme zu aktivieren.[606]

Eine besonders große Wahrscheinlichkeit der dualen Kodierung ergibt sich mit wachsendem **Konkretisierungsgrad** der Informationen. Für das Employer Branding stellt dieses Reizmerkmal mit der Konsequenz einer relativ hohen Erinnerungswirkung eine entscheidende Erfolgsgröße dar. Reize (Informationen) lassen sich aus den Erkenntnissen experimenteller Untersuchungen nach dem Grad der Konkretisierung wie folgt in Zusammenhang bringen: Reale Objekte werden besser erinnert als Bilder, Bilder werden besser erinnert als konkrete Worte, konkrete Worte werden besser erinnert als abstrakte Worte. Übertragen auf die Gestaltung des Maßnahmen-Mix des Arbeitgeberbranding zum Aufbau von inneren Bildern bedeutet dies mit abnehmender Relevanz:

- **direkte Kontakte** zum Arbeitgeber oder Arbeitgebervertretern in Form von Unternehmensbesuchen, Hochschulkontakten oder Events;
- **Bilder** in Zeitschriften, auf Plakaten oder im Internet;
- **verbale Botschaften**, Slogans, Informationstexte.

Auf Basis der Theorie der dualen Kodierung verfolgt *Ruge (1988)* das Ziel, für die Messung des visuellen Markenwissens einen mehrdimensionalen Messansatz zu entwickeln.[607] Mit der Definition der Dimensionen, die in der Summe ihrer Ausprägung die Stärke der Verhaltenswirksamkeit der inneren Bilder wiedergeben, stellt *Ruge* einen Set an formalen Kriterien zur Verfügung, welche die **Qualität** der Gedächtnisbilder bestimmen.[608] Ein besonders verhaltenswirksames Markenbild für einen Arbeitgeber zeichnet sich demnach durch folgende

---

[605] Zur Begriffswahl des *verhaltenswirksamen Gesichts* siehe Ruge, H.-D. (2001), S. 170ff.

[606] Vgl. dazu Kroeber-Riel, W./ Weinberg, P. (2003), S. 354f. sowie Langner, T. (2003), S. 50f.

[607] *Ruge* definiert aus den Ergebnissen seiner empirischen Untersuchung insgesamt 12 Dimensionen zur inneren Bildmessung. Die besonders verhaltenswirksamen Bilddimensionen werden für das Employer Branding nachfolgend diskutiert.

[608] Abgeleitet aus der Imagery-Forschung gibt die Qualität der inneren Bilder deren Verhaltenswirksamkeit wieder.

Kriterien aus: Vividness, Einzigartigkeit/ Prägnanz, Komplexität.[609] Die formale Eigenschaft mit der größten Verhaltensrelevanz ist die **Vividness** (Lebendigkeit).[610] Die Vividness repräsentiert die Klarheit und Deutlichkeit, mit der das innere Bild im Gedächtnis präsent ist, d.h. mit welcher Geschwindigkeit und Leichtigkeit dieses abgerufen werden kann und wie sehr es die Zielperson anspricht.[611] Der Einfluss von kommunizierten Botschaften und Bildern während des Branding ist folglich dann von einer besonders hohen Verhaltenswirksamkeit, wenn diese bei den Zielgruppen lebendige innere Bilder erzeugen. Die **Prägnanz** oder **Einzigartigkeit** des inneren Bildes bestimmt den Grad der Diskriminationsfähigkeit derselben gegenüber anderen Gedächtnisbildern von Arbeitgebern.[612] Die Funktion der Differenzierung im Wettbewerb um die umworbenen Nachwuchskräfte kann folglich insb. durch die Existenz von einzigartigen inneren Markenbildern erfolgen. Ein weiteres Erfolgskriterium von inneren Bildern stellt die **Komplexität** dar. Diese ist hinsichtlich deren Gestaltung möglichst gering zu halten, um die Entschlüsselung und Speicherung des visuellen Wissens möglichst einfach zu halten.[613] Für die Gestaltung von Gedächtnisbildern für einen Arbeitgeber gilt daher die Devise:

- lebendig, prägnant, einzigartig und einfach.

Aus dem Erfolgskriterium der Konkretisierung abgeleitet stellen **Bilder** eine wirkungsvolle Art dar, Informationen zu vermitteln. In der Literatur wird häufig auch von Markenbildern gesprochen.[614] Langfristig und konsistent eingesetzte Markenbilder im Prozess der Arbeitgebermarkenbildung dienen dazu, das visuelle Wissen aufzubauen. *Kroeber-Riel & Esch (2000)* unterscheiden dabei zwischen Schlüsselbildern und Markensignalen. **Schlüsselbilder** werden dazu eingesetzt, die emotionalen und informativen Assoziationen zum Arbeit-

---

[609]   Zu den von *Ruge* als besonders wichtig hervorgehobenen Dimensionen von inneren Bildern gehören die *Vividness* (Lebendigkeit), *Bewertung/ Gefallen, Intensität, Komplexität, Neuartigkeit* und *psychische Distanz*; vgl. Ruge, H.-D. (1988), S. 23 sowie Trommsdorff, V. (2002b), S. 106f. Darüber, welchen Kriterien eine besondere Bedeutung in der qualitativen Erfassung der Gedächtnisbilder beigemessen werden soll, besteht allerdings Uneinigkeit; vgl. Bekmeier-Feuerhahn, S. (1998), S. 180ff., Baumgarth, C. (2001), S. 50f. sowie Kroeber-Riel, W./ Esch, F.-R. (2000), S. 270f.

[610]   Aufgrund der hohen Verhaltenswirksamkeit und der daraus resultierenden Stärke eines Gedächtnisbildes wird die Vividness auch als Superdimension der Imagery-Forschung bezeichnet; vgl. Ruge, H.-D. (1988), S. 105ff. sowie Kroeber-Riel, W./ Esch, F.-R. (2000), S. 270.

[611]   Vgl. Ruge, H.-D. (1988), S. 108, Bekmeier-Feuerhahn, S. (1998), S. 181f. Die Anziehungskraft des inneren Bildes als Maß für das „Gefallen des Bildes", die in der Dokumentation der Untersuchung als separate Dimension aufgeführt wird, wird analog zu Ruge (2001) in das Kriterium Vividness eingeschlossen; vgl. Ruge, H.-D. (2001), S. 170.

[612]   Vgl. Baumgarth, C. (2001), S. 50f. *Ruge* fasst die Dimension Prägnanz/ Einzigartigkeit in dem Terminus *psychische Distanz*, verstanden als Vertrautheit eines Bildes, zusammen; vgl. Ruge (1988).

[613]   Zum Verständnis der Marke als Lernkonzept siehe Baumgarth, C. (2001), S. 50, Morschett, D. (2002), S. 165f. Simon, H./ Sebastian, K.-H. (1995), S. 42ff., Meffert, H./ Burmann, Ch. (2002), S. 171, Becker, J. (1991), S. 41ff., Jenner, Th. (1999), S. 20ff., Pepels, W. (1998), S. 187ff. sowie Bänsch, A. (2002), S. 85.

[614]   Mit Markenbildern sind in diesem Fall äußere Bilder, sprich Wahrnehmungsbilder gemeint, die als Reize aufgenommen werden.

geber aufzubauen. Als bildliches Grundmotiv visualisieren diese die **Positionierung** als Arbeitgeber und sind deshalb zur langfristigen Verwendung aus strategischen Überlegungen hinzuzuziehen.[615] Die Bilder sind daher so auszuwählen, dass sie die in der Analyse identifizierten Markentreiber visuell widerspiegeln. Bspw. ist das Positionierungsmerkmal „Spaß an der Arbeit" durch Bilder darzustellen, auf dem sich lachende Personen am Arbeitsplatz befinden.

Die **Markensignale** hingegen besitzen eine aktualisierende Wirkung, die dazu dienen, die Bekanntheit und die Erinnerungskraft einer Marke zu erhöhen.[616] Sie sollen die Zielgruppen langfristig ansprechen und eine durchgängige und variationsreiche Umsetzung in den verschiedenen Medien gewährleisten.[617] Das Markensignal repräsentiert eines der Hauptmerkmale der Arbeitgeberpositionierung. Bei der Wahl des Markensignals ist darauf zu achten, dass bei Betrachtung des Signals der Name der Arbeitgebermarke und dessen Image assoziiert werden. Bspw. das Positionierungsmerkmal der „Internationalität" sowie „weltweiten Präsenz des Unternehmens" kann universell durch einen Globus dargestellt werden.[618]

Um ein stabiles Gedächtnisbild aufzubauen, ist im Allgemeinen eine wiederholte Darbietung von entsprechenden Reizen erforderlich.[619] Das Lernen nach dem **Prinzip** der **Kontiguität** kommt folglich auch bei dem visuellen Wissen zum Tragen.

Um zusammenfassend die wirkungsorientierte Betrachtung der Arbeitgebermarke, bestehend aus visuellen und bildlichen Assoziationen und der einstellungsbasierten Markenstärke, in einen gesamtheitlichen Wirkungszusammenhang von Maßnahmen und Effekten zu integrieren, bietet sich das **Stimulus-Organismus-Response-Modell** (S-O-R-Modell) an. Über verschiedene Branding-Maßnahmen werden **botschafts-** und **instrumentenbezogene Reize** (Stimuli) gesandt, die von den akademischen Zielpersonen über den Weg des kognitiven Lernens sowie der Konditionierung erlernt werden. Das „erlernte" Ergebnis stellt das **Vorstellungsbild** zur Arbeitgebermarke im Gedächtnis (Organismus) dar. Die Qualität und Intensität des Vorstellungsbildes werden dabei durch die, das assoziative Netzwerk betreffenden Treiber nach *Ruge (1988), Keller (1993), Esch (1999)* sowie *Bekmeier-Feuerhahn (1998)* bestimmt. Die auf dem Einstellungskonstrukt basierende Arbeitgebermarke

---

[615] Vgl. Kroeber-Riel, W./ Esch, F.-R. (2000), S. 273. Entsprechend der inhaltlichen Positionierung des Arbeitgebers sind auch die darauf abgestimmten Bildmotive so auszuwählen, dass diese langfristig eingesetzt werden können. Ein häufiger Wechsel der Bildmotive hat zur Folge, dass kein oder nur ein diffuses inneres Bild aufgebaut wird. Folglich fehlt das visuelle Wissen, was zur Reduktion der Verankerung im Gedächtnis und der Erinnerungsleistung führt.

[616] Vgl. Kroeber-Riel, W./ Esch, F.-R. (2000), S. 272f.

[617] Vgl. Ruge, H.-D. (2001), S. 174f. sowie Kroeber-Riel, W./ Weinberg, P. (2003), S. 358f.

[618] Siehe dazu die Positionierung der Siemens AG auf dem akademischen Markt 2003/2004. Der Globus ist als visueller Anker auf jedem Plakat, jeder Broschüre sowie Veranstaltung in Form einer gewaltigen, sich drehenden Weltkugel im Zentrum des Veranstaltungsstandes zu finden; vgl. dazu Lütje, F. (2002), S. 19ff.

[619] Vgl. Kroeber-Riel, W./ Weinberg, P. (2003), S. 353.

führt in Abhängigkeit der Markenstärke schließlich zu unterschiedlichen Ausprägungen der finalen Zielgröße der **Präferenz** (Response).

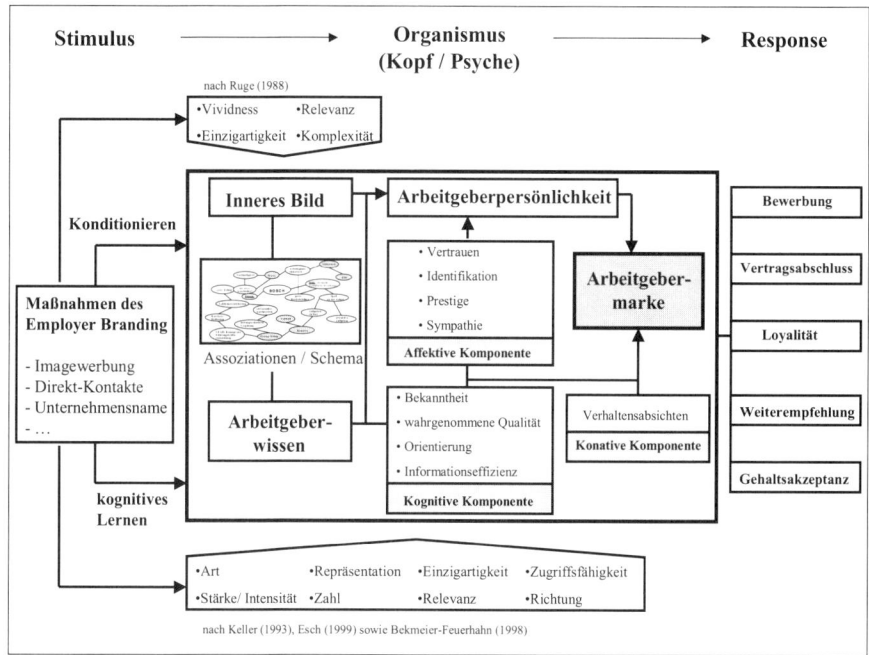

Abb. V-4: Verhaltenswissenschaftlicher Bezugsrahmen i.A.a. das S-O-R-Modell[620]

Qulle: Eigene Darstellung

---

[620] Als Paradigmen des Konsumentenverhaltens können der *bahavioristische (*S-R-Modell) und der *neobehavioristische Ansatz* (S-O-R) als konkurrierende Forschungsausrichtungen voneinander abgegrenzt werden; vgl. dazu die Erläuterungen von Baumgarth, C. (2001), S. 31ff. sowie Behrens, G. (1991), S. 16ff. Welcher dieser Ansätze für die Fundierung des Employer Branding dieser Arbeit zugrund ist, lässt sich einfach beantworten. Die Vertreter des Behaviorismus blenden die im Rahmen des Bewerberverhaltens stattfindenden psychischen Prozesse aus. Das Verhalten des Bewerbers wird ausschließlich als Reaktion (R) auf beobachtbare Stimuli (S) interpretiert (Black-Box-Modell); vgl. Meffert, H. (2000), S. 99 und Pepels. W. (2001a), S. 229f. Für die Erklärung des Aufbaus einer Arbeitgebermarke stünden folglich nur der Name des arbeitgebenden Unternehmens als Stimulus und die finale Entscheidung als reaktive Markenwahl zur Verfügung. Zur Ableitung von Implikationen notwendige psychologische Orientierungs- und Beeinflussungsgrößen wie die Einstellungskomponenten der Markenstärke würden nicht analysiert werden und blieben unberücksichtigt. Anders verhält es sich bei der neobehavioristischen Auslegung der Konsumentenforschung. Hier werden insb. die nicht beobachtbaren Zustände und Prozesse, die im Menschen verhaltensinduziert ablaufen und dem Organismus (O) zuzurechnen sind, in den Mittelpunkt der Betrachtung gerückt. Das neobehavioristische S-O-R-Modell wird deshalb auch als „echtes Verhaltensmodell" bezeichnet; vgl. Meffert, H. (2000), S. 99. Siehe zur Anwendung des S-O-R-Modells im Markenmanagement u.a. auch Schunk, H./ Marx, A. (2005), S. 110ff.

2.3 Prozessuale Ausgestaltung des Markenaufbaus

Die Arbeitgebermarke als stabiles, in den Köpfen der relevanten Zielgruppen fest verankertes semantisches Netzwerk, das die positionierungsrelevanten Elemente integriert, stellt das finale Ziel des Employer Branding dar. Wie aus deren lerntheoretischen Betrachtung deutlich wurde, benötigt deren Aufbau einen gewissen Zeitraum, in dem die Assoziationen zum Arbeitgeber u.a. durch das Erlernen gebildet werden. Zudem benötigen insb. die Erfolgsdimensionen Vertrauen und Identifikation eine gewisse Entwicklungszeit.[621] Für die Ausgestaltung des Brandingprozesses ergibt sich daher die Notwendigkeit, einen geeigneten **Profilierungszeitraum** zu bestimmen, in dem das Employer Branding zielgruppenbezogen umzusetzen ist.[622]

Da es sich bei dem Employer Branding um einen wirkungsorientierten Ansatz handelt, bei dem die menschlichen Vorgänge der Informationsaufnahme, -verarbeitung und -speicherung den Erfolg des Markenaufbaus entscheidend prägen, empfiehlt es sich, zur systematischen Ausgestaltung des Profilierungszeitraums weitere verhaltenswissenschaftliche Variablen hinzuzuziehen, welche auf die Informationsprozesse wirken. Idealerweise verkörpern diese die **Intensität** der kognitiven Leistungen und dienen somit als Steuerungsparameter für den Aufbau der Markenstärke.

Erneut zeigt sich die verhaltenswissenschaftliche Forschung erkenntnisgewinnend, die sogar zwei verhaltenswissenschaftliche Ansätze zur Darstellung von kognitiven Leistungsintensitäten liefert: die **Aktivierung** und das **Involvement**. Beide erklären einen inneren Erregungszustand beim Individuum, der als **Aufmerksamkeit** bezeichnet wird und auf die Prozesse der Informationsaufnahme, -verarbeitung sowie -speicherung wirkt.[623] Bereits *Süß (1996)* erkennt die Relevanz des Involvements für die Ausgestaltung des Personalmarke-

---

[621] Grundsätzlich kann es nicht früh genug sein, Assoziationen zu einem Unternehmen und in seiner Funktion als potenzieller Arbeitgeber gezielt aufzubauen. Denkbar sind daher Branding-Maßnahmen, die bereits im Kindergartenalter starten und sich über die Grund- und weiterführenden Schulen fortziehen. In Abhängigkeit des Konkurrenzumfelds und des geplanten Werbedrucks lässt sich der Profilierungszeitraum jedoch variabel gestalten.

[622] Um das Endziel der Arbeitgebermarke zu realisieren, ist das Erreichen der einzelnen Erfolgsdimensionen der Marke systematisch zu planen und in den Zeitzusammenhang zu integrieren. Letztendlich sind die in den vorherigen Kapiteln diskutierten kommunikativen Maßnahmen in der Form einzusetzen, dass eine maximale Markenstärke generiert wird. Es ist daher der Frage nachzugehen, anhand welcher Determinanten die Systematisierung innerhalb des Profilierungszeitraums zu erfolgen hat. Die letztendliche Integration von Zeit, Maßnahme und Wirkung erfolgt in *Kapitel V.3.2.6.3.*

[623] Nach *Weinberg* ist mit Aufmerksamkeit die individuelle Bereitschaft gemeint, Reize aufzunehmen und zu verarbeiten; vgl. Weinberg, P. (1981), S. 33f. sowie Trommsdorff, V. (2002b), S. 52. Die enge Verbundenheit zwischen der Aktivierung und dem Involvement lässt sich aus der Tatsache ableiten, dass die Aufmerksamkeit sowohl über das Konstrukt der Aktivierung als auch des Involvements erklärt wird. *Kroeber-Riel & Weinberg* bezeichnen die Aufmerksamkeit als kurzeitige Erhöhung der Aktivierung; vgl. Kroeber-Riel, W./ Weinberg, P. (2003), S. 61. *Trommsdorff* hingegen stellt diese als Subkonstrukt des Involvements dar; vgl. Trommsdorff, V. (1995), Sp. 1074f., ähnlich auch Meffert, H. (2000), S. 112.

ting. Die nachfolgende Graphik gibt den Wirkungszusammenhang sowie vorab eine Übersicht zu verschiedenen Komponenten der verhaltenswissenschaftlichen Variablen wieder:

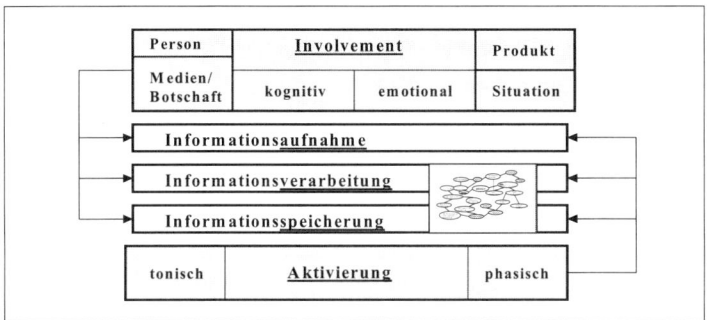

Abb. V-5: Verhaltenswissenschaftliche Einflussgrößen der Informationsverarbeitung

Quelle: Eigene Darstellung

2.3.1 Erkenntnisbeiträge des Involvement-Konzepts

a) Theoretische Erklärung

Im Marketing hat das Involvement seit den 70er Jahren die Verhaltenswissenschaften sowie Konsumentenforschung revolutioniert und zählt aus der Sicht der Experten zu den wichtigsten Konstrukten zur Beschreibung, Erklärung, Prognose und Beeinflussung von Entscheidungs- und Wahlverhalten.[624] Obwohl das Involvement neben der Einstellung zu den zentralen Konstrukten der angewandten Verhaltensforschung zählt, besteht bis heute keine Einigkeit über die Begriffsdefinition.[625] Die meisten Definitionsansätze begreifen das Involvement als **Ich-Beteiligung** oder **Engagement**, sich einem Zusammenhang und einer

---

[624] Zur Relevanz des Involvements in der Verhaltenswissenschaft siehe Trommsdorff, V. (1995), Sp. 1067f., Matzler, K. (1997), S. 211f., Mayer, H./ Illmann, T. (2000), S. 147ff., Kuß, A. (1993), S. 173f., Baumgarth, C. (2001), S. 36, Schulz, F. (1997), S. 43ff., Felser, G. (2001), S. 56 sowie Schneider, Ch. (1997), S. 27ff. Ausgangspunkt der Involvement-Forschung ist ein Aufsatz von *Krugman* zur Wirkung von Fernsehwerbung. *Krugman* konnte bei seinen Untersuchungen feststellen, dass die ermittelten Lernkurven von Fernseh-Werbespots und von sinnlos zusammengefügten Wortsilben den gleichen *U-förmigen Verlauf* aufweisen. Er begründete dieses Ergebnis mit dem mangelnden Interesse der an der Versuchsreihe teilgenommenen Personen; vgl. die Studie von Krugman (1965). Zur historischen Aufarbeitung des Involvements siehe auch Matzler, K. (1997), S. 189f., Schulz, F. (1997), S. 48f., Kuß, A. (1987), S. 21f., Kanther, V. (2001), S. 20f., Hupp, O. (2000), S. 194ff. sowie Donnerstag, J. (1996), S. 24ff.

[625] Die Begriffsverwirrung resultiert z.T. aus den verschiedenartigen Ansätzen, die dem Involvementkonstrukt zugrunde gelegt werden. Vgl. auch Mayer, H./ Illmann, T. (2000), S. 147 sowie Baumgarth, C. (2001), S. 36.

damit verbundenen Entscheidung zu widmen.[626] Besonders hervorzuheben ist dessen Einfluss auf die objektgerichtete **Informationssuche, -aufnahme** und **-speicherung** des Individuums.[627] Mit wachsendem Involvement steigt die Sensibilität der Nachwuchskräfte für Informationen und die Bereitschaft, sich mit dem Thema der Attraktivität und der Wahl eines Arbeitgebers auseinander zu setzen. Die Intensität des Involvements bestimmt insb. die **Verarbeitungstiefe** der Informationen und wirkt damit auf die Stabilität und langfristige Verankerung von Assoziationen in der Markenstruktur.[628] Das Involvement beeinflusst folglich den über Informationsaufnahme- und verarbeitung vollziehenden **Aufbau** und die **Fixierung** von Markenschemata und nimmt damit bei der Gestaltung des Employer Branding einen bedeutenden Stellenwert ein.

In der Fachliteratur werden verschiedene **Involvementkomponenten** diskutiert.[629] Um für die Ausgestaltung der Kommunikationsstrategie geeignete Anhaltspunkte zu bekommen, werden nachfolgend das Personen-, Produkt-, Situations- und Stimulusinvolvement analysiert.

Das **personenspezifische Involvement** betrifft die persönlichen Neigungen und resultiert aus den unterschiedlichen Werten, Zielen und Interessen eines Individuums.[630] Im Vergleich zu den anderen Involvementarten zeichnet sich dieses Involvement durch eine konstante Form aus, was auf die hohe zeitliche Stabilität der Persönlichkeit einer Person und dessen Selbstbild zurückzuführen ist.[631] Dies bedeutet, dass das personenbezogene Risikoempfin-

---

[626] Vgl. dazu die Definitionsansätze von Kroeber-Riel, W./ Weinberg, P. (2003), S. 175, Wiswede, G. (1992), S. 85f., Kanther, V. (2001), S. 30f. sowie Weinberg, P. (1992), S. 64ff.

[627] Vgl. dazu Jeck-Schlottmann, G. (1988), S. 5, Behrens, G. (1991), S. 64, Kuß, A. (1993), S. 173, Trommsdorff, V. (2002b), S. 56, Pepels, W. (2001a), S. 249f. sowie Nieschlag, R./ Dichtl, E./ Hörschgen, H. (2002), S. 1012f.

[628] Vgl. zur Determinierung der *Verarbeitungstiefe* Donnerstag, J. (1996), S. 132f., Matzler, K. (1997), S. 211f. sowie Henniger, M. (1996), S. 49f. Letztendlich beeinflusst das Involvement die Einstellungsbildung und damit den gesamten Lernprozess zum Aufbau der Arbeitgebermarke in den Köpfen der Zielgruppen; zur Einstellungsrelevanz siehe Baumgarth, C. (2001), S. 71. Des Weiteren wird in der Fachliteratur das Involvement häufig mit der Markentreue in Zusammenhang gebracht. Auf diese wird jedoch nicht weiter eingegangen, da im Rahmen dieser Arbeit die Gewinnung und nicht die Bindung von Mitarbeitern diskutiert wird; vgl. dazu u.a. Wiswede, G. (1992), S. 85f. und Trommsdorff, V. (2002b), S. 257f.

[629] Die Bezeichnung der Komponenten des Involvements divergiert zwischen den Experten; vgl. dazu die Auflistungen von Mayer, H./ Illmann, T. (2000), S. 148ff., Mühlbacher, H. (1982), S. 188ff. sowie Trommsdorff, V. (2002b), S. 58ff. Die Unterteilung in Teilinvolvements geht auf eine Studie von *Kapferer & Laurent* zurück, die herausfinden, dass das Involvement über verschiedene Produktgruppen hinweg von fünf weitestgehend unabhängigen Determinanten abhängt: Interesse am Produkt, Verstärkung beim Entscheiden, Identifikation mit dem Produkt, Risikograd der Entscheidung sowie Risikokosten bei Fehlentscheidung; vgl. Trommsdorff, V. (2002b), S. 58ff., Donnerstag, J. (1996), S. 118 sowie Wiswede, G. (1992), S. 86.

[630] Vgl. Kroeber-Riel, W./ Weinberg, P. (2003), S. 371f., Baumgarth, C. (2001), S. 36ff., Schulz, F. (1997), S. 54 sowie Nieschlag, R./ Dichtl, E./ Hörschgen, H. (2002), S. 1013f. Aufgrund der Ich-Bezogenheit wird auch vom *Ego-Involvement* gesprochen; vgl. Jeck-Schlottmann, G. (1988), S. 5f. sowie Hupp, O. (2000), S. 200f.

[631] Vgl. Felser, G. (2001), S. 59.

den bzgl. Wahlentscheidungen sowie das daraus resultierende Engagement zur intensiven Informationssuche weitstgehend auf demselben Level bleiben.[632] Eine enge Verbindung des Personeninvolvements besteht zu der **produktbezogenen Teilkomponente** des Involvements, wobei hier anzumerken ist, dass unter Produkten auch Sachverhalte und Aktivitäten verstanden werden und somit auch die Arbeitgeberwahlentscheidung als Produkt i.w.S. zu betrachten ist.[633] Das Produktinvolvement bezeichnet die dauerhafte Relevanz eines Produkts für ein Individuum. Dessen Ausprägung hängt daher von dem Interessensgegenstand ab.[634] Aufgrund der grundlegend hohen Bedeutung einer richtigen Arbeitgeberwahl kann vorliegend ebenfalls von einem konstant hohen Teilinvolvement ausgegangen werden.[635] Als prozessrelevante Variablen, die einen Einfluss auf den Erfolg des Employer Branding nehmen, scheiden diese beiden Involvementkomponenten daher aus.

Eine besondere Rolle für den gedächtnispsychologischen Aufbau der Arbeitgebermarke spielen hingegen das Stimulus- und Situationsinvolvement. Bei der Analyse des **stimulusspezifischen Involvements** stehen reizspezifische Merkmale im Vordergrund, welche die Ausprägung desselben bestimmen.[636] Aufgrund der Reizgebundenheit beeinflussen die Art und Intensität der Stimuli demnach die Informationsaufnahme und -verarbeitung bei den angehenden Fach- und Führungskräften.[637] Um den Begriff Stimulus zu konkretisieren, soll im Folgenden von **Medien- und Botschaftsinvolvement** gesprochen werden.[638] Während

---

[632] Eine Eigenschaft soll an dieser Stelle besonders hervorgehoben werden: die *Subjektivität*, die besagt, dass das Involvement in seiner Ausgestaltung von Person zu Person unterschiedlich ausfallen kann, obwohl die Stimuli und Rahmenbedingungen dieselben sind; vgl. Jeck-Schlottmann, G. (1988), S. 5, Schulz, F. (1997), S. 53 sowie Kanther, V. (2001), S. 30f. Das Involvement steht in hoher Abhängigkeit zu den Werten, dem Selbstkonzept und den Bedürfnissen und Interessen einer Person; vgl. Jeck-Schlottmann, G. (1988), S. 5. Dieses bedeutet, dass ein bestimmtes Maßnahmenpaket nicht unbedingt dieselben Reaktionen bei den Zielgruppen garantiert. Universalkonzeptlösungen für ein stets zum Erfolg führendes Employer Branding können daher, basierend auf dem Involvementkonstrukt allein, nicht erwartet werden.

[633] Vgl. zum Verständnis des Produktinvolvements Schulz, F. (1997), S. 53.

[634] Vgl. Donnerstag, J. (1996), S. 118, Schulz, F. (1997), S. 53f. sowie Mühlbacher, H. (1982), S. 188f., Jeck-Schlottmann, G. (1988), S. 6f. sowie Nieschlag, R./ Dichtl, E./ Hörschgen, H. (2002), S. 1015.

[635] Das Produkt- und das Personeninvolvement können die Involviertheit eines Individuums kaum wiedergeben. Erst das Zusammenspiel mit den situations- und reizbezogenen Teilkomponenten bestimmt den Involvementgrad und die Bereitschaft, sich mit der Arbeitgeberwahlentscheidung auseinander zu setzen; vgl. Jeck-Schlottmann, G. (1988), S. 9 sowie Mühlbacher, H. (1982), S. 196f. Aufgrund der relativen Konstanz der personen- und produktbezogenen Involvementkomponente sind diese als fix anzusehen und nehmen daher nicht die Bedeutung eines Steuerungsparameters in der Gestaltung der Brandingstrategie ein. Aufgrund der geringen Anwendungsorientierung soll daher von einer weiteren Analyse abgesehen werden.

[636] Vgl. Jeck-Schlottmann, G. (1988), S. 6f., Kroeber-Riel, W./ Weinberg, P. (2003), S. 371f., Hupp, O. (2000), S. 210ff. sowie Mühlbacher, H. (1982), S. 197.

[637] Vgl. i.A.a. Donnerstag, J. (1996), S. 118, Kroeber-Riel, W./ Weinberg, P. (2003), S. 371 sowie Mühlbacher, H. (1982), S. 197.

[638] Vgl. dazu Felser, G. (2001), S. 60f., Mühlbacher, H. (1982), S. 206ff., Donnerstag, J. (1996), S. 119 sowie Jeck-Schlottmann, G. (1988), S. 6.

das zuerst genannte die Zuwendung des Individuums zu dem Medium bei dessen Nutzung beschreibt, umfasst das Botschaftsinvolvement u.a. die argumentativen Inhalte der Arbeitgeberaussagen, Unterhaltungswert sowie weitere Aktivierungsleistungen.[639] Für das Employer Branding spielt daher die Auswahl der kommunikationspolitischen Instrumentarien und Botschaften eine erfolgsentscheidende Rolle. Diese sind hinsichtlich ihrer reizspezifischen Wirkungen einzusetzen.

Der effiziente Einsatz der Kommunikationsinstrumente hängt neben deren stimulierenden Wirkung insb. von dem zeitpunktbezogenen Involvement des Individuums ab, welches als **Situationsinvolvement** bezeichnet wird.[640] Denn obwohl die Arbeitgeberwahl als stark involvierender Sachverhalt gilt, ist zu berücksichtigen, dass das Interesse bei den potenziellen Bewerbern im Zeitverlauf, sich mit der Thematik der Arbeitgeberwahl bzw. des wechsels auseinander zu setzen, variiert.[641] *Jeck-Schlottmann (1988)* vertritt daher zurecht die Ansicht, dass das Situationsinvolvement das Ego- sowie Produktinvolvement dominiert, welches letztendlich für die aktive Informationssuche zur Lösung von Problemen sowie Reduktion von Risiken verantwortlich ist.[642] Ausschlaggebend für die Informationsaktivitäten ist daher nicht das latente, sondern das aktuelle Interesse, welches situationsabhängigen Veränderungen unterliegt.[643]

Abschließend üben daher das Medien- und Botschafts- sowie das Situationsinvolvement Einfluss auf den Informationsprozess und damit auf den Aufbau und die Stabilisierung von Arbeitgeberassoziationen aus. Für die Ausgestaltung eines Profilierungszeitraums für das Employer Branding ist aufgrund der Zeitraumbetrachtung der situativen Komponente weiter nachzugehen.

Um zwischen den Ausprägungen beim **Situationsinvolvement** im Zeitverlauf unterscheiden zu können, bietet sich die in der Fachliteratur häufig angeführte dichotome Aufteilung in High- sowie Low-Involvement an.[644] Die Höhe des Involvements determiniert den Informationsprozess in mehrfacher Weise. Über die aktiv gesteuerte Informationssuche hinaus, die den Bewerber zum Information Seeker werden lässt, werden beim **High-Involvement** tendenziell mehr Informationsquellen genutzt, mehr und schneller Informationen aufgenommen und mehr Arbeitgebermerkmale zum Vergleich hinzugezogen.[645] Ferner verläuft die

---

[639] Vgl. Nieschlag, R./ Dichtl, E./ Hörschgen, H. (2002), S. 1014f. sowie Trommsdorff, V. (2002b), S. 60f.

[640] Vgl. Kroeber-Riel, W./ Weinberg, P. (2003), S. 250f., Nieschlag, R./ Dichtl, E./ Hörschgen, H. (2002), S. 1013f. sowie Felser, G. (2001), S. 59f.

[641] Siehe dazu das unterschiedliche Engagement der Zielgruppen zur Informationssuche u.a. bei Eisele, D.S. (2001), S. 415 und Böde, U./ Ekkehard, St./ Sänger, K.-D. (1991), S. 733ff.

[642] Vgl. Jeck-Schlottmann, G. (1988), S. 9., Felser, G. (2001), S. 59f. sowie Kroeber-Riel, W./ Weinberg, P. (2003), S. 250f.

[643] Vgl. Schulz, F. (1997), S. 54, Donnerstag, J. (1996), S. 118 sowie Jeck-Schlottmann, G. (1988), S. 7f.

[644] Vgl. dazu u.a. Nieschlag, R./ Dichtl, E./ Hörschgen, H. (2002), S. 1012f., Baumgarth, C. (2001), S. 37f., Felser, G. (2001), S. 56f. sowie Matzler, K. (1997), S. 196f.

[645] Vgl. zum Informationsverarbeitungsprozess unter High-Involvement-Bedingungen Donnerstag, J. (1996) S. 133f., Mayer, H./ Illmann, T. (2000), S. 162f., Jeck-Schlottmann, G. (1988), S. 11, Schulz, F. (1997),

Informationsverarbeitung mit erhöhter Intensität und die Speicherung mit verstärktem Tief-
gang, was auch insb. damit zusammenhängt, dass sowohl der Entscheidungsprozess relativ
viel Zeit in Anspruch nimmt als auch der Lernprozess aus einem hohen Anteil kognitiver
Aktivitäten besteht.[646] Das Gedächtnisschema der Arbeitgebermarke kann infolgedessen in
Phasen des High-Involvements insb. gefestigt und tiefer verankert werden. Eine High-Involvement-Phase lässt sich schwerpunktmäßig mit zunehmender Entscheidungsnähe ca. zwei
Semester vor dem Studienabschluss definieren, in der sich der akademische Nachwuchs mit
der Thematik der Arbeitgeberwahl mit steigender Intensität auseinandersetzt. Zudem steigt
das situative Involvement in vergleichbaren Entscheidungssituationen wie der Wahl eines
Arbeitgebers für einen Ausbildungsplatz, ein Praktikum oder eine Diplomarbeit temporär
an.[647]

Unter **Low-Involvement-Bedingungen** hingegen besteht eine geringe Bereitschaft, sich mit
arbeitsmarktbezogenen Informationen auseinander zu setzen sowie den damit verbundenen
kognitiven Aufwand auf sich zu nehmen.[648] Diese Phase kann in Abhängigkeit der Brandingstrategie die Zeit der Grundschule, der weiterführenden Schule zur Erreichung der
Hochschulreife, das Grundstudium sowie Teile des Hauptstudiums umfassen. Es kommt
zwar eine latente Informationsaufnahme zustande, aufgrund der geringen Verarbeitungstiefe werden die Informationen jedoch weder tiefergehend gespeichert noch werden diese in
gegebene Gedächtnisschemata integriert oder angepasst.[649]

Ein weiteres involvementbezogenes Differenzierungskriterium ergibt sich aus der Unterscheidung zwischen dem **kognitiven** und **emotionalen** Involvement.[650] Während die kognitive Ausprägung eine aktive Informationssuche, intensive Auseinandersetzung sowie sorg-
fältige Alternativenvergleiche zur Entscheidung impliziert, betont die emotionale Ausprägung den Anteil von Gefühlen sowie Emotionen, welche die Aufmerksamkeit des Indi-

---

S. 83, Fischer, J. (2001), S. 28f. sowie Hupp, O. (2000), S. 214. Zum Individuum als *Information Seeker* siehe Wiswede, G. (1992), S. 86f., Mühlbacher, H. (1982), S. 195, Schneider, Ch. (1997), S. 28f. sowie Bussmann, W./ Unger, F. (1986), S. 88ff. Eine weitere Erkenntnis zum High Involvement liegt darin, dass das Relevant Set des Nachwuchses mit steigendem Involvement stetig weniger potenzielle Arbeit-geber umfasst; vgl. i.A.a. Trommsdorff, V. (2002b), S. 97 sowie Fischer, J. (2001), S. 22ff.

[646] Zur Länge des Entscheidungsprozesses vgl. Mayer, H./ Illmann, T. (2000), S. 149f., Benkenstein, M. (2001), S. 30, Matzler, K. (1997), S. 194ff. sowie Hupp, O. (2000), S. 214.

[647] Neben der finalen Arbeitgeberwahl sind kurze Phasen des High Involvements auch bei der Wahl eines Unternehmens zur Durchführung eines Praktikums und der praxisorientierten Diplomarbeit vorzu-finden. Ein entsprechendes High Involvement ist bei den Young Professionals gegeben, die den Gedan-ken hegen, den Arbeitgeber zu wechseln.

[648] Vgl. Fischer, J. (2001), S. 28f., Bussmann, W./ Unger, F. (1986), S. 88f., Kroeber-Riel, W./ Weinberg, P. (2003), S. 346f. sowie Solomon, M./ Bamossy, G./ Askegaard, S. (2001), S. 157.

[649] Vgl. Hupp, O. (2000), S. 214ff., Jeck-Schlottmann, G. (1988), S. 11 sowie Baumgarth, C. (2001), S. 74f.

[650] Lange Zeit wurde in der verhaltenswissenschaftlichen Forschung ausschließlich das kognitive Involve-ment in seiner Intensitätsausprägung diskutiert. Die Möglichkeit eines emotionalen Involvements wurde ignoriert; vgl. Jeck-Schlottmann, G. (1988), S. 9f. Vgl. zur emotionalen Ausprägung Kroeber-Riel, W./ Weinberg, P. (2003), S. 371f. sowie Tolle, E./ Steffenhagen, H. (1994), S. 380ff.

viduums beeinflussen.[651] Wird den Erkenntnissen der Konsumtenforschung gefolgt, gehen emotionale Eindrücke stets den kognitiven Eindrücken voraus.[652] Aufgrund der Bedeutung der Kombination der kognitiven und emotionalen Elemente für die Gestaltung des Marketing übertrugen *Simon et al. (1995)* diesen Sachverhalt auf den Bewerbungsprozess von Hochschulabsolventen. Demnach lassen sich die akademischen Nachwuchskräfte aufgrund des relativ hohen Informationsdefizits in den frühen Bewerbungsphasen stark vom emotionalen Personalimage leiten. In der späten Phase mit zunehmenden Informationen und Erfahrungen ähnelt die Berufseinstiegsentscheidung dann kognitiv geprägten Kaufentscheidungen.[653] Werden diese Erkenntnisse für die Ausgestaltung des Profilierungszeitraums berücksichtigt, so erfordert der Aufbau einer Arbeitgebermarke zuerst die Bildung der affektiven Komponente der einstellungsbasierten Markenstärke und folglich die Entwicklung von Vertrauen und Identifikation. Mit zunehmender Entscheidungsnähe verlagert sich der Schwerpunkt des Employer Branding auf die Erhöhung der Bekanntheit bis zum Top-of-Mind-Arbeitgeber sowie dem Wissenszuwachs über die Qualität der Personalpolitik des Arbeitgebers und deren konkreten Leistungen (kognitive Komponente).

b) Implikationen für das Employer Branding

Wie bereits erläutert, können das Medien- sowie Botschafts- und das Situationsinvolvement einen deutlichen Beitrag zur Intensivierung der Informationsprozesse und somit dem Aufbau der Arbeitgebermarke in den Köpfen der Zielgruppen leisten. Werden die Ergebnisse zum situationsbezogenen Involvement zusammengefasst, lässt sich der Profilierungszeitraum einer Arbeitgebermarke idealtypisch anhand eines **Employer-Branding-Life-Cycles** wie folgt darstellen:[654]

---

[651] Vgl. dazu Schulz, F. (1997), S. 55f., Jeck-Schlottmann, G. (1988), S. 9f. sowie Kroeber-Riel, W./ Weinberg, P. (2003), S. 370f.

[652] Vgl. dazu Kroeber-Riel, W./ Esch, F.-R. (2000), S. 36 sowie Esch, F.-R. (2001d), S. 99ff.

[653] Vgl. dazu Simon et al. (1995), S. 56f. Siehe ähnliche Hinweise auch bereits bei Moll, M. (1992), S. 42.

[654] Der Employer-Branding-Life-Cycle ist angelehnt an das Konzept des *Produktlebenszyklus.* Der Produktlebenszyklus ist ein zeitraumbezogenes, deterministisches Marktmodell, dessen Grundlage die durch empirische Untersuchungen gestützte Annahme bildet, dass bei der Marktentwicklung eines Produktes über die Zeit charakteristische Regelmäßigkeiten festgestellt werden können; vgl. Meffert, H./ Schürmann, U. (1994), S. 989ff. sowie Kuß, A./ Tomczak, T. (2004), S. 17ff. Gezielte empirische Studien, welche den Empolyer-Branding-Life-Cycle begründen, existieren aufgrund des rudimentären Forschungsstandes zur Arbeitgebermarke nicht. Diverse produktbezogene Untersuchungen zu Entscheidungsprozessen belegen, dass das Involvement mit ansteigendem Problembewusstsein zunimmt und seinen Höhepunkt zum Zeitpunkt der Entscheidung erreicht; vgl. Trommsdorff, V. (1995), S. 1075f. sowie Weinberg, P. (1992), S. 66f. Ein Ansatz zur Erklärung des zugrunde gelegten Kurvenverlaufs ergibt sich aus dem *Informationsverhalten* der akademischen Nachwuchskräfte, das durch Befragungen der Zielgruppen erfasst wurde. So wurde nachgewiesen, dass sich mit zunehmender Entscheidungsnähe das Informationsverhalten verändert; vgl. dazu u.a. Schöbitz, E. (1986), S. 174ff., Eisele, D.S. (2001), S. 415, Kolter, E.R. (1991), S. 120 sowie Süß, M. (1996), S. 144. Dem Meinungsbildungs- und Bewerbungsprozess der Nachwuchskräfte kann daher ein stetig, dem Studien- oder Promotionsende bzw. aus

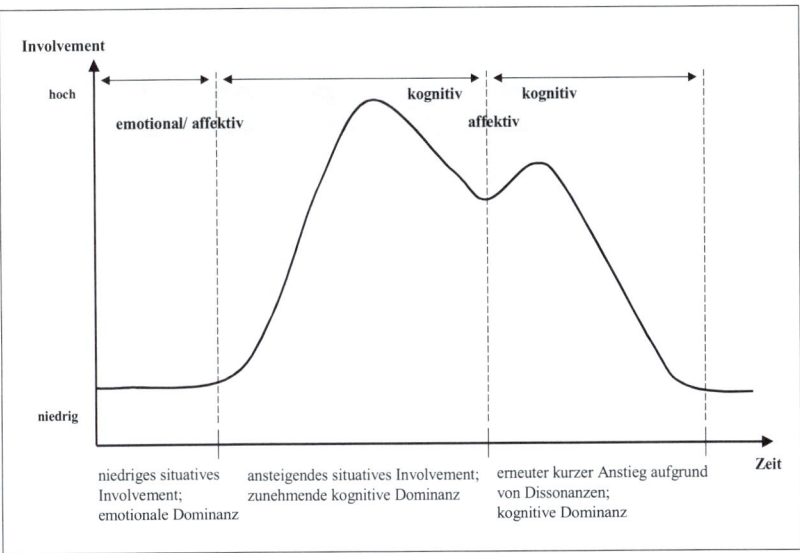

Abb. V-6: Ausschnitt aus dem Profilierungszeitraum zum Employer Branding in Form des
Employer-Branding-Life-Cycles

Quelle: Eigene Darstellung i.A.a. Esch et al. (1994)

Der Employer-Branding-Life-Cycle gibt den Verlauf des situativen Involvements einer akademischen Nachwuchskraft wieder, der in diesem Fall die Entscheidungen zur Wahl eines
Arbeitgebers nach Studienabschluss beschreibt. So steigt das Involvement mit zunehmender
Entscheidungsnähe sowie Informationssuche und sinkt nach erfolgter Entscheidung wieder
ab. Nach der Entscheidung erfährt die betroffene Person zusätzlich einen kurzweiligen Anstieg der inneren Erregung, da es sich mit der Richtigkeit der getroffenen Entscheidung
auseinandersetzt. Dazu leitet das Individuum Strategien zur Dissonanzreduktion ein.[655] Die

---

Unzufriedenheit resultierenden Wechselentscheidungen ansteigender Involvementverlauf zugrunde gelegt werden. Der Profilierungszeitraum umfasst zur besseren Darstellung und Erklärung nur eine Entscheidungssituation: der Wahl eines Arbeitgebers bei Abschluss des Studiums. Weitere Entscheidungssituationen im Rahmen der Wahl von Schulpraktika, der Ausbildung, des Studiums, paralleler Praktika
sowie einer praxisorientierten Diplomarbeit sind in Abhängigkeit des akademischen Nachwuchses ab-
bildbar.

[655] *Kognitive Dissonanzen* stellen psychologische Widersprüche zwischen Kognitionen dar, bspw. Widersprüche zwischen einzelnen Wissenselementen oder zwischen Einstellungen und Überzeugungen. Diese
Widersprüche erzeugen einen psychischen Stress, der als unangenehm empfunden und daher zu beseitigen versucht wird; vgl. zur Erklärung der Dissonanz-Theorie u.a. Fritz, W./ Thiess, M. (1986), S. 25f.,
Weinberg, P. (1981), S. 38f., Behrens, G. (1991), S. 106f., Kroeber-Riel, W./ Weinberg, P. (2003), S.
182f., Herrmann, A. (1998), S. 76f. sowie Bänsch, A. (2002), S. 66. Diese Dissonanzphase erlebt der

kognitive Ausprägung nimmt im Gegensatz zur emotionalen mit ansteigender Entscheidungsnähe zu.

Eine wesentliche Erkenntnis aus dem verhaltenswissenschaftlichen Involvement-Konzept
besteht darin, dass durch dessen Beachtung die **Wirkung** des **Marketinginstrumentariums**
erheblich beeinflusst werden kann. Der Erfolg von Maßnahmen zum Aufbau einer Arbeitgebermarke hängt damit stark von der Involviertheit der Zielgruppe ab.[656] Bei der zur externen Umsetzung des Markenmanagements genutzten Kommunikationspolitik sind folglich
das Niveau und die Ausprägung des Involvementkonstrukts zeitpunktbezogen zu berücksichtigen.[657] Um die Branding-Maßnahmen zielgerichtet durchzuführen, bietet sich daher
die **Segmentierung** des zu aktivierenden Marktes an akademischen Nachwuchskräften u.a.
nach involvementspezifischen Gesichtspunkten an.[658]

Neben dem situativen Involvement, welches dem Profilierungszeitraum zugrunde gelegt
wurde, spielt schließlich auch das Medien- und Botschaftsinvolvement zum erfolgreichen
Aufbau einer Arbeitgebermarke und zur Erhöhung der Markenstärke eine bedeutende Rolle.

In der **High-Involvement-Phase** der Arbeitgeberwahl, welche durch eine kognitive Ausprägung des Involvements gekennzeichnet ist, kann davon ausgegangen werden, dass sich die
Nachwuchskräfte aktiv und kritisch mit den Botschaften eines Arbeitgebers auseinander-
setzen. Mit allgemeiner Personalimagewerbung können daher kaum Kommunikations-
erfolge erzielt werden.[659] Stattdessen prägen der Inhalt und die Qualität der Argumente, sich
für ein bestimmtes Unternehmen zu entscheiden, den Beitrag einer Botschaft zum Branding.[660] Daher müssen die vorteilhaften Nutzenelemente eines Arbeitgebers im Vergleich
zum Wettbewerb sowie die einzigartigen Unternehmenswerte eindeutig dargestellt und
sachlich vermittelt werden. Zur Erbringung dieser Überzeugungsleistung eignet sich vor
allem die **persönliche Kommunikation**. Die Vertreter des Arbeitgebers sind daher angehalten, den direkten Kontakt zur Zielgruppe herzustellen und möglichst intensive Gespräche
zu führen. Zu den geeigneten Kommunikationsmaßnahmen zählen u.a. Workshops, Kon-

---

ehemalige Bewerber als neuer Mitarbeiter beim Arbeitgeber, für den er sich entschieden hat. Um diese
Dissonanzen aktiv abzubauen, kommt dem internen Personalmarketing insb. in den ersten Wochen der
Einarbeitung eine hohe Bedeutung zu. Denn vor allem die besonders leistungsstarken Nachwuchskräfte
scheuen sich nicht, den Arbeitgeber bei Unzufriedenheit zu verlassen. Beiträge zum internen Personalmarketing, das, wenn es als Teilstrategie des Employer Branding gesehen wird, zur präferenzwirksamen
Loyalität und Weiterempfehlung führt, liefern auch Hartwig, G. (1991), S. 927, Eisele, D./ Horender, U.
(1999), S. 3 sowie Cisik, A. (2002), S. 251ff.

[656] Vgl. i.A.a. Behrens, G. (1991), S. 61f., Felser, G. (2001), S. 57, Mayer, H./ Illmann, T. (2000), S. 161ff.
sowie Mühlbacher, H. (1982), S. 227ff.

[657] Vgl. i.A.a. Trommsdorff, V. (2002b), S. 56f., Nieschlag, R./ Dichtl, E./ Hörschgen, H. (2002), S. 1015ff.
sowie Jeck-Schlottmann, G. (1988), S. 49f.

[658] Vgl. i.A.a. Trommsdorff, V. (2002b), S. 57ff.

[659] Vgl. i.A.a. Bussmann, W./ Unger, F. (1986), S. 88ff., Wiswede, G. (1992), S. 86f. sowie Trommsdorff,
V. (1995), Sp. 1070.

[660] Vgl. i.A.a. Mayer, H./ Illmann, T. (2000), S. 161f., Jeck-Schlottmann, G. (1988), S. 11 sowie Bussmann,
W./ Unger, F. (1986), S. 88ff.

taktmessen an Hochschulen sowie Exkursionen zu Unternehmen.[661] Des Weiteren eignen sich Medien wie Zeitschriften und das Internet bei hoch involvierten potenziellen Bewerbern für den Aufbau einer Arbeitgebermarke. Diese ermöglichen die Bündelung von sachlichen, entscheidungsrelevanten Vorzügen eines Arbeitgebers sowie eine gleichzeitige individuelle intensive Beschäftigung mit den Inhalten.[662] Vorteile des High-Involvements bestehen darin, dass es keine häufigen Wiederholungen der Botschaften erfordert. Die akademischen Nachwuchskräfte erlernen aufgrund der intensiven Auseinandersetzung die relevanten Markenbotschaften bereits durch wenige Kontakte bzw. Wiederholungen.[663]

Unter **Low-Involvement-Bedingungen** sind aufgrund des niedrigen Interesses der Zielgruppen geringe Effekte beim Aufbau von Markenwissen anzunehmen. Dennoch ist diese Phase ebenfalls aktiv in die Kommunikationsstrategie einzuflechten.[664] Insb. die Entwicklung von affektiven Dimensionen wie das Vertrauen, die Identifikation sowie die allgemeine Sympathie zum Arbeitgeber lässt sich in diesem Zeitraum erfolgsversprechend umsetzen. Entscheidend für die Kommunikation ist die richtige Wahl der Instrumente, welche bezogen auf die Erfolgsdimensionen Vertrauen und Identifikation bereits in *Kapitel IV.3* erläutert wurden, und die Intensität deren Einsatzes. Der zentrale Vorteil des Lernens im Low-Involvement besteht darin, dass die gesendeten Informationen die **gedankliche Kontrolle** des Empfängers unterlaufen.[665] Folglich können bei dem angehenden Nachwuchs Arbeitgeberassoziationen gebildet werden, ohne dass sich die Person intensiv mit der Beurteilung eines Arbeitgebers auseinandersetzt oder diese aufgrund möglicher Antipathie bewusst ignoriert. Für die Gestaltung der Brandingkommunikation kommt der Intensität derselben und dem Anteil an rationalen Sachinformationen daher wenig Bedeutung zu.[666] Stattdessen empfiehlt sich eine emotionale Ansprache der Zielgruppe, bei der die Lebendigkeit von

---

[661] Vgl. dazu i.A.a. Mühlbacher, H. (1982), S. 232f., Nieschlag, R./ Dichtl, E./ Hörschgen, H. (2002), S. 1014f. sowie Trommsdorff, V. (2002b), S. 60. Es macht daher Sinn, die universitären Zeitschriften zur Darstellung des Unternehmens als Arbeitgeber zu nutzen. Die Internethomepage sollte entscheidungsrelevante Inhalte über den Arbeitgeber darstellen. Aufgrund der geringen Kosten sind umfangreiche, auf einzelne Zielgruppen ausgerichtete Informationen bereit zu stellen. Zur Gestaltung der Homepage bietet sich die Nutzung verschiedener Website-Ebenen an. Der Wissensdurst des *Information Seekers* bestimmt die genutzten Informationen.

[663] Vgl. i.A.a. Jeck-Schlottmann, G. (1988), S. 46f. sowie Bussmann, W./ Unger, F. (1986), S. 88ff. Da wenige Kontakte und Botschaften ausreichen, ergeben sich Ersparniseffekte beim Einsatz von Personalmarketinginstrumenten. Auf der anderen Seite können negative Erlebnisse und Informationen gravierende Folgen für die Arbeitgeberpräferenz haben, da diese im Vorstellungsbild über den Arbeitgeber kaum mehr zu revidieren sind.

[664] Wiederum bezieht sich das Involvement auf die kognitve Ausprägung. Trotz der geringen Effekte ist auch bei gering involvierten Nachwuchskräften der Aufbau von Denkmustern und folglich eines Schemas für die Arbeitgebermarke gewährleistet; vgl. u.a. Trommsdorff, V. (1980), S. 125.

[665] Vgl. Kroeber-Riel, W./ Weinberg, P. (2003), S. 346f. sowie Jeck-Schlottmann, G. (1988), S. 48.

[666] Vgl. i.A.a. Felser, G. (2001), S. 56f., Kroeber-Riel, W./ Weinberg, P. (2003), S. 371 sowie Jeck-Schlottmann, G. (1988), S. 11.

Informationen im Vordergrund steht.[667] Die Einstellung zum Werbemittel und das Gefallen der Werbeaktion spielen dabei eine erhebliche Rolle, da davon ausgegangen wird, dass sich das Gefallen auf den Betrachtungsgegenstand überträgt.[668] Zur Umsetzung bieten sich insb. Bilder in Form von Plakaten, Events, Sponsoring, Fernseh- und Kinopräsenz sowie Rundfunk an.[669]

Ausschlaggebend für die Wirkung des Aufbaus eines Markenschemas im Low-Involvement ist schließlich die **Häufigkeit** des kommunikativen Kontaktes.[670] Um das Employer Branding erfolgreich zu gestalten ist daher eine permanente kommunikative Präsenz durch regelmäßige Ereignisse, ununterbrochene Plakatwerbung sowie weitere Maßnahmen an Schulen und Hochschulen erforderlich.

Die nachfolgende Übersicht gibt die Erkenntnisse aus dem Involvementkonzept zur Ausgestaltung der Kommunikation im Rahmen des Employer Branding zusammenfassend wieder:

Merkmal	hohes Involvement	niedriges Involvement
Ziel	Bekanntheit erhöhen; Informationen vermitteln; Wissen schaffen	Aktualität gewährleisten; Emotionen wecken; Vertrauen und Identifikation entwickeln
Botschaft	enthält Werte und Nutzenversprechen rational, überzeugend lang	Name des Arbeitgebers (Unternehmen), Erlebniswelt emotional, faszinierend kurz
Gestaltung	Sprache, Text	Bilder, Events, akustische Signale
Wiederholung	gering	hoch
Instrumente	persönliche Kommunikation (Hochschulmarketing, Unternehmenskontakte, etc.), Personal Relations, Zeitungen und Zeitschriften, Internet	Bilder, Plakate, Events, Fernseh- und Kinopräsenz, Rundfunk, Sponsoring

Tab. V-2: Involvementbezogene Gestaltung der Kommunikation im Employer Branding

Qulle: Eigene Darstellung

---

[667] Vgl. Kroeber-Riel, W./ Weinberg, P. (2003), S. 257, Jeck-Schlottmann, G. (1988), S. 12 sowie Spanier, J. (1999), S. 38ff.

[668] Vgl. Jeck-Schlottmann, G. (1988), S. 11 sowie Mühlbacher, H. (1982), S. 229.

[669] Empfehlungen zu Werbemitteln unter Low-Involvement-Bedingungen geben u.a. Mühlbacher, H. (1982), S. 233ff., Weinberg, P. (1992), S. 66f., Trommsdorff, V. (2002b), S. 60 sowie Nieschlag, R./ Dichtl, E./ Hörschgen, H. (2002), S. 1014f.

[670] Vgl. i.A.a. Trommsdorff, V. (1995), Sp. 1070, Felser, G. (2001), S. 56f. sowie Bussmann, W./ Unger, F. (1986), S. 88ff.

2.3.2 Erkenntnisbeitrag der Theorie der Aktivierung

a) Theoretische Erklärung

Wie bereits angeführt, beschreibt die Aktivierung einen **inneren Erregungszustand** bzw. Grad der Aufmerksamkeit eines Menschen, der wiederum die individuelle Informationsaufnahme, -verarbeitung und -speicherung beeinflusst.[671] Grundsätzlich kann davon ausgegangen werden, dass mit zunehmender Aktivierung, die Bereitschaft und Fähigkeit steigt, sich mit Informationen auseinander zu setzen.[672] Die Aktivierung entsteht durch externe Einflüsse und ähnelt daher dem Medien- und Botschaftsinvolvement.

In der verhaltenswissenschaftlichen Fachliteratur wird zwischen der phasischen und der tonischen Aktivierung unterschieden. Während die **phasische Aktivierung** einen kurzweiligen Zustand erhöhter Aufmerksamkeit beschreibt, wird unter der tonischen Variante eine längere anhaltende Bewusstseinslage verstanden.[673] Inwieweit die Integration beider Aktivierungsarten die Effizienz der Employer-Branding-Maßnahmen zum Aufbau des Arbeitgebermarkenschemas steigert, wird nachfolgend aufgezeigt.

b) Implikationen für das Employer Branding

Den gedächtnispsychologischen Erkenntnissen zufolge kommt die **phasische Aktivierung** und die damit verbundene Leistungssteigerung nur denjenigen Reizen zugute, die diese Aktivierung auslösen.[674] Das Individuum befindet sich daher nur während der Wahrnehmung des Stimulus in erhöhtem Erregungszustand. Wenn es daher gelingt, mittels geeigneter Kommunikationsinstrumente und deren Ausgestaltung die Aufmerksamkeit der akademischen Nachwuchskräfte reizbezogen zu erhöhen, werden die verbalen und visuellen

---

[671] Vgl. Kroeber-Riel, W./ Weinberg, P. (2003), S. 58, Trommsdorff, V. (2002b), S. 48 sowie Meffert, H. (2000), S. 110f. Aus psychologischer Sichtweise handelt es sich hierbei um die Erregung des zentralen Nevensystems. *Kroeber-Riel & Weinberg* differenzieren zwischen einer *unspezifischen* und einer *spezifischen Aktivierung*, auf die im Weiteren jedoch aufgrund der fehlenden Bedeutung für diese Betrachtung nicht weiter eingegangen wird; vgl. Kroeber-Riel, W./ Weinberg, P. (2003), S. 58ff. Die hohe Relevanz von aktivierungstheoretischen Grundlagen betonen u.a. Kuß, A. (1993), S. 182f., Trommsdorff, V. (2002b), S. 48ff. sowie Donnerstag, J. (1996), S. 132f.

[672] Vgl. Benkenstein, M. (2001), S. 28f., Meffert, H. (2000), S. 111, Weinberg, P. (1981), S. 60, Behrens, G. (1991), S. 60, Kuß, A. (1993), S. 183, Hupp, O. (2000), S. 193f. sowie Baumgarth, C. (2001), S. 59. Dieser Wirkungszusammenhang liegt bei normalen Verhältnissen vor. Zu beachten ist allerdings auch die Gefahr der Überaktiviertheit, welche die Leistungsfähigkeit des Organismus senkt. Aufgrund des kurvenartigen Wirkungszusammenhangs von Aktivierung und Leistung wird zu dessen graphischen Darstellung häufig die *Lambda-Kurve* herangezogen; vgl. u.a. bei Trommsdorff, V. (2002b), S. 49 sowie Meffert, H. (2000), S. 110f. Aufgrund der Beeinflussung der Informationsverarbeitung propagieren Marketingexperten, die Zielgruppen durch den bewussten Einsatz von Kommunikationsinstrumenten zu aktivieren, um das Verhalten der Zielgruppen zielgerichtet zu beeinflussen; vgl. Trommsdorff, V. (2002b), S. 50f., Kroeber-Riel, W./ Weinberg, P. (2003), S. 61f. sowie Meffert, H. (2000), S. 111.

[673] Vgl. zu der Unterscheidung Kroeber-Riel, W./ Weinberg, P. (2003), S. 59f., Hupp, O. (2000), S. 204f., Behrens, G. (1991), S. 57ff. sowie Trommsdorff, V. (2002b), S. 49ff.

[674] Der phasische Erregungszustand beeinflusst damit das kognitive Lernen und den Aufbau des Markenschemas; vgl. auch Kroeber-Riel, W./ Weinberg, P. (2003), S. 82f.

Botschaften, die in dem Reiz enthalten sind, aktiver wahrgenommen und die entstehenden Assoziationen mit einer gesteigerten **Erinnerungsleistung** tiefer gespeichert. Der Effizienzvorteil liegt schließlich darin begründet, dass bei entsprechend hohem Aktivierungsgrad innerhalb des Profilierungszeitraums **weniger Kommunikationskontakte** erforderlich sind, so dass an finanziellen Ressourcen und Aufwand gespart werden kann.[675] Externe Reize zur Aufmerksamkeitssteigerung können kognitiver, emotionaler sowie physischer Art sein.[676] Besonders zu empfehlen ist die gefühlsbetonte Aktivierung der Zielpersonen. Diese kann insb. durch den Einsatz von Bildmaterial mit Schlüsselreizen sowie durch die Durchführung von Events erreicht werden.[677] Konnte mittels kurzfristig hoher Aktivierung die Entwicklung einprägsamer Assoziationen zur Arbeitgebermarke bei den Zielgruppen unterstützt werden, bietet es sich an, durch die aktive Steuerung der **tonischen Aktivierung** den arbeitgebermarkenbezogenen Prozess der Informationsverarbeitung zu beeinflussen und somit den Aufbau der Arbeitgebermarke weiter voranzutreiben. Geeignete Maßnahmen zur Schaffung eines über eine längere Zeit des Profilierungszeitraums hinweg höheren arbeitgeberspezifischen Bewusstseinsniveaus stellen **Kontakt-Ketten** dar. Die Kontakt-Ketten bezeichnen ein mehrstufiges Kommunikationskonzept, das sowohl die persönliche als auch die unpersönliche Kommunikation integriert.[678] Zur Festlegung der Kontaktarten können sämtliche Kommunikationsinstrumente herangezogen werden.[679] Entscheidend dabei ist, dass durch die in regelmäßigen Zeitabständen stattfindende aktive Kontaktierung eine konstante, kognitive sowie emotionale Auseinandersetzung mit den gesendeten Informationen des markierten Arbeitgebers erfolgt, so dass die Aufmerksamkeit hoch gehalten und die Markenstärke stabilisiert und sogar erhöht wird.

---

[675] Vgl. zur Reduktion der Kontakthäufigkeit durch Aktivierung Kroeber-Riel, W./ Weinberg, P. (2003), S. 93f.

[676] Die kognitiven Reize ergeben sich insb. durch gedankliche Konflikte, die physische Simuli bspw. durch Größe und Farbe einer Anzeige; siehe zu aufmerksamkeitssteigernden Reizen Baumgarth, C. (2001), S. 59f., Trommsdorff, V. (1995), Sp. 1075, Kroeber-Riel, W./ Weinberg, P. (2003), S. 71f. sowie Kebeck, G. (1997), S. 157ff. Zu beachten ist, dass derselbe Stimulus bei verschiedenen Personen zu unterschiedlich starker Aktiviertheit führen kann. Die für das Employer Branding gewählten Reize besitzen daher keine universelle Wirkungskraft für alle umworbenen akademischen Nachwuchskräfte; vgl. i.A.a. Trommsdorff, V. (2002b), S. 50.

[677] Vgl. dazu auch Kroeber-Riel, W./ Weinberg, P. (2003), S. 88ff. Events werden in der Fachliteratur auch unter dem Begriff des *Erlebnismarketing* diskutiert. Das Ziel besteht darin, emotionale Erlebniswerte zu vermitteln und diese in der Gefühls- und Erfahrungswelt der Zielgruppen zu verankern; vgl. Weinberg, P. (1992), S. 3, Trommsdorff, V. (2002), S. 73ff., Behrens, G. (1991), S. 86f., Unger, F./ Fuchs, W. (1999), S. 135f. sowie Benkenstein, M. (2001), S. 33. Siehe weitere Ausführungen zum Event in *Kapitel V.3.2.5.2.*

[678] Vgl. Beba, W. (1993), S. 102ff., Kroeber-Riel, W./ Weinberg, P. (2003), S. 673ff. sowie Süß, M. (1996), S. 217ff.

[679] Vgl. dazu die Kommunikationsinstrumente in *Kapitel V.3.2.5.2.* Das *Kontakt-Ketten-Konzept* findet heute hauptsächlich im Hochschulmarketing Anwendung; vgl. dazu Nilgens, U./ Eggers, B./ Ahlers, F. (1996), S. 140. Ein Praktikantenbindungsprogramm stellt eine weitere Variante der Kontakt-Ketten dar; vgl. Ahlers (1994) sowie Wöhr (2002).

Merkmal	phasische Aktivierung	tonische Aktivierung
Ziel	Bekanntheit erhöhen; Informationen vermitteln; Wissen schaffen	gleichbleibend hohes Bewusstseins-niveau erreichen; Nachwuchskraft binden
Vorteile	Erinnerungsleistung erhöhen; weniger Kommunikationskontakte nötig; Einsparungen im Aufwand möglich	Aktualität gewährleisten; systematischer Aufbau von Arbeitgeber-assoziationen; Sensibilität für Botschaften des markier-ten Arbeitgebers steigern
Instrumente	Bildmaterial mit Schlüsselreizen, besondere Slogans, Events	Kontakt-Ketten

Tab. V-3: Aktivierungsbezogene Maßnahmen im Employer Branding

Quelle: Eigene Darstellung

3. Führung der Arbeitgebermarke

Wie eingangs erläutert, umfasst das Markenmanagement die Ausrichtung, den Aufbau und die Führung einer Marke. Die Ausführungen der letzten Kapitel lassen erkennen, dass die Arbeitgebermarke das Ergebnis einer Vielzahl über einen längeren Profilierungszeitraum durchgeführter Maßnahmen und der sich daraus ergebenden Erfahrungen, Wissen und Ge-fühle darstellt. Der Führungsaspekt des Markenmanagements stellt die **ganzheitliche, dynamische Perspektive** der Markenpolitik in den Vordergrund und umfasst die Planung, Koor-dination und Kontrolle des Employer Branding.[680]

3.1 Employer Branding als Konzept des strategischen Personalmarketing

Das Vorhaben, durch gezielte Positionierung des Unternehmens auf dem Arbeitsmarkt ein positives Arbeitgeberimage zu generieren, um dadurch neue Mitarbeiter zu gewinnen sowie

---

[680] Vgl. i.A.a. Backhaus, K. (2003), S. 421ff. sowie Meffert, H./ Burmann, Ch. (2002), S. 170. Zur Marken-führung siehe auch Tomczak et al. (2001), S. 3, Demuth, A. (2000), S. 16, Esch, F.-R./ Wicke, A. (2001), S. 52ff. sowie Herbst, D. (2002), S. 52f. Nach *Herrmann* herrscht in der Fachliteratur Ver-wirrung darüber, was unter einer Markenführung überhaupt zu verstehen ist und welche Bereiche diese umfassen sollte. In der Marketingtheorie und -praxis lassen sich zwei Gruppen voneinander unterschei-den: Zum einen die Gruppe, welche die Marke als *Terminus Technicus* für alle Initiativen und Maßnah-men versteht, welche die Planung, Steuerung und Kontrolle von Marken zum Gegenstand haben (Mar-kenführung i.w.S.) und zum anderen die Ansätze, die den Begriff der Markenführung speziell auf die *grundsätzliche Ausrichtung* einer Marke beschränken (Markenführung i.e.S.); vgl. dazu Herrmann, Ch. (1999) S.59f. Vgl. zur *dynamischen Betrachtung* des Markenmanagements Hertle, Th. (2003), S. 4ff., Herbst, D. (2002), S. 52f., Jenner, Th. (1999), S. 20f., Tomczak, Th./ Ludwig, E. (1998), S. 50ff., Backhaus, K. (2003), S. 421ff. sowie Andresen, Th./ Musiol, K.G. (2000), S. 26f. Die Ausrichtung und der Aufbau der Arbeitgebermarke sind damit in dem Prozess der Markenführung integriert.

bestehende zu binden, wird seit den 60er Jahren im Personalmarketing diskutiert und umgesetzt.[681] Die theoretische und praktische Auseinandersetzung ist daher nicht neu. Sie wurde insb. bei hohem Bedarf an qualifizierten Mitarbeitern sowie gleichzeitig hoher Konkurrenz intensiviert. Auch das Employer Branding basiert auf der **marketingorientierten Grundhaltung**, das Unternehmen in dessen Funktion als Arbeitgeber konsequent auf die gegenwärtigen und zukünftigen Herausforderungen auszurichten, um dadurch den Bedürfnissen des Marktes und der Zielgruppen gerecht zu werden.[682]

Wird das Personalmarketing als Hauptgeschäftprozess in die zwei Teilprozesse des operativen und strategischen Marketing unterteilt, ist das Employer Branding eindeutig dem **strategischen Personalmarketing** zuzuordnen. Dessen Anwendung ergibt sich aus der Forderung, Maßnahmen des Personalmarketing nicht als punktuelle oder isolierte Vorgänge zu betrachten, sondern als umfassendes, geschlossenes Konzept, das einer kontinuierlichen und geplanten Umsetzung bedarf. Das strategische Management strebt daher primär nach dem Schaffen und Sichern zukünftiger Erfolgspotenziale.[683] Die Betrachtung des Begriffsver-

---

[681] Vgl. zu den Zielen des Personalmarketing u.a. Bröckermann, R./ Pepels, W. (2002b), S. 4, Strutz, H. (1992), S. 3, Drumm, H.J. (2000), S. 335ff., Hilb, M. (1995b), S. 5, Knoblauch, R. (2002), S. 57ff. sowie Scholz, Ch. (2000a), S. 417ff. Die Ursprünge der Personalmarketing-Diskussion reichen bis in die 60er Jahre zurück. In der deutschsprachigen Literatur zählen zu den Pionieren des Personalmarketing Schubarth (1962), Berger/ Geissler (1968) sowie Overbeck (1968). In Abhängigkeit des Arbeitskräftemangels auf dem Arbeitsmarkt können drei Perioden der besonders intensiven thematischen Auseinandersetzung identifiziert werden: die *erste Periode (1968-1975)* mit den Vertretern wie Overbeck (1968), Rippel (1973), Hunziker (1973), Schmidbauer (1975), von Eckardstein/ Schnellinger (1975) sowie Ruhlender (1978). In der *zweiten Phase (1985-1996)* leisteten wichtige Beiträge Seiwert (1985), Fröhlich (1987), Strutz (1989), (1993), Kolter (1991), Moser (1992), Dietmann (1993), Ahlers (1994), Simon et al. (1995), Hummel/ Wagner (1996) sowie Süß (1996) wichtige Beiträge. Einen Überblick zu den unterschiedlichen Ansätzen zum Personalmarketing geben u.a. Blumenstock, H. (1994), S. 62ff., Staffelbach, B. (1995), S. 152ff., Kadel, P./ Marucci, M. (1993), S. 305f., Weibler, J. (1996), S. 305f., Thom, N./ Zaugg, R. (1994), S. 72 sowie Scholz, Ch. (2000a), S. 420ff. Auch in der nachfolgenden Zeit wurden weitere einzelne Beiträge veröffentlicht. Die *dritte Periode* widmet sich speziell dem Employer Branding *(1999-heute)*. Siehe dazu die Beiträge unter *Kapitel II.3* zum State-of-the-Art des Employer Branding.

[682] Siehe zur Grundhaltung des *Marketing* Weis, H.Ch. (2001), S. 18f., Meffert, H. (2000), S. 8f., Bänsch, A. (2002), S. 1f. sowie Linxweiler, R. (2001), S. 43. Die aktive Übertragung der Ansätze und Methoden aus dem Marketing wurde in vielen Beiträgen zum Personalmarketing besonders hervorgehoben; vgl. dazu u.a. Simon, H. (1994a), S. 580, Blumenstock, H. (1994), S. 51ff., Scholz, Ch. (1999), S. 27, Staffelbach, B. (1995), S. 144, Böhm, H./ Hauke, Ch. (1995), S. 25, Drumm, H.J. (2000), S. 336f., Cisik, A. (2002), S. 246f. sowie Wunderer, R. (1999), S. 119f. Dass auch das Employer Branding dem Grundgedanken des Marketing folgt, bestätigen Hartmann, R. (2002), S. 14, Hinzdorf, T./ Priemuth, K./ Erlenkämper, St. (2003b), S. 18, Simms, J. (2003), S. 23f. sowie Ruch, W. (2002), S. 2f.

[683] Vgl. dazu auch Ohrhallinger, G./ Schönleiter, E. (1990), S. 68, Staude, J. (1989), S. 169ff., Simon et al. (1995), S. 14f., Birker, K. (2002), S. 24f., Mehring, I. (2002), S. 32f., Pietschmann, B.P./ Bell, Ch. (1999), S. 176ff. sowie Riedl, J. (1995), S. 5f. Die zukünftigen Erfolgspotenziale des Employer Branding werden durch die Schaffung des akquisitorischen Potenzials zur Personalgewinnung sichtbar. Die Geschlossenheit des Konzepts wird insb. durch den in den nachfolgenden Abschnitten vorgestellten Bezugsrahmen deutlich. Im Gegensatz dazu widmet sich das operative Personalmarketing der Umsetzung der Strategie und dient primär der Beschaffung und Auswahl neuer Mitarbeiter; vgl. dazu auch Simon et al. (1995), S. 14f., Dittrich, T./ Watzke, M. (1999), S. 25f. sowie Birker, K. (2002), S. 24f.

ständnisses zur **Strategie** nach *Scholz (1987)* bestätigt die Ausrichtung des Employer Branding, die sich demnach durch folgende Eigenschaften charakterisieren lässt:[684]

- Relevanz, d.h. Betonung des Wichtigen;
- Vereinfachung, d.h. Beschränkung auf das Wesentliche;
- Proaktivität, d.h. Streben nach frühzeitigem Handeln.

Die Arbeitgebermarke als Ergebnis des Employer Branding stellt schließlich einen strategischen Erfolgsfaktor für arbeitsplatzanbietende Unternehmen dar.[685]

3.2 Formulierung eines Phasenschemas zur Markenführung

Den Ausführungen zur Markenführung zufolge liegt dem Employer Branding ein **managementorientiertes Markenverständnis** zugrunde.[686] Die Grundlagen für das Markenmanagement liegen dabei in dem klassischen Marketing, denn *„branding is, however, inextricably linked with the central principles of marketing"*.[687] Es kommen im Employer Branding daher die aus dem Personalmarketing bekannten Instrumentarien und Techniken zur Anwendung.[688]

Besondere Aufmerksamkeit bei der Markenpolitik ist der Planungsebene zu widmen.[689] Unter **Planung** ist die Festlegung von erwünschten zukünftigen Zuständen und Verhältnissen sowie den dazu erforderlichen Maßnahmen zu verstehen.[690] Zur Visualisierung der geplanten Aktivitäten im Rahmen des Employer Branding empfiehlt sich die Erstellung

---

[684] Vgl. Scholz, Ch. (1987), S. 6ff. Siehe auch Levermann, Th. (1995), S. 6. Siehe ähnlich auch Reich, K.-H. (1993), S. 170. Den strategischen Charakter des Employer Branding betonen Behrends, Th. (2007), S. 24ff. sowie Pett, J./ Kriegler, W.R. (2007), S. 19f.

[685] Vgl. i.A.a. u.a. Gutenberg, H.-J. (2002), S. 32ff., Demuth, A. (2000), S. 14, Becker, J. (1994), S. 466 sowie Schmidt, H.J. (2001), S. 2.

[686] Vgl. zum managementorientierten Markenverständnis Homburg, Ch./ Krohmer, H. (2003), S. 520ff. sowie Koppelmann, U. (1994), S. 220ff.

[687] Arnold, D. (1992), S. 12f. Vgl. ähnlich auch Dingler, R. (1997), S. 40, Meffert, H. (2002), S. 74f., Bruhn, M. (1994b), S. 17f. sowie Meffert, H./ Burmann, Ch./ Koers, M. (2002b), S. 8. Nach *Kotler & Bliemel* besteht der Marketingprozess aus „der Analyse von Marketingchancen, der Ermittlung und Auswahl von Zielmärkten, der Erarbeitung von Marketingstrategien, der Planung des taktischen Vorgehens mit Marketingprogrammen sowie der Organisation, Durchführung und Steuerung von Marketingaktivitäten", Kotler, Ph./ Bliemel, F. (2001), S. 146f.

[688] *Bröckermann & Pepels* weisen zurecht darauf hin, dass die Instrumente aus dem Konsumgüter-Marketing häufig zu unreflektiert in das Personalmarketing übernommen werden. Eine direkte Übertragung der 4P's sei abzulehnen, was u.a. damit begründet ist, dass es sich beim Personalmarketing um Beschaffungsmarketing handelt, die klassischen 4P's hingegen aus der Sicht des Absatzmarketing entwickelt wurden; vgl. Bröckermann, R./ Pepels, W. (2002b), S. 8ff. Siehe dazu auch Simon et al. (1995), S. 19.

[689] Vgl. Tomczak, Th./ Ludwig, E. (1998), S. 50ff.

[690] Vgl. Weis, H.Ch. (2001), S. 537ff.

eines **Phasenschemas**.[691] Uneinigkeit besteht unter den Experten jedoch über dessen Ausgestaltung und Detaillierungsgrad.[692] Nachfolgend soll ein Phasenschema vorgestellt werden, das für ein Employer Branding zielführend erscheint und als idealtypisch anzusehen ist.
Dieses gibt die zu durchlaufenden Phasen zum erfolgreichen Branding eines Arbeitgebers
wieder.

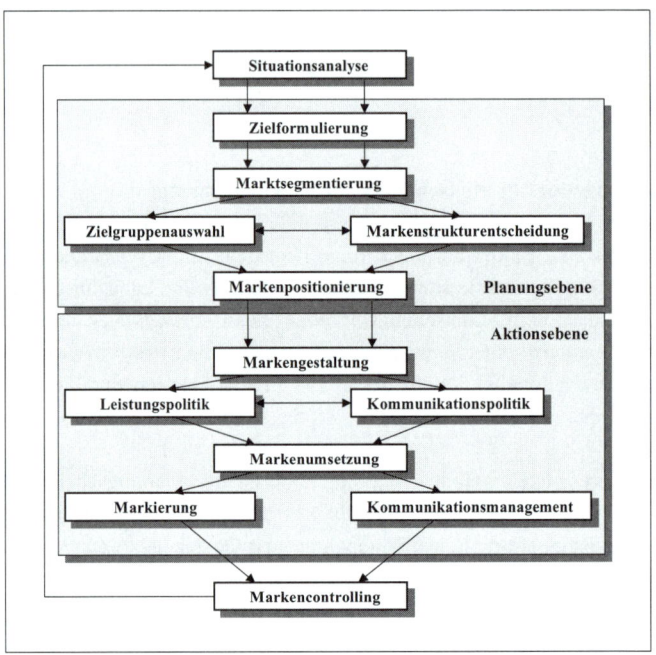

Abb. V-7: Idealtypisches Phasenschema zur Führung einer Arbeitgebermarke

Quelle: Eigene Darstellung i.A.a. Baumgarth (2001)

---

[691] *Phasenschemata* werden häufig im Zusammenhang mit dem entscheidungsorientierten Ansatz der Markenpolitik diskutiert. Der entscheidungsorientierte Ansatz der Marke liefert und bewertet markenpolitische Alternativen und zielt darauf ab, Entscheidungsprozesse zu strukturieren; vgl. Baumgarth, C.
(2001), S. 21, Meffert, H. (1994a), S. 175, Nieschlag, R./ Dichtl, E./ Hörschgen, H. (2002), S. 12 sowie
Koppelmann, U. (1994), S. 220ff.

[692] Zu der Vielzahl unterschiedlicher Stufen in einem Phasenschema siehe Clausnitzer, Th./ Heide, G./
Nasner, N. (2002), S. 19ff., Tomczak, Th./ Ludwig, E. (1998), S. 50ff., Herrmann, Ch. (1999), S. 81,
Baumgarth, C. (2001), S. 21, Jenner, Th. (1999), S. 20f., Freter, H./ Baumgarth, C. (2001), S. 333ff.,
Essinger, G. (2001), S. 105 sowie Herbst, D. (2002), S. 52f. Bezugsrahmen zur systematischen Vor-
gehensweise im Personalmarketing liefern auch Reich, K.-H. (1993), S. 171, Flüshöh, U. (1999), S.
62ff., Moll, M. (1992b), S. 44 sowie Wunderer, R. (1999), S. 123.

3.2.1 Situationsanalyse zur Marke und zum Markenumfeld

Grundlage für markenpolitische Entscheidungen bildet die Untersuchung der aktuellen und zukünftigen Situation auf dem zu betrachtenden Markt.[693] Infolgedessen ist für ein erfolgreiches Employer Branding eine **systematische** und **kontinuierliche Marktforschung** unumgänglich.[694] Nachfolgend soll unter Marktforschung die systematische Sammlung, Aufbereitung, Analyse und Interpretation von Daten verstanden werden, die mit dem Ziel der Ausrichtung sowie der Evaluierung der Arbeitgebermarke gesammelt werden.[695] Zudem lassen sich aus den Daten der Einsatz marketingpolitischer Instrumente ableiten sowie deren Wirksamkeit erhöhen.[696]

Um in der Umsetzung des Employer Branding die erforderlichen Botschaften formulieren und die Kommunikationsmaßnahmen einleiten zu können, müssen zunächst die relevanten personalpolitischen **Markentreiber** identifiziert werden.[697] Die Markentreiber bezeichnen diejenigen Werte, Attribute und Nutzenelemente einer Arbeitgebermarke, die das Wahlverhalten eines Individuums am stärksten beeinflussen. Für die Identifikation dieser Markentreiber bietet sich ein mehrstufiges Vorgehen an, das idealtypisch wie folgt beschrieben werden kann.[698]

Im Rahmen einer externen Befragung potenzieller Nachwuchskräfte werden diejenigen Kriterien ermittelt, die im Idealfall einen Arbeitgeber als Employer-of-Choice kennzeichnen. Das gewonnene Profil des Wunscharbeitgebers gibt dann Aufschluss über die arbeitgeberbezogenen Präferenzstrukturen der Zielgruppe (**Idealprofil**).[699] Im nächsten Schritt geht es darum, zu prüfen, wie das Unternehmen bzgl. dieser Attraktivitätsfaktoren von den umwor-

---

[693] Vgl. Meffert, H. (1994a), S. 175f. sowie Erichson, B./ Twardawa, W. (1994), S. 284. Sie stellt daher eine wichtige Voraussetzung für den Erfolg von Marken dar; vgl. Homburg, Ch./ Krohmer, H. (2003), S. 186ff.

[694] In Personalkreisen herrscht Übereinstimmung darüber, dass der Personalmarktforschung eine hohe Bedeutung beizumessen ist. Zur Relevanz der Marktforschung siehe u.a. Birker, K. (2002), S. 17, Drumm, H.J. (2000), S. 337ff., Scholz, Ch. (2000a), S. 432ff., Staude, J. (1989), S. 170., Freimuth, J./ Elfers, C./ Zirkler, M. (1993), S. 153 sowie Boesl, P. (1992), S. 996.

[695] Vgl. dazu die Definitionen von Kotler, Ph./ Bliemel, F. (2001), S. 198ff., Homburg, Ch./ Krohmer, H. (2003), S. 186ff. sowie Weis, H.Ch. (2001), S. 124.

[696] Vgl. Erichson, B./ Twardawa, W. (1994), S. 284, Homburg, Ch./ Krohmer, H. (2003), S. 376 sowie Weis, H.Ch. (2001), S. 121ff.

[697] Zur Relevanz von Markentreibern siehe auch Lutje, F. (2002), S. 20f. sowie Schwaiger, M./ Högl, S./ Hupp, O. (2003), S. 39.

[698] In der Personalliteratur ist meist von einer zweistufigen Messung die Rede mit dem Ziel, die Wahrnehmungs- und Präferenzstrukturen der Zielgruppen zu erfassen; vgl. Nerdinger, F.W. (1994), S. 30 sowie Vollmer, R.E. (1993), S. 186. Die Identität eines Unternehmens als Arbeitgeber wird außer Acht gelassen.

[699] Das Idealprofil spiegelt die Bedürfnisse und Anforderungen an einen Arbeitgeber im Idealfall wider; vgl. Moser, K. (1990), S. 431, Zaugg, R.J. (2002), S. 16, Scholz, Ch. (2000a), S. 446ff., Moser, K. (1992), S. 67, Homburg, Ch./ Krohmer, H. (2003), S. 386f., Vollmer, R.E. (1993), S. 186, Schwaab, M.-O./ Schuler, H. (1991), S. 106, Althauser, U. (2001), S. 10 sowie Flüshöh, U. (1999), S. 63.

benen Nachwuchskräften absolut und zu den Konkurrenzarbeitgebern wahrgenommen wird (**Wahrnehmungsprofil**). Ziel ist es, Aufschluss über die Stärken und Schwächen des Unternehmens als wahrgenommener Arbeitgeber zu gewinnen. Neben dieser stark marktorientierten Vorgehensweise darf bei einem Unternehmen als Arbeitgeber die Selbstanalyse i.A.a. das identitätsorientierte Markenverständnis nicht fehlen.[700] Im Sinne einer authentischen Darstellung eines Arbeitgebers sollten daher neben den aktuellen Mitarbeitern auch das Management und die Personalleiter in die Analyse mit einbezogen werden. Die verantwortlichen Führungskräfte des Unternehmens müssen z.t. auch unabhängig der Marktforschungsergebnisse festlegen, welches Arbeitgeberimage zum Unternehmen als Ganzes passt und glaubwürdig erscheint. Aufbauend auf die ermittelten, zur Präferenz führenden Attraktivitätsfaktoren erscheint daher eine zielgruppenorientierte Mitarbeiterbefragung sinnvoll, die Hinweis über die tatsächlichen, die Arbeitsplätze im Unternehmen charakterisierenden Kriterien liefert (**Identitätsprofil**).[701] Deren Ergebnisse dienen dem Unternehmens- und Personalmanagement letztendlich dazu, aufbauend auf dem Idealprofil unter Berücksichtigung der Werte und der realen Gegebenheiten im Unternehmen die relevanten Markentreiber festzulegen. Zusammenfassend sind im Rahmen der Situationsanalyse das **Ideal-**, **Wahrnehmungs-** sowie **Identitätsprofil** zu erfassen.

3.2.2 Zielformulierung des Employer Branding

Aufbauend auf die Situationsanalyse sind die markenpolitischen Ziele für das Employer Branding festzulegen.[702] Diese dienen als Wegweiser für die zu treffenden Entscheidungen und durchzuführenden Maßnahmen im Rahmen der Profilierung und Führung einer Arbeitgebermarke.[703] Abzuleiten sind die Ziele aus den personalpolitischen **Markentreibern** sowie den **Erfolgsdimensionen** der Arbeitgebermarke. Für einen Employer Brand lässt sich aufbauend auf das Modell der Markenstärke folgender komprimierter Zielekatalog formulieren:

- ▪ **Konative** Ziele: Schaffen von Arbeitgeberpräferenzen (Employer-of-Choice) in Form der Bewerbung, des Vertragsabschlusses, der Loyalität und der Weiterempfehlung;

---

[700] Das identitätsorientierte Markenverständnis betont wie in *Kapitel III.2.2.5* verdeutlicht die Inside-Out-Betrachtung. Folglich müssen die tatsächlichen Werte eines Unternehmens weiter gelebt werden.

[701] Zur Notwendigkeit von internen Mitarbeiterbefragungen vgl. auch Fröhlich, W./ Sitzenstock, K. (1989), S. 138ff., Wunderer, R. (1999), S. 123 sowie Drumm, H.J. (2000), S. 337ff.

[702] Vgl. i.a.a. Meffert, H. (1994a), S. 175f.

[703] Zur Bedeutung der Formulierung von Zielen beim Branding siehe Bruhn, M. (1994b), S. 23f., Nieschlag, R./ Dichtl, E./ Hörschgen, H. (2002), S. 160ff., Esch, F.-R. (2003), S. 77 sowie Meffert, H. (2000), S. 848f. Denn ohne zielorientiertes Vorgehen droht die Branding-Strategie zu einer reaktiven Anpassung an Umweltveränderungen zu werden; vgl. Nieschlag, R./ Dichtl, E./ Hörschgen, H. (2002), S. 160ff.

- **Kognitive** Ziele: Erhöhung des Bekanntheitsgrades; Steigerung der wahrgenommenen personalpolitischen Qualität durch Identifikation und Fokussierung auf die personalpolitischen Treiber der Arbeitgebermarke; Erhöhung der wahrgenommenen Einzigartigkeit;
- **Affektive** Ziele: Insb. Erhöhung des Vertrauens, der Identifikation sowie Sympathie zum Arbeitgeber.

Das Employer Branding sollte mittels einer ausgeprägten Markenstärke in Abhängigkeit der
Ausgangslage zu einer Veränderung oder Festigung der Präferenzrangfolge bei den umworbenen Fach- und Führungskräften führen.[704]

3.2.3 Marktsegmentierungs- und Architekturentscheidungen zur Arbeitgebermarke

Die Marktsegmentierung spielt im Marketing und folglich auch in der Markenpolitik eine
immer größere Rolle. Sie zählt zu den zentralen Bestandteilen der strategischen Marketingplanung und dient der Entwicklung erfolgreicher Strategien zur Marktbearbeitung.[705] I.e.S.
ist unter der Marktsegmentierung die Aufteilung des heterogenen Gesamtarbeitsmarktes in
homogene Teilmärkte zu verstehen.[706]

In der marketingorientierten Literatur lassen sich unterschiedliche Kriterien zur Segmentierung finden.[707] Auch das Personalmarketing zur Steigerung der Arbeitgeberattraktivität
bei Hochschulabsolventen hat sich bereits eingehend mit der Arbeitsmarktsondierung be-

---

[704] Wie in *Kapitel III.3.3.1* dargestellt, haben diverse Facetten des Unternehmensimages deutlichen Einfluss
auf die Arbeitgeberpräferenz. Die Rangfolgewerte in den klassischen Arbeitgeberpräferenzstudien spiegeln daher nicht ausschließlich die veränderten Wahrnehmungen bzgl. personalpolitischer Faktoren
wider. Es macht daher Sinn, diese durch gesonderte Fragestellungen zu erheben.

[705] Vgl. Kroeber-Riel, W./ Weinberg, P. (2003), S. 217 sowie Kotler, Ph./ Bliemel, F. (2001), S. 416. Daher
bildet die Definition von Zielmärkten auch die Grundlage für die Markenstrategie; vgl. Essinger, G.
(2001), S. 114f. sowie Köhler, R. (1994), S. 2065f. In der Fachliteratur wird aufgrund der Eingrenzung
des Marktes auch von *Scharfschützen-Konzept* oder dem *Konzentrationsprinzip* gesprochen; vgl. Kotler,
Ph./ Bliemel, F. (2001), S. 415 sowie Simon et al. (1995), S. 20f.

[706] Vgl. i.A.a. Freter, H. (1995), Sp. 1308. I.w.S. beinhaltet die Marktsegmentierung die gezielte Bearbeitung eines oder mehrerer Segmente anhand von speziellen Marketing-Programmen. Für das Employer
Branding findet die enge Begriffsfassung Anwendung, um die einzelnen Phasen der Markenbildung besser abgrenzen zu können. Weitere Definitionen zur Marktsegmentierung siehe auch bei Waltermann, B.
(1994), 376ff., Kirchgeorg, M. (1995), S. 22f., Meffert, H. (2000), S. 181ff. sowie Trommsdorff, V.
(2002a), S. 366ff.

[707] Überwiegend werden die Kriterien *Geographie* (Region, Wohngebiet,...), *Soziodemographie* (Ge-
schlecht, Alter, Ausbildung,...) und *Psychographie* (Einstellung, Persönlichkeit,...) genannt; vgl. Meffert, H. (2000), S. 186ff., Waltermann, B. (1994), S. 378ff., Weis, H.Ch. (2001), S. 84f. sowie Kirchgeorg, M. (1995), S.22.

schäftigt.[708] Die Wahl der Segmentierungskriterien für das Employer Branding soll nachfolgend selektions- sowie wirksamkeitsorientiert getroffen werden. Die **Selektionsentscheidungen** dienen dabei der Konkretisierung der Zielgruppen, d.h.

- potenzialabhängiges Unterscheiden zwischen Medium und High Potentials (**Potenzial**);
- geographisches Abstecken der Reichweite der Branding-Maßnahmen (**Geographie**);
- Erreichbarkeit der Zielpersonen (Schüler, Studenten, Young Professionals) (**Konzentration**).

Die sich nach diesen Filtermerkmalen ergebenden Zielgruppen werden anschließend nach verhaltenswissenschaftlichen Aspekten weiter unterteilt.

Für die **Wirksamkeitsentscheidungen** empfiehlt es sich, die bereits diskutierten empirischen und theoretischen Erkenntnisse hinzuzuziehen.[709] Daraus lassen sich die beiden Segmentierungsstrategien ableiten:

- **Benefit** Segmentation;
- **Involvement** Segmentation.

Die finalen Nutzenvorstellungen der konträren Zielgruppen, welche die Arbeitgeberwahl determinieren, leiten sich aus deren Werten, der Aufgabenorientierung und schließlich aus deren Persönlichkeitsprofil ab.[710] Ein zentrales Segmentierungskriterium für ein zielgerichtetes Employer Branding ergibt sich daher aus der Heterogenität der **Bedürfnisse** und An-

---

[708] Für die Aufteilung des Gesamtmarktes der Hochschulabsolventen schlägt *Höllmüller* folgende Einteilung vor: *Studiengänge* (Wirtschaftswissenschaften, Ingenieure, Naturwissenschaften), *Lifestyle-Typen* (Geldorientierung, Machtorientierung, Freizeitorientierung), *Geographie* (regional, national, international) sowie *Zugangsmöglichkeiten* (Hochschulkontakte, Medien, Intermediäre); vgl. Höllmüller, M. (2002), S. 66ff. Zur Segmentierung im Personalmarketing siehe auch Flühshöh, U. (1999), S. 62ff., Reich, K.-H. (1993), S. 171, Süß, M. (1996), S. 178, Simon et al. (1995), S. 151f. sowie Dietmann, E. (1993), S. 244ff. *Stickel* untersuchte in einer wissenschaftlichen Ausarbeitung die Marktsegmentierung als Strategie des Personalmarketing; vgl. Stickel, D.L. (1995), S. 18ff.

[709] In der Darstellung der Präferenzstudien in *Kapitel II.2.3* wurde insb. auf die Heterogenität der Präferenzen bei Technikern und Kaufleuten hingewiesen. Der Grund für diese Präferenzunterschiede liegt in den verschiedenen Nutzenvorstellungen der beiden Personengruppen über einen idealen Arbeitgeber. Während zur Maximierung des Arbeitgebernutzens nach *Vroom (1964)* bspw. der Faktor Karrieremöglichkeit bei den Kaufleuten eine dominante Rolle spielt, besitzt bei den Ingenieuren u.a. das Merkmal Arbeitszeitmodelle einen hohen Einfluss auf die Nutzenfunktion.

[710] Die integrierte Betrachtung von Werten als Basis der Nutzenkalküle der Zielgruppen sowie als Vorzeichen von Veränderungen ist daher unabdingbar.

forderungen auf dem akademischen Gesamtarbeitsmarkt.[711] Aufgrund der Ausrichtung auf bestimmte Nutzenvorstellungen bzgl. bestimmter personalpolitischer Leistungen wird nachfolgend daher von einem **Benefit Segmentation** gesprochen.[712] Die nutzenorientierte Ausrichtung der Employer-Branding-Strategie stellt die zentrale Voraussetzung dar, um als attraktiver Arbeitgeber wahrgenommen zu werden, und wirkt folglich maßgebend auf den Erfolg des Branding. Sie betrifft sowohl die grundlegende Ausgestaltung der Leistungspolitik als auch die inhaltliche Entwicklung der Markenbotschaften.

Eine weitere wirkungsbasierte Entscheidung der Segmentierung leitet sich aus dem effizienten Aufbau von Arbeitgebermarkenstrukturen ab. Die Diskussion des Involvement-Konstrukts zeigte, dass sich der Profilierungszeitraum in Abhängigkeit des Involvements in verschiedene Phasen unterteilt. Für eine wirkungsvolle Kommunikationspolitik zur Entwicklung spezieller Arbeitgeberassoziationen bei den Personengruppen leitet sich daher die Notwendigkeit ab, den Zielarbeitsmarkt nach dem Kriterium der Involvierung einzuteilen. Die zweite, die Wirkung des kommunikativen Branding beeinflussende Gliederung stellt folglich das **Involvement Segmentation** dar.[713]

Nach der Aufteilung des Gesamtarbeitsmarktes an akademischen Nachwuchskräften ist eine Bewertung und Auswahl der Segmente vorzunehmen, die als **Zielgruppenauswahl** bezeichnet werden soll.[714] Die Zielgruppen bilden einen homogenen Kreis an akademischen Nachwuchskräften, die sich insb. bzgl. der Nutzenanforderungen an einen Arbeitgeber sowie der Involvementausprägung im Zeitverlauf stark ähneln.

Dem Benefit-Kriterium ist zur Zielgruppenauswahl im Rahmen des Employer Branding eine besondere Aufmerksamkeit zu widmen. Die nach Zielgruppen ausgerichtete Personalpolitik spiegelt die Qualität und Potenziale der Arbeitgebermarke wider und steht neben dem markenspezifischen Zusatznutzen im Zentrum der Arbeitgeberwahlentscheidung. Für Unternehmen, deren Rekrutierungsbemühungen sich auf eine der eher gegensätzlichen Zielgruppen weitestgehend beschränken, kann das Employer Branding **konzentriert** erfolgen, indem die Leistungs- und Kommunikationspolitik auf ausschließlich diese Gruppe gerichtet

---

[711] Die Marktsegmentierung dient im Marketing als Antwort auf die zunehmend heterogenen Bedürfnisse. Eine getrennte Bearbeitung der Zielgruppen ist immer dann zu empfehlen, wenn die Merkmals- und Bedürfnisunterschiede zwischen den einzelnen Zielgruppen zu gewaltig sind. Denn ansonsten besteht die Gefahr, keine der Zielgruppen adäquat zu erreichen; vgl. Simon et al. (1995), S. 65, Waltermann, B. (1994), S. 376, Birker, K. (2002), S. 18f., Weis, H.Ch. (2001), S. 72f., Freter, H. (1995), Sp. 1805ff. sowie Haedrich, G./ Jenner, Th. (1995), S. 60f.

[712] Vgl. zur Benefit Segmentation Nieschlag, R./ Dichtl, E./ Hörschgen, H. (2002), S. 212, Kotler, Ph./ Bliemel, F. (2001), S. 441f. sowie Waltermann, B. (1994), S. 382ff.

[713] Vgl. zur Segmentierung nach dem Involvement im Marketing Mühlbacher, H. (1982), S. 226, Schulz, F. (1997), S. 81, Kressmann et al. (2003), S. 414f., Trommsdorff, V. (2002b), S. 57ff. sowie Nieschlag, R./ Dichtl, E./ Hörschgen, H. (2002), S. 1015.

[714] Vgl. zur Zielgruppenauswahl im Marketing Kirchgeorg, M. (1995), S. 23, Kotler, Ph./ Bliemel, F. (2001) S. 452ff., Köhler, R. (2001), S. 50 sowie Koppelmann, U. (2000), S. 129ff.

wird.[715] Der Unternehmensbedarf an Mitarbeitern mit unterschiedlichen fachlichen Profilen erfordert jedoch ein **differenziertes** Vorgehen zur Gestaltung und Kommunikation der Arbeitgebermarke. Die Frage inwieweit eine Differenzierung beim Employer Branding grundsätzlich denkbar und umsetzbar ist, führt zur Bestimmung der Architektur der Arbeitgebermarke.

Die Festlegung der **Markenarchitektur** gehört neben der Segmentierung und Positionierung zu den Basisentscheidungen des Markenmanagements.[716] Aufgrund ihres Gestaltungsaspekts ist diese langfristig und strategisch ausgelegt.[717] Die Markenarchitektur für das Employer Branding soll Aufschluss darüber geben, inwieweit unterschiedliche Zielgruppen unter derselben Arbeitgebermarke angesprochen werden sollen. Erlaubt die ausschließliche Nachfrage nach nur einer akademischen Fachrichtung ein konzentriertes Branding, kann von einer **Einzelmarkenstrategie** gesprochen werden. Der Markenkern des Arbeitgebers wird ausschließlich auf diese eine Zielgruppe ausgelegt. Vorteile dieser Strategie liegen insb. darin begründet, dass der Nutzen und die zu sendenden Botschaften fokussiert gestaltet werden, und auf dem akademischen Nachwuchsmarkt ein unverwechselbares Bild des Arbeitgebers wahrgenommen wird.[718] Mit anderen Worten muss bei einem erfolgreichen Employer Branding und einer Anwendung der Einzelmarkenstrategie jeder akademische Nachwuchs wissen, dass das Unternehmen ideale Arbeitsbedingungen für die ausgewählte Fachgruppe anbietet.

Es kann davon ausgegangen werden, dass die meisten Großunternehmen auf den akademischen Nachwuchs verschiedener Fachrichtungen angewiesen sind. Infolgedessen müs-

---

[715] *Kotler & Bliemel* unterscheiden zur Segmentierung des Marktes und zur Entscheidung über die Marketingstrategie zwischen *homogenen, diffusen* und *gehäuften Präferenzen*; vgl. Kotler, Ph./ Bliemel, F. (2001), S. 427 sowie Koschnick, W.J. (1997), S. 1386f. Aufgrund der eindeutigen Einteilung in die Studiengänge der Wirtschaftswissenschaftler und Ingenieure kann von ausgeprägten Präferenzhaltungen, die natürliche Marktsegmente darstellen, und folglich von gehäuften Präferenzen ausgegangen werden. Zur Bearbeitung dieser gehäuften Präferenzen unterscheiden die Marketingexperten darüber hinaus zwischen einem *undifferenzierten, konzentrierten* und *differenzierten* Marketing. Bezogen auf ein undifferenziertes Employer Branding bedeutet dies, dass sich ein Arbeitgeber in der Präferenzmitte platziert und hofft, für alle Gruppen attraktiv zu sein. Aufgrund der z.T. konträren Einstellungen der Techniker und Kaufleute ist diese Strategie auszuschließen. Das konzentrierte Marketing impliziert die Platzierung im größten Segment. Unter dem differenzierten Marketing wird die Entwicklung von mehreren Marken für die jeweiligen Segmente verstanden.

[716] Vgl. Meffert, H. (1994a), S. 175f. sowie Meffert, H./ Bierwirth, A. (2002), S. 193ff. Im klassischen Sinne wird unter der Markenarchitektur die Anordnung verschiedener Marken eines Unternehmens verstanden; vgl. u.a. Esch, R.-R./ Bräutigam, S. (2001), S. 28.

[717] Vgl. zur Markenarchitektur als langfristige Markenstrategie Bruhn, M. (2001c), S. 29f., Meffert, H./ Burmann, Ch. (2002), S. 176ff., Clausnitzer, Th./ Heide, G./ Nasner, N. (2002), S. 30ff. Einen Überblick über potenzielle Markenarchitekturen geben Linxweiler, R. (2001), S. 54f., Becker, J. (1994), S. 470f., Sattler, H. (2001), S. 68, Meffert, H. (2002), S. 136ff. sowie Nieschlag, R./ Dichtl, E./ Hörschgen, H. (2002), S. 229f.

[718] Vgl. i.A.a. Becker, J. (1994), S. 471f., Meffert, H. (2000), S. 856ff. sowie Homburg, Ch./ Krohmer, H. (2003), S. 526. Nachteile können aber auch dadurch aufkommen, dass sich aufgrund der konträren Profile die jeweils andere Fachgruppe von der Arbeitgebermarke abgestoßen fühlt.

sen die unterschiedlichen Nutzenfunktionen und Werte der z.t. konträren Zielgruppen im Markenkern integriert werden. Gleichzeitig muss gewährleistet sein, dass bei Nennung desselben Unternehmennamens die zielgruppengerechten Assoziationen bei den Fachgruppen zum einen entwickelt und schließlich zeitgerecht aufgerufen werden. In der Fachliteratur wird diese Variante unter dem Begriff der **Dachmarkenstrategie** diskutiert.[719] Die Arbeitgeberdachmarke erfordert aufgrund der Einbindung unterschiedlicher Nutzenerwartungen und Werte einen höheren Gestaltungsaufwand bei den Arbeitgeberleistungen sowie deren kommunikativer Umsetzung. Denn indem die Dachmarke einen gewissen Goodwill-Transfer über die Fachgruppen ermöglicht, besteht gleichzeitig eine große Gefahr in der Irritation der Fachgruppen, wenn die Botschaften der jeweils anderen Zielgruppe wahrgenommen und der Arbeitgeber schließlich einseitig nutzenorientiert interpretiert wird.[720] Neben einer gemeinsam wahrgenommenen **Nutzenbasis** beim Arbeitgeber müssen die jeweiligen fachspezifischen Teilnutzen daher über gesonderte, **zielgruppenspezifische Botschaften** vermittelt werden. Die Umsetzung der Dachmarkenstrategie für die Arbeitgebermarke zeigt die nachfolgende Graphik:

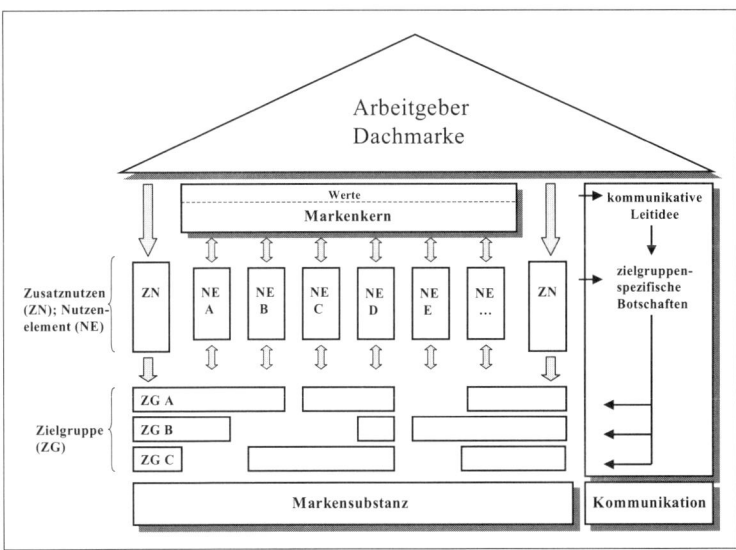

Abb. V-8: Wechselbeziehungen im Rahmen des Dachmarken-Konzepts

Quelle: Eigene Darstellung

---

[719] Siehe zur Dachmarkenstrategie, die auch als *Umbrella Branding* bezeichnet wird u.a. Nieschlag, R./ Dichtl, E./ Hörschgen, H. (2002), S. 232, Meffert, H. (2000), S. 862ff., Esch, F.-R. (2003), S. 259ff. sowie Homburg, Ch./ Krohmer, H. (2003), S. 527.

[720] Vgl. zu Vor- und Nachteilen der Dachmarke u.a. Esch, F.-R. (2003), S. 259ff., Meffert, H. (2000), S. 862ff., Kroeber-Riel, W./ Weinberg, P. (2003), S. 214 sowie Becker, J. (1994), S. 473f.

Das Fundament des Dachmarken-Konzepts bilden die werte- und nutzenbezogene Marken-
substanz sowie die Kommunikation derselben. Vom Zusatznutzen einer Arbeitgebermarke
profitieren alle Zielgruppen gleichermaßen. Auch der Markenkern gibt eine Schnittmenge
an Nutzen- und Wertvorstellungen verschiedener heterogener Zielgruppen wieder, der im
Leitbild der Kommunikation konkretisiert wird. Um jedoch die akademischen Nachwuchsgruppen gezielt anzusprechen, werden zielgruppenbezogene Botschaften, die selektiv entscheidungsrelevante Nutzen beinhalten, formuliert und gesendet. Das Dachmarken-Konzept
integriert damit unterschiedliche Zielgruppen und gewährleistet gleichzeitig deren separate
Ansprache.

3.2.4 Positionierung der Arbeitgebermarke

Zentrale Entscheidungen zur Gestaltung der Arbeitgebermarke werden in der **Markenpositionierung** getroffen.[721] Diese bestimmt die Grundausrichtung des Arbeitgebers in der Ausgestaltung der Personalpolitik und deren kommunikativen Vermittlung.[722] Die Ausrichtung
umfasst dabei sowohl die kognitiv, rationale Komponente der Nutzenelemente, die in ihrer
Summe den zentralen Markenkern bilden, als auch die affektive Seite der Markenpersönlichkeit sowie deren Werte. In der Positionierung fixiert das arbeitsplatzanbietende Unternehmen, für welche Fachgruppen es attraktiv zu erscheinen abzielt, und wie es wahrgenommen werden soll.[723] Mit anderen Worten wird in der Positionierung die Grundlage für die
Markenstärke der Arbeitgebermarke gelegt.[724]

Als Hilfsmittel zur ganzheitlichen Betrachtung und Festlegung der Positionierung unter
Berücksichtigung der Wechselbeziehungen auf dem Arbeitsmarkt ist das sog. **strategische
Dreieck** nach *Ohmae (1982)* hinzuzuziehen. Dieses dient als Denkrahmen für die Analyse
der **Ist-Position** sowie der **Soll-Position** des Arbeitgebers und setzt die Akteure des akademischen Nachwuchses, die Konkurrenzunternehmen und den Arbeitgeber selbst in Beziehung. Aus der Perspektive der akademischen Zielgruppen erfasst das Ergebnis der Soll-
Positionierung den Zustand, in dem der Arbeitgeber einen möglichst hohen Attrakti-

---

[721] Zur Relevanz der Positionierung innerhalb des Markenmanagements vgl. Meffert, H. (1994a), S. 175f.,
Becker, J. (1991), S. 47ff., Schmidt, K. (1999), S. 75 sowie Kotler, Ph./ Bliemel, F. (2001), S. 468ff.

[722] Vgl. i.A.a. Haedrich, G./ Tomczak, T. (1996), S. 136f. sowie Langner, T. (2003), S. 22f. Z.T. werden für
die Positionierung auch die Begriffe *Markenimage, Markenprofil* oder *Markenpersönlichkeit* verwendet;
vgl. Erichson, B./ Twardawa, W. (1994), S. 291. Wie in den Kapiteln zuvor bereits erläutert, nehmen
diese Termini eine eigene Bedeutung im Markenmanagement ein und sind daher nicht gleichzusetzen.

[723] Bei der Definition der Positionierung geht es um die Schaffung eines positiven Nettonutzens für die
Zielgruppe; vgl. Trommsdorff, V. (2002b), S. 261. Zum Zusammenhang zwischen Positionierung und
Nutzen siehe Kirchgeorg, M. (1995), S. 23f, Homburg, Ch./ Krohmer, H. (2003), S. 523ff., Köhler, R.
(2001b), S. 45 sowie Sattler, H. (2001), S. 138ff.

[724] Vgl. zur engen Verknüpfung zwischen Positionierung und Markenstärke Esch, F.-R./ Andresen, Th.
(1997), S. 34.

vitätsgrad erreicht und sich gleichzeitig eindeutig von der Konkurrenz differenziert. Dieser Positionierungszustand soll im Rahmen des Employer Branding als **Employer-Value-Proposition** bezeichnet werden.[725] Das nachfolgende Dreieck beschreibt die **Konzeptebene** der Arbeitgebermarkenpositionierung.

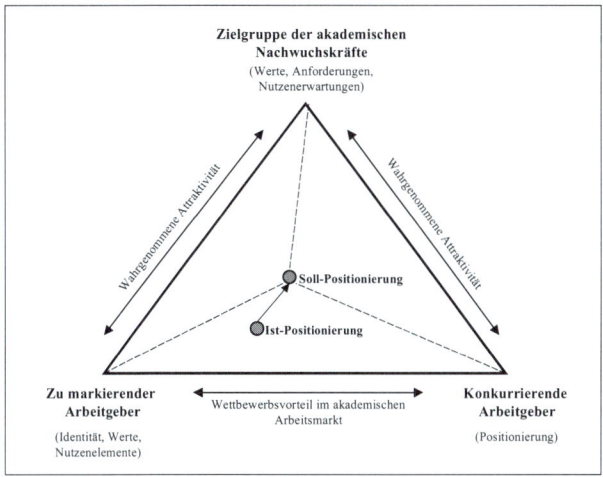

Abb. V-9: Konzeptebene des strategischen Dreiecks zur Bestimmung der Markenpositionierung

Quelle: Eigene Darstellung i.A.a. Simon et al. (1995)

---

[725] In der allgemeinen Marketingliteratur findet zur Formulierung des Alleinstellungsmerkmals häufig der Begriff der sog. *Unique-Selling-Proposition* (USP) Anwendung; vgl. Pepels, W. (2001a), S. 354ff., Bruhn, M. (2003a), S. 22f., Herrmann, Ch. (1999), S. 86ff., Baumgarth, C. (2001), S. 114, Trommsdorff, V. (1992), S. 460 sowie Batz, M. (1996), S. 208. Ein weiterer Terminus, der die Konkurrenzbeziehung beschreibt, ist der *Komparative Konkurrenzvorteil* (KKV); vgl. Baumgarth, C. (2001), S. 114, Trommsdorff, V. (1992), S. 460 sowie Herrmann, Ch. (1999), S. 51. Von dieser Denkhaltung soll im Rahmen der Arbeitgeberpositionierung jedoch bewusst Abstand genommen werden, da zu bezweifeln ist, dass bei den hohen personalpolitischen Standards der in Konkurrenz stehenden Großunternehmen ein neuartiges Leistungsmerkmal abgrenzungswirksam existiert. Zur Kritik zum Konzept der *Unique-Selling-Proposition* siehe auch Pepels, W. (2001a), S. 355f. sowie Meffert, H. (2000), S. 854f. Ein wesentlicher Kritikpunkt besteht darin, dass sich der Arbeitgeber bei Anwendung dieses Konzepts in einer dauerhaften Suchhaltung befindet, sich in irgendeiner Form von den anderen Unternehmen als Arbeitgeber abzugrenzen. Eine andere Perspektive vertritt die *Unique-Communication-Proposition* (UCP). Hier wird nicht der Arbeitgeber selbst verändert, sondern die Gestaltung der Botschaft, die Kommunikationsinstrumente sowie der Werbedruck so gewählt, dass die Zielgruppen eine Einzigartigkeit wahrnehmen; vgl. zur Communication Proposition Pepels W. (2001a), S. 355f., Unger, F./ Fuchs, W. (1999), S. 114 sowie Bruhn, M. (2003a), S. 22f. Alternativ wird auch von der *Unique-Advertising-Proposition* gesprochen; vgl. Pepels, W. (2001a), S. 355f., Meffert, H. (2000), S. 854f. sowie Mayer, A./ Mayer, R.U. (1987), S. 20f. *Gmür, Martin & Karczinski* sprechen auch von einer *Unique-Applying-Proposition*; vgl. Gmür, M./ Martin, P./ Karczinski, D. (2002), S. 16. *Aaker* prägte den Begriff des B*rand-Value-Proposition*; vgl. Aaker, D.A. (1996), S. 95ff. Bezogen auf das Personalmarketing sprechen *Chambers et al.* von einer *Employee-Value-Proposition*; vgl. Chambers et al. (1998), S. 50ff. sowie Scholz, Ch. (2000b), S. 14f.

Aus der Darstellung des strategischen Dreiecks sind die Anforderungen für eine erfolgreiche Positionierung der Arbeitgebermarke zu entnehmen.[726] Diese erfordert demnach, dass

- die Positionierung zur **Identität**, d.h. zu den Werten und vorhandenen nutzenbringenden Arbeitsbedingungen passt;
- die Anforderungen und **Nutzenerwartungen** der Zielgruppen weitestgehend erfüllt werden;
- eine **Abgrenzung** von der Positionierung der konkurrierenden Arbeitgebern gegeben ist.[727]

Des Weiteren ist zu gewährleisten, dass die Positionierung **langfristig** verfolgt werden kann, da der Aufbau der Arbeitgebermarke Zeit und Geld kostet. Zur Festlegung der Positionierung sind daher nicht nur die aktuellen Anforderungen der akademischen Nachwuchskräfte zu beachten, sondern auch die diesen vorgelagerten **Werte** sowie die **Werteentwicklungen**.[728] Die aus den Werten antizipierten zukünftigen Nutzenerwartungen an einen

---

[726] Vgl. dazu Huber, B. (1991), S. 10, Levermann, Th. (1995), S. 10ff. sowie Simon et al. (1995), S. 149. Die Ausrichtung auf die Zielgruppen erfordert insb. die Berücksichtigung der speziellen Nutzenerwartungen, die personalpolitisch umgesetzt und durch entsprechende Botschaften kommuniziert werden, sowie die integrative Betrachtung des Involvements im Zeitverlauf des Profilierungszeitraums. Um keine leicht verwechselbare Positionierung zu wählen und damit auf die Erfolgsdimension der Einzigartigkeit einzuwirken, ist die Ausrichtung der Konkurrenzunternehmen einzubeziehen. Neben der Outside-In-Betrachtung darf die *Identität* des Arbeitgebers nicht vergessen werden. So muss die Positionierung zudem auf die allgemeinen Unternehmensziele und Corporate Identity abgestimmt werden. Um eine für die Markenstärke förderliche Positionierungsentscheidung zu treffen, müssen damit alle drei Sichtweisen integrativ betrachtet werden. *Levermann* und *Esch* beschreiben diese Ebene der Positionierung als *Konzeptebene*; vgl. Levermann (1995) sowie Esch (2001c).

[727] Vgl. i.A.a. Esch, F.-R. (2003), S. 124. Siehe auch bei Süß, M. (1996), S. 183. Da mit anderen Worten das Fundament der Arbeitgebermarke gelegt wird, hat die Positionierung stets strategischen Charakter und ist daher mittel- und langfristig anzulegen; vgl. Kirchgeorg, M. (1995), S. 23f., Batz, M. (1996), S. 208, Schmidt, K. (1999), S. 75, Köhler, R. (2001b), S. 46, Schmidt, K. (1999), S. 75, Trommsdorff, V. (2002a), S. 363f., Bongartz, M. (2002), S. 15f. sowie Becker, J. (1994), S. 464f.

[728] Wie in *Kapitel V.1* dargestellt, bilden die Werte eine wichtige Grundlage für die Ausrichtung der Arbeitgebermarke. Im Rahmen der *Positionierung* ist ihnen ebenfalls eine besondere Aufmerksamkeit zu widmen, da die Anforderungen aus den Werten resultieren. Veränderungen im Wertesystem der akademischen Nachwuchskräfte führen daher auch zu einer Veränderung der Anforderungen. Es ist daher empfehlenswert, den Wertewandel in der Gesellschaft zu verfolgen und die identifizierten Ergebnisse strategisch in die langfristige Positionierung sowie dem Angebot von Nutzenelementen einzubinden. *Simon et al.* bezeichnen die Werte auch als *Frühwarnsystem*; vgl. Simon et al. (1995), S. 62f. Zu diesem Zusammenhang siehe auch Claßen, I. (1995), S. 35f. Dabei gehören insb. die jüngeren, hochqualifizierten Akademiker zu den Trägern des Wertewandels; vgl. Rappensperger, G./ Schramm, F./ Wittmann, A. (1994), S. 588f. sowie Simon et al. (1995), S. 63. Empirische Erhebungen zu Wertetrends sind zu finden u.a. bei Grabner, L. (1993), S. 95ff., Rosenstiel, L.v. (1993), S. 206, Rosenstiel, L.v./ Nerdinger, F.W. (1999), S. 318ff. sowie Grobe, E. (2003). Werte stellen als Grundlage der Persönlichkeit der Arbeitgebermarke die Voraussetzung für die *Identifikation* mit einem Arbeitgeber dar; vgl. zur Relevanz der Werte für die Identifikation mit einem Unternehmen Rosenstiel, L.v. (1993), S. 60 sowie Fauth-Herkner, A. (2001), S. 19ff. Zur Beeinflussung dieser Erfolgsdimension der Identifikation sind die Werte der Zielgruppen daher in die Ausrichtung und Gestaltung der Arbeitgebermarke einzubinden. Die

idealen Arbeitgeber können einem Unternehmen einen **Positionierungsvorsprung** liefern und durch die Belegung des identifizierten Positionierungsfelds die Einzigartigkeit und Differenzierung zur Konkurrenz sichern.

Zu beachten ist, dass sich die Positionierung nicht auf einzelne personalpolitische Nutzenelemente bezieht, sondern die umfassendere **Grundausrichtung** für den Markenauftritt des Arbeitgebers beschreibt. Um Hinweise zu potenziellen Positionierungen zu erhalten, kann auf existente Arbeitgeberattraktivitätsstudien zurückgegriffen werden, in denen anhand multivariater Analysemethoden Attraktivitätsfaktoren zu übergreifenden Themenkomplexen zusammengefasst werden. Die nachfolgende Tabelle enthält eine Zusammenfassung hilfreicher Studienergebnisse, die neben personalpolitischer Schwerpunkte auch das Unternehmen als Ganzes betreffende Anforderungen integriert.[729]

Studie	Positionierungsfelder/ Nutzenelemente	Studienbeschreibung
Simon (1984)	Karriereaussichten: gute Karrieremöglichkeiten, Weiterbildung, moderne Führung, hohe Gehälter, anspruchsvolle Tätigkeiten, Teamwork, Forschung, Innovation Sicherheit: krisensichere Arbeitsplätze, Umsatzstärke, gute Sozialleistungen, gute Organisation, geringe Mobilitätserfordernisse, keinen Zwang zur Auslandstätigkeit	schriftliche Befragung: Sommersemester 1982; Wirtschaftswissenschaftler an sieben dt. Universitäten; 613 ausgewertete Fragebögen; durch Faktorenanalyse werden 16 Anforderungen ermittelt; eine multidimensionale Skalierung ergibt zwei Dimensionen
Böckenholt/ Homburg (1984)	Sicherheit & Ansehen: Umsatz-/ Finanzstärke, krisensichere Arbeitsplätze, marktführend, hohes Ansehen Karriere & Zukunftsorientierung: hohes Gehalt, Weiterbildung, Karrierechance, moderne Unternehmensführung, Umweltschutz, Innovationskraft	schriftliche Befragung: Sommersemester 1987; 91 Wirtschaftsingenieure; Uni Karlsruhe; Auswertung durch Faktorenanalyse und Kausalanalyse
Lieber (1995)	Marketingorientierung: attraktives Produktprogramm, Messepräsenz, gute Produktwerbung, Branche Karriereorientierung: Gehaltsaussichten, Aufstiegschancen Auslandsorientierung: Nähe zur Heimat, Auslandseinsatzmöglichkeit Größe & Ansehen: Betriebsgröße, Ruf der Firma Standort & Sicherheit: Standort, Arbeitsplatzsicherheit, abwechslungsreiche Tätigkeit, Nähe zur Heimat Weiterentwicklung: Weiterbildungsmöglichkeiten, Arbeitszeiten	schriftliche Befragung: Wintersemester 1989/90 & 1990/91; 111 Wirtschaftswissenschaftler; Uni Hannover, FH Coburg; Verdichtung durch Faktorenanalyse
Süß (1996)	Zukunftsperspektiven & gesellschaftliche Legitimation: Umweltverhalten, Branchenaussichten, Arbeitsplatzsicherheit, Karrierechance, Tätigkeitsvielfalt, Identifikationsmöglichkeit, Führungsverhalten, Ansehen der Branchen, Innovationsfreude, Weiterbildungsangebote Materielle Leistungen: Gehälter, Sozialleistungen, Internationalität, Weiterbildungsangebote Arbeitsbelastung: Arbeitsbelastung	schriftliche Befragung: Wintersemester 1994/95; 293 Wirtschaftswissenschaftler; Hochschulen Erlangen, EBS, Illmenau, Jena, Magdeburg; Verdichtung mittels Faktorenanalyse

---

Werte können zudem ein wichtiges *Selektionskriterium* bei der Auswahl der zum Unternehmen passenden Nachwuchskräfte sein. Denn ein langfristiges Arbeitsverhältnis setzt dieselbe Grundhaltung des Unternehmens sowie der Mitarbeiter voraus. Zur Bedeutung der Werte bei Matching von Unternehmen und R*ight Potentials* siehe u.a. auch Schwaab, M.-O./ Schuler, H. (1991), S. 105 sowie Welslau, D. (1994), S. 38. Experten der Personalarbeit fordern daher eine Ausrichtung der Personalarbeit nach der *Wertorientierung* der akademischen Nachwuchskräfte; vgl. Rosenstiel, L.v. (1993), S. 77f., Einsiedler, H.E. (1993), S. 132ff., Bihl, G. (1993), S. 86f. sowie Scholz, Ch. (2000), S. 18.

[729] Die Studien sind zu finden bei Simon, H. (1984), S. 82ff., Böckenholt, I./ Homburg, Ch. (1990), S. 1159ff., Lieber, B. (1995), S. 107ff., Süß, M. (1996), S. 125ff. sowie Bauer/ Jensen (1998). Die Integration von personalpolitischen und unternehmensbezogenen Nutzenelementen zeigt, dass eine isolierte Betrachtung derselben unmöglich ist. Daher müssen diese bei der Positionierung ganzheitlich eingesetzt werden.

Studie	Positionierungsfelder/ Nutzenelemente	Studienbeschreibung
Bauer/ Jensen (1998)	Karriere/ Arbeit: angemessene Entlohnung, abwechslungsreiche Tätigkeit, Weiterbildungsmöglichkeit, Karrierechancen, Möglichkeit eines Auslandsaufenthaltes, verantwortungsvolle Tätigkeit Wohlfühlfaktor: gutes Betriebsklima, ausgewogenes Verhältnis von Freizeit & Arbeit, offener & kooperativer Führungsstil Unternehmens- & Standortimage: positives Unternehmensimage, attraktiver Standort	schriftliche Befragung; Sommersemester 1998; 301 BWLer; Uni Mannheim; Verdichtung mittels Faktorenanalyse

Tab. V-4: Studienergebnisse zu Positionierungsfeldern einer Arbeitgebermarke
Quelle: Eigene Darstellung

Die in den Studien identifizierten Themenkomplexe repräsentieren potenzielle Positionierungsfelder einer Arbeitgebermarke. Die darunter subsumierten Anforderungen ergeben die Nutzenelemente, welche die Nachwuchskräfte in Summe zu maximieren suchen. Der Mix aus personalpolitischen und unternehmensbezogene Facetten deutet darauf hin, dass eine integrative Betrachtung derselben unumgänglich ist und im Falle einer unternehmensspezifischen positiven Ausprägung für das Employer Branding verstärkend wirkt, obwohl gemäß der Definition aus *Kapitel III.3.1* die Arbeitgebermarke einzig die Personalpolitik und deren konzeptionelle und instrumentelle Ausgestaltung umfasst. Die nachfolgenden Studienergebnisse nach *Grobe (2003)* geben noch ein differenzierteres Bild an möglichen Positionierungsfeldern wieder.[730]

Positionierungsfeld	Nutzenelemente
Ausland/ Internationalität	Arbeit in internationalen Teams, Arbeit in einer Fremdsprache, Möglichkeit im Ausland zu Arbeiten, regelmäßige Auslandsreisen, Möglichkeit zum Standortwechsel
Kompensation	hohes Einstiegsgehalt, schnelle Gehaltsprogression, Zusatzleistungen (Firmenwagen, etc.), Aktienoptionen, hohe Zusatzleistungen, viele Urlaubstage
Reputation	bekannte, erfolgreiche Marken, Mitarbeiter gelten als Elite, großes Unternehmen, Börsen-/ Markterfolg des Unternehmens, guter Ruf als Arbeitgeber
Work-Life-Balance	Kinderbetreuung durch das Unternehmen, Sabbatical/ Teilzeitarbeit, flexible Gestaltung der Arbeitszeit, Freizeit-/ Kultur-/ Sportaktivitäten
Herausfordernde Aufgaben	selbständiges & kreatives Arbeiten, herausfordernde Aufgaben, schnelle Projektverantwortung, schnelle Budget-/ Personalverantwortung, Unternehmen gilt als innovativ/ kreativ, Flexibilität/ Einsatzbereitschaft erwartet

---

[730] Die Studie von *Grobe* wurde mit Unterstützung von *e-fellows.net* durchgeführt. Die Gesamtstichprobe umfasst 2.821 akademische Nachwuchskräfte unterschiedlicher Fachrichtung (32,2% BWLer, 21,9% Naturwissenschafter, 10,8% Ingenieure), die als Stipendiaten registriert waren. Diese wurden online zu Arbeitgeberpräferenzen sowie Attraktivitätskriterien befragt.

Positionierungsfeld	Nutzenelemente
Unternehmensethik	gesellschaftliche Verantwortung, Werte-Fit, aktiver Umweltschutz, hohe Identifikation mit Produkten/ Dienstleistungen
Arbeitsatmosphäre	einen guten Vorgesetzten haben, freundschaftliches Arbeitsklima, Aufgaben entsprechend der eigenen Fähigkeiten/ Interessen, Teamkultur
Zukunftsfähigkeit/ Innovationskraft	Zukunftsfähigkeit der Branche, gute Referenzen durch ehemalige Mitarbeiter, Unternehmen gilt als innovativ/ kreativ, sichere Arbeitsverhältnisse, guter Ruf als Arbeitgeber
Shareholder-Value-Orientierung	Shareholder-Value-Orientierung, gute Bewertung durch Analysten, Aktienoptionen
Entwicklungsperspektive	Leistungsbeurteilung/ Karriereperspektiven, gute Aufstiegs-/ Entwicklungsmöglichkeiten
flache Hierarchien	flache Hierarchien, sichere Arbeitsverhältnisse

Tab. V-5: Positionierungsfelder sowie Nutzenelemente einer Arbeitgebermarke

Quelle: Eigene Darstellung i.A.a. Grobe (2003)

Aus der Darstellung der Analyseergebnisse geht hervor, dass die auf die rational, kognitive Komponente der Markenstärke bezogenen Positionierungsfelder limitiert sind. In Abhängigkeit der von der Konkurrenz bereits belegten Positionierung kann eine eindeutige Differenzierung des zu markierenden Unternehmens daher mit Schwierigkeiten verbunden sein. Es ist daher zwingend erforderlich, die **affektiv, emotionale Komponente** zur Positionierung hinzuzuziehen und damit die zweite wesentliche gestaltbare Komponente der Markenstärke zu berücksichtigen.

Eine gezielte Emotionalisierung des Arbeitgebers zählt damit zur elementaren Aufgabe des Employer Branding.[731] Zu erreichen ist diese insb. durch die Schaffung einer **Arbeitgeberpersönlichkeit**, die durch unterschiedliche emotionale Positionierungsfelder belegt werden kann.[732] Wie im *Kapitel IV.2* bereits ausführlich diskutiert, zählen zu den zentralen, gleichzeitig differenzierend wirkenden Erfolgsdimensionen der Arbeitgebermarke das Vertrauen, die Identifikation, das Prestige sowie die allgemeine Sympathie zum Arbeitgeber. Die nachfolgende Tabelle fasst ein breites Spektrum an unterschiedlichen emotionalen, die Persönlichkeit beschreibenden Positionierungsfeldern zusammen:

---

[731] Vgl. zur Bedeutung der *Emotionalisierung* einer Marke Dingler, R. (1997), S. 41, Schwertfeger, B. (1997), S. 81ff., Trommsdorff, V. (2002), S. 156, Simon, H.-J. (1997), S. 76, Meffert, H. (1994), S. 180, Esch, F.-R./ Wicke, A. (2001), S. 42ff., Rüschen, G. (1994), S. 124f., Demuth, A. (2000), S. 135 sowie Hertle, Th. (2003), S. 10. *Grobe* konnte in ihrer Studie nachweisen, dass die emotionale Wahrnehmung eines Unternehmens als Arbeitgeber einen hohen Einfluss auf die wahrgenommene Gesamtattraktivität hat; vgl. Grobe, E. (2003), S. 63ff. Die zielgerichtete Integration von affektiven Positionierungsfeldern kann daher präferenzentscheidend bei der Gewinnung von akademischen Nachwuchskräften sein. Zudem ist sie ein zentrales Element der Arbeitgebermarke.

[732] Zur Schaffung einer Persönlichkeit für die Arbeitgebermarke siehe *Kapitel IV.3.2.*

Wirkung auf Erfolgsdimensionen	Positionierungsfeld			
	tendenziell positiv belegt		tendenziell negativ belegt	
Vertrauen	- modern	- kreativ	- traditionell	- einfallslos
	- anspruchsvoll	- offen	- genügsam	- verschlossen
Identifikation	- elitär	- vertrauenswürdig	- mittelmäßig	- dubios
	- fördernd	- flexibel	- ausnutzend	- unflexibel
Prestige	- innovativ	- sympathisch	- veraltet	- unsympathisch
	- erfolgreich	- international	- erfolglos	- provinziell
Sympathie	- dynamisch		- konservativ	

Tab. V-6: Emotionale/ affektive Positionierungsfelder[733]

Quelle: Eigene Darstellung

In Abhängigkeit der sich aus der Konzeptebene ergebenden Differenz zwischen Ist- und Soll-Positionierung existieren drei Strategien zur Umsetzung der Positionierung.[734] Stimmen die aktuelle und gewünschte Positionierung des Arbeitgebers weitestgehend überein, empfiehlt sich die **Beibehaltung** derselben, um den Präferenzerfolg weiterhin zu gewährleisten. Bei leichten Abweichungen sind die für die Positionierung gewählten Werte und Nutzenelemente zu korrigieren. Eine Korrektur kann durch eine Erweiterung, Streichung oder einen Ersatz von einzelnen Positionierungsmerkmalen erfolgen. Da sich die Grundausrichtung der Arbeitgebermarke jedoch nicht ändert, wird hier von einer **Umpositionierung** gesprochen.[735] Die gravierendsten Änderungen erfährt ein Arbeitgeber bei seiner **Neupositionierung** auf dem akademischen Nachwuchsmarkt. Diese ist einzuleiten, wenn die bisherige Ausrichtung sowie die durchgeführten Personalmarketingaktivitäten keinen Beitrag zu Erhöhung der Arbeitgeberpräferenz leisten.[736]

---

[733] Vgl. dazu Grobe, E. (2003), S. 66ff. sowie access-Studie (2004). Ein im Personalmarketing bereits häufig diskutiertes Positionierungsfeld stellt die *Unternehmenskultur* dar. Diese liefert den akademischen Nachwuchskräften einen immateriellen Zusatznutzen und fördert die wahrgenommene Einzigartigkeit. Siehe zur Relevanz der Unternehmenskultur im Personalmarketing u.a. Dittrich, T./ Watzke, M. (1999), S. 22, Kleb, Th./ Schwedes, F. (2002), S. 8, Zimmer, D. (1995), S. 53 sowie Scholz, Ch. (2000), S. 428f.

[734] Siehe zu den drei Positionierungsstrategien Baumgarth, C. (2001), S. 118f., Esch, F.-R. (2002), S. 191 sowie Haedrich, G./ Tomczak, T. (1994), S. 934f. Siehe ähnlich auch Wiswede, G. (1992), S. 92ff.

[735] Von einer Repositionierung des Personalimages in der Personalmarketing-Diskussion sprechen u.a. Moll, M. (1992b), S. 44, Simon et al. (1995), S. 154ff., Süß, M. (1996), S. 179ff. sowie Flüshöh, U. (1999), S. 62ff.

[736] Die drei Positionierungsstrategien spiegeln unterschiedliche Handlungsoptionen zur Ausrichtung der Arbeitgebermarke wider. Die Veränderung der Ausrichtung soll letztendlich zur Modifikation des semantischen Netzwerks zum Arbeitgeber bei den Zielgruppen führen. Daher ist es nicht verwunderlich, dass der Ansatz der kognitiven Lerntheorie nach *Norman & Rumelhart (1978)* den Positionierungsoptionen nahezu entspricht.

Aus den bisherigen Ausführungen geht hervor, dass eine Kombination von kognitiven und emotionalen Elementen für die Positionierung der Arbeitgebermarke zwingend erforderlich ist. Beide Elemente bilden die einstellungsbasierten Gestaltungsfelder der Markenstärke nach *Kapitel IV.2*. Auch wenn die Positionierung die Grundausrichtung der Arbeitgebermarke vorgibt, sollte die Entscheidung für eine Positionierung des Arbeitgebers im Rahmen des Profilierungszeitraums des Employer Branding allerdings nicht statisch sein.[737] Denn wie die Diskussion zum Involvement-Konstrukt zeigt, divergieren die Ausprägungen der kognitiven sowie affektiven Beschäftigung der Nachwuchskräfte im Verlauf des Entscheidungsprozesses zur Arbeitgeberwahl. Entsprechend der Schwerpunkte in der Einstellungsbildung sollten daher auch die kognitiven und emotionalen Elemente der Positionierung unterschiedlich dominant ausgeprägt sein, um den Aufbau des assoziativen Netzwerks zur Arbeitgebermarke zu optimieren. Unter Berücksichtigung des Involvements lässt sich daher eine **Positionierungstafel** entwickeln, welche die Positionierungsschwerpunkte in einem potenziellen Profilierungszeitraum darstellt. Der Profilierungszeitraum erstreckt sich auf die Zielgruppen im Status der Schüler bis Young Professionals:

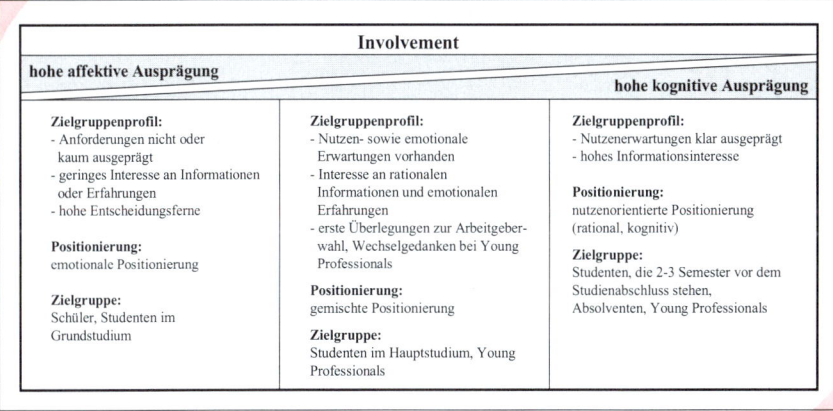

Tab. V-7: Positionierungstafel zur involvementbedingten Ausgestaltung der Positionierung im
            Profilierungszeitraum

Quelle: Eigene Darstellung

---

[737] Vgl. zur Positionierung nach kognitiven und emotionalen Gesichtspunkten u.a. Esch, F.-R. (2001), S. 240 sowie Herbst, D. (2002), S. 71ff. *Scholz* überträgt den Ansatz zur differenzierten Positionierung erstmalig in das Personalmarketing. Er unterscheidet zwischen einer Positionierung durch *Information*, einer Positionierung durch *Emotionen* sowie einer *gemischten* Positionierung aus Informationen und Emotionen; vgl. Scholz, Ch. (2000), S. 428f. Eine zeitpunktabhängige Betrachtung der Positionierung eines Arbeitgebers fehlt jedoch bisher im Personalmarketing.

Zusammenfassend formuliert die aus der Markenidentität hergeleitete Positionierung die Ausrichtung der Arbeitgebermarke auf dem Markt der akademischen Nachwuchskräfte. In ihr werden die Werte und Nutzenversprechen zusammengefasst, die für die strategische Ausrichtung der Arbeitgebermarke in Abhängigkeit der Zielgruppen und der Wettbewerber entscheidend sind. Damit die akademischen Nachwuchskräfte diese wahrnehmen sowie im direkten Kontakt erfahren können, hat eine Konkretisierung der Positionierung in personalpolitischen Konzepten und Instrumenten zu erfolgen.

3.2.5 Gestaltung der Arbeitgebermarke und des Employer Branding

Wie in *Kapitel III.3.1* bereits erläutert wurde, repräsentiert die Arbeitgebermarke die Personalpolitik und deren konzeptionelle und instrumentelle Ausgestaltung. Für die Entwicklung eines zielgerichteten Markenimages sind daher die personalpolitischen Konzepte und Instrumente zu definieren sowie die Botschaften in der Markenführung kommunikativ zu vermitteln. Unter dem Aspekt der **Gestaltung** wird daher die Definition und Einführung von **Konzepten** und **Instrumenten** im Leistungs- und Kommunikationsbereich verstanden.

3.2.5.1 Definition der Leistungspolitik

Die Leistungspolitik beinhaltet diejenigen Entscheidungstatbestände, die sich auf die marktgerechte Gestaltung aller vom Arbeitgeber angebotenen personalpolitischen Leistungen beziehen.[738] Die konkreten Leistungen bilden nach *Vershofen (1959)* den Grundnutzen der Arbeitgebermarke sowie die im Modell der Markenstärke formulierte Qualität ab. Der Beitrag des Personalmanagements zur Erreichung einer möglichst hohen Attraktivität kann aus unterschiedlichen **Personalfunktionen** im Unternehmen resultieren. Nach *Wagner (2004)* erstreckt sich das Gestaltungsfeld auf eine Vielzahl unterschiedlicher personalpolitischer Facetten. Für die leistungspolitische Ausgestaltung der einzelnen Personalfunktionen können personalpolitische sowie managementorientierte Konzepte und Instrumente eingesetzt werden. Die nachfolgende Tabelle gibt potenzielle Gestaltungsfelder im Personalmanagement wieder.[739]

---

[738] Vgl. i.A.a. die Definition zur Produktpolitik des Marketing von Meffert, H. (2000), S. 327ff. Ähnlich auch Homburg, Ch./ Krohmer, H. (2003), S. 453 sowie Weis, H.Ch. (2001), S. 99. Siehe in der Übertragung der Leistungspolitik auf das Personalmarketing Simon et al. (1995), S. 18, Wiltinger, K./ Simon, H. (1999), S. 174 sowie Freimuth, J. (1987), S. 145f.

[739] Vgl. dazu Wagner, D. (2004), S. 25f. Dessen Angaben wurden z.T. reduziert oder ergänzt. Die *Leistungspolitik* geht daher über die inhaltliche Gestaltung der Tätigkeit sowie der Ausstattung des Arbeitsplatzes hinaus. Siehe zur engeren Begriffsauffassung der Leistungspolitik Simon et al. (1995), S. 18. Auch ähnlich Sebastian, K.-H. (1987), S. 35f. sowie Bauer, H.H./ Jensen, S. (1998), S. 31. Zu weiteren personalpolitischen Konzepten und Instrumenten siehe auch die Beiträge von Gaugler, E. (1992), Sp. 1797ff. sowie Hentze, J. (1992), Sp. 1893ff.

Funktionen		Konzepte / Instrumente	
• Personalführung	• Personaleinsatz	• Nachwuchs-/ Eliteförderung	• Wissensmanagement
• Personalinformation	• Personalplanung	• Führungsleitlinien/ Leitbilder	• Outplacement
• Personalbeurteilung	• Personalentwicklung	• MbO (Zielvereinbarungen)	• Computer-Based-Training
• Personalcontrolling	• Personalabbau/	• Coaching	• Wissensmanagement
• Arbeitszeitgestaltung	-freisetzung	• Gehaltsflexibilität	• Total-Quality-Management
• Arbeitsplatzgestaltung	• Sozialmanagement	• Arbeitszeitflexibilität	• Cafeteria-Systeme
• Lohn- und Gehalts-	• Personalverwaltung	• internationale Entsendungen/	• Management Diversity
gestaltung	• etc.	Expatriate Service	• etc.
• Personalbeschaffung/ -auswahl		• Relocation Service	

Tab. V-8: Personalpolitische Funktionen sowie deren Konzepte und Instrumente
Quelle: Eigene Darstellung i.A.a. Wagner (2004)

Eine interessante Zusammenfassung der wesentlichen instrumentenbezogenen Gestaltungsfelder in der Personalpolitik liefert die Studie „Good Company".[740] Demnach zählen zu den zentralen **personalpolitischen Gestaltungsfeldern**, die zur Ausgestaltung und Prägung einer Arbeitgebermarke zu bearbeiten sind, folgende Facetten:

• Flexibilitätsregelungen, Chancengleichheit, Ausbildung und Traineeprogramme, Gesundheit und Sicherheit, Mitbestimmung, Volunteering;
• Personalbestandentwicklung, Wissensmanagement, Weiterbildung, Commitment, Arbeitsumfeld, Retention.

Um bei den akademischen Zielgruppen als Arbeitgeber möglichst attraktiv zu erscheinen, können zur Fokussierung auf bestimmte leistungspolitische Konzepte und Instrumente die aus Arbeitgeberstudien identifizierten Anforderungen an einen Top-Arbeitgeber herangezogen werden.[741] Die bereits in *Kapitel IV.2.2.2* zur Erläuterung der Leistungskompetenzen und -qualitäten angeführten Gliederungskriterien der **Motivatoren** und **Hygienefaktoren** finden dazu nachfolgend Anwendung, anhand derer die unabdingbaren personalpolitischen Konzepte und Instrumente eines Arbeitgebers, der den Markenstatus anstrebt, dargestellt werden.

---

[740] Siehe zur Studie Scholz, Ch./ Gazdar, K. (2007), S. 35ff. und Kröher, M.O.R. (2007), S. 76ff. Der Wettbewerb „Good Company" wird vom managermagazin in Kooperation mit Deloitte und Kirchhoff Consult durchgeführt. Ziel dieses Wettbewerbs ist es, ein Ranking der 100 größten europäischen Unternehmen hinsichtlich der Wirkung der Authentizität ihrer Corporate Social Responsibility zu erstellen.

[741] Vgl. dazu die Studien in *Kapitel II.2.3.*

a) Weiche Hygienefaktoren

Der Stimmung in einem Unternehmen in Form des Betriebsklimas, des Spaßfaktors bei der Arbeit sowie des empfundenen Führungsstils messen die akademischen Nachwuchskräfte hohe Bedeutung bei. In diversen Attraktivitätsstudien rangiert das „**gute Betriebsklima**" daher ganz oben auf der Liste der Präferenzfaktoren.[742] Ein gutes Klima im Unternehmen soll vereinfacht als Resultat des Verhaltens der Mitarbeiter sowie Führungskräfte miteinander bezeichnet werden. Um dieses Verhalten zu beeinflussen, können seitens der Unternehmens- und Personalleitung gemeinsame Werte für die kollegiale Zusammenarbeit sowie Führungsleitsätze und -bilder bzgl. der Führungskultur definiert werden. Zudem ist bei den Führungskräften zu gewährleisten, dass sie die wichtigsten Instrumente der Führung beherrschen. Die Konzeption spezieller Führungsseminare sowie die Bereitstellung eines potenziellen Coachings zählen daher zu den Aufgaben des Personalmanagements. Ein weiterer Hygienefaktor des akademischen Nachwuchses, dem in den letzten Jahren zunehmend Beachtung geschenkt wurde, stellt die Möglichkeit im Unternehmen dar, das Berufs- und Privatleben in ein Gleichgewicht zu bringen (**Work-Life-Balance**).[743] Flexible Arbeitszeiten, die Förderung von Freizeit-, Kultur- und Sportaktivitäten sowie die Organisation von Kinderbetreuungen stellen wichtige Gestaltungsmaßnahmen des Arbeitgebers dar. Abschließend ist festzuhalten, dass dem Wohlfühl-Faktor Betriebsklima besondere Aufmerksamkeit zu widmen ist, da es einem K.O.-Kriterium bei der Wahl des Arbeitgebers entspricht, welches darüber entscheidend, ob ein Unternehmen grundsätzlich in das Relevant Set der potenziellen Arbeitgeber gelangt.

b) Harte Hygienefaktoren

Zahlreiche Studien haben ergeben, dass monetäre Anreize wie Gehalt, Tantiemen oder andere Sozialleistungen zu den zentralen Attraktivitätsfaktoren bei der Arbeitgeberwahl zählen.[744] Eine im Marktvergleich angemessene **Vergütung** sowie eine der Leistung entsprechende **Gehaltsentwicklung** sind daher unabdingbar für die Platzierung eines Arbeitgebers als Employer-of-Choice (Gehaltsflexibilität/ Cafeteria-Systeme). Da der Faktor Geld weniger als Motivator, sondern als Faktor, der Unzufriedenheit verhindert, zu verstehen ist, gehört eine angemessene Gehaltspolitik zur Grundlage der Leistungspolitik im Rahmen des Markenmanagements eines Arbeitgebers. Um insb. bei den leistungsorientierten Fach- und Füh-

---

[742]	Siehe dazu die Studienergebnisse bei Schöbitz (1986), Scholz/ Schlegel (1993), Schwertfeger (1995), Steinmetz (1997), Schumacher/ Schwartz (1999) sowie Katzensteiner (2002).

[743]	Siehe dazu die Studienergebnisse bei Schwertfeger (1995), Eckstein (2000), Katzensteiner (2002) sowie Grobe (2003).

[744]	Siehe zur hohen Bedeutung des Geldes die Studien von Simon (1984) sowie Wiltinger (1997), die jeweils indirekte Befragungen durchführten und somit die Problematik der sozialen Unerwünschtheit umgingen. Ebenfalls zur Relevanz der *Bezahlung* siehe Moser (1992), Süß (1996), Wiltinger/ Simon (1999), Gillies/ Jung (1999), Schumacher/ Schwartz (1999) sowie Grobe (2003). Der Aspekt der *Work-Life-Balance* kann sowohl dem weichen als auch dem harten Hygienefaktor zugeordnet werden. Während die grundsätzliche Bereitschaft zur Beachtung des Privatlebens durch das Unternehmen als weicher Faktor zu sehen ist, zählen die Instrumente zu deren Umsetzung zu den harten Faktoren.

rungskräften als Arbeitgeber attraktiv zu erscheinen, sollte sich die Arbeitsleistung in Form einer variablen Komponente im Entgelt widerspiegeln. Das Bedürfnis nach **Sicherheit** eines Arbeitsplatzes hängt stark von der konjunkturellen Entwicklung einer Wirtschaft ab. Es ist daher nicht verwunderlich, dass bei den Präferenzen der akademischen Nachwuchskräfte in den letzten Jahren Staatsbetriebe stärker Berücksichtigung fanden.[745] Die Arbeitsplatzsicherheit wird weitestgehend durch die Unternehmensführung und deren Entscheidungen beeinflusst. Aber auch das Personalmanagement kann durch spezielle Konzepte u.a. durch die situationsbedingte Anpassung der Arbeitszeit einen Beitrag zur Sicherung der Arbeitsplätze leisten. Allein die grundsätzliche Ausrichtung eines Arbeitgebers, Umsatzschwankungen des Unternehmens nicht unmittelbar durch Stellenabbau zu beantworten bzw. diesen möglichst sozialverträglich zu gestalten, deutet auf ein nachhaltiges Personalmanagement eines Unternehmens hin.

c) Weiche Motivatoren
Im Mittelpunkt der weichen Motivatoren steht die **Gestaltung** der **Arbeitsaufgabe**. Neben den bereits genannten präferenzwirksamen Attraktivitätsfaktoren zählt die Art der Aufgabe zu den am häufigsten genannten Entscheidungsfaktoren bei der Arbeitgeberwahl.[746] Der Stellen- und Aufgabendefinition im Unternehmen ist daher besonders hohe Aufmerksamkeit beizumessen. Als potenzielle Gestaltungsparameter einer Aufgabe gelten u.a. der Inhalt, die Höhe der Herausforderung, die Abwechslung innerhalb der Aufgabe und deren Grad der Selbstständigkeit sowie der Verantwortung. Die Unternehmens- und Personalleitung haben dafür Sorge zu tragen, dass dieser Motivator in hohem Maße den Anforderungen der akademischen Nachwuchskräfte entspricht.

d) Harte Motivatoren
Auch die Möglichkeiten zur **Weiterbildung** im Unternehmen zählen seit jeher zu den Top-Attraktivitätsfaktoren vom akademischen Nachwuchs.[747] Aus diesem Grund ist es unerlässlich, ein umfangreiches Angebot zur Weiterqualifizierung und -entwicklung der Mitarbeiter zu schaffen und anzubieten. I.A.a. die unterschiedlichen Anforderungsprofile von betrieblichen Stellen sowie der individuellen Laufbahnplanung der Mitarbeiter sind die weiterbildenden Maßnahmen auf die Förderung der Fach-, Führungs-, Methoden und Sozialkompetenzen auszurichten. Neben der Quantität des Angebots ist ebenso dessen Qualität zu gewährleisten, welche u.a. durch die Einbindung professioneller Dozenten zu erreichen ist. Darüber hinaus stellen der **Service** zur Weiterbildung sowie die mediale Unterstützung des Lernens interessante Differenzierungspotenziale für Arbeitgeber dar. Mittels einer indivi-

---

[745] Vgl. dazu die Arbeitgeberrankings der Studien in *Kapitel II.2.3.2.1.*
[746] Vgl. dazu die Studienergebnisse bei Schwaab (1991), Scholz/ Schlegel (1993), Schwertfeger (1995), Schumacher/ Schwartz (1999) sowie Halbauer (2003).
[747] Vgl. dazu die Studienergebnisse bei Gatermann (1992), Vollmer (1993), Scholz/ Schlegel (1993), Schwertfeger (1995), Katzensteiner (2002) sowie Grobe (2003).

duellen Bildungsberatung können die Mitarbeiter in der richtigen Wahl der Maßnahmen unterstützt und begleitet werden. Das E-Learning (Computer-Based-Training) als rechner-gestützte Lernform bewirkt eine zeitliche und räumliche Flexibilisierung und verschafft dem Mitarbeiter eine hohe Unabhängigkeit bei der Umsetzung der Weiterqualifizierung.

Der Anspruch zur Weiterbildung steht im Zusammenhang, im Unternehmen eine gewisse **Karriere** zu beschreiten. Insb. bei den High Potentials des akademischen Nachwuchses haben die Karrierechancen in einem Unternehmen einen hohen Stellenwert bei der Arbeit-geberwahl.[748] In Abhängigkeit der Aufgaben sowie der Neigungen der Mitarbeiter hat ein Unternehmen daher unterschiedliche Karrierewege anzubieten, die sich u.a. in Fach-, Füh-rungs- oder Projektlaufbahn gliedern lassen (Nachwuchs-/ Eliteförderung).

Bereits der zielgerichtete Einsatz von Instrumenten und Konzepten kann dazu genutzt wer-den, die Persönlichkeit eines Arbeitgebers zu prägen und dem akademischen Nachwuchs gleichzeitig die gewünschten Signale zu senden.[749] Eine hohe Karriereorientierung eines Arbeitgebers signalisieren bspw. spezielle Nachwuchsprogramme wie das Traineeprogramm oder andere Förder- und Patenprogramme. Auch bei der Rekrutierung des akade-mischen Fach- und Führungsnachwuchses kann die Bedeutung der Leistungsorientierung hervorgehoben werden. Dieses lässt sich insb. anhand der Durchführung von Assessment Centern erreichen.

Die Chance, im **Ausland** zu arbeiten, hängt wiederum meist mit den Karriereambitionen des akademischen Nachwuchses zusammen. Erneut sind es tendenziell die High Potentials, die einen längerfristigen Auslandseinsatz anstreben, um ihre interkulturellen Erfahrungen aus-zuweiten und die Referenzen im beruflichen Werdegang zu verbessern.[750] Die Möglichkeit eines Auslandsaufenthaltes allein birgt jedoch wenig Differenzierungspotenziale. Hier sind es ins. die Qualität des **Services** zur Entsendung sowie die optimale Einbindung des Aus-landes in die **individuelle Laufbahnplanung**, die einen Arbeitgeber Einzigartigkeit verlei-hen können (internationale Entsendungen/ Expatriate/ Relocation Service). Der akademi-sche Nachwuchs muss aufgrund der Abwesenheit darauf vertrauen können, nach dem Aus-landseinsatz keinen Karriereknick zu erleiden.

Bei der Auswahl der besonders hervorzuhebenden Leistungen sind neben den Wünschen der akademischen Nachwuchskräfte (Outside-In-Orientierung) zudem die Werte des Arbeit-gebers zu beachten (Inside-Out-Orientierung).[751] Die **Stimmigkeit** zwischen der Ausrich-

---

[748] Vgl. dazu die Studienergebnisse bei Schöbitz (1986), Schwertfeger (1999), Wöhr (2002) sowie Grobe (2003).

[749] Siehe zur Persönlichkeit eines Arbeitgebers auch die Ausführungen in *Kapitel IV.3.2.1.*

[750] Vgl. dazu die Studienergebnisse bei Grobe (2003). Aber auch die Großunternehmen mit internationaler Präsenz legen viel Wert auf internationale Mobilität und flechten häufig einen Aufenthalt an einem aus-ländischen Standort in die Karrierelaufbahn des eigenen Fach- und Führungsnachwuchses ein.

[751] Siehe zur Kombination der innen- sowie außengerichteten Perspektive die Ausführungen zum identitäts-orientierten Ansatz in *Kapitel III.2.2.5.*

tung der Werte und der Zweckeignung der personalpolitischen Konzepte und Instrumente stellt ein unabdingbares Kriterium dar und erhöht die Glaubwürdigkeit des Arbeitgebers. In *Kapitel II* zur Transferprüfung der Markenpolitik auf Arbeitgeber ist die **Kontinuität** der leistungspolitischen Qualität eines Arbeitgebers aufgrund der Integration von externen Faktoren wie Personaler und Führungskräfte als besonderes Handlungsfeld identifiziert worden. Grundsätzlich ist eine hohe Qualität der Personal- und Führungsarbeit in den unterschiedlichen Abteilungen sowie diversen Standorten des Unternehmens durch entsprechende Maßnahmen zu gewährleisten. Diese kann u.a. durch verpflichtende Seminare und Schulungen der Personalvertreter sowie der Führungskräfte im Unternehmen sowie durch entsprechende Audits, welche die Qualität der Personal- und Führungsarbeit erfassen, erreicht werden. Auch die bereits erwähnte Definition von Leitbildern und -sätzen fördert ein einheitliches Denken und Handeln im Unternehmen.

3.2.5.2 Definition der Kommunikationspolitik

Während die Leistungspolitik die Inhalte der Kommunikation determiniert, bestimmt die Kommunikationspolitik die kommunikationsbezogenen Instrumente und Maßnahmen sowie das Vorgehen bei der Umsetzung des Employer Branding im Profilierungszeitraum.[752] Der Kommunikationspolitik als „Stimme der Marke" ist besondere Aufmerksamkeit zu widmen, da diese die positionierungsrelevanten Inhalte bei den Zielgruppen verankert und die Markenvorstellungen prägt.[753] Sie löst die erforderlichen **Lernprozesse** aus und formt damit das Gedächtnisbild zur Arbeitgebermarke, indem sie die gedächtnispsychologischen Assoziationen aufbaut, vertieft oder verändert.[754] Die Kommunikationspolitik des Arbeitgebers umfasst letztendlich alle Entscheidungen im Hinblick auf die Kommunikation zur Kontaktierung der Zielgruppen.[755]

Dieses Kapitel zur Definition der Kommunikationspolitik thematisiert zunächst primär das für die Umsetzung des Employer Branding existierende Spektrum an unterschiedlichen **Kommunikationsinstrumenten** sowie deren Besonderheiten zum Aufbau des Gedächtnisbildes zur Arbeitgebermarke. In *Kapitel V.3.2.6.2* zum Kommunikationsmanagement werden diese dann bzgl. ihres Einsatzes im **Profilierungszeitraum** zur Arbeitgebermarkenbildung diskutiert.

---

[752] Die Leistungspolitik stellt die Grundlage der Kommunikationspolitik dar. Vgl. dazu Wiltinger, K./ Simon, H. (1999), S. 174 sowie Backhaus, K. (2003), S. 405. Nach *Nawrocki* sollte grundsätzlich das Motto eingehalten werden: „Sei gut und rede darüber"; vgl. Nawrocki, J. (1992), S. 67.

[753] Siehe dazu Köhler, R. (2001b), S. 57f., Weinberg, P./ Diehl, S. (2001a), S. 195, Rossiter, J.R./ Percy, L. (2001), S. 525, Aaker, D.A./ Joachimsthaler, E. (2000a), S. 27f. sowie Kroeber-Riel, W./ Weinberg, P. (2003), S. 223.

[754] Vgl. i.A.a. Nieschlag, R./ Dichtl, E./ Hörschgen, H. (2002), S. 1022ff., Kuß, A. (1993), S. 183, Becker, J. (1991), S. 41ff., Koppelmann, U. (1994), S. 234 sowie Sommer, R. (1998), S. 130.

[755] Zur Definition der Kommunikationspolitik vgl. Homburg, Ch./ Krohmer, H. (2003), S. 454.

Für das Employer Branding stehen eine Vielzahl verschiedenster Kommunikationsinstrumente zur Verfügung. Für die Abgrenzung der Kommunikationsformen existieren in der Fachliteratur unterschiedliche Ansätze.[756] Für das Employer Branding erscheint abgeleitet aus der Theoriendiskussion eine Differenzierung zwischen den persönlichen (Direktkommunikation) und unpersönlichen (Massenkommunikation) Kommunikationsinstrumenten zielführend.[757]

Die **unpersönliche Kommunikation** umfasst diejenigen Instrumente, bei denen die Botschaften mittels technischer Verbreitungsmittel an ein breites Publikum vermittelt werden. Sie sind gekennzeichnet durch eine räumliche und zeitliche Distanz zwischen Sender und Empfänger.[758] Der akademische Nachwuchs und die Vertreter des markierten Arbeitgebers treten damit in keinen direkten Kontakt. Die Vorteile dieser Kommunikationsform liegen insb. in der großen Reichweite, beliebigen Wiederholbarkeit, hohen Geschwindigkeit zur Erreichung eines breiten Publikums sowie in den relativ geringen Kosten.[759] Aufgrund der hohen Reichweite empfiehlt es sich, die Massenkommunikation hauptsächlich für die Erhöhung der Bekanntheit einzusetzen.[760] Die geringen Kosten erlauben einen häufigen Einsatz der Instrumente, so dass die positionierungsrelevanten Informationen konditioniert und das Schema der Arbeitgebermarke stabilisiert werden können. Zu den technischen Hilfsmitteln zur Umsetzung der unpersönlichen Kommunikation zählen Print-, Rundfunk-, audiovisuelle sowie computergestützte Medien in unterschiedlicher Ausgestaltung.[761]

Unter der **persönlichen Kommunikation** sind diejenigen Kommunikationsprozesse zusammengefasst, bei denen ein direkter Kontakt zwischen den Marktakteuren stattfindet.[762] Auch

---

[756] Vgl. Bruhn, M. (2003a), S. 5ff. In der Literatur werden hauptsächlich die folgenden Unterscheidungen vorgenommen: *persönliche* vs. *unpersönliche*, *einseitige* vs. *zweiseitige* und *personen-/organisationsspezifische* vs. *anonyme* Kommunikation.

[757] Bereits die in dieser Arbeit zugrunde gelegten theoretischen Ansätze und Theorien verfolgen eine Unterscheidung zwischen persönlicher und unpersönlicher Kommunikation; vgl. *Kapitel IV.3*. Dieselbe Unterteilung empfehlen auch Esch, F.-R. (2003), S. 216 sowie Simon et al. (1995), S. 165ff.

[758] Vgl. dazu Kroeber-Riel, W./ Weinberg, P. (2003), S. 588f. sowie Bruhn, M. (2003a), S. 5f.

[759] Vgl. zu den Vorteilen der unpersönlichen Kommunikation Baumgarth, C. (2001), S. 181, Rossiter, J.R./ Percy, L. (2001), S. 537f. sowie Simon et al. (1995), S. 175f.

[760] Vgl. Baumgarth, C. (2001), S. 181.

[761] Vgl. Kroeber-Riel, W./ Weinberg, P. (2003), S. 588. *Simon et al.* zählen zu den unpersönlichen Kommunikationsinstrumenten insb. die Stellenanzeigen, Personalimagewerbung sowie Public Relations; vgl. Simon et al. (1995), S. 176ff.

[762] Zur Definition der unpersönlichen Kommunikation siehe u.a. Pradel, M. (2001), S. 52ff., Kroeber-Riel, W./ Weinberg, P. (2003), S. 502 sowie Bruhn, M. (2003a), S. 5f. In der Fachliteratur findet dazu häufig der Begriff *Direktmarketing* Verwendung, der den direkten Kontakt zwischen den Marktpartnern verdeutlicht; vgl. Weis, H.Ch. (2001), S. 495ff., Dallmer, H. (1995), Sp. 477f., Pradel, M. (2001), S. 73ff., Nieschlag, R./ Dichtl, E./ Hörschgen, H. (2002), S. 996 sowie Meffert, H. (2000), S. 743ff. *Holland* spricht auch vom *Dialogmarketing*; vgl. Holland, H. (2002), S. 75ff. Das Direktmarketing gilt als geeigneter Methodenansatz, um dem gesellschaftlichen Trend der Individualisierung gerecht zu werden, und weist im Vergleich zur indirekten Kommunikation eine Reihe von Vorteilen auf; vgl. Dallmer, H. (1995), Sp. 477, Link, J. (2001), S. 308ff. sowie Holland, H. (2002), S. 76.

wenn diese unmittelbar nur auf eine begrenzte Zahl der umwobenen akademischen Zielpersonen gerichtet werden kann und zudem höhere Kosten verursacht, kann ihr eine höhere
Wirksamkeit zur Beeinflussung der Facetten der Markenstärke der Arbeitgebermarke zugesprochen werden. Die Vorteile der persönlichen Kommunikation liegen insb. in der höheren
Glaubwürdigkeit, der situativen Flexibilität der Informationsgestaltung sowie in der Fähigkeit, dem menschlichen Bedürfnis nach sozialem Kontakt nachzukommen.[763]

Wie bereits bei der Fundierung der affektiven Erfolgsdimensionen der Arbeitgebermarke
dargestellt, bestehen vielfältige Wechselbeziehungen zwischen dem Image der Marke und
dem gewählten Kommunikationsinstrument. So können insb. die einstellungsbasierten affektiven Erfolgsdimensionen der Arbeitgebermarke durch den Einsatz von kommunikativen
Maßnahmen positiv beeinflusst werden.[764] Nachfolgend wird auf die für die Kommunikationspolitik des Employer Branding relevanten Instrumente näher eingegangen.

a) Unpersönliche Kommunikation
In der medialen Umsetzung von Marken wird häufig der Begriff der **Werbung** genutzt.[765]
Als Oberbegriff kann Werbung als kommunikativer Beeinflussungsprozess bezeichnet werden, der das Ziel verfolgt, marktrelevante Einstellungen und Verhaltensweisen zu verändern.[766] Die Instrumente der Werbung sind auf die Bearbeitung einer breiten Personenmasse
ausgerichtet und sind folglich unpersönlicher Art.[767] Eine dieser Arbeit vorangestellte
Literaturrecherche hat ergeben, dass auch im Personalmarketing der Begriff der Werbung
häufig Verwendung findet, die Definitionen diesbzgl. jedoch sehr unterschiedlich ausfallen.[768] Um für das Employer Branding eine eindeutige instrumentelle Trennung zu gewähr-

---

[763] Siehe zu den Vorteilen Kroeber-Riel, W./ Weinberg, P. (2003), S. 511f. sowie Simon et al. (1995), S.
169ff. *Simon et al.* nennen die Weiteren die Möglichkeit, den Fach- und Führungsnachwuchs unmittelbar beurteilen und selektieren zu können.

[764] Zu der Wechselwirkung von Markenimage (mehrdimensionale Einstellung) und Image des Mediums
siehe Mayer, A./ Mayer, R.U. (1987), S. 23f. sowie Kroeber-Riel, W./ Weinberg, P. (2003), S. 638f. Die
grundsätzliche Relevanz von kommunikativen Maßnahmen für die Beeinflussung der einstellungsbasierten Markenstärke resultiert aus den Annahmen, dass die Einstellungskomponenten gezielt durch
Marketingmaßnahmen verändert werden können und dass ein enger Zusammenhang zwischen Einstellung und Verhalten besteht; vgl. dazu Behrens, G. (1991), S. 116ff. sowie Hoch, D. (2000), S. 9.

[765] Hinsichtlich des Markenmanagements von Produkten auf dem Gütermarkt wurde der klassischen Werbung in Wissenschaft und Praxis bisher die größte Beachtung geschenkt; vgl. Pradel, M. (2001), S. 59ff.
sowie Meffert, H. (2000), S. 712ff. Nach *Dichtl* ist sogar keine Marke ohne Werbung vorstellbar; vgl.
Dichtl, E. (1992), S. 32.

[766] Vgl. zur Definition der Werbung u.a. Pradel, M. (2001), S. 59ff., Meffert, H. (2000), S. 712ff. und Weis,
H.Ch. (2001), S. 419ff.

[767] Zu den klassischen Instrumenten der Werbung im Produktmarketing zählen Anzeigen, Plakate, Fernsehen, Funk und Kino; vgl. Meffert, H. (2000), S. 712ff., Pradel, M. (2001), S. 59ff., Unger, F./ Fuchs, W.
(1999), S. 153ff. sowie Homburg, Ch./ Krohmer, H. (2003), S. 651ff.

[768] Siehe zur Personalwerbung und deren Zielsetzung u.a. Groenewald, H./ Hünerberg, R. (1985), S. 230,
Hunziker, P. (1973), S. 13, Süß, M. (1996), S. 209ff., Bleis, Th. (1992), S. 20, Freimuth, J./ Elfers, C./
Zirkel, M. (1993), S. 149, Batz, M. (1996), S. 216, Poppe, D./ Bartscher, T.R. (1990), S. 27, Zaugg, R.J.

leisten, wird die Personalwerbung nach ihrer Zeckmäßigkeit in Personalsuch- und Personalimagewerbung unterteilt.

Die **Personalsuchwerbung** verfolgt ein enges Begriffsverständnis der Werbung und bedeutet die Akquisition von neuen Mitarbeitern für das Unternehmen.[769] Zu deren medialen Umsetzung werden i.d.R. Stellenanzeigen in Printmedien, Jobbörsen im Internet oder der
Unternehmenshomepage sowie Plakate genutzt. Gemäß einer weiter gefassten Definition
nach *Arnold* zielt hingegen die **Personalimagewerbung** auf eine zielorientierte Beeinflussung der Einstellungen und des Entscheidungsverhaltens bestimmter Adressaten.[770] Sie
dient speziell dazu, dem Unternehmen ein positives Personalimage zu verschaffen und die
Attraktivität als Arbeitgeber zu erhöhen. Ein wesentlicher Unterschied zur Personalsuchwerbung liegt darin begründet, dass keine Stellenangebote direkt offeriert werden. Stattdessen sind diese in Abgrenzung zu den klassischen Stellenanzeigen eher allgemein gehalten und vermitteln meistens Aspekte der Unternehmenskultur.[771] Dennoch generiert die
Imagewerbung auch Anfragen in Form von Initiativbewerbungen.[772] Zu den bekanntesten
Werbemaßnahmen zählen Personalimageanzeigen in Print- und Online-Medien sowie Fir-
menimagebroschüren.[773]

Ein im Personalmarketing bisher noch kaum genutztes Kommunikationsinstrument stellen
die **Personal Relations** eines Unternehmens dar. Die personalorientierte Öffentlichkeits-

---

(2002), S. 17, Fischer, R./ Kluge, C. (1991), S. 33, Welslau, D. (1994), S. 39, Nawrocki, J. (1992), S. 71, Simon et al. (1995), S. 179 sowie Bröckermann, R./ Pepels, W. (2002b), S. 4.

[769] Vgl. dazu Paul, G. (1989), S. 170, Wunderer, R. (1975), Sp. 1689, Kolter, R.E. (1991), S. 32f. sowie Kleinkenberg, U. (1994), S. 401. Die Personalsuchwerbung sollte so gestaltet werden, dass sie neben der Akquisitionsfunktion gleichzeitig eine *Vorauswahlfunktion* erfüllt. Ziel ist es, die *Right Potentials* unter den akademischen Fach- und Führungskräften zu finden. Das Matching findet hauptsächlich über die ge-meinsame Wertebasis statt. Nach einer Studie von *Moser & Grabarkiewicz* lassen sich die Wert-haltungen eines Unternehmens in der Anzeige abbilden. Besonders schwierig stellt sich jedoch die Ver-mittlung von Freizeitwerten bzw. Work-Life-Balance dar; vgl. Moser, K./ Grabarkiewicz, R. (1999), S. 16ff.

[770] Vgl. Arnold, U. (1992), Sp. 1815, Zaugg, R.J. (2002), S. 17, Hunziker, P. (1973), S. 13, Fröhlich, W./ Sitzenstock, K. (1989), S. 134 sowie Schneider, B. (1995), S. 27.

[771] Vgl. Reich, K.-H. (1992), S. 25. Eine den Werten bzw. der Unternehmenskultur angepasste bildliche und textliche Gestaltung der Imagewerbung wirkt zudem selektiv, so dass überwiegend diejenigen Nach-wuchskräfte angesprochen werden, die sich mit den Inhalten identifizieren können. Das gleiche gilt für die Stellenanzeige.

[772] Vgl. Becker, W. (1989), S. 128, Schneider, B. (1995), S. 35 sowie Fröhlich, W./ Sitzenstock, K. (1989), S. 134.

[773] Vgl. dazu *Fröhlich & Sitzenstock*, die zu den Imagemaßnahmen auch direkte Kommunikationsmaß-nahmen zählen; vgl. Fröhlich, W./ Sitzenstock, K. (1989), S. 142. Eine Studie der Hamburger Perso-nalberater *P-Liner*, bei der mehr als 730 Publikationen von 227 deutschen Unternehmen analysiert wurden, hat ergeben, dass bei den 42% der Unternehmen, die in Arbeitgeberimage-Broschüren inves-tieren, ca. 50% der Bezug zur spezifischen Bezugsgruppe fehlt, weniger als 50% einen direkten An-sprechpartner zwecks Kontaktaufnahme nennen und 8% das klassische Firmenlogo nicht mit in die Broschüre aufnehmen. Die Studie zeigt, dass noch hoher Verbesserungsbedarf bei den Firmen hinsicht-lich ihrer Personalimagewerbung vorliegt.

arbeit bezeichnet die planmäßig zu gestaltende Beziehung zwischen dem Unternehmen als Arbeitgeber und speziellen Teilöffentlichkeiten.[774] Neben möglichen Teilöffentlichkeiten wie Mitarbeiter, Arbeitnehmerverbände und Politik richtet sich die Personal Relations indirekt an die potenziellen Bewerber auf dem Arbeitsmarkt.[775] Der Öffentlichkeitsarbeit werden unterschiedliche Funktionen und Wirkungen nachgesagt. Neben einer einfachen Informationsfunktion und Kontaktpflege mit bestimmten Zielgruppen generiert diese einen

positiven Imagebeitrag über alle Phasen des Kommunikationsprozesses.[776] Positive Informationen beziehen sich bspw. auf eine arbeitnehmerorientierte Entwicklung bei den Einstellungszahlen, Sozialleistungen oder die Vergabe von Stipendien. Berichte in meinungsbildenden Zeitungen und Zeitschriften, die eine relativ hohe Reputation in der Gesellschaft besitzen, erzeugen bzw. erhöhen generell die **Bekanntheit** eines Unternehmens hinsichtlich seiner personalpolitischen Leistungen. Eine wesentliche Bedeutung ist primär den **Glaubwürdigkeitseffekten** beizumessen.[777] Denn die zu bearbeitende Teilöffentlichkeit der umworbenen Nachwuchskräfte nimmt diese Kommunikation als weitestgehend unabhängig wahr. Deren Aussagen über die Attraktivität eines Arbeitgebers und dessen Personalarbeit werden weniger kritisch hinterfragt als die werbenden Botschaften eines Personalreferenten auf Rekrutierungs- und Imageveranstaltungen. Die erhöhte Glaubwürdigkeit führt schließlich zu einem **Vertrauenszuwachs** gegenüber dem arbeitsplatzanbietenden Unternehmen und steigert in Anbetracht des zur affektiven Komponente gehörenden Vertrauens die Mar-

---

[774] Vgl. i.A.a. Kotler, Ph./ Bliemel , F. (2001), S. 1002ff. sowie Meffert, H. (2000), S. 68ff. Der Begriff der *Personal Relations* wurde im Personalmarketing von *Batz* geprägt; siehe Batz, M. (1996), S. 224.

[775] Vgl. Martin, M. (2002), S. 68ff. Ein wesentlicher Unterschied in Abgrenzung zur Personalwerbung besteht darin, dass die potenziellen Bewerber nicht direkt zur Annahme von Stellenangeboten angesprochen werden, sondern allgemein positiv über personalpolitische Konzepte oder Ereignisse im Unternehmen berichtet wird. *Grönewald & Hünerberg* zählen die *Personal Relations* hingegen zur Personalwerbung; vgl. Grönewald, H./ Hünerberg, R. (1985), S. 230.

[776] Vgl. zu den Funktionen der Public Relations Unger, R./ Fuchs, W. (1999), S. 197ff., Meffert, H. (2000), S. 725f., Homburg, Ch./ Krohmer, H. (2003), S. 657f., Ritterhoff, K. (2003), S. 43f., Henes-Karnahl, B. (1989), S. 41 sowie Meyer, J.-A. (1995), Sp. 2197ff. Studien belegen, dass Veröffentlichungen von Zahlen zu Mitarbeitereinstellungen und Stellenstreichungen direkte Auswirkungen auf das Arbeitgeberimage haben; siehe dazu die Studienergebnisse von trendence (2002) und (2003). Die Veränderungen im Imageranking infolge von Personalaufbau bzw. -abbau von den Unternehmen wie der BMW AG und Siemens AG belegen einen Kausalzusammenhang zwischen Personalinformationen und Arbeitgeberimage; vgl. dazu Grosse Halbuer, A. (2003), S. 68ff. sowie Katzensteiner, Th. (2002), S. 76ff. Aber auch wenn ein bevorstehender Personalabbau einen eher negativen wirtschaftlichen Trend eines Unternehmens widerspiegelt, so kann die Personalpolitik dennoch in ein rechtes Licht gerückt werden, indem die Professionalität der betrieblichen Personalarbeit und Stellenstreichungen durch einen sozialverträglichen Abbau belegt wird; zur Notwendigkeit der Betrachtung des Personalabbaus und des Kündigungsprozesses siehe auch Bertelsmann, G. (1981), S. 211f., Westerwelle, A./ Beuerle, I. (1992), S. 32 sowie Mehring, I. (2002), S. 32ff.

[777] Vgl. zu den Effekten der Glaubwürdigkeit Achterhold, G. (1988), S. 50f., Weis, H.Ch. (2001), S. 521f., Kotler, Ph./ Bliemel, F. (2001), S. 915 sowie Ritterhoff, K. (2003), S. 45f.

kenstärke der Arbeitgebermarke.[778] Die Personal Relations lässt sich in unterschiedlicher Art und Weise ausgestalten. Als flankierende Kommunikationsmaßnahmen zum Employer Branding kommen Pressemitteilungen und -artikel in Fachpresse und Zeitungen, Personalberichte, Personalseiten auf der Internethomepage des Unternehmens sowie Mitarbeiterzeitschriften, die auch extern verteilt werden, in die nähere Auswahl.[779] Während die bisher vorgestellten unpersönlichen Kommunikationsformen dem sog. Push-Prinzip folgen, dominiert im **Internet** die **Pull-Strategie**, d.h. dass entgegen einer direkten, unaufgeforderten Übermittlung markenrelevanter Botschaften eine aktive Nachfrage seitens der akademischen Nachwuchskräfte besteht.[780] Indem die akademischen Nachwuchskräfte aktiv die entsprechenden Karriereseiten aufrufen, weisen sie ein höheres medienspezifisches Involvement auf, was zu einer intensiveren Verarbeitung und Speicherung markenbezogener Informationen führt.[781] Im Aufbau und der Führung von Marken ist das Internet daher nicht mehr wegzudenken.[782] Ein weiterer großer Vorteil stellt die **Multimedialität** des Internet dar. Diese eröffnet die Möglichkeit, verschiedene Darstellungsformen von Text, Audio, Bild sowie Video zu kombinieren und somit verschiedene Markenasso-

---

[778] Zur vertrauensschaffenden Wirkung von Öffentlichkeitsarbeit siehe Unger, F./ Fuchs, W. (1999), S. 197ff., Meffert, H. (2000), S. 724ff., Achterhold, G. (1988), S. 50, Regenthal, G. (2003), S. 157, Batz, M. (1996), S. 221, Trux, W. (2002), S. 69 sowie Pepels, W. (2001a), S. 653ff. Artikel in Fachzeitschriften nehmen einen Expertenstatus ein; vgl. dazu *Kapitel IV.3.1.2.*

[779] Die Fülle des Maßnahmenkataloges der Public Relations ist abhängig von deren Definitionsreichweite. Events und der Internetauftritt eines Arbeitgebers werden separat behandelt. Siehe zu den Aktivitäten auch Ritterhoff, K. (2003), S. 45f., Unger, F./ Fuchs, W. (1999), S. 206ff. sowie Martin, M. (2002), S. 70. Eines zunehmenden Interesses erfreuen sich derzeit Personalberichte, die in Analogie zu den Geschäftsberichten, den Wert und die Bedeutung des Humankapitals sowie die Gestaltung der Personalpolitik herausstellen; vgl. dazu Gazdar, K./ Bornmüller, A. (2002), S. 66 sowie Koch, S./ Martina, D. (2003), S. 66ff.

[780] Im Allgemeinen hat keine andere Informationsplattform so viel Aufmerksamkeit erlangt wie das Internet, vgl. Fantapié Altobelli, C./ Sander, M. (2001), S. 22f. In der Gesellschaft wird das Internet als schnelle und attraktive Kommunikationsplattform weit verbreitet genutzt. Mit stetig steigender Zahl an Anwendern und neuen innovativen technischen Verknüpfungen wird dieses Online-Medium immer mehr Bedeutung für die alltägliche Information und Kommunikation im Personalbereich gewinnen. Die Personalexperten sind sich über die Wettbewerbsvorteile in der Personalbeschaffung einig, die sich durch den Einsatz dieser Technologien ergeben; vgl. Bates, S. (2001), S. 14. Die Rekrutierung erfolgt über Online-Ausschreibungen bei Jobbörsen oder der eigenen Unternehmenshomepage. Fast alle Unternehmen bieten unter diversen Informationsrubriken Personal- und Karriereinformationen an, um über das Arbeitsumfeld und die Perspektiven im Unternehmen zu informieren. Neben der Rekrutierung zur Besetzung von aktuellen Vakanzen besteht darüber hinaus auch die Chance, einen positiven Beitrag zum Aufbau des Arbeitgeberimages zu leisten; vgl. Vedder, G./ Mehring, I. (2002), S. 48 sowie Knoblauch, R. (2002), S. 68f.

[781] Vgl. dazu Bongratz, M. (2002), S. 4f. sowie Esch, F.-R. (2001), S. 573f.

[782] Vgl. Meffert, H. (2001), S. 8ff., Herbst, D. (2002), S. 9 sowie Andresen, Th. (2000), S. 12ff. Im Sinne einer elektronisch vermittelten Markenführung wurde auch der Begriff *E-Branding* geprägt; vgl. u.a. Herbst, D. (2002), S. 9. E-Branding bezieht sich z.T. explizit auf Internet-Marken wie bspw. den Internet-Buchhandel amazon.de oder die Suchmaschine google.de, die sich mittlerweile zu Marken etabliert haben. Nachfolgend steht der Terminus E-Branding für den Branding-Kanal Internet zum Aufbau und zur Führung einer Arbeitgebermarke.

ziationen gleichzeitig aufzubauen.[783] Insb. durch den Einsatz von Schlüsselbildern sowie animierten Bildern und Filmen bietet sich die Chance, die **Emotionalität** des Arbeitgebers zu erhöhen.[784]

Wie bereits im Abschnitt zur unpersönlichen Kommunikation erläutert, unterliegen die Personalsuch-, -imagewerbung, Personal Relations sowie das Internet insb. hohen Streuverlusten und der Problematik der Glaubwürdigkeit.[785] Zudem bleibt der Aufbau des Zusatznutzens einer Arbeitgebermarke weitestgehend unberücksichtigt. Hier greifen vornehmlich die Instrumente der persönlichen Kommunikation.

b) Persönliche Kommunikation

Als Gegensatz zur Werbung wird in der Fachliteratur das **Direktmarketing** vorgestellt. Diese Kommunikationsmethode ist i.e.s. geprägt durch den direkten Kontakt zur Zielgruppe.[786] Wie bereits in den Theorien und Ansätzen zur Fundierung der Arbeitgebermarke festgestellt, beinhaltet diese eine relativ hohe wirkungsorientierte Komponente. Sie ist daher unentbehrlich für die Schaffung von **einstellungsorientierten Erfolgsdimensionen.**[787]

---

[783] Vgl. zur Eigenschaft der *Multimedialität* Nieschlag, R./ Dichtl, E./ Hörschgen, H. (2002), S. 1132f., Herbst, D. (2002), S. 9 sowie Esch, F.-R. (2001), S. 567.

[784] Siehe zu den weiteren besonderen Eigenschaften des Internet Aaker, D.A./ Joachimsthaler , E. (2000), S. 234f., Nieschlag, R./ Dichtl, E./ Hörschgen, H. (2002), S. 1132f., Unger, F./ Fuchs, W. (1999), S. 284ff., Pradel, M. (2001), S. 94ff., sowie Knoblauch, R. (2002), S. 68f., Vedder, G./ Mehring, I. (2002), S. 48, Trommsdorff, V. (2002), S. 241 sowie Frosch-Wilke, D. (2002), S. 4. Die *Raum-Zeit-Unabhängigkeit* gewährleistet dessen bedarfsabhängige sowie internationale Verfügbarkeit. Gleichzeitig bedarf das Internet relativ geringer *Kapazitäts-* und *Kostenaufwendungen.* Des Weiteren besitzt es durch die Vielzahl an belegbaren Seiten einen hohen *Individualisierungsgrad,* was eine gleichzeitige Kommunikation an mehrere Zielgruppen ermöglicht. Werden im Internetauftritt E-Mail-Kontakt oder Chats angeboten, findet sogar eine *zweiseitige Kommunikation* statt.

[785] Vgl. Fröhlich, W./ Langecker, F. (1989), S. 16, Pradel, M. (2001), S. 59ff. sowie Unger, F./ Fuchs, W. (1999), S. 134f.

[786] Unter *Direktmarketing* wird auch der indirekte, zeitversetzte Dialog mit dem Zielpersonenkreis verstanden. Maßnahmen wie Mails oder Postsendungen zählen folglich ebenfalls dazu; vgl. Link, J. (2001), S. 309 sowie Dallmer, H. (1995), Sp. 486ff. Diese Kommunikationsinstrumente wurden bereits bei der Darstellung der Beziehungstheorie diskutiert. Nachfolgend wird das Direktmarketing ausschließlich als direkter, zeitgleicher Kontakt diskutiert. Siehe die Ausführungen zum Direktmarketing bei Holland, H. (2002), S. 76, Nieschlag, R./ Dichtl, E./ Hörschgen, H. (2002), S. 996, Kotler, Ph./ Bliemel, F. (2001), S. 916, Weis, H.Ch. (2001), S. 495, Link, J. (2001), S. 308f. sowie Dallmer, H. (1995), Sp. 486ff.

[787] Die hohe Wirksamkeit der persönlichen Kommunikation für das Personalmarketing betonen auch bereits Simon, H. (1984), S. 88, Sebastian, K.-H. (1987), S. 38, Becker, W. (1989), S. 132 sowie Zimmer, D. (1995), S. 57. *Rynes et al. (1980)* zeigen mittels einer qualitativen Längsschnittuntersuchung an College-Absolventen, dass sich bei mehr als der Hälfte ihrer Befragten die Vorstellungen über einen idealen Arbeitgeber im Laufe der Stellensuche ändern und die Entscheidung letztlich auf die Organisation fällt, die zu Beginn der Stellensuche nicht zu den ursprünglichen Favoriten zählt. Als Ursache werden dabei im Wesentlichen die positiven Eindrücke im Direkt-Kontakt mit dem Unternehmen genannt; entnommen aus Nerdinger, F. W. (1994), S. 30f.

Für die instrumentelle Gestaltung der Kommunikationspolitik für die Arbeitgebermarke
werden nachfolgend die Direkt-Kontakte über die Schule, die Hochschule, die Firmenmes-
sen und das Unternehmen dargestellt.
Die ersten, auf den späteren Beruf ausgerichteten Entscheidungen werden von den späteren
Bewerbern und Mitarbeitern bereits während der Schulzeit getroffen (**Schulkontakte**). Hier
ergeben sich die ersten kurzen High-Involvement-Phasen durch die Überlegungen zur Auswahl von Praktikantenstellen sowie die Wahl einer Ausbildung oder eines Studiengangs
zum Abschluss der Schule. Die aktive Informationssuche und -verarbeitung bezieht sich
dabei insb. auf das Tätigkeitsprofil eines Berufes, da davon ausgegangen werden kann, dass
sich die Schüler zunächst hauptsächlich darüber klar werden müssen, mit welchen Aufgaben
sie sich als Arbeitnehmer beschäftigen wollen. Die Wahl des Praktikanten- oder Ausbil-
dungsbetriebes ist zunächst von sekundärer Bedeutung. I.A.a. das *trendence* Absolventenbarometer (2003) beziehen sich die ersten beruflich orientierten Assoziationen damit im
Schwerpunkt auf die **Aufgaben**.[788] Gezielte kommunikative Maßnahmen während der
Schulzeit können dem Unternehmen als späteren potenziellen Arbeitgeber folglich insb.
dann einen uneinholbaren Vorteil bescheren, wenn es Unternehmensvertretern gelingt,
durch eine interessante und spannende Darstellung eines Tätigkeitsbereichs den **Unternehmensnamen** mit der Attraktivität der Aufgaben zu verknüpfen. Die Schulzeit eignet sich
dabei nicht nur für eine kognitive Verankerung der Kombination von Unternehmensnamen
und Tätigkeit, sondern insb. auch dafür, das Interesse an bestimmten Ausbildungen sowie
Studiengängen bei den Schülern zu wecken.[789] Neben einer individuellen Zielsetzung kommen die Unternehmen damit gleichzeitig auch einer gesellschaftlichen Verantwortung nach.
Im Idealfall erreicht ein Arbeitgeber bei den Schülern durch frühe gezielte Maßnahmen im
Rahmen des Employer Branding eine kognitive Schemaverknüpfung von Studiengang,
Unternehmensname und attraktiven Aufgaben.[790]
Zusammenfassend können die nachfolgenden Branding-Maßnahmen, bestehend aus persön-
lichen und unpersönlichen Kommunikationsinstrumenten, zur Formung eines ersten Sche-
mas einer Arbeitgebermarke dienen:[791]

---

[788] Siehe dazu u.a. die Ergebnisse zum trendence Abiturientenbarometer 2003 online im Internet http://
www. trendence-online.com/company/simplecontent/media/dokumente/abi03_results_web_2.pdf vom
16.10.2003.

[789] Vgl. ähnlich auch Sauder, G. (1990), S. 98, Edig, Th. (2002), S. 1f. sowie Niedenhoff, H.-U. (1983), S.
210f. Die Relevanz der Zusammenarbeit mit Schulen bekräftigen auch Mühlbauer, K. (1999), S. 31,
Moser, K. (1992), S. 39f., Dittrich, T./ Watzke, M. (1999), S. 25, Dietl, S.F./ Buschbacher, J. (2007), S.
32ff. sowie Gertz, W. (2007), S. 30f.

[790] Der Schüler, der sich für einen bestimmten Studiengang entscheidet, sollte dann wissen, dass er die
interessantesten Aufgabenstellungen bei dem markierten Arbeitgeber findet. Sein Interesse während der
Studienzeit, durch Praktika oder sonstige universitäre Maßnahmen Kontakt zum Unternehmen herzustellen, sollte hoch sein.

[791] Die Zusammenfassung enthält Instrumente der persönlichen und unpersönlichen Kommunikation. Vgl.
auch Moser, K. (1992), S. 39f., Sauder, G. (1990), S. 98ff. sowie Welch, J. (1996), S. 9f.

	• Teilnahme an/ Organisation von Informationsmessen	
	• Unternehmenspräsentationen	
	• Angebot an praxisorientierten Vorträgen	
	• Planspiele mit Fokus auf das Unternehmen	
	• Angebot von Karriereberatung/ Studienberatung	Schul-kontakte
	• Vergabe von Stipendien für Schul- und/oder Studentenzeit	
	• Schülerwettbewerbe mit Preisverleihungen	
	• Angebot an Schülerpraktika	
	• Angebot an Unternehmensexkursionen	Firmen-kontakte
	• Artikel in Schülerzeitschriften	
Schulmarketing	• Aushänge (Plakate) auf dem Schulgelände	
	• finanzielle Förderung von Unterrichtseinheiten oder technischer Ausstattung	Personal-image-werbung
	• Verteilen von Give-aways	

Tab. V-9: Maßnahmen des Schulmarketing

Quelle: Eigene Darstellung

Eine sehr effektive Zugangsmöglichkeit zu den umworbenen Fach- und Führungskräften stellen die **Hochschulkontakte** dar. Die Kontakte beschränken sich dabei bewusst nicht nur auf die examensnahen Absolventen, sondern beziehen sich auch bereits auf die Studenten früherer Semester. Das Hochschulmarketing bietet verschiedene Vorteile. Der frühe Kontakt zu den Nachwuchskräften schafft einen Zeitvorsprung in der Profilierung eines attraktiven Personalimages gegenüber den Konkurrenzunternehmen. Arbeitgeber, die früh mit Image-maßnahmen starten, sichern sich einen **First-Mover-Advantage**, der nur schwer wieder aufgeholt werden kann.[792] Ferner sind die Streuverluste der kommunikativen Maßnahmen vergleichsweise gering. Der Campus bündelt das zukünftige Arbeitskräftepotenzial und gewährleistet eine zielgruppenorientierte Erreichbarkeit der umworbenen Nachwuchskräfte. Die Kosten der Aktivitäten in Relation zu deren Effektivität können daher relativ gering gehalten werden.[793] Zudem eröffnen die Hochschulkontakte die Chance, ein direktes Feedback

---

[792] Vgl. Fröhlich, W./ Langecker, F. (1989), S. 16, Höllmüller, M./ Schaeffer, I. (2002), S. 26ff. sowie Poe, A.C (2000), S. 60ff., der schreibt „if the first college seniors see your recruiters at a job fair, you are too late". Weitere ausführliche Ausführungen zum *Hochschulmarketing* sind zu finden bei Höllmüller (2002), Moll (1992b), Rastetter (1996), Wöhr (2002), Ahlers (1994), Kolter (1991), Simon et al. (1995) und Berk (1993).

[793] Vgl. Höllmüller, M./ Schäfer, I. (2002), S. 26ff., Freimuth, J. (1987), S. 40, Fröhlich, W./ Langecker, F. (1989), S. 16 sowie Moll, M. (1992a), S. 32.

darüber zu erhalten, wie das Unternehmen aktuell als potenzieller Arbeitgeber wahrgenommen wird.[794] Alle Hochschulen eines Landes gleichermaßen durch Aktivitäten zu bearbeiten, macht allerdings wenig Sinn und ist aus Kostengesichtspunkten kaum tragbar. Ein in der Praxis bereits bewährtes Vorgehen im Hochschulmarketing stellt daher die **Key-University-Strategie** dar, die besagt, dass sich die Aktivitäten auf eine bestimmte Auswahl an Hochschulen konzentrieren.[795] Denkbare Kriterien zur Auswahl der Zielhochschulen stellen bspw. die Größe der Hochschule, die Qualität, Praxisnähe oder Internationalität der Ausbildung sowie die Erfahrung des Unternehmens mit Studenten und Absolventen der entsprechenden Hochschule dar.[796] Auch aus der regionalen Nähe der Bildungsinstitution zum Unternehmen kann sich ein erfolgsversprechendes Kriterium ergeben. Denn Studien haben ergeben, dass die Absolventen ihren ersten Arbeitsort gerne hochschulnah wählen.[797]

Es existiert eine Vielfalt an kommunikationspolitischen Maßnahmen, die im Rahmen des Hochschulmarketing Verwendung finden. Eine Zusammenfassung derselben gibt die nachfolgende Übersicht wieder:[798]

---

[794] Vgl. Freimuth, J. (1987), S. 40. Die Ziele des Hochschulmarketing werden meist zu drei Punkten zusammengefasst: *Bekanntheitsgrad* des Unternehmens als Arbeitgeber steigern, *attraktives Image* bei den Studenten und Absolventen schaffen und *Kontaktanbahnung* sowie *Rekrutierung* von Absolventen; vgl. dazu u.a. Fröhlich, W./ Langecker, F. (1989), S. 16, Eisele, D./ Horender, U. (1999), S. 27 sowie Poppe, D./ Bartscher, T.R. (1990), S. 28.

[795] Vgl. die Ausführungen zur *Key-University-Strategie* bei Moll (1992b), Kolter (1991), Ahlers (1994), Poe, A.C. (2000), S. 60ff., Sebastian, K.-H. (1987), S. 38, Wucknitz, U.D. (1995), S. 542f., Simon et al. (1995), S. 151f. und Eisele, D./ Horender, U. (1999), S. 28f.

[796] Vgl. Wucknitz, U.D. (1995), S. 540 sowie Höllmüller, M. (2002), S. 72f.

[797] Im Sinne der *Platzhirschtheorie* wird daher angeraten, die Hochschulaktivitäten zu bündeln; vgl. Watzka, K. (2003), S. 8f. Zu empfehlen wäre deshalb eine regionale Konzentration der hochschulorientierten Kommunikation.

[798] In der Graphik werden sowohl Instrumente der persönlichen als auch der unpersönlichen Kommunikation zusammengefasst, zur Veranschaulichung aber separiert. Ausführliche Erläuterungen zu den verschiedenen Hochschulmarketingaktivitäten sind u.a. bei Moser, K. (1992), S. 40, Moll, M. (1992b), S. 49ff., Freimuth, J. (1987), S. 38, Berk, B.v. (1993), S. 215 sowie Nilgens, U./ Eggers, B./ Ahlers, F. (1996), S. 137ff. zu finden. Die Maßnahmen des Hochschulmarketing richten sich gleichzeitig an die *Young Professionals*, denn die Studenten von heute sind die jungen Berufstätigen von morgen; siehe auch Eisele, D. (2001), S. 414ff. Zudem können die Young Professionals bei Wechselabsichten auf das einst aufgebaute Arbeitgeberschema zurückgreifen.

	direkter Kontakt	indirekter Kontakt
Präsentation	• Teilnahme an Hochschulmessen • Angebot von Firmenkontaktgesprächen • Unternehmenspräsentationen • Tourbesuch mit Job-Truck • Halten von einzelnen Fachvorträgen/ Seminaren • Übernahme von langfr. Lehraufträgen • Ausrichtung von Qualifizierungsworkshops (z.B. Bewerberschulung)	• Aushänge (Plakate) auf dem Campus • Anzeigen/ Artikel in Hochschulpublikationen • Infomaterial zum Unternehmen (Broschüre, CD-ROM) • Werbefilme in Uni-Kinos • Verteilen von Give-aways • Faltblätter als Beilage in Zeitschriften • Internetverlinkung auf Uni-Homepage
Unterstützung	• Angebot von Stipendien • Finanzierung von Sommerakademien • Studentenwettbewerbe • Angebot von Mentoren	• Direkt-Kontakte/ Forschungsprojekte/ Finanzierung von Lehrstühlen • Unterstützung von studentischen Organisationen (AIESEC, Consulting) • Unterstützung von Veranstaltungen (z.B. Kultur, Sport, Feiern) • Schenkungen

Tab. V-10: Maßnahmen des Hochschulmarketing

Quelle: Eigene Darstellung

Im Vergleich zu Schul- und Hochschulkontakten können Inhouse-Veranstaltungen im Unternehmen realistischere Einblicke zur Qualität der Personalpolitik geben (**Unternehmenskontakte**). Das Erleben der Unternehmensbedingungen und idealerweise der persönliche Kontakt zu Mitarbeitern, der Hinweis über die vorherrschende Unternehmenskultur gibt, vermitteln dem Nachwuchs konkrete Eindrücke über den Arbeitgeber und reduzieren das Entscheidungsrisiko zur späteren Arbeitgeberwahl.[799] **Kurzweilige Direkt-Kontakte** in Form von Unternehmensexkursionen oder Workshops besitzen einen starken Eventcharakter. Diese bieten im Zusammenhang mit einem hohen situativen Involvement sowie hoher phasischer Aktivierung die Chance, bei den Schülern und Studenten die gewünschten Botschaften zu vermitteln und tief im Gedächtnis zu verankern. Auch den schwer erreichbaren Young Professionals kann mittels „Tagen der offenen Tür" ein Direkteinblick in das Unternehmen als Arbeitgeber gegeben werden. Zur Vermittlung von Eindrücken zu den laut Arbeitgeberattraktivitätsstudien wichtigsten Präferenzfaktoren Betriebsklima und Attraktivität

---

[799] Vgl. dazu die Theorie des wahrgenommenen Risikos sowie die Informationsökonomie; siehe *Kapitel IV.3.1.2.* Zur Relevanz von Veranstaltungen im Unternehmen siehe auch Groß-Heitfeld, R. (1999), S. 102, Becker, W. (1989), S. 133 sowie Höllmüller, M. (2002), S. 71f.

der Aufgaben sind **längerfristige Kontakte** wie Praktika, Werkstudententätigkeiten, praxisorientierte Diplomarbeiten sowie Dissertationen einzusetzen.[800]
Der große Vorteil von Inhouse-Veranstaltung besteht darin, visuelle, personalpolitisch relevante Assoziationen bei den Besuchern zu entwickeln. Diese Direkt-Kontakte ermöglichen
ähnlich dem Einsatz von Bildern eine **visuelle Repräsentation** von Assoziationen zur Arbeitgebermarke. Aufgrund ihrer Dynamik kommen die kognitiv gespeicherten Eindrücke
einer bildlichen Liveaufnahme aus Sicht des Nachwuchses gleich. Sie besitzen daher einen
hohen Grad an Vividness sowie eine große Erinnerungskraft.[801]

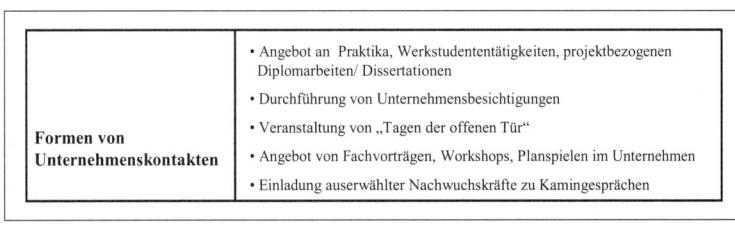

Tab. V-11: Formen von Unternehmenskontakten

Quelle: Eigene Darstellung

Neben den bisher vorgestellten Direkt-Kontakten ist es für die Ausrichtung und Stabilisierung eines Schemas zur Arbeitgebermarke zielführend, weitere Möglichkeiten eines
Direkt-Kontaktes mit dem umworbenen Nachwuchs im Form von **Eventkontakten** zu erschließen. Zu den studenten- und absolventenbezogenen Events zählen insb. Firmenkontaktmessen und durch externe Personaldienstleister moderierte Workshops, die in Abhängig-

---

[800] Ausführungen zu den längerfristigen Kontakten siehe auch bei Führing, M. (2002), S. 53, Höllmüller, M.
(2002), S. 71f., Nilgens, U./ Eggers, B./ Ahlers, F. (1996), S. 141 sowie Wöhr (2002). Bei der Bearbeitung einer definierten Projektaufgabe sammelt der Nachwuchs Erfahrungswerte über Arbeitsbedingungen und den Umgang der Mitarbeiter untereinander. Zudem bietet sich ggf. die Chance, durch Gespräche Informationen über die Vertrauenseigenschaften wie Karriererealisierung oder der Zukunft des
Unternehmens zu gewinnen. Gleichzeitig stellen diese Kontakte den Königsweg einer strategischen
Nachwuchsrekrutierung dar. Zum einen fallen keine neuen Rekrutierungskosten an, zum anderen existiert kein besseres Assessment Center als ein qualifizierter Einsatz während des Studiums; vgl. Grönig,
R./ Schweihofer, T. (1990), S. 94 sowie Schwertfeger, B. (1999a), S. 249f.

[801] Siehe dazu die Bedeutung von Bildern für die Markenassoziationen im Rahmen des Employer Branding
in *Kapitel V.2.2*. Maßnahmen wie Direkt-Kontakte zum Unternehmen, die realistische Einblicke in die
Arbeitsbedingungen des werbenden Arbeitgeber bieten, werden auch unter dem Begriff des „Realistic
Recruitment" diskutiert. Nach *Wanous* ist unter der sog. *realistischen Tätigkeitsvorschau* das Bestreben
des Unternehmens zu verstehen, dem Bewerber im Rahmen des Rekrutierungsprozesses möglichst viele
unterschiedliche und wahrheitsgetreue Informationen zur Verfügung zu stellen; vgl. Wanous, J.P.
(1980), S. 51ff. Siehe dazu auch Moser, K. (1990), S. 61, Süß, M. (1996), S. 204f. sowie Watzka, K.
(2002), S. 94.

keit des Studienzeitpunkts zur Imageprofilierung oder bereits zur Rekrutierung dienen.[802]
Aufgrund der selbstmotivierten Teilnahme der angehenden Fach- und Führungskräfte kann
von einem hohen situativen Involvement ausgegangen werden, das sich in einer intensiven
Informationssuche und -verarbeitung äußert. Deren themenspezifische Aufmerksamkeit
stellt den idealen Zeitpunkt dar, die positionierungsrelevanten Botschaften zu vermitteln.
Weitere Eventkontakte, die weder auf dem Campus noch auf dem Unternehmensgelände
stattfinden, können durch die Integration eines Personalstandes bei **Industriemessen** oder
Produktevents erreicht werden. Die bewusste Verknüpfung von arbeitgeber- und unter-
nehmens- bzw. produktbezogenen Informationen bietet die Chance, weitere Assoziationen
für die Arbeitgebermarke aufzubauen. Vor allem in Abhängigkeit der Attraktivität des Produkts kann durch einen Transfer an emotionalen Attributen auf das Unternehmen als potenzieller Arbeitgeber profitiert werden. Grundsätzlich erhöhen solche Veranstaltungen mit
integrierter Personalpräsenz die Bekanntheit des Unternehmens als potenzieller Arbeitgeber.[803] Neben den Zielgruppen der Studenten und Absolventen sind diese Outhouse-
Veranstaltung zudem ein ideales Instrument dafür, einen Direkt-Kontakt zu den Young
Professionals herzustellen.

Die Aktualität eines Unternehmens in der Funktion als Arbeitgeber kann des Weiteren
durch spezielle **Wettbewerbe** und **Planspiele**, die sich über einen längeren Zeitraum er-
strecken, erreicht und gehalten werden.[804] Zudem impliziert die Simulation von Wettbe-
werbssituationen die Orientierung des Unternehmens nach Erfolg und Karriere.

Nicht zu vernachlässigende Kontakte im Rahmen des Employer Branding kommen in der
Bewerbungsphase des akademischen Nachwuchses zustande, die sowohl den ersten telefonischen Kontakt als auch das Bewerbungsgespräch umfassen (**Bewerberkontakte**).[805] In
Theorie und Praxis gilt die Bewerberauswahl als zentrale personalwirtschaftliche Aufgabe,
welche durch die Selektion der geeigneten Kandidaten den Erfolg des Unternehmens lang-

---

[802] Siehe zu *Firmenkontaktmessen* auch Schwertfeger, B. (1999a), S. 249, Hund, M. (1998), S. 396, Glasl,
M. (2002), S. 58ff., Schmutte, B. (2000), S. 31ff., Höllmüller, M. (2002), S. 71f., Simon et al. (1995), S.
188ff. sowie Mühlbauer, K. (1999), S. 27. Messen sind zeitlich und örtlich festgelegte Veranstaltungen
mit Marktcharakter. Rational orientierte Informationen treten hier eher in den Hintergrund. Der Schwerpunkt liegt in einer erlebnisorientierten Präsentation; vgl. dazu u.a. Unger, F./ Fuchs, W. (1999), S.
246ff., Pradel, M. (2001), S. 84f., Meffert, H. (2000), S. 741ff. sowie Homburg, Ch./ Krohmer, H.
(2003), S. 658ff. Die Relevanz der Workshops im Personalmarketing, die ebenfalls einen Eventcharakter
besitzen, verdeutlichen auch Leitl, M./ Rust, H./ Schmalholz, C.G. (2001), S. 270 sowie Herbst, S./
Staufenbiel, J.E. (1999), S. 39.

[803] Vgl. zu Industriemessen als Instrument für das Personalmarketing Möller, R. (1987), S. 295 sowie
Schröder, B./ Steiner, A. (1999), S. 48.

[804] Vgl. dazu auch Grosse Halbuer, A. (2003), S. 68ff., Eisele, D./ Horender, U. (1999), S. 30, Heinisch, I./
Brüsewitz, K. (1994), S. 188, Führing (2002) sowie Groß-Heitfeld (1995).

[805] Dass der *Bewerberservice* hinsichtlich dessen Imagewirkung ebenfalls im Rahmen des Personalmarketing zu berücksichtigen ist, vgl. Hartwig, G. (1991), S. 927, Moser, K. (1992), S. 7, Simon et al. (1995),
S. 193ff. sowie Watzka, K. (2002), S. 87.

fristig sichert und zudem die Transaktionskosten des Arbeitsvertrages zu reduzieren vermag.[806] Der Tatsache, dass ein kundenorientierter Bewerberservice jedoch darüber hinaus der positiven Selbstdarstellung des Unternehmens als Arbeitgeber dient, wird in der praktischen Umsetzung weniger Beachtung geschenkt.[807] Denn auch wenn durch die Bewerbung ein grundsätzliches Beschäftigungsinteresse seitens des Bewerbers bekundet wurde, ist dessen Entscheidungsprozess bei Weitem nicht abgeschlossen. **Bewerbungsgespräche** dienen aus Bewerbersicht dazu, Informationsdefizite durch gezielte Informationssuche auszugleichen. Werden Annahmen bestätig oder widerlegt, können die neuen Informationen zu einer Verschiebung der Präferenz führen und damit die Entscheidung beeinflussen.[808] Daher sind die arbeitsplatzanbietenden Unternehmen gut beraten, ihre Anstrengungen zur Rekrutierung von qualifizierten Mitarbeitern in der Bewerbungsphase nicht zu reduzieren, sondern im Gegenteil ihre Attraktivität im Vergleich zur Konkurrenz zu verdeutlichen. Schließlich kann davon ausgegangen werden, dass sich die besonders herausragenden Absolventen in mehreren Auswahlprozessen befinden und ggf. zwischen diversen Angeboten wählen können.[809] *Köchling (2000)* spricht in diesem Zusammenhang auch von einer **bewerberorientierten Personalauswahl**.[810] Die Hauptfehlerquellen im Bewerberservice liegen in der Bearbeitungsdauer der Bewerbung, der persönlichen Kommunikation während der Selektion und der Formulierung einer Zu- oder Absage. Im Umkehrschluss bilden die Erfolgsfaktoren einer bewerberorientierten Personalauswahl: die Transparenz, die Geschwindigkeit, die Qualität des Verfahrens, die Kommunikation und das Feedback.[811]

Direkte Kontakte zwischen dem Arbeitgeber und der Zielgruppe sind aufgrund bestimmter Entfernungen zwischen Unternehmen und Studienort sowie aus Kostengründen nicht flächendeckend realisierbar. Zudem schenken die Studenten an den Hochschulen den Aussagen von Personalern im Rahmen von Kontaktmaßnahmen z.T. wenig Glauben. Auch das Angebot an Praktika oder Diplomarbeiten reicht nicht aus, jedem potenziellen Mitarbeiter

---

[806] Vgl. Drumm, H.J. (2000), S. 342ff. Die Transaktionskosten eines Arbeitsvertrages werden bspw. durch eine Fehlauswahl eines Bewerbers, der nach einer relativ kurzen Beschäftigungsdauer wieder freigesetzt wird, negativ beeinflusst.

[807] Siehe zur Imagewirkung des Bewerberservice siehe Köchling, A.C. (2000), S. 33ff. sowie Eisele, D./ Horender, U. (1999), S. 3.

[808] Vgl. Freimuth, J./ Elfers, C. (1991), S. 886, Gaugler, E./ Weber, W. (1992), Sp. 1819 sowie Nerdinger, F.W. (1994), S. 24.

[809] Vgl. Freimuth, J./ Elfers, C. (1991), S. 890, Köchling, A.C. (2000), S. 30, Schwaab, M.-O./ Schuler, H. (1991), S. 106 sowie Kaschube, J. (1994), S. 97.

[810] Vgl. Köchling, A.C. (2000), S. 144, der schreibt: „wenn man den Vorstellungstermin nicht allein unter den technisch-funktionalen Aspekten der Personalauswahl sieht, wie es der traditionellen Betrachtungsweise entspricht, sondern bei seiner Gestaltung zusätzlich die Perspektive des Bewerbers berücksichtigt, so spricht man von bewerberorientierter Personalauswahl".

[811] Vgl. dazu Gloger, A. (2001), S. 72ff. sowie Simon et al. (1995), S. 194ff. Weitere Hinweise zur Optimierung des Selektionsprozesses im Sinne einer positiven Meinungsbildung beim akademischen Nachwuchs geben Süß, M. (1996), S. 116, Risch, S./ Sommer, Ch. (1996), S. 220f., Raisig, G.J. (1991), S. 900, Moser, K. (1992), S. 335, Bertelsmann, G. (1981), S. 211f., Mell, H. (1992), S. 82f., Watzka, K. (2002),

einen Einblick in das Unternehmen zu gewähren. Insb. aus Gründen der weiten Erreichbarkeit der Zielgruppen sowie der Beeinflussung zugunsten der Arbeitgebermarke erscheint
es daher unausweichlich, auf das in der Politik bewährte Konzept des **Meinungsführers**
zurückzugreifen.[812] Unter Meinungsführerschaft wird die meinungsbildende Beeinflussung
durch Dritte innerhalb interpersoneller Kommunikationsprozesse verstanden.[813] Meinungsführer haben eine Schlüsselstellung innerhalb einer Gruppe inne. Sie werden von den Grup-
penmitgliedern als besonders glaub- und vertrauenswürdig wahrgenommen, da ihnen ein
hohes produktspezifisches Involvement zugrunde gelegt wird. D.h., dass ihnen aufgrund
von Erfahrungen und Informationen mit dem Betrachtungsgegenstand ein Expertendasein
mit hoher themenbezogener Kompetenz attestiert wird. Die Meinungsführer werden daher
nach ihren Ansichten gefragt und aktiv in Entscheidungsprozesse einbezogen. Sie geben
Ratschläge und vermitteln aktiv Informationen.[814] Der Einsatz von Meinungsführern ist
dann effektiv, wenn die Zielpersonen besonders stark involviert sind und das Entscheidungsrisiko zunehmend steigt.[815] Um dieses Konzept für das Employer Branding zu nutzen,
müssen zunächst die sog. Opinion Leader identifiziert werden.[816] Die nachfolgende Tabelle
gibt einen Überblick über potenziell einsetzbare Meinungsführer.[817]

S. 92ff., Gechter, S. (2002), S. 55, Scholz, G. (2000a), S. 418, Vollmer, R.E. (1993), S. 199, Goerke, S./
Wickel-Kirsch, S. (2002), S. 10f., Nilgens, U./ Eggers, B./ Ahlers, F. (1996), S. 141, Schuler, H. (1994),
S. 97, Seidl, H. (1990), S. 31f., Andrzejewski et al. (2001), S. 59, Fruhner, H./ Funke, U./ Moser, K.
(1991), S. 171, Rastetter, D. (1996), S. 23 sowie Köchling (2000).

[812]   Das Konzept des Meinungsführers wurde von *Katz & Lazarsfeld (1955)* entwickelt, nachdem sie bei der
       Untersuchung der Präsidentschaftswahl in den USA 1940 feststellten, dass die Wähler weniger durch die
       Massenmedien, sondern eher durch den persönlichen Einfluss von anderen Personen beeinflusst werden;
       vgl. dazu Unger, F./ Fuchs, W. (1999), S. 104ff., Trommsdorff, V. (2002b), S. 227ff. sowie Nieschlag,
       R./ Dichtl, E./ Hörschgen, H. (2002), S. 1053ff. Siehe dazu in der Personalmarketing-Diskussion Zim-
       mer, D. (1995), S. 53, Groenewald, H./ Horn, S. (1986), S. 489 sowie Süß, M. (1996), S. 212f.

[813]   Vgl. zur Definition u.a. Pepels, W. (2001a), S. 303f., Martin, M. (2002), S. 28f. sowie Kotler, Ph./ Blie-
       mel, F. (2001), S. 905ff.

[814]   Vgl. Bänsch, A. (2002), S. 104ff., Kroeber-Riel, W./ Weinberg, P. (2003), S. 509ff., Unger, F./ Fuchs,
       W. (1999), S. 104 sowie Martin, M. (2002), S. 28f.

[815]   Vgl. Kroeber-Riel, W./ Weinberg, P. (2003), S. 525f. sowie Bänsch, A. (2002), S. 105.

[816]   Nach herrschender Meinung besitzen die Meinungsführer ein bestimmtes Persönlichkeitsprofil. Folgende
       Facetten werden ihnen zugesprochen: sie sind *kommunikationsfreudiger* als der Durchschnitt und weisen
       eine *höhere soziale Integrität* auf. Sie sind vorwiegend auf ein Themengebiet spezialisiert und nutzen
       häufig Fachmedien. Sie sind risikofreudiger, besitzen ein höheres Anspruchsniveau und sind mit einer
       informellen Kompetenz ausgestattet; vgl. Pepels, W. (2001a), S. 304, Unger, F./ Fuchs, W. (1999), S.
       106 sowie Bänsch, A. (2002), S. 105.

[817]   Vgl. dazu u.a. Kroeber-Riel, W./ Weinberg, P. (2003), S. 525 sowie Trommsdorff, V. (2002b), S. 227.

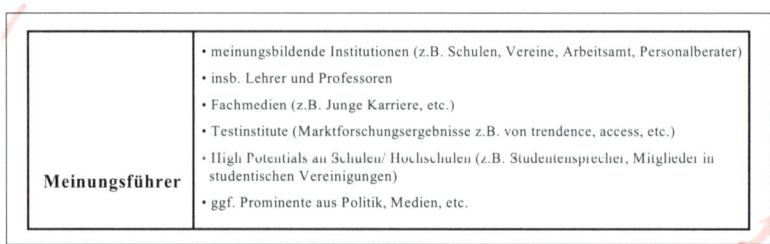

Meinungsführer	• meinungsbildende Institutionen (z.B. Schulen, Vereine, Arbeitsamt, Personalberater) • insb. Lehrer und Professoren • Fachmedien (z.B. Junge Karriere, etc.) • Testinstitute (Marktforschungsergebnisse z.B. von trendence, access, etc.) • High Potentials an Schulen/ Hochschulen (z.B. Studentensprecher, Mitglieder in studentischen Vereinigungen) • ggf. Prominente aus Politik, Medien, etc.

Tab. V-12: Formen von Meinungsführern
Quelle: Eigene Darstellung

Vor allem mit den Dozenten an den Schulen und Hochschulen, die aufgrund der aufgaben-
bezogenen Auseinandersetzung als besonders erfahrene Experten wahrgenommen werden,
bieten sich Maßnahmen zur Gewinnung von Meinungsführern für das eigene Unternehmen
bspw. in Form der Finanzierung von Forschungsprojekten, das Angebot von Industrie-
semestern für Assistenten und Professoren, Unternehmensbesuche sowie die Mitarbeit in
Hochschulgremien und Arbeitskreisen von Wissenschaft und Praxis an.[818]
Die Meinungsführer fungieren als sog. **Multiplikatoren** zur Verbreitung des eigenen Vorstellungsbildes über einen Arbeitgeber.[819] Darüber hinaus können aber auch andere Personengruppen ihre Meinungen über einen Arbeitgeber weitergeben und gleichzeitig als glaubwürdige Multiplikatoren wirksam werden. Grundsätzlich zählen dazu alle Schüler, Studenten, Absolventen und Young Professionals in Form von **Erfahrungsträgern**, die ihre
gesammelten Erfahrungen bspw. aus einem Praktikum, einem Beschäftigungsverhältnis
oder einem Bewerbungsprozess an ihre Kommilitonen oder Kollegen berichten.[820] Ein geeigneter Weg, neben Information und Erfahrungen auch die Persönlichkeit des Arbeitgebers
zu vermitteln, stellt der Einsatz von Stipendiaten dar. Stipendien zählen zu dem Werbe-
instrument des Sponsoring, welche die systematische Förderung von Personen und Organisationen bedeutet. Besonders wichtig bei der Auswahl der Stipendiaten zur erfolgreichen

---

[818]   Vgl. dazu auch die Ausführungen bei Moll, M. (1992b), S. 54, Süß, M. (1996), S. 220 sowie Giesen, B.
        (1998), S. 91.

[819]   *Unger & Fuchs* definieren den *Multiplikator* als Verbreiter und Vervielfältiger von Informationen, die
        gleichzeitig auf die Einstellung und das Verhalten des Empfängers wirken; vgl. Unger, F./ Fuchs, W.
        (1999), S. 108. Danach gelten Multiplikatoren als besonders glaubwürdig, da sie oft als unabhängig emp-
        funden werden. Für die Marktkommunikation sind sie als Vervielfältiger und Verstärker von Bot-
        schaften von besonderem Interesse. *Martin* sieht die Vorteile des Multiplikatoren-Konzepts darin, dass
        mit einem relativ kleinen Werbebudget über Multiplikatoren eine recht große Kommunikationswirkung
        entfaltet wird; vgl. Martin, M. (2002), S. 28f. Meinungsführer sind gleichzeitig auch Multiplikatoren. Da
        unterschiedliche Personengruppen als Multiplikatoren in Frage kommen, aber nicht gleichzeitig domi-
        nant die Meinung prägen, wird dieser Punkt gesondert diskutiert.

[820]   Vgl. auch Poe, A.C. (2000), S. 60ff., Kolter, E.R. (1991), S. 71, Nilgens, U./ Eggers, B./ Ahlers, F.
        (1996), S. 142, Kern, K./ Scheer, A. (1999), S. 66. sowie Köchling, A.C. (2000), S. 33f.

Verbreitung der Persönlichkeitseigenschaften ist dabei die Werteaffinität zwischen dem Ge-sponserten und dem Arbeitgeber.[821] Ferner prägen insb. die Eltern das Meinungsbild von Schüler und Studenten.[822] Es ist daher zu überlegen, in welchem Maße Eltern insb. bei Unternehmenskontakten wie „Tage der offenen Tür" oder sonstigen Exkursionen einge-laden werden sollten. Grundsätzlich erwirbt der weitestgehend wissens- und erfahrungslose Schüler und Student über die Multiplikatoren Kenntnisse über die schwer nachprüfbaren Erfahrungs- und Vertrauenseigenschaften eines Arbeitgebers. Zu beachten ist allerdings, dass der einfachen und kostengünstigen Informationsgewinnung die Glaubwürdigkeit der Informanden gegenüber steht. Denn sowohl die Wahrnehmung als auch die für die Beurtei-lung des Arbeitgebers zugrunde liegenden Präferenzfaktoren sind von Bewerber zu Bewer-ber verschieden.[823]

3.2.6 Umsetzung des Employer Branding

Die Markenumsetzung beschreibt die konkrete, technische Umsetzung des strategisch ge-planten Brandingprozesses zum Aufbau der markenspezifischen Gedächtnisstrukturen bei den akademischen Zielgruppen. In der Fachliteratur ist dazu häufig der Begriff der **Mar-kentechnik** zu finden. Deren Aufgabe besteht darin, die für die Erreichung der marken-spezifischen, wirkungsorientierten Ziele adäquate Instrumente, insb. kommunikationspoli-tischer Art, einzusetzen.[824] Nach *Esch (2003)* sind für den wirkungsorientierten Aufbau einer Marke im Wesentlichen die **Markierung** und die **Kommunikation** verantwortlich.[825]

---

[821] Vgl. zum Sponsoring als multiples Kommunikationsinstrument Unger, F./ Fuchs, W. (1999), S. 262ff., Homburg, Ch./ Krohmer, H. (2003), S. 663ff. sowie Nieschlag, R./ Dichtl, E./ Hörschgen, H. (2002), S. 1116f. Zur Notwendigkeit der Werteaffinität siehe i.A.a. Meffert, H. (2000), S. 729f.

[822] Der Bedeutung der Eltern für den Meinungsbildungsprozess wurde im Personalmarketing bisher wenig Aufmerksamkeit geschenkt. Erwähnt wurden die Eltern u.a. bei Moser, K. (1992), S. 34.

[823] Siehe zur Glaubwürdigkeitsproblematik dieser Informationen Mengen, A. (1993), S. 115 sowie Teufer, St. (1999), S. 73f. Für die Sucheigenschaften bietet diese Informationsquelle keinen neuen Erkenntnis-gewinn.

[824] Vgl. zur *Markentechnik* Haedrich, G./ Tomczak, Th. (1994), S. 930 sowie Schölling, M. (2000), S. 28. Im Rahmen des Personalmarketing nimmt die Markenumsetzung mit der Definition und dem Einsatz der Instrumente die operative Komponente ein; vgl. Simon et al. (1995), S. 161ff. Dazu wird häufig der Marketing-Mix aus dem klassischen Marketing herangezogen; vgl. Bruhn, M. (1994b), S. 34ff. sowie Weis, H.Ch. (2001), S. 101f. Zur Anwendung des Marketing-Mix im Personalmarketing siehe u.a. Kolter, E.R. (1991), S. 30ff., Blumenstock, H. (1994), S. 49, Fröhlich, W. (1987), S. 45ff., Reich, K.-H. (1992), S. 23ff., Hummel, Th./ Wagner, D. (1996), S. 18f., Bröckermann, R./ Pepels, W. (2002b), S. 10f. Siehe auch die Modifikationen bei Wunderer, R. (1999), S. 124, Süß, M. (1996), S. 184ff., Zehetner, K. (1994), S. 87ff., Hunziker, P. (1973), S. 7ff. sowie Zaugg, R.J. (2002), S. 16f. Da gemäß des einstel-lungsorientierten Markenstärke-Modells die ökonomischen Präferenzziele nur über die verhaltenswissen-schaftlichen Teilziele zu erreichen sind, wird in der Fachliteratur auch von *Sozialtechniken* gesprochen. Unter Sozialtechniken wird die systematische Anwendung von sozial- und verhaltenswissenschaftlichen Erkenntnissen zur wirksamen Beeinflussung von Personen verstanden; vgl. u.a. Kroeber-Riel, W./ Wein-berg, P. (2003), S. 127, Fantapié Altobelli, C./ Sander, M. (2001), S. 11 sowie Esch, F.-R./ Wicke, A. (2001), S. 42f.

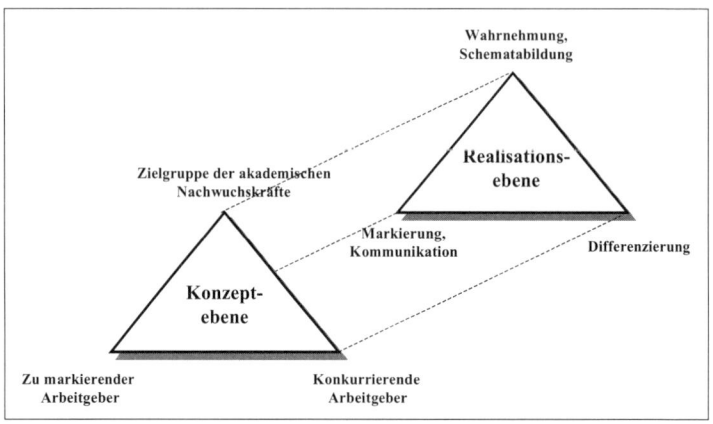

Abb. V-10: Zusammenhang von Konzept- und Realisationsebene
Quelle: Eigene Darstellung i.A.a. Levermann (1995)

3.2.6.1 Markierung des Arbeitgebers

Nach herrschender Meinung liegt der primäre Einsatzbereich der Markentechnik in der Markierung.[826] Diese stellt die Basis für die Durchsetzungsfähigkeit einer Marke auf dem Markt dar, indem der Betrachtungsgegenstand anhand der Markierung aus der Anonymität des Angebots herausgehoben wird.[827] Zudem ist sie elementare Voraussetzung dafür, die Marke kenntlich zu machen und diese werbewirksam auszuloben.[828] Wie bereits in *Kapitel III.3.3* zu den besonderen Handlungsfeldern des Employer Branding skizziert, stellt die Markierung eines Arbeitgebers als Teilfunktion des Unternehmens in der Interpretation einer einzigartigen Personalpolitik das Markenmanagement vor neue Herausforderungen. Aufgrund der zuvor identifizierten Parallelen zur Dienstleistungsmarke empfiehlt es sich, auch die Gestaltungshinweise zur Markierung von Dienstleistungen für einen Arbeitgeber zur Anwendung kommen zu lassen.

---

[826] Vgl. Esch, F.-R. (2003), S. 156f. Ansonsten benötigt das Employer Branding für dessen Umsetzung eine Vielzahl verschiedener Maßnahmen; vgl. dazu auch Gloger, A. (2001), S. 103, Zaugg, R.J. (2002), S. 14ff., Hartmann, R. (2002), S. 14 sowie Hinzdorf, T./ Primuth, K./ Erlenkämper, St. (2003a), S. 48.

[826] Vgl. Berndt, R./ Sander, M. (1994), S. 1354, Esch, F.-R. (2003), S. 156f. sowie Bugdahl, V. (1998), S. 7. *Freter & Baumgarth* bezeichnen die Markierung auch als notwendige Bedingung einer erfolgreichen Markenpolitik; vgl. Freter, H./ Baumgarth, C. (1996), S. 482f.

[827] Vgl. zur Relevanz der Markierung Homburg, Ch./ Krohmer, H. (2003), S. 531, Adjouri, N. (2002), S. 29ff., Dichtl, E. (1992), 25ff., Pepels, W. (1998), S. 176f., Behrens, G. (1994), S. 201f., Mayer, A./ Mayer, R.U. (1987), S. 30ff. sowie Nieschlag, R./ Dichtl, E./ Hörschgen, H. (2002), S. 672ff.

[828] Vgl. dazu Rüschen, G. (1994), S. 122f.

Ein Ansatz zur Lösung des Markierungsproblems besteht in der bewussten **Belegung des Namens** und **Zeichens** eines Unternehmens mit Assoziationen zum Arbeitgeber. Der akademische Nachwuchs kann in Bezug auf den betrachteten Profilierungszeitraum in Abhängigkeit seiner Shareholder-Rolle nicht nur als Bewerber, sondern u.a. auch als Kunde oder Aktionär auftreten. Durch zielgerichtetes, offensives Employer Branding sind Ausschnitte des Schemas zu einem Unternehmen durch arbeitgeberrelevantes Wissen oder innere Bilder zu belegen. Bei Nennung des Firmennamens oder Betrachtung des entsprechenden Zeichens werden dann die Assoziationen zum Arbeitgeber aufgerufen. Um die Wort-Zeichen-Kombination für das Employer Branding zu nutzen, sollten daher sämtliche kommunikationspolitische Mittel und Medien durch ein **einheitliches Design** gekennzeichnet sein.[829]

Ein weiterer Lösungsansatz zur Markierung eines Arbeitgebers als Marke stellt die Verwendung von einzigartigen **Slogans** und **Schlüsselsymbolen** dar, welche die positionierungsrelevanten Inhalte komprimiert wiedergeben. Die exklusive Nutzung eines Schlüsselsymbols erhöht die schnelle Wiedererkennung eines werbenden Arbeitgebers und eignet sich als Differenzierungskriterium zu den Konkurrenzunternehmen.[830] Die Markierung wird folglich über die Name-Symbol-Slogan-Kombination bei persönlicher und unpersönlicher Kommunikation erreicht.

Der Markierungserfolg der Arbeitgebermarke kann darüber hinaus durch die gezielte Anwendung von **Kommunikationsinstrumenten** erhöht werden. Die Kommunikation im Rahmen der Bewerberauswahl bspw. in Form eines Assessment Centers betont den Wert der Erfolgs- und Leistungsorientierung des Arbeitgebers. Letztendlich müssen alle kommunikativen Inhalte und Maßnahmen auf das angestrebte Markenimage abgestimmt sein.[831]

Stauss (1995), ein Vertreter der Dienstleistungsmarke, empfiehlt zur Markierung jegliche **Kundenkontaktpunkte** zu nutzen. Die Kontaktpunkte enthalten demnach materielle Bestandteile, die von dem akademischen Nachwuchs als Surrogat genutzt werden können, um sich einen Eindruck von der Gesamtqualität des Arbeitgebers und dessen Personalpolitik zu machen.[832] Insb. der direkte persönliche Kontakt bei in- und externen Personalveranstaltung eignet sich dazu, visualisierte, arbeitgeberbezogene Eindrücke zu vermitteln. Der Gestaltung des Personalstandes ist dabei ebenso viel Aufmerksamkeit zu schenken wie der Integration

---

[829] Bei Direkt-Kontakten bspw. in Form von Kontaktmessen muss der Unternehmensname und dessen Zeichen einfach und deutlich zu sehen sein. Selbstverständlich ist, dass bei jeglichem Brief- oder Mailverkehr das Firmenpapier oder -layout mit Namen und Zeichen verwendet wird. Auch Give-aways müssen die Markierung des Arbeitgebers deutlich aufweisen.

[830] Als Beispiel kann die Employer-Branding-Strategie der Siemens AG von 2002 angeführt werden. Das dominante Kriterium der Positionierung war die *Internationalität*. Diese wurde insb. durch das Schlüsselsymbol des *Globus* dargestellt. Der Globus wurde in Bildern für Zeitschriften und Plakate integriert. Bei Messeständen wurde ein großer, sich drehender Globus in den Mittelpunkt des Standes gestellt. Ein für die Siemen AG exklusives Wiedererkennungs- bzw. Markierungsmerkmal war damit gegeben. Siehe dazu Lutje, F. (2002), S. 19ff.

[831] Vgl. i.A.a. Fantapié Altobelli, C./ Sander, M. (2001), S. 104f., Clausnitzer, Th./ Heide, G./ Nasner, N. (2002), S. 6 sowie Mayer, A./ Mayer, R.U. (1987), S. 16f. Zur Bedeutung von Slogans in der Personalimagewerbung siehe auch Rauscher, B. (2007), S. 51f.

[832] Vgl. dazu die Ausführungen bei Stauss, B. (1995), S. 4ff. sowie Bruhn, M. (2003), S. 18.

von Unternehmensvertretern. Denn renommierte Persönlichkeiten aus dem Unternehmen ermöglichen eine Personifizierung der Arbeitgeberleistungen, indem u.a. deren Karriereentwicklung in Person verkörpert wird. Auch materielle Elemente wie Broschüren und Giveaways eignen sich dazu, die Erinnerung zum Arbeitgeber aufrecht zu erhalten und gleichzeitig den Bekanntheitsgrad im Bekannten- und Kommilitonenkreis zu erhöhen. Eine einzigartige Markierung beschleunigt grundsätzlich den Aufbau einer Arbeitgebermarke. Die Besonderheiten des Betrachtungsgegenstandes Arbeitgeber erschweren jedoch deren praktische Umsetzung im Vergleich zur Produktmarke. Für ein erfolgreiches Management der Arbeitgebermarke sind diese Markierungsdefizite daher durch eine besonders zielgerichtete Kommunikation zu kompensieren.

3.2.6.2 Kommunikationsmanagement

Wie bereits zur Definition der Markenpolitik in *Kapitel V.3.2.5.2* erläutert, ist die Ausgestaltung der Markenkommunikation für einen effizienten Markenaufbau von zentraler Bedeutung.[833] Aufgrund des langen potenziellen Prägungszeitraums des akademischen Nachwuchses und der lerntheoretischen Erkenntnisse zum Aufbau eines Markenschemas muss diese **langfristig** und **strategisch** ausgelegt sein.[834] Nach *Rossiter & Percy (2001)* existieren zwei zentrale Entscheidungstatbestände für ein erfolgreiches Management der Marketingkommunikation: das Setzen der richtigen **Kommunikationsziele** und die optimale Ausgestaltung des **Kommunikations-Mix**.[835] Diese werden nachfolgend bezogen auf das Employer Branding diskutiert.

---

[833] Vgl. Esch, F.-R. (1998), S. 104ff. Vgl. zur Relevanz der Kommunikation für den Markenaufbau u.a. auch Schölling, M. (2000), S. 28, Regenthal, G. (2003), S. 187ff., Unger, F. (1986b), S. 5, Baumgarth, C. (2001), S. 179, Rossiter, J.R./ Percy, L. (2001), S. 525, Rüschen, G. (1994), S. 127f., Herrmann, Ch. (1999), S. 41, Adjouri, N. (2002), S. 115, Esch et al. (2004), S. 220ff., Kapferer, J.-N. (1992), S. 56 sowie Bekmeier, S./ Konert, F.-J. (1994), S. 611. Auch bereits im Rahmen der Personalmarketing-Diskussion wurde der Kommunikationspolitik eine immense Bedeutung zur Kontaktierung und Beeinflussung der Einstellung zum Arbeitgeber bei Nachwuchskräften zugesprochen; vgl. u.a. Müller, H.J. (1999), S. 168, Batz, M. (1996), S. 207, Rudolph, Th./ Schweizer, M. (2002), S. 10, Simon, H. (1984), S. 88, Moll, M. (1992b), S. 42f. sowie Batz, M. (1996), S. 208.

[834] Vgl. i.A.a. Kindervater, J. (2001), S. 227ff., Adjouri, N. (2002), S. 112f., Meffert, H./ Burmann, Ch./ Koers, M. (2002b), S. 8 sowie Esch, F.-R./ Andresen, Th. (1997), S. 22f. *Backhaus* bezeichnet die Marke passend als *Mehrwert von Aktivitäten* im Zeitablauf; vgl. Backhaus, K. (2003), S. 407.

[835] Vgl. Rossiter, J.R./ Percy, L. (2001), S. 525. Ähnlich auch Esch, F.-R. (2003), S. 216ff. sowie Meffert, H. (2000), S. 678. Gemäß der sog. *Lasswell-Formel* umfasst die Gestaltung des Kommunikationsprozesses fünf Komponenten: wer (Kommunikator) sagt was (Kommunikationsinhalt) über welchen Kommunikationskanal zu wem (Kommunikant) mit welcher Wirkung (Kommunikationseffekt) unter welchen Bedingungen (Kommunikationssituation); vgl. Kroeber-Riel, W./ Weinberg, P. (2003), S. 499 sowie Six, B./ Schäfer, B. (1984), S. 32. In der vorliegenden Arbeit werden bei der Ausgestaltung des Kommunikations-Mix der Inhalt, die Instrumente, der Zeitpunkt sowie die Intensität behandelt.

a) Kommunikationsziele

Die Ziele des Kommunikationsmanagements im Rahmen des Employer Branding sind sowohl inhaltlicher als auch wirkungsorientierter Art. Denn neben dem Aufbau eines prägnanten Schemas mit positionierungsrelevanten Assoziationen geht es um die Optimierung der **Markenstärke**, die u.a. die Erfolgsdimensionen Vertrauen und Identifikation umfasst. Nach *Bruhn (2003)* lassen sich die psychologischen Ziele der Kommunikation in kognitive, affektive sowie konative Teilziele unterteilen, so dass das Modell der Markenstärke zur Arbeitgebermarke erneut als Zielsystem zugrunde gelegt werden kann.[836] Mit anderen Worten besteht die Kommunikation aus einer informierenden Komponente durch Übermittlung von Informationen und Bedeutungsinhalten sowie einer beeinflussenden Komponente durch das bewusste Hervorrufen bestimmter psychologischer Wirkungen.[837]

Zur Unterstützung der Erreichung von inhaltlichen Zielkomponenten bietet sich die Entwicklung einer **kommunikativen Leitidee** an. Diese fasst i.A.a. *Bruhn (2003)* die Grundaussagen der Arbeitgebermarke zusammen und basiert folglich auf deren Positionierung.[838] Um eine zielgruppenorientierte Ansprache zu ermöglichen, wird diese Leitidee dann zu **Botschaften** konkretisiert und über diverse Kommunikationskanäle gesendet.[839] In den Botschaften werden die Nutzenargumente des Arbeitgebers formuliert und die Frage beantwortet, warum der akademische Nachwuchs sich gerade für das markierte Unternehmen als Arbeitgeber entscheiden sollte.[840] Deren kognitive oder emotionale Ausrichtung ist dem Prägungszeitpunkt der Zielgruppen anzupassen.[841] Die Kernelemente der Botschaften bilden nach entsprechender Informationsverarbeitung die verbalen Assoziationen der Arbeitgebermarke. Ausführliche Botschaften werden im Personalmarketing klassischer Weise über den persönlichen Kontakt sowie über Artikel in Zeitungen formuliert.

Eine besondere Bedeutung kommt der Entwicklung eines prägnanten **Slogans** für die Employer-Branding-Kampagne zu. Slogans sind kurze Phrasen, die deskriptive oder emotio-

---

[836] Vgl. i.A.a. Bruhn, M. (2003a), S. 135. Siehe auch Hermanns, A./ Püttmann, M. (1993), S. 31f. Die kognitiven Ziele umfassen die zu vermittelnden Informationen, die affektiven Ziele die Gefühle und die konativen Ziele die zu vermittelnde handlungsauslösende Bedeutung.

[837] Siehe zur Informationskomponente Bruhn, M. (2003a), S. 1, Homburg, Ch./ Krohmer, H. (2003), S. 621f., Kroeber-Riel, W./ Weinberg, P. (2003), S. 498f., Mayer, A./ Mayer, R.U. (1987), S. 18f., Trommsdorff, V. (2002b), S. 165 sowie Pepels, W. (2001a), S. 10ff. Zur Beeinflussungskomponente siehe u.a. Unger, F. (1986b), S. 18ff., Fritz, W./ Thiess, M. (1986), S. 47ff., Homburg, Ch./ Krohmer, H. (2003), S. 623f. sowie Bruhn, M. (1994b), S. 35f.

[838] Vgl. Bruhn, M. (2003a), S. 90ff.

[839] Die Relevanz der Botschaft einer Marke betonen Adjouri, N. (2002), S. 126f., Dingler, R. (1997), S. 77, Unger, F./ Fuchs, W. (1999), S. 151 sowie Kotler, Ph./ Bliemel, F. (2001), S. 896f. Die Kommunikationsbotschaft ist die Entschlüsselung der kommunikationspolitischen Leitidee durch entsprechende Modalitäten wie Text, Bild oder Ton; vgl. Bruhn, M. (2003a), S. 350.

[840] Vgl. i.A.a. Trommsdorff, V. (2002b), S. 261, Meffert, H. (2000), S. 711, Moll, M. (1992b), S. 34f. sowie Simon et al. (1995), S. 160f.

[841] Zur emotionalen Ausrichtung von Botschaften siehe Linxweiler, R. (2001), S. 27, Moll, M. (1992b), S. 34f., Bauer, H.H./ Huber, F. (1997), S. 12 sowie Solomon, M./ Bamossy, G./ Askegaard, S. (2001), S. 200.

nale Informationen über den Arbeitgeber transportieren.[842] Sie unterstützen die Positionierung der Arbeitgebermarke, erzeugen Aufmerksamkeit bei der Zielgruppe und festigen
deren Erinnerung an den markierten Arbeitgeber.[843] Mit der Verbalisierung des Nutzens der
Arbeitgebermarke ist eine **Unique-Communication-Proposition** (UCP) anzustreben, die
zur Alleinstellung auf dem wahrgenommenen Arbeitgebermarkt führt.[844] In der Fachliteratur lassen sich umfangreiche Ausführungen zur Entwicklung von Kommunikationsbotschaf-
ten finden. Nach herrschender Meinung sollte den Prinzipien der Relevanz, Prägnanz,
Sympathie, Einzigartigkeit, Aktivierungsstärke und Kontinuität gefolgt werden.[845]

b) Kommunikations-Mix
Abgeleitet aus den Kommunikationszielen besteht eine zentrale Aufgabe im Management
der Markenkommunikation darin, die effektivsten Instrumente zum Aufbau der Markenstärke auszuwählen und diese zeitgenau im Profilierungszeitraum des Employer Branding
einzusetzen.[846] Die **Effektivität** von Kommunikationsinstrumenten lässt sich grundsätzlich
durch verschiedene Kriterien bestimmen.[847] Für das Employer Branding werden nachfolgend die relevantesten Instrumente nach den Kriterien, die sich auch in den Selektionsentscheidungen zur Zielgruppenauswahl sowie dem Zielkonstrukt der Markenstärke wiederfinden, zusammenfassend bewertet:

---

[842] Vgl. Baumgarth, C. (2001), S. 158 sowie Buss, D. (2002), S. 29. Nach *Esch* wirken Slogans insb. dann,
wenn sie in *elektronischen Medien* kommuniziert werden, mit einprägsamen Jingles unterlegt sind und
prägnant sowie bildhaft formuliert sind; vgl. Esch, F.-R. (2003), S. 238f. Das Werben um Arbeitsplätze
mittels Jingles findet derzeit nicht statt. In der Gestaltung des Slogans für den Employer Brand ist insb.
auf dessen bildhafte Repräsentationsfähigkeit als visuelle Markenassoziation zu achten.

[843] Vgl. i.A.a. Weinberg, P. (1992), S. 80ff. und Baumgarth, C. (2001), S. 158. Die Slogans sind bei jeglichem Werbekontakt mit der Zielgruppe zu nutzen. Sie dürfen daher auf keinen der Print- oder Online-
Medien im Rahmen der Personalsuch- oder -imagewerbung fehlen.

[844] Vgl. i.A.a. Pepels, W. (2001a), S. 355f., Bruhn, M. (2003a), S. 28 sowie Unger, F./ Fuchs, W. (1999), S.
114. Siehe dazu auch die Ausführungen in *Kapitel V.3.2.4.*

[845] Vgl. dazu Meffert, H. (2000), S. 711, Kotler, Ph./ Bliemel, F. (2001), S. 942ff., Solomon, M./ Bamossy,
G./ Askegaard, S. (2001), S. 194ff., Freimuth, J. (1987), S. 40, Batz, M. (1996), S. 242, Groenewald, H./
Horn, S. (1986), S. 494, Esch, F.-R. (2003), S. 32 sowie Unger, F./ Fuchs, W. (1999), S. 152.

[846] *Müller* weist in seinem Kommunikationsprojekt mit High Potentials nach, dass die wahrgenommene
Attraktivität eines Arbeitgebers durch die richtige Wahl der Kommunikationsinstrumente kurzfristig ge-
steigert werden kann; vgl. Müller, H.J. (1999), S. 162.

[847] Siehe zu potenziellen Bewertungskriterien bspw. Mayer, H./ Illmann, T. (2000), S. 486. Ähnlich auch
Unger, F./ Fuchs, W. (1999), S. 128f, Groenewald, H./ Horn, S. (1986), S. 495, Kleb, Th./ Schwedes, F.
(2002), S. 7, Simon et al. (1995), S. 171ff. sowie Drumm, H.J. (2000), S. 341.

	Selektionskriterien			Zielgrößen		
	Erreichbarkeit der Zielgruppen (Konzentration & Potenzial)	**Reichweite** der Maßnahme (Geographie)	**Informations-verhalten** (Involvement)	**Bekanntheit**	**Wissen/ wahr. Qualität**	**Emotionalität** (Vertrauen / Identifikation)
Anzeigen/ Information	je nach Zeitung	hoch	hoch	hoch	mittel/ hoch	gering
Imagebroschüren	gezielt	gering	niedrig/ mittel	gering	gering/ mittel	gering
Plakate	ungezielt	mittel/ hoch	niedrig	hoch	gering	gering
Internet	je nach Seitenaufbau	hoch	hoch	---	hoch	gering/ hoch
langfrist. Unternehmens-kontakte bspw. Praktika	gezielt	gering	hoch	gering	hoch	hoch
kurzfrist. Unternehmens-kontakte bspw. Exkursionen	gezielt	gering	hoch	gering	mittel/ hoch	hoch
Hoch-/ Schul-aktivitäten bspw. Messen	gezielt	gering	hoch	gering/ mittel	gering/ mittel	mittel/ hoch
Unterstützungs-maßnahmen bspw. Stipendium	gezielt	mittel/ gering	niedrig	gering	gering	gering/ mittel

Tab. V-13: Kriterienbezogene Bewertung von Kommunikationsinstrumenten

Quelle: Eigene Darstellung i.A.a. Esch et al. (2004)

3.2.6.3 Wirkungsoptimierende Integration der kommunikativen Maßnahmen

Aus den Überlegungen zur Marke als Lernkonzept geht hervor, dass eine Arbeitgebermarke nicht zufällig entsteht, sondern das Resultat einer Fülle aufeinander abgestimmter Einzel-maßnahmen darstellt. Aus diesem Grund ist es sinnvoll, einen ganzheitlichen, systema-tischen **Kommunikationsplan** zu erstellen, der einen effizienten Transport der Marken-botschaften zu den umworbenen akademischen Fach- und Führungskräften gewährleistet.[848] Insb. der integrierte Einsatz von Instrumenten schafft Synergieeffekte zwischen den ein-gesetzten Marketingmaßnahmen.[849] In der Kommunikationswissenschaft erfasst diesen Zu-sammenhang der Begriff der **Integrierten Kommunikation**. Um nur eine Definition anzu-

---

[848] Anstatt eines Kommunikationsplans wird in der Fachliteratur zum Kommunikationsmanagement von einem *Mediaplan* gesprochen; vgl. Unger et al. (2002), S. 1f.

[849] Vgl. auch Schröder, B./ Steiner, A. (1999), S. 46ff., Meffert, H. (1994b), S. 478ff., Mayer, H./ Illmann, T. (2000), S. 499, Fantapié Altobelli, C./ Sander, M. (2001), S. 104f. sowie Weinberg, P./ Diehl, S. (2001b), S. 31.

führen, die dem Kontext des Employer Branding zugrunde gelegt wird, bedeutet die Integrierte Kommunikation:[850]

> *„die durchgängige Umsetzung eines Kommunikationskonzeptes durch die Abstimmung der Kommunikation im Zeitablauf und der eingesetzten Kommunikationsinstrumente zur Optimierung der Kontaktwirkung."*

Experten versprechen sich anhand des integrativen Vorgehens eine wesentliche Steigerung der Wirkung verschiedener Kommunikationsarten und -mittel. Sie wirkt u.a. einer **Zersplitterung** von Botschaften entgegen. Vor allem fördert die Integration der kommunikativen Maßnahmen die Lernprozesse zum Aufbau eines starken Markenschemas. Sie bewirkt eine schnellere und tiefere Verankerung der Markenpositionierung. Außerdem erleichtert das einheitliche Auftreten die Wiedererkennung der Botschaft durch die Zielgruppen.[851] Die markenkonforme Integration kommunikativer Maßnahmen beeinflusst folglich den Erfolg bei dem Aufbau und der Führen einer Arbeitgebermarke.[852] Integration ist dabei nicht gleichzusetzen mit dem Einsatz identischer Instrumente und Kanäle, sondern deren gezielte Vernetzung und Abstimmung, um dieselben Inhalte zu kommunizieren und Einstellungswirkungen zu erzeugen.[853] Für die Gestaltung der Kommunikationspolitik des Employer Branding wird der Unterteilung in inhaltlicher, formaler und zeitlicher Integration nach *Bruhn (2003)* gefolgt.[854]

a) Inhaltliche Integration

Eine wesentliche Voraussetzung zur Erreichung des Kommunikationserfolgs stellt die Sendung derselben Botschaften dar. Unterschiedliche oder sogar widersprüchliche Aussagen verhindern die kognitive Verankerung der Markennutzen und führen sogar zum Glaubwürdigkeitsverlust und zur Verwirrung bei den potenziellen Führungs- und Nachwuchskräften. Die Kommunikationspolitik des Employer Branding muss daher dem Prinzip des

---

[850] Vgl. Esch, F.-R. (1998), S. 111. Weitere Definitionen siehe bei Pepels, W. (2001a), S. 825ff., Bruhn, M. (2003a), S. 75f., Unger, F./ Fuchs, W. (1999), S. 17 sowie Meffert, H. (2000), S. 327ff. Aus verhaltenswissenschaftlicher Sicht unterstützt die Integrierte Kommunikation das Erlernen bestimmter Attribute und damit den Aufbau klar festgelegter Gedächtnisstrukturen für die Arbeitgebermarke; vgl. dazu Esch, F.-R. (2001b), S. 79ff.

[851] Vgl. Köhler, R. (2001b), S. 57f., Bruhn, M. (2003a), S. 75f., Unger, F./ Fuchs, W. (1999), S. 17., Behrens, G. (2003), S. 388ff. sowie Kindervater, J. (2001), S. 228.

[852] Vgl. zur Notwendigkeit und Erfolg der Integrierten Kommunikation Bruhn, M. (2003a), S. 5, Esch, F.-R. (2003), S. 30, Fantapié Altobelli, C./ Sander, M. (2001), S. 20, Kindervater, J. (2001), S. 228, Sommer, R. (1998), S. 186, Esch, F.-R./ Wicke, A. (2001), S. 15ff. sowie Simon et al. (1995), S. 165f.

[853] Vgl. dazu ähnlich Fantapié Altobelli, C./ Sander, M. (2001), S. 104 sowie Esch, Th./ Stein, M. (2001), S. 64ff.

[854] Vgl. Bruhn, M. (2003a), S. 78f. *Esch* differenziert hauptsächlich zwischen der *inhaltlichen* und *formalen Kommunikationskomponente*; vgl. Esch, F.-R. (2003), S. 238ff.

„One Song – Many Voices" aufgebaut sein.[855] Neben den **verbalen Aussagen** bezieht sich die inhaltliche Integration ebenfalls auf das für die Personalwerbung genutzte **Bildmaterial**. Der Aufbau visueller Assoziationen erfordert den Einsatz gleicher Bildinhalte, die semantisch auf die verbalen Aussagen abgestimmt sind. Unverwechselbare, aufmerksamkeitserregende Schlüsselbilder als Extrakt der Positionierungsbotschaft entwickeln die höchste Erinnerungsleistung.[856]

b) Formale Integration
Die formale Integration bezieht sich auf die für die mediale Umsetzung der Personalwerbung verwendeten **Farben, Formen, Typographie** und **visuellen Präsenzsignalen**. Sie zielt darauf ab, durch die Verwendung einer besonderen Farbkombination oder eines markanten Schriftzugs, die Wahrnehmbarkeit dieser Elemente beim flüchtigen Betrachten zu sichern.[857] Dass die Freiheitsgrade in der Gestaltung des Werbeauftritts durch die Vorlagen des Corporate Design begrenzt sind, sollte die kreative Umsetzung dabei nicht bremsen.[858] Ferner bedeutet die formale Integration die gleiche Verwendung der Form über alle Kommunikationsinstrumente, d.h. bzgl. des Layouts bei Anzeigen, die Ausgestaltung des Messestandes, etc. Die Entwicklung eines eigenen Präsenzsignals als klassisches Wort-Bild-Zeichen wurde wegen potenzieller Wahrnehmungsirritationen durch weitere Anspruchsgruppen bereits als kritisch beurteilt. Ein bildliches Präsenzsignal, das die Positionierungsbotschaft aufgrund ihrer Bedeutung und Kontinuität des Einsatzes unterstützt, ist zu befürworten.[859]

c) Zeitliche Integration
Neben der bereits erwähnten Festlegung der Kommunikationsinstrumente sowie deren Reichweite und der Gestaltung der Botschaft ist insb. eine Entscheidung über den zeitlichen Einsatz der Instrumente und folglich über den **Kommunikationsdruck** zu fällen. Mit anderen Worten ist die Anzahl der notwendigen Wiederholungen bzw. Kontakthäufigkeiten mit den Zielgruppen, die sich wesentlich auf die Kosten des Employer Branding auswirken

---

[855] Vgl. Gmür, M./ Martin, P./ Karczinski, D. (2002), S. 14f. *Esch* spricht von dem *Big Picture* einer Marke, das durch die Integrierte Kommunikation erreicht werden soll; vgl. Esch, F.-R. (2003), S. 237. Die inhaltliche Integration durch Sprache bezieht sich sowohl auf die identischen Aussagen als auch auf semantisch gleiche Aussagen; vgl. Esch, F.-R. (2003), S. 238. Wichtig ist daher zu gewährleisten, dass der akademische Nachwuchs dasselbe Verständnis zu den Botschaften entwickelt.

[856] Vgl. dazu u.a. Kroeber-Riel. W./ Esch, F.-R. (2000), S. 114ff.

[857] Vgl. dazu Kroeber-Riel, W./ Esch, F.-R. (2000), S. 110f. sowie Behrens, G. (2003), S. 384f.

[858] Siehe dazu die Einbindung des Employer Branding in den Gesamtzusammenhang des Unternehmens, in dem die *Corporate Identity* und das *Corporate Branding* eine Rolle spielen; vgl. *Kapitel V.4.*

[859] Siehe dazu das bereits angeführte Beispiel der Siemens AG: Der Globus ist als visueller Anker auf jedem Plakat, jeder Broschüre sowie Veranstaltung in Form einer gewaltigen, sich drehenden Weltkugel im Zentrum des Veranstaltungsstandes zu finden; vgl. dazu Lütje, F. (2002), S. 19ff.

(Budget), zu bestimmen.[860] In der Marketing-Literatur wird bei einer mehrstufigen und mehrfachen Kommunikation von **Kontakt-Ketten** gesprochen. Diese kombinieren den Einsatz von persönlichen und unpersönlichen Kommunikationsinstrumenten und gewährleisten einen über eine längere Zeitdauer kontinuierlichen Kontakt zu den Zielgruppen.[861] Die erkenntnisbringenden Hinweise zur Planung des Instrumenteneinsatzes liefern die bereits diskutierten Ansätze des Involvements und der Aktivierung sowie das Konstrukt der Einstellung.[862] Folgende Erkenntnisse sollen in der zeitlichen Integration der Instrumente Berücksichtigung finden:

- **Involvement**: Je involvierter der akademische Nachwuchs, desto interessierter verfolgt er die gesendeten Botschaften. Es erfolgt eine tiefere Informationsverarbeitung und -speicherung und damit der Aufbau eines stabilen Schemas zur Arbeitgebermarke;
- **Aktivierung**: Je aufmerksamkeitserregender die Instrumente, desto stärker prägen sich die Botschaften zum Arbeitgeber ein. Die Aktivierung korreliert i.d.R. negativ mit der Wiederholung. Die Aktivierung beeinflusst folglich ebenfalls die Speicherung sowie die Erinnerungsleistung von markenrelevanten Assoziationen;
- **Einstellung**: Der Zeitraum zur Prägung des akademischen Nachwuchses setzt sich aus einer Phase des Gefallens und des Überzeugens zusammen. Mit steigender Entscheidungsnähe ist ein zunehmender Wechsel von emotional bzw. affektiv zu kognitiv wirkenden Instrumenten erforderlich.

---

[860] Die Entscheidung über die Höhe des *Kommunikationsdrucks* ist von verschiedenen Parametern abhängig. Mangelt es einem Arbeitgeber an Bekanntheit, so ist zum Aufbau derselben ein vergleichsweise hoher Kommunikationsdruck erforderlich. Zudem muss der Druck umso höher sein, je geringer das situative Involvement und geringer die phasische Aktivierungsleistung des Instruments. Des Weiteren ist der zu wählende Kommunikationsdruck stets in Abhängigkeit der Konkurrenz zu wählen; vgl. Unger et al. (2002), S. 13f., Herrmanns, A./ Püttmann, M. (1993), S.32f. sowie Bruhn, M. (2003a), S. 256f.

[861] Nach *Beba* stellen die *Kontakt-Ketten* ein auf Langfristigkeit und Ganzheitlichkeit ausgerichtetes Konzept zum Aufbau und zur Führung eines mehrstufigen und mehrphasigen direkten Dialogs mit einer bestimmten Zielgruppe dar; vgl. Beba, W. (1993), S. 102ff. Die Relevanz des Konzepts für das Employer Branding ergibt sich aus den Besonderheiten des Entscheidungsprozesses bei der Berufs- und Arbeitgeberwahl sowie dessen Wirkung auf das Arbeitgeberimage. Da sich entsprechend des Employer-Branding-Life-Cycle der Prägungszeitraum des akademischen Nachwuchses über mehrere Jahre erstreckt, ist es erforderlich, diesen Zeitraum kontinuierlich zu begleiten und sich gegenüber den Beeinflussungsformen bspw. von den Konkurrenzunternehmen zu behaupten. *Beba* unterteilt die Kontakt-Ketten in eine Phase der *Dialoginitialisierung* und *Dialogfortpflanzung*. Während bei der ersten Phase der kommunikative Kontakt zu den Zielgruppen grundsätzlich hergestellt wird, erfolgt in der zweiten Phase eine zielgruppenspezifische Kontaktpflege. *Beba* weist empirisch nach, dass die unpersönliche Kommunikation in der Dialoginitialisierung und die persönliche Kommunikation in der Dialogfortpflanzung die größten Erfolgspotenziale zur Beeinflussung des Entscheidungsprozesse bei der Berufs- und Arbeitgeberwahl aufweist; vgl. Beba, W. (1993), S. 136ff. Die Relevanz der Kontakt-Ketten im Personalmarketing betonten auch bereits Ahlers (1994), Nilgens/ Eggers/ Ahlers (1996), Süß (1996) sowie Wöhr (2002).

[862] Vgl. dazu die Ausführungen in *Kapitel IV und V*.

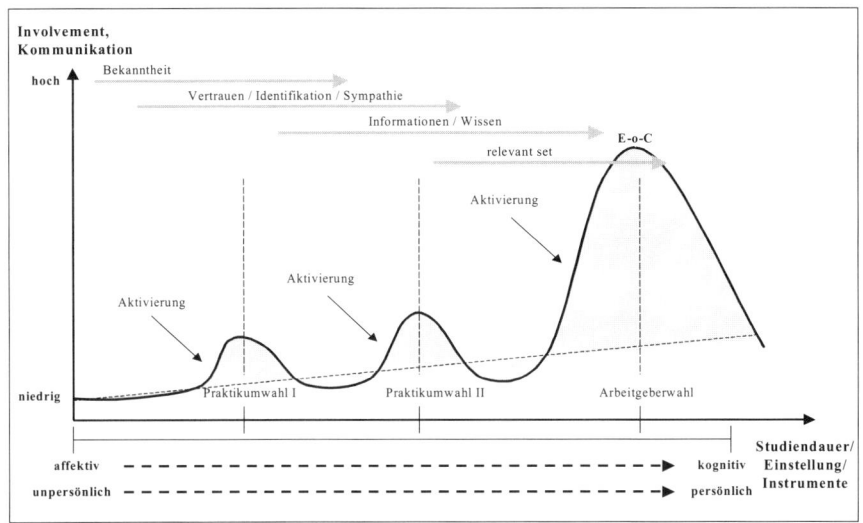

Abb. V-11: Employer-Branding-Life-Cycle als Grundlage der Kommunikationsstrategie

Quelle: Eigene Darstellung

Die Graphik, basierend auf dem in *Kapitel V.2.3.1* entwickelten Employer-Branding-Life-Cycle, der das Informations- und Entscheidungsverhalten einer akademischen Nachwuchskraft wiedergibt, stellt exemplarisch den idealtypischen Kommunikationsverlauf für den Ausschnitt der Studiendauer an einer Hochschule zur Profilierung einer Arbeitgebermarke dar.[863] Das Ausmaß der Kommunikationsaktivitäten ist im Zeitverlauf dem involvementabhängigen Informations- und Entscheidungsverhalten der Zielpersonen anzupassen. Der bewusste Einsatz von Aktivierungstechniken mit ansteigendem Informationssuchverhalten intensiviert zusätzlich die für den Aufbau von Markenassoziationen erforderlichen Informationsverarbeitungsprozesse. Tendenziell werden zu Beginn des Profilierungszeitraums zunächst die affektiven Erfolgsdimensionen der Markenstärke und dann die kognitiven Elemente geprägt. Entsprechend erfolgt eine zunehmende Fokussierung von unpersönlichen zu persönlichen Instrumenten der Kommunikation.

---

[863] Der Kurvenverlauf der Kommunikation ergibt sich aus dem Informationsbedarf bzw. -verhalten der akademischen Nachwuchskräfte. Diese wurde bereits in *Kapitel V.2.3.1* aus dem Involvement-Konstrukt hergeleitet. In der Abbildung wird ausschließlich der Prägungszeitraum an der Hochschule betrachtet. Exemplarisch für die Studiendauer wurden drei Entscheidungsphasen definiert. Es steht fest, dass in Anbetracht des „War for Talents" dieser Zeitraum nur ein Ausschnitt für ein Employer Branding darstellen kann. Weitere mögliche Phasen zur Profilierung der Arbeitgebermarke können bspw. der Kindergarten, die Grundschule, das Gymnasium, weiterführende Schulen, die Berufsausbildung sowie die ersten Jahre als berufstätiger Young Professional sein. E-o-C bedeutet die Zielgröße Employer-of-Choice.

3.2.7 Controlling des Erfolgs der Arbeitgebermarke und des Employer Branding

Um eine Aussage über den Erfolg des Aufbaus sowie der Führung einer Arbeitgebermarke geben zu können, bedarf es eines ganzheitlichen Controllings.[864] Zu dem Begriffsverständnis des Controlling existieren in der Fachliteratur unterschiedliche Ausführungen.[865] Im Rahmen dieser Arbeit soll i.A.a. *Meffert (1994)* das Markencontrolling als *„Bereitstellung und Koordination von markenrelevanten Informationen zur Unterstützung der Planungs- und Kontrollprozesse"* verstanden werden.[866] Der Aspekt der **Ganzheitlichkeit** bezieht sich dabei auf die Informationsbereitstellung zur Kontrolle

- der **Definition** der gesetzten Ziele und geplanten Maßnahmen im Rahmen des Markenaufbaus und der -führung;
- der **Umsetzung** der Ziele und Maßnahmen in konkrete Handlungen;
- des **Ergebnisses** des Markenaufbaus und der -führung.[867]

Demnach werden neben dem Ergebnis des Employer Branding auch die grundsätzliche Eignung der Ziele sowie die Durchführung von Maßnahmen überprüft. Im Mittelpunkt der Betrachtung steht allerdings die **Ergebniskontrolle**, auf die nachfolgend näher eingegangen wird. Bei der Ergebniskontrolle werden die Zielgrößen des Employer Branding bzgl. des Ausmaßes der Zielerreichung gemessen. Als zentrale Zielgröße der Arbeitgebermarke wurde in *Kapitel IV.2* die **Markenstärke** definiert, die sich, basierend auf dem Konstrukt der Einstellung, aus den drei Komponenten der Kognition, Affektion bzw. Emotion und Konation zusammensetzt.[868] Es ist daher der Frage nachzugehen, in welcher Form die

---

[864] Zur Notwendigkeit des Markencontrolling siehe u.a. Biel, A.L. (2001), S. 84ff., Homburg, Ch./ Krohmer, H. (2003), S. 537ff. sowie Franzen, O./ Trommsdorff, V./ Riedel, F. (1994), S. 373.

[865] Werden die unterschiedlichen Ausführungen zum Markencontrolling verglichen, so lassen sich ein *enges* und ein *weites* Begriffsverständnis zum Markencontrolling identifizieren. Während sich die enge Sichtweise primär auf die Ermittlung von Plan- und Vergleichsgrößen bezieht, subsumieren die Vertreter des weiten Begriffsverständnisses nahezu den gesamten Prozess der Planung, Steuerung und Kontrolle der Markenaktivitäten unter dem Controlling; vgl. zur engen Sichtweise Nieschlag, R./ Dichtl, E./ Hörschgen, H. (2002), S. 360ff., Kroeber-Riel, W./ Weinberg, P. (2003), S. 189 sowie Franzen, O. (1995), S. 57ff.; zur weiten Sichtweise siehe Wiedmann, K.-P. (1994), S. 1312, Güldenberg, H.G./ Franzen, O. (1994), S. 1338 sowie Maretzki, J. (2000), S. 32f. Da es sich beim Employer Branding hauptsächlich um Maßnahmen der Kommunikation handelt, die den Erfolg der Arbeitgebermarke determinieren, lässt sich i.A.a. *Bruhn* auch von einem *Kommunikations-Controlling* sprechen; vgl. Bruhn, M. (2003a), S. 389ff.

[866] Meffert, H. (1994b), S. 192f.

[867] Vgl. dazu Esch, F.-R. (2003), S. 467.

[868] Siehe dazu die Ausführungen in *Kapitel IV.2.* In der Markenliteratur werden unterschiedliche Vorgehensweisen zur Kontrolle der Markenstärke bzw. des finanzorientierten Markenwerts diskutiert; siehe dazu u.a. Maretzki, J. (2000), S. 35ff., Bauer, H.-H./ Huber, F. (1997), S. 15f., Esch, F.-R./ Andresen, Th. (1997), S. 15f., Berndt, R./ Sander, M. (1994), S. 1358ff. sowie Aaker, D.A. (1996), S. 303ff.

einzelnen Ergebnisgrößen der Erfolgsdimensionen gemessen werden können.[869]
Die **kognitive** Teilkomponente der Markenstärke umfasst die Bekanntheit und die Informationen über einen Arbeitgeber, die in ihrer komplexen Zusammensetzung das semantische Netzwerk bestehend aus verbalen und visuellen (inneres Bild) Assoziationen bilden. Der Grad der **Bekanntheit** einer Arbeitgebermarke lässt sich idealerweise mittels eines Recall- sowie Recognitiontests messen. Ein **Recalltest** dient dazu, die aktive Bekanntheit zu erfassen. Der befragte Nachwuchs muss spontan Arbeitgeber im Allgemeinen oder bezogen auf bestimmte Kategorien wie Branche, Unternehmensgröße, Standort, etc. nennen. Für die Bestimmung der passiven Bekanntheit kann der **Recognitiontest** herangezogen werden. Hier werden die bekannten Arbeitgeber aus einer Liste ausgewählt.[870] Die Größe und Relevanz des assoziativen Netzwerks kann anhand von **Assoziationstest** abgefragt werden. Auch hier können das Wissen und Vorstellungen über einen Arbeitgeber sowohl frei als auch gestützt erfragt werden. Der Erfolgdimensionen der wahrgenommenen Qualität, der Informationseffizienz und der Orientierung stellen die Konsequenz der Informationen über die Arbeitgebermarke dar. Je höher der Anteil positionierungsrelevanter Gedächtnisinhalte zur Arbeitgebermarke, desto effektiver waren die Branding-Maßnahmen und desto höher ist die Markenstärke.[871]
Die **affektive** Teilkomponente der Markenstärke umfasst die Erfolgsdimensionen Vertrauen, Identifikation, Prestige und Sympathie, welche bzgl. ihrer Wirkung die Persönlichkeit eines Arbeitgebers entscheidend abbilden. Um diese emotionalen Eindrücke zu erfassen, werden in der Marktforschung **Polaritätsprofile** in Form von semantischen Differenzialen eingesetzt.[872] Deren Ausprägungen geben die Richtung und Intensität der von den akademischen Nachwuchskräften wahrgenommenen Facetten der Arbeitgeberpersönlichkeit wieder. Der Aufbau von Emotionalität als Teilkomponente der Markenstärke gilt schließlich dann als gelungen, wenn die präferenzentscheidenden Merkmale der betrachteten Arbeitgebermarke und nicht der Konkurrenz zugeschrieben werden.

---

[869] Grundsätzlich ist es problematisch, Einstellungen zu messen. Denn als hypothetisches Konstrukt können diese nur über beobachtbare Indikatoren erschlossen werden. Messbare Variablen der Einstellung sind vor allem verbale Äußerungen über Gefühle (Affekte/ Emotionen), verbal geäußerte Meinungen und Wahrnehmungsurteile (Kognition) sowie tatsächliches Verhalten bzw. Auskünfte über eigenes Verhalten; vgl. Pepels, W. (2001a), S. 247, Kroeber-Riel, W./ Weinberg, P. (2003), S. 189ff., Herzig, O.A. (1991), S. 8ff., Trommsdorff, V. (2002b), S. 172ff. sowie Solomon, M./ Bamossy, G./ Askegaard, S. (2001), S. 167ff. Des Weiteren existiert das grundsätzliche Zurechnungsproblem, inwieweit der Erfolg gewissen Marketingmaßnahmen zuzurechnen ist; vgl. dazu in der Diskussion zum Personalmarketing u.a. Groenewald, H./ Hünerberg, R. (1985), S. 234.

[870] Wie in *Kapitel IV.2.2.2* dargestellt, besteht das Ziel im Rahmen des Employer Branding darin, den Status eines *Top-of-Mind-Arbeitgebers* einzunehmen. Die Messung über einen Recalltest sollte daher zur Anwendung kommen können. Zu den Testverfahren vgl. Esch, F.-R./ Andresen, Th. (1997), S. 27f., Keller, K.L. (2001), S. 1068ff. sowie Biel, A.L. (2001), S. 86f.

[871] Vgl. dazu Esch, F.-R. (2003), S. 492ff.

[872] Vgl. zur Ausgestaltung von Polaritätsprofilen Trommsdorff, V. (2002b), S. 79f., Kroeber-Riel, W./ Weinberg, P. (2003), S. 108, Fischer, L./ Wiswede, G. (1997), S. 220f. sowie Meffert, H. (2000), S. 113. Zur Abfrage und Darstellung der Merkmale einer Arbeitgeberpersönlichkeit in Form eines semantischen Differenzials eignen sich die in *Kapitel V.3.2.4* angegeben Attribute.

Die **konative** Teilkomponente der Markenstärke, verstanden als Absicht, ein bestimmtes Verhalten zukünftig zu zeigen, wird in der Praxis anhand von **Arbeitgeberrankings** gemessen, welche die Arbeitgeberpräferenzen seitens der akademischen Nachwuchskräfte zusammenfassen. Diese spiegeln zunächst die Absicht einer Bewerbung oder eines Vertragsabschlusses mit einem Arbeitgeber wider. Ex-post in Form von tatsächlichem Verhalten betrachtet, kann dieser Teil der Markenstärke in unterschiedlicher Weise erfasst werden. Als **quantitative Kennzahlen** können bspw. die Anzahl von Initiativbewerbungen, die zeitnahe Resonanz an Bewerbungen nach Branding-Maßnahmen, das Aufrufen der Homepage im Internet, die Anzahl der Absagen nach zugesandten Verträgen, die Anzahl an Bewerbungen, die durch Weiterempfehlung der aktuellen Mitarbeiter eingehen, sowie die Fluktuation von Mitarbeitern herangezogen werden.[873] Da mit wachsender Anzahl an Bewerbungen die Kosten für die Bearbeitung derselben durch die Personalabteilung steigen, gilt es, das Bewerberprofil durch möglichst zielgerichtete Positionierung des Arbeitgebers sowie den Bewerbungseingang zu optimieren. Zur Messung der Bewerberqualität dienen daher zudem **qualitative Kennzahlen** wie das Leistungs- und Werteprofil der sich bewerbenden akademischen Nachwuchskräfte sowie das nach Einstieg bestätigte Potenzial derselben. Die folgende Graphik fasst die Controlling-Maßnahmen und -Kennzahlen zur Messung des Erfolgs des Employer Branding zusammen:

Markenstärke	Controlling-Maßnahmen und -Kennzahlen
kognitive Teilkomponente	Recalltest, Recognitiontest, Assoziationstest, sonstige Abfrage von Vorstellungen und Wissen
affektive Teilkomponente	Polaritätsprofil, semantisches Differenzial
konative Teilkomponente	Arbeitgeberranking, Initiativbewerbungen, Bewerbungsresonanz nach Maßnahmen, Besuch der Karriereseiten im Intranet, Ablehnung von Angeboten, Fluktuation, Leistungs- und Werteprofil der Bewerber, bestätigtes Potenzial nach Einstieg

Tab. V-14: Controlling-Maßnahmen und -Kennzahlen zum Employer Branding

Quelle: Eigene Darstellung

Die ermittelten Ausprägungen der Controlling-Kennzahlen fließen i.A.a. das Phasenschema zum Employer Branding in die Situationsanalyse zur systematischen und kontinuierlichen Marktforschung ein. Ergeben sich aus dem Controlling und der Analyse neue Erkenntnisse gilt es, das Management der Arbeitgebermarke entsprechend anzupassen. Das Phasen-

---

[873] Siehe zu potenziellen Erfolgskennzahlen im Personalmarketing Groenewald, H./ Hünerberg, R. (1985), S. 234, Reich, K.-H. (1993), S. 177, Bertelsmann, G. (1981), S. 211, Freimuth, J. (1989), S. 46, Bartels, G. (2002), S. 130ff. sowie Müller-Örlinghausen, J./ Hies, M. (2004), S. 39.

schema entspricht daher einem wiederkehrenden Prozess gemäß den Prinzipien des **P-D-C-A-Zyklus** nach *Deming (2000)*.[874]

4. Einordnung des Employer Branding in den Unternehmenskontext

Die Bedeutung der Humanressourcen zur Gewährleistung des langfristigen Unternehmenserfolgs durch die Sicherung eines akquisitorischen Potenzials an akademischen Nachwuchskräften wurde in *Kapitel I.1* ausführlich dargestellt. Die Kompetenz der Personalabteilung, den Aufbau sowie die Führung der Arbeitgebermarke zu bewerkstelligen, wirkt daher indirekt auf die Unternehmensziele. Aber auch wenn die Personaler für die Konzeptionalisierung sowie die anschließende Umsetzung des Employer Branding zuständig sind, kann die Arbeitgebermarkenpolitik nur durch die Einbindung in den Gesamtkontext des Unternehmens wirksam durchgeführt werden.

4.1 Arbeitgebermarkenmanagement als Teilprojekt des Corporate Branding

Ein Unternehmen hat die Erwartungen und Anforderungen verschiedener Zielgruppen zu erfüllen, um auf dem Markt den ersehnten Erfolg zu erzielen. Aus diesem Grund ist auch das Employer Branding als Teilfunktion des übergeordneten **Corporate Branding** zu verstehen.[875]
Ähnlich der zögernden Berücksichtigung des Employer Branding in der Praxis hat das gesamtheitliche Corporate Branding erst in den letzten Jahren verstärkt an Bedeutung gewonnen.[876] I.A.a. *Bickmann (1999)* kann ein Unternehmen als komplexes soziales System verstanden werden, das eine wirtschaftliche Zielsetzung verfolgt.[877] Der Begriff „Corporate" drückt dabei die integrative Betrachtung des Unternehmens als zusammenhängendes, integratives Gebilde aus.[878] *Riel (2001)* definiert Corporate Branding als

---

[874] Vgl. dazu die Ausführungen zu den Schritten Plan, Do, Check, Act nach Deming (2000).

[875] Vgl. Gmür, M./ Martin, P./ Karczinski, D. (2002), S. 12 sowie Bates, S. (2001), S. 14.

[876] Zur aktuellen Relevanz des Corporate Branding siehe Tomczak et al. (2001), S. 4, Ebel, B./ Hofer, M.B. (2002), S. 58ff., Fombrun, Ch.J. (2001), S. 23, Demuth, A. (1999), S. 38, Schmidt, K. (1999), S. 76, Herbst, D. (2002), S. 15f. sowie Esch, F.-R. (2005), S. 31ff. Einen historischen Überblick zum Forschungsstand der Unternehmensmarke liefert Bierwirth, A. (2003), S. 6ff.

[877] Vgl. Bickmann, R. (1999), S. 13, Meffert, H./ Bierwirth, A. (2002), S. 5f. sowie Birkigt, K./ Stadler, M.M./ Funck, H.J. (2002b), S. 39.

[878] Vgl. Demuth, A. (1994), S. 60, Herbst, D. (1998), S. 13, Achterhold, G. (1988), S. 42, Kroehl, H. (2000), S. 26f., Wüthrich, H.A./ Bagusat, O. (2002), S. 77 sowie Regenthal, G. (2003), S. 78.

*"systematically planned and implemented process of creating and maintaining a
favorable reputation of the company with its constituent elements, by sending signals to
stakeholders using the corporate brand".[879]*

Gemäß der Definition verfolgt das Unternehmensmarkenmanagement das Ziel, über einen
Prozess der Planung, Koordination und Kontrolle bei diversen Anspruchsgruppen eine einzigartige **Reputation** aufzubauen.[880] Der innovative Gedanke am Corporate Branding besteht darin, die unterschiedlichen **Anspruchsgruppen** des Unternehmens **integrativ** zu betrachten und bei diesen mittels einer ganzheitlichen Strategie eine positive Grundhaltung
sowie präferenzfördernde Verhaltenseffekte zu bewirken. Ein verhaltenswirksames Corporate Brand äußert sich bspw. bei den Kunden in einer erhöhten Kaufbereitschaft der Produkte oder bei den Banken in einem verstärkten Goodwill, dem markierten Unternehmen
mehr oder häufiger Kredite zu gewähren. Auch für die aktuellen und potenziellen Mitarbeiter dient es als zusätzlicher Orientierungsanker auf dem Arbeitsmarkt.[881] Die Unternehmensmarke bildet damit idealerweise die **Dachmarke** für alle Anspruchsgruppen des Unternehmens mit dem Ziel, ein in Abhängigkeit der Interessen einheitlichen Marktauftritt zu
gewährleisten.[882] Das Employer Branding ist demnach ein zielorientiertes Ausrichten eines
Unternehmens auf die Anspruchsgruppe der aktuellen und potenziellen Mitarbeiter und
kann deshalb als Teilfunktion des Corporate Branding verstanden werden.[883]

4.2 Notwendigkeit einer Corporate Identity für das Employer Branding

Die Vielzahl an unterschiedlichen Anspruchsgruppen bei einem organisationalen Markenmanagement zeigt auf, dass die Umsetzung des Branding zur Entwicklung eines für alle
Personenkreise ähnlichen Vorstellungsbildes eines Unternehmens ein gemeinsames Fundament benötigt. Eine der Markentechnik sehr nahe liegende Strategie stellt das Management

---

[879] Riel, C.B.M.v. (2001), S. 12. Ähnlich auch Meffert, H./ Bierwirth, A. (2002), S. 185, Regenthal, G.
(2003), S. 17, Varey, R.J./ Karklins, G. (2001), S. 38 sowie Wiedmann, K.-P. (2001), S. 17ff.

[880] Vgl. Caruana, A. (1997), S. 109ff., Schwaiger, M./ Högl, S./ Hupp, O. (2003), S. 34 sowie Riel, C.B.
M.v. (2001), S. 12. *Sandig* wies der Reputation die Bedeutung eines *selbstständigen Produktionsfaktors*
zu; vgl. Sandig, C. (1962), S. 6ff. Der Zusatznutzen der Unternehmensmarke ergibt sich dabei wie bei
der Arbeitgebermarke im Wesentlichen aus dem Vertrauen, der Orientierung, der Sicherheit sowie der
Identifikation; vgl. zu den Funktionen Merbold, C. (1994), S. 115, Demuth, A. (2000), S. 16f., Hatch,
M.J./ Schultz, M. (2001), S. 38, Frigge, C./ Houben, A. (2002), S. 28f., Hauser, Th./ Groll, M. (2002), S.
38 sowie Muth, C. (2000), S. 24ff.

[881] Die Relevanz der Unternehmensmarke für die Arbeitnehmer erkannten bereits auch Tomczak et al.
(2001), S. 2, Frigge, C./ Houben, A. (2002), S. 30f., Kirchgeorg, M./ Lorbeer, A. (2002), S. 10 sowie
Gregory, J.R./ Wiechmann, J.G. (1999), S. 190.

[882] Vgl. Hatch, M.J./ Schultz, M. (2001), S. 36ff. sowie Demuth, A. (2000), S. 18.

[883] Siehe zu den unterschiedlichen Anspruchsgruppen auch Hatch, M.J./ Schultz, M. (2001), S. 36ff., Stuart,
H. (2001), S. 48, Esch, F.-R. (2003), S. 394, Schmidt, K. (2003), S. 20, Muth, C. (2000), S. 34, Bierwirth, A. (2003), S. 4f., Sandig, C. (1962), S. 12ff. sowie Hermanni, H.O. (1991), S. 17.

einer **Corporate Identity** dar.[884] Die Corporate Identity wird in der Fachliteratur als zentraler Bestandteil der strategischen Unternehmensführung verstanden.[885] Analog zum identitätsorientierten Verständnis der Marke verfolgt sie die Selbstdarstellung des Unternehmens in seiner tatsächlichen Form und basiert daher auf dem Inside-Out-Prinzip.[886] Entgegen dem Corporate Image, welches das Fremdbild beschreibt, bezeichnet die Corporate Identity das **Selbstbild** des Unternehmens. Ähnlich der Personifizierung des Arbeitgebers erhält diese mittels der Identität gleichzeitig eine eigene **Persönlichkeit**.[887] Diese umfasst fest definierte Merkmale, so dass unabhängig der Anspruchsgruppe dasselbe grundlegende Erscheinungsbild vom Unternehmen wahrgenommen wird. Die Corporate Identity stellt daher den inneren Kern sowie die notwendige Basis für eine einheitliche Wahrnehmung dar.[888]

Dem Employer Branding als zielgruppenspezifische Zuspitzung des organisationalen Markenmanagements dient die unternehmenseigene Identität folglich ebenfalls als **Fundament** für dessen Umsetzung. Für die Ausrichtung der Positionierung des Arbeitgebers bzgl. seiner Nutzenelemente sowie der Persönlichkeit gibt diese daher einen gewissen Gestaltungsrahmen vor. Um Irritationen bei den Anspruchsgruppen zur verhindern, die z.T. mehrere Funktionen bspw. als Kunde, Aktionär und Bewerber gleichzeitig einnehmen können, sollten unstimmige, sich widersprechende Positionierungen daher verhindert werden. Besonders vorteilhaft erweist sich die Identität für das Employer Branding dahingehend, dass durch das langfristig festgelegte Selbst des Unternehmens eine **hohe Stabilität** für die Arbeitgebermarke gewährleistet ist. Denn diese Stabilität signalisiert den potenziellen Nachwuchskräften zusätzlich Sicherheit und unterstützt damit den Aufbau des **Vertrauenskapitals** vom Employer Brand.[889] Des Weiteren erleichtert die Wahrnehmung der Unternehmens-

---

[884] *Schmidt* propagiert die Corporate Identity als festen Bestandteil der Markenführung; vgl. Schmidt, K. (2003), S. 22ff. Siehe die enge Verknüpfung zwischen dieser und der Marke auch bei Simon, H.-J. (1997), S. 18, Koppelmann, U. (2001), S. 47, Frigge, C./ Houben, A. (2002), S. 31ff., Fantapié Altobelli, C./ Sander, M. (2001), S. 102, Stuart, H. (2001), S. 48f., Wiedmann, K.-P. (2001), S. 17 sowie Regenthal, G. (2003), S. 172f.

[885] Vgl. Birkigt, K./ Stadler, M.M./ Funck, H.J. (2002b), S. 18, Kiessling, W.F. (2000), S. 11f. sowie Raffée, H./ Wiedmann, K.P./ Stefan, J. (1987), S. 96ff.

[886] Vgl. Weis, H.Ch. (2001), S. 525ff., Demuth, A. (1994), S. 71 sowie Kroehl, H. (2000), S. 23.

[887] Vgl. Erke, H. (2002), S. 253 sowie Wiedmann, K.-P. (1994), S. 1035.

[888] Siehe zur Corporate Identity als Fundament des Unternehmens auch Bromley, D.B. (1993), S. 156f., Merbold, C. (1994), S. 112f. sowie Gregory, J.R./ Wiechmann, J.G. (1999), S. 16f. Zur Relevanz derselben siehe insb. Keller, I. (1990), S. 28ff., Schneider, D.J.G. (1989), S. 103, Wiedmann, K.-P. (1994), S. 1034 sowie Grün, K.-J. (2004), S. 36.

[889] Zum Vertrauenseffekt der Identität siehe u.a. Keller, I. (1990), S. 21f., Achterhold, G. (1988), S. 22, Herbst, D. (1998), S. 20, Birkigt, K./ Stadler, M.M./ Funck, H.J. (2002b), S. 48f. sowie Gray, J.G. (1986), S. 4. Für die bestehenden Mitarbeiter des Unternehmens werden Wirkungen wie die Steigerung der Zufriedenheit, Motivation, Leistung, Identifikation sowie die positive Beeinflussung des Betriebsklimas nachgesagt; vgl. Regenthal, G. (2003), S. 26, Kroehl, H. (2000), S. 42ff., Gutjahr, G. (2002), S. 78f., Bröckermann, R./ Hainke, M. (1998), S. 32f., Shechtman, M.R. (1999), S. 13 sowie Herbst, D. (1998), S. 17ff.

identität die Prüfung sowie Umsetzung der eigenen **Identifikation** mit dem Arbeitgeber.[890] Für die Umsetzung der Corporate Identity-Strategie zur Schaffung eines einheitlichen Erscheinungsbildes des Unternehmens existieren die Handlungsfelder Corporate Behaviour, Corporate Design und Corporate Communication.[891] Jedem Mitarbeiter des Unternehmens kommt in seiner Interaktion mit der Umwelt die Rolle eines Multiplikators zu. Sein Verhalten und seine Aussagen spiegeln einen Teil des Betriebsklimas wider. Die Einführung eines **Corporate Behaviour**, das i.d.R. auf einem der Identität des Unternehmens passenden Katalog an Werten und Leitsätzen basiert, zielt auf eine schlüssige und folglich widerspruchsfreie Ausrichtung aller Verhaltensweisen der Organisationsmitglieder im Innen- wie im Außenverhältnis ab.[892] Die Summe an Verhaltensweisen sowie des definierten kollektiven Wertesystems ergibt schließlich die Kultur des Unternehmens.[893]

Das **Corporate Design** bezeichnet den stimmigen Entwurf der einzelnen visuellen Signale sowie deren einheitlichen, unternehmensweiten Gebrauch. Auf der Grundlage von zentralen Leitlinien erstreckt sich das Designkonzept von der Gestaltung der Architektur, über den

---

[890] Vgl. zur identifikationsfördernden Funktion Birkigt, K./ Stadler, M.M./ Funck, H.J. (2002b), S. 41, Freimuth, J./ Elfers, C./ Zirkler, M. (1993), S. 150 sowie Wüthrich, H.A./ Bagusat, O. (2002), S. 75f. Die besondere Bedeutung der Corporate Identity für das Personalmarketing betonen u.a. Bartels, G. (2002), S. 143, Simon et al. (1995), S. 177, Hartwig, G. (1991), S. 922, Wunderer, R. (1991), S. 129, Frigge, C./ Houben, A. (2002), S. 29 sowie Huwiler, J. (1992), S. 51. Diese wird als strategisches Dach des Personalmarketing betrachtet, von der Synergieeffekte in Form eines *Goodwill-Transfers* auf die Personalmarketing-Maßnahmen erwartet werden; vgl. dazu Süß, M. (1996), S. 238f. sowie Zehetner, K. (1994), S. 125ff. Die beeinflussbaren Zielgrößen stellen wiederum die *Bekanntheit* und die *Attraktivität als Arbeitgeber* dar; vgl. Fröhlich, W./ Langecker, F. (1989), S. 17, Achterhold, G. (1993), S. 209, Moll, M. (1992b), S. 14, Batz, M. (1996), S. 213, Wüthrich, H.A./ Bagusat, O. (2002), S. 75f. sowie Drumm, H.J. (2000), S. 340.

[891] Vgl. zu den Bausteinen Keller, I. (1990), S. 38, Herbst, D. (1998), S. 14 sowie Achterhold, G. (1988), S. 42ff. Eine *Corporate Philosophy* zieht *Kiessling (2000)* noch mit hinzu; vgl. Kiessling, W.F. (2000), S. 12f. Auf den Aufbau einer Corporate Identity wird nicht weiter eingegangen, da diese für das Employer Branding als gegeben vorausgesetzt wird. Ausführliche Hinweise zum Aufbau sind zu finden u.a. bei Keller, I. (1990), S. 108ff., Achterhold, G. (1988), S. 55ff., Regenthal, G. (2003), S. 32ff. sowie Raffée, H./ Wiedmann, K.-P./ Stefan, J. (1987), S. 96ff.

[892] Vgl. dazu Bickmann, R. (1999), S. 102ff., Regenthal, G. (2003), S. 83, Kiessling, W.F. (2000), S. 18f., Birkigt, K./ Stadler, M.M./ Funck, H.J. (2002b), S. 20f. sowie Schwaiger, M./ Högl, S./ Hupp, O. (2003), S. 39.

[893] Aus der Summe an Werten und Verhaltensweisen der Mitarbeiter ergibt sich die Corporate Culture. In der Fachliteratur zur Corporate Identity wird daher häufig anstelle des Corporate Behaviour die *Corporate Culture* angeführt; vgl. Kasper, H. (1990), S. 20, Regenthal, G. (1996), S. 13, Schneider, D.J.G. (1989), S. 103f., Pepels, W. (1998), S. 194f., Demuth, A. (1990), S. 26f., Kompa, A. (1990), S. 40f., Schmitt-Siegel, H.M. (1990), S. 60f., Wever, U. (1992), S. 104ff. sowie Herbst, D. (1998), S. 25ff. Die Corporate Culture wird als Basis der Corporate-Identity-Strategie verstanden; vgl. Keller, I. (1990), S. 41ff. und Bickmann, R. (1999), S. 94ff. Häufig werden die Begriffe Kultur und Persönlichkeit gleichgestellt. Die Identität des Unternehmens wird daher im Wesentlichen durch die Corporate Culture geprägt; vgl. Heinlein, M. (1999), S. 300 sowie McKenna, T. (2003), S. 13. Einen engen Zusammenhang

Gebrauch eines Wort-Bild-Zeichens sowie eines Stylingguides für Publikationen und Schriftverkehr bis zu den Präsentationselementen für Ausstellungen und Veranstaltungen.[894] Das dominante Handlungsfeld der Corporate Identity-Strategie zur Vermittlung der Unternehmensidentität an die Außenwelt stellt die **Corporate Communication** dar. Diese beinhaltet den systematisch kombinierten Einsatz aller Kommunikationsmaßnahmen mit dem Ergebnis einer **Corporate Voice**, welche die Identität sowie Positionierung des Unternehmens den verschiedenen Anspruchsgruppen durch entsprechend inhaltlich und emotional gestaltete Botschaften vermittelt.[895]

Um das angestrebte einheitliche Erscheinungsbild des Unternehmens schließlich zu erreichen, erfordert es eine integrierte Betrachtung und Umsetzung der drei Gestaltungsfelder der Corporate Identity. Erst die Integration derselben kann positive Ausstrahlungs- sowie Synergieeffekte bewirken, die zudem Potenziale zur Rationalisierung im Kommunikationsaufwand eröffnet. Eine übergreifende Positionierung sowie ein unternehmensweites **Leitbild** bildet dabei die Grundlage für das erfolgreiche Vorgehen im Rahmen der Identitätsstrategie.[896]

Die übergeordnete Corporate Identity-Strategie gibt der Ausgestaltung des Employer Branding damit klare Leitplanken vor. Besondere Relevanz kommt der Ableitung der Arbeitgebermarkenpositionierung aus dem unternehmensübergreifenden Leitbild zu, da dieses die Grundausrichtung vorgibt. Die Arbeitgebermarke als Signal für dir akademischen Fach- und Führungsnachwuchskräfte erfährt nur dann einen Verstärkungseffekt durch die Corporate Identity-Strategie, wenn ein koordiniertes sowie integratives Vorgehen beider Konzepte erfolgt. Ein konträres Auftreten bei den jeweiligen Anspruchsgruppen kann zu Irritationen und zum Verlust der Glaubwürdigkeit von Aussagen des Unternehmens führen.

---

zwischen der Kultur und dem Erfolg des Employer Branding führt *Sichau* an; vgl. Sichau, I. (1999), S. 65ff.; ähnlich auch Dittrich, T./ Watzke, M. (1999), S. 20ff. und Hofer, M. (2001), S. 65. Ein Unternehmen kann sich dabei nur dann als Arbeitgebermarke mit einer attraktiven Personalpolitik auf dem Markt positionieren, wenn das vermittelte Fremdbild mit der tatsächlichen Unternehmenskultur übereinstimmt. Ansonsten sind Enttäuschung und Fluktuation vorprogrammiert; vgl. auch Frook, J.E. (2001), S. 23ff., Gloger, A. (2001), S. 103 sowie Ruch, W. (2002), S. 2f.

[894] Vgl. zum *Corporate Design* Kiessling, W.F. (2000), S. 32, Schreiber, H. (1994), S. 618, Birkigt, K./ Stadler, M.M./ Funck, H.J. (2002b), S. 21, Regenthal, G. (1996), S. 74ff. sowie Kroehl, H. (2000), S. 28f.

[895] Vgl. dazu Regenthal, G. (2003), S. 31, Demuth, A. (1994), S. 29f., Kiessling, W.F. (2000), S. 19ff., Esch, F.-R. (2001c), S. 239f. sowie Kroehl, H. (2000), S. 67. Die Kommunikation ist der Bereich mit der höchsten Flexibilität innerhalb des Identitäts-Mix. Diese kann planungsgesteuert, langfristig-strategisch, anlassbedingt oder kurzfristig-taktisch erfolgen. Mittel der Corporate Communication sind u.a. die Werbung, Public Relations und Mitarbeiterinformationen. Die Kommunikation des Unternehmens leistet wiederum einen wesentlichen Beitrag zur Erhöhung des Vertrauens bei den Zielgruppen gegenüber dem Unternehmen; vgl. Achterhold, G. (1988), S. 20, Birkigt, K./ Stadler, M.M./ Funck, H.J. (2002b), S. 21f. sowie Regenthal, G. (1996), S. 13.

[896] Vgl. zur abteilungsübergreifenden Zusammenarbeit auch Gutjahr, G. (2002), S. 111, Achterhold, G. (1993), S. 205, Raffée, H./ Wiedmann, K.-P./ Stefan, J. (1987), S. 96ff., Achterhold, G. (1988), S. 33f., Simms, J. (2003), S. 24, Althauser, U. (2001), S. 10 sowie Meffert, H. (2000), S. 709.

4.3 Aufgabenträger des Employer Branding

Für den Erfolg eines Employer Branding leisten verschiedene Abteilungen und Personengruppen eines Unternehmens einen Beitrag. In Abhängigkeit ihrer Kommunikation und Zielgruppenkontakte beeinflussen sie das Vorstellungsbild des akademischen Nachwuchses über den markierten Arbeitgeber.

Der **Personalabteilung**, welche die Aufgabe zur Gestaltung des Personalmarketing inne hat, ist die Hauptrolle zuzuschreiben.[897] Diese ist i.A.a. das idealtypische Phasenschema des Employer Branding für die Entscheidungen auf Planungs- und Aktionsebene verantwortlich. Zu ihrem Tätigkeitsfeld zählen daher u.a. die regelmäßige Analyse des Arbeitgeberimages, die Festlegung der daraus resultierenden Positionierung sowie insb. die Umsetzung der Kommunikationsmaßnahmen. Da die Personaler in Abhängigkeit der Maßnahme im direkten Kontakt zu den Zielgruppen stehen, prägen deren Verhaltensweisen und Äußerungen das Vorstellungsbild über den Arbeitgeber am meisten.[898]

Dass auch insb. das Produkt- und Dienstleistungssortiment eines Unternehmens einen bedeutenden Einfluss auf das Image eines Arbeitgebers besitzt, wurde in *Kapitel III.3.3.1* bereits ausführlich dargestellt. Nach *Lieber (1995)*, der die Imageeffekte empirisch nachweisen konnte, impliziert bspw. der Marketingerfolg eines Produkts u.a. herausfordernde Tätigkeiten, positive Gehaltsaussichten und eine hohe Innovationsfähigkeit des arbeitgebenden Unternehmens.[899] *Martinez (2002)* kritisiert daher zurecht die fehlende Zusammenarbeit und Abstimmung des Ressorts Personal und der **Marketingabteilung**.[900] Beide Abteilungen sollten verstärkt Möglichkeiten eruieren, basierend auf dem gemeinsamen Leitbild positive Imagefacetten des Produkts oder Dienstleistung auf das Unternehmen als Arbeitgeber zu übertragen. Zudem können die für das Personalmarketing noch weitestgehend ungenutzten Medien wie das Fernsehen, Kino oder sportliche und kulturelle Großveranstaltungen für die Sendung von arbeitgebermarkenbezogenen Botschaften genutzt werden.

Auch die Abteilung für **Öffentlichkeitsarbeit** muss in die Verantwortung für den Aufbau und der Pflege der Arbeitgebermarke einbezogen werden. Die Public Relations stellt eine besonders effektive und kostengünstige Form dar, das Vorstellungsbild eines Unterneh-

---

[897] Zur Rolle der Personalabteilung im Rahmen des Arbeitgeberimages siehe u.a. Zimmer, D. (1995), S. 55, Westerwelle, A./ Beuerle, I. (2002), S. 32, Dittrich, T./ Watzke, M. (1999), S. 22, Becker, L. (2001), S. 21f. sowie Hartmann, R. (2002), S. 14.

[898] Zur Relevanz der Personaler zum Aufbau des Images eines Arbeitgebers siehe auch Goerke, S./ Wicke-Kirsch, S. (2002), S. 15ff., Aumüller, J. (1994), S. 2057f., Weidner, W. (2002), S. 101ff., Sandrock, M. (1998), S. 219f. und Nieschlag, R./ Dichtl, E./ Hörschgen, H. (2002), S. 72f. Nach Burmann gilt: „..., dass alle Mitarbeiter, die direkt oder indirekt eine (Arbeitgeber)Marke vertreten beziehungsweise die Marke betreffende Entscheidungen fällen, die Markenidentität zur Grundlage ihres Verhaltens machen müssen. Nur dann kann die Markenidentität als Basis eines konsistenten Markenauftritts fungieren; vgl. Burmann, Ch. (2007), S. 16.

[899] Vgl. dazu Lieber, B. (1995), S. 189f. Die Ergebnisse basieren auf einer schriftlichen Befragung von Wirtschaftswissenschaftlern der FH Coburg im Jahr 1991.

[900] Vgl. Martinez, M.N. (2000), S. 56ff. Ebenfalls für eine enge Zusammenarbeit beider Abteilungen plädieren Neuhaus, Ch. (2002), S. 18 sowie Schröder, B./ Steiner, A. (1999), S. 48f.

mens als Ganzes sowie im Speziellen als Arbeitgeber zu formen.[901] Denn ein aktives Informationsmanagement bringt diverse Effekte mit sich. Neben der Erhöhung der Bekanntheit fördert es insb. die Schaffung eines attraktiven Erscheinungsbildes vom Unternehmen. Ferner besitzen die in Zeitungen, Zeitschriften und sonstigen Medien gesendeten Public-Relations-Botschaften im Gegensatz zur Werbung eine höhere Glaubwürdigkeit und schaffen folglich Vertrauen zum Unternehmen.[902] Da das Unternehmensimage einen sehr hohen Einfluss auf das Image als Arbeitgeber besitzt sowie das Markenschema durch das Vererbungsprinzip nach *Norman & Rumelhart (1978)* geprägt wird, ist daher die bewusste Sendung von auf das Leitbild bezogenen Informationen zu empfehlen.

Eine besonders wichtige Rolle für das Employer Branding nimmt die **Geschäftsleitung** eines Unternehmens ein. Ihrerseits muss ein eindeutiges Commitment für einen professionellen Aufbau einer Arbeitgebermarke sowie deren Führung vorhanden sein.[903] Während die Personalabteilung die Umsetzung und Kommunikation attraktiver Arbeitsplätze übernimmt, trifft die Geschäftsleitung die grundsätzliche Entscheidung für die Gestaltung der Leistungspolitik. Sie legt das Budget für die erforderlichen Maßnahmen fest und hat als steuerndes Element sicherzustellen, dass die einzelnen Kommunikationsstrategien zu einer Corporate Voice koordiniert werden. Neben der internen Steuerung der Markenpolitik kann die Geschäftsleitung sowie weitere Führungskräfte des Unternehmens darüber hinaus durch die Teilnahme an imageprägenden Veranstaltungen die Relevanz der Rekrutierung akademischer Nachwuchskräfte betonen sowie das Profil der Arbeitgebermarke schärfen.[904]

Neben den Abteilungen und verantwortlichen Instanzen eines Unternehmens hat schließlich jeder einzelne **Mitarbeiter** Anteil am Employer Branding.[905] Dieser kann die Unternehmenskultur und die tatsächliche Attraktivität eines Arbeitgebers aus eigener Erfahrung am glaubwürdigsten wiedergeben. Sind die Mitarbeiter von der Leistungspolitik des eigenen Arbeitgebers überzeugt, stellen sie die besten Werbeträger dar. Es gilt daher, die eigene

---

[901] Die *Public Relations* geht über die in *Kapitel V.3.2.5.2* dargestellte Personal Relations hinaus. Hier werden Informationen über das Unternehmen gesandt, die das Meinungsbild zum Unternehmen als Ganzes formen, aber sich gleichzeitig auf das Markenschema des Arbeitgebers auswirken.

[902] Vgl. zu den Effekten der Bekanntheit und des Vertrauens durch die Public Relations u.a. Nieschlag, R./ Dichtl, E./ Hörschgen, H. (2002), S. 994f., Kotler, Ph./ Bliemel, F. (2001), S. 915, Regenthal, G. (2003), S. 157, Pepels, W. (2001a), S. 653ff. sowie Meffert, H. (2000), S. 724ff.

[903] Zur Bedeutung der Geschäftsleitung im Employer Branding siehe Hartmann, R. (2002), S. 14, Muth, C. (2000), S. 24f., Simon et al. (1995), S. 162f. sowie Herman, R.E./ Gioia, J.L. (2001), S. 63ff.

[904] Zur Teilnahme von Führungskräften eines Unternehmens an Image- und Rekrutierungsveranstaltungen siehe Simon et al. (1995), S. 162f. und Gloger, A. (2001), S. 68f. Je höher die Unternehmensvertreter in der Hierarchie angesiedelt sind, desto eher gelingt es, die Relevanz der Rekrutierung von Nachwuchskräften darzustellen; vgl. Wiltinger, K./ Simon, H. (1999), S. 179.

[905] Siehe zur Integration von Mitarbeitern in die Markenführung sowie Nutzung deren Werbepotenzials Sandrock, M. (1998), S. 219f., Lee, D. (2004), S. 2, Meffert, H. (2002), S. 74f., Wunderer, R. (1999), S. 128f., Olesch, G. (2000), S. 288, Fischer, R./ Kluge, C. (1991), S. 33, Sichau, I. (1999), S. 65ff. sowie Hofer, M. (2001), S. 65.

Belegschaft durch ein internes Personalmarketing zu begeistern und in das Employer Branding als Multiplikatoren einzubinden.[906]

Für das Erreichen des angestrebten einheitlichen Erscheinungsbildes nimmt insb. die Verbindung der abteilungsspezifischen Kommunikation einen bedeutenden Stellenwert ein.[907] Denn durch die zielgruppenorientierte Koordination soll ein zwischen den Zielgruppen widerspruchsfreier Markenauftritt des Unternehmens gewährleistet sein.[908] Wie bereits angeführt, wird die kommunikative Ausrichtung der einzelnen Abteilungen zur Erreichung der spezifischen Zielgruppen idealerweise aus der unternehmensübergreifenden Positionierung sowie dem Leitbild abgeleitet. Die Botschaften in ihrer rationalen sowie emotionalen Ausgestaltung beziehen sich dann unabhängig der Anspruchsgruppen auf denselben Positionierungskern. Der Wirkungszusammenhang kann wie folgt graphisch dargestellt werden:

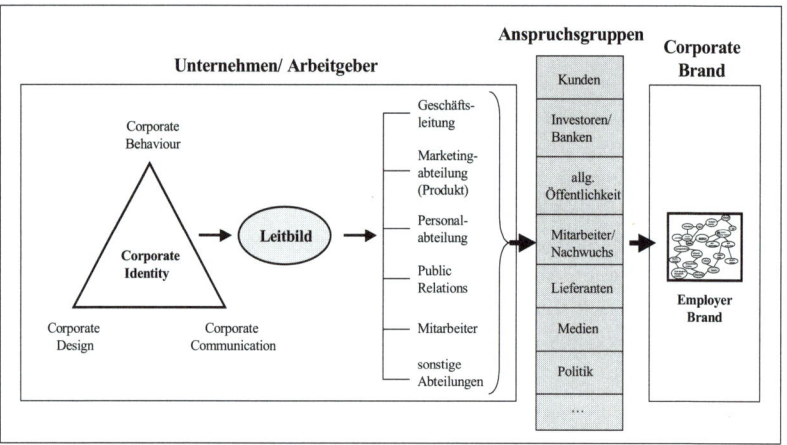

Abb. V-12: Employer Branding als Teil des Corporate Branding

Quelle: Eigene Darstellung

---

[906] Vgl. auch Lee, D. (2004), S. 2 sowie Hauser, Th./ Groll, M. (2002), S. 38ff.

[907] Vgl. zur Beachtung der verschiedenen Anspruchsgruppen bei der Erstellung des Kommunikationskonzepts auch Gregory, J.R./ Wiechmann, J.G. (1999), S. 9f. sowie Caruana, A. (1997), S. 109ff.

[908] Vgl. Meffert, H./ Bierwirth, A. (2002), S. 192, Tomczak et al. (2001), S. 2 sowie Esch, F.-R./ Bräutigam, S. (2001), S. 27f.

VI.   Schlussbetrachtung und Ausblick

1.   Zusammenfassung der Untersuchungsergebnisse

Die Ergebnisse einer Forschungsarbeit sind in Abhängigkeit der formulierten Zielsetzung zu betrachten. Die vorliegende Arbeit zum Employer Branding verfolgt das Ziel, der Personal-praxis der Großindustrie neue Wege zur Schaffung von Arbeitgeberpräferenzen bei der in Zukunft immer knapper werdenden strategischen Humanressource der akademischen Fach- und Führungskräfte aufzuzeigen. Um die Untersuchungsergebnisse zusammenzufassen, wird in den abschließenden Kapiteln zum einen der Beitrag dieser Arbeit zum wissenschaft-lichen Fortschritt im Personalmarketing nochmals herausgestellt und zum anderen auf die Erkenntnisbeiträge zur Entwicklung und Führung einer Arbeitgebermarke in Form von Erfolgsprinzipien eingegangen.[909]

1.1   Wissenschaftlicher Erkenntnisbeitrag der Arbeit

Die Begriffsverwirrung über die Zielgrößen im Personalmarketing wie Arbeitgeberattrak-tivität, Wunscharbeitgeber oder Arbeitgeberimage ist groß. Daher wurde zunächst die wahlentscheidende Größe in der Arbeitgeberwahl, die **Präferenz**, festgelegt, definiert und bzgl. ihrer Charakteristika erklärt. Des Weiteren gibt die Arbeit einen umfassenden Über-blick über den **Forschungsstand** zum präferenzprägenden Entscheidungsverhalten während der Arbeitgeberwahl sowie über relevante Studien, welche die Arbeitgeberpräferenzen bei dem akademischen Nachwuchs untersuchen.

Die Möglichkeit der **Übertragbarkeit** des Markenkonzepts auf Unternehmen als Arbeit-geber wurde kritisch beleuchtet. Neben der in der Literatur häufig erscheinenden Gegen-überstellung von Produkt- und Personalmarketing wurden weitere Vergleichspunkte hinzu-gezogen und die entscheidenden Herausforderungen für den Transfer des Markengedankes herausgearbeitet. Es erfolgte schließlich eine Validierung der Arbeitgebermarke durch die Diskussion diverser markenpolitischer Ansätze.

Die Arbeitgebermarke in ihrer theoretischen Betrachtung ist abstrakt. Daher wurde diese zunächst anhand der Schematheorie sowie eines Anwendungsbeispiels erklärt. Zu deren **Operationalisierung** dient das einstellungstheoretisch hergeleitete **qualitative Modell** der Markenstärke. Dieses präsentiert kognitve, affektive sowie konative **Erfolgsdimensionen**, die in der Summe in Abhängigkeit ihrer Ausprägung die präferenzwirksame Arbeitgeber-

---

[909]   Mit der Intention, Redundanzen zu vermeiden, erfolgt keine Wiederholung der Implikationen für die Umsetzung des Employer Branding. Diese sind direkt in den jeweiligen Kapiteln nachzulesen. Statt-dessen wird der gewählte Weg der Untersuchung sowie die Wahl der wissenschaftlichen Beiträge er-klärt. Die zentralen Implikationen für den Aufbau und die Führung einer Arbeitgebermarke werden in Form von Erfolgsprinzipien zusammenfassend dargestellt.

marke ergeben. Der dem Personalmarketing häufig vorgeworfene Theoriemangel wurde dabei durch die differenzierte **wissenschaftliche Fundierung** der gestaltungsrelevanten Erfolgsdimensionen Vertrauen und Identifikation begegnet. Auch die Gestaltungshinweise zur prozessualen Ausgestaltung des Employer Branding stammen von theoretischen Ansätzen, insb. der Verhaltenswissenschaften. Der modellartigen Darstellung der Markenentstehung folgt ein umsetzungsorientiertes **Phasenschema**. Dieses steht schließlich der Praxis zur Umsetzung der Markenpolitik im Personalmarketing zur Verfügung.

1.2 Erfolgsprinzipien des Employer Branding

Die in *Kapitel II* dargestellten Modelle der Arbeitgeberwahl sowie die empririschen Ergebnisse zur Präferenzforschung bei den akademischen Nachwuchskräften bilden die Basis für das Konzept der Arbeitgebermarke, da diese das Entscheidungsverhalten der Zielgruppen abbilden. Um auf dieser Erkenntnisgrundlage ein erfolgreiches Employer Branding aufzusetzen, können abgeleitet aus den in *Kapitel III* bis *V* diskutierten wissenschaftlichen Ansätzen und der Herleitung des Markenstärke-Modells folgende Erfolgsprinzipien des Employer Branding zusammenfassend festgehalten werden:[910]

Die Arbeitgebermarke wurde insb. über den wirkungsorientierten Ansatz nach *Berekoven (1978)* definiert. Demnach handelt es sich bei der Marke um ein Vorstellungsbild des Betrachters, so dass die Gestaltung der Arbeitgebermarke unter Berücksichtigung der eigenen Arbeitgeberidentität nachfrageorientiert auszurichten ist. Ein Erfolgkriterium stellt damit die **Relevanz** der Markenfacetten für die Zielgruppen dar.

Die qualitativen Modelle der Markenstärke nach *Aaker (1991), Keller (1993)* sowie *Esch (1999)* schreiben der **Bekanntheit** eines Arbeitgebers eine hohe Bedeutung zu. Die empirisch nachgewiesene Korrelation von Bekanntheit und Attraktivität unterstreichen die Forderung, im Sinne einer hohen Markenstärke die Ausprägung der Bekanntheit in Form des Top-of-Mind-Arbeitgebers zu erreichen.

Die Modelle der Arbeitgeberwahl nach *Vroom (1964)* und *Behling et al. (1968)* beschreiben die akademischen Nachwuchskräfte als nutzenoptimierende Individuen. Auch wenn, wie bei

---

[910] Die hier aufgeführten *Erfolgsprinzipien* des Employer Branding fassen die Gestaltungshinweise für den Aufbau einer Marke zusammen. Dieses geht über die Nennung von Attributen hinaus und erklärt die Ableitung der Handlungsempfehlungen. In der Fachliteratur zur Marke ist die Beschäftigung mit den Erfolgsfaktoren der Markenpolitik nicht neu. Eine Literaturrecherche ergab die folgenden, um Redundanzen reduzierte Auswahl an Erfolgskriterien: Kompetenz, Konsistenz, Innovation, Prägnanz, Einzigartigkeit, Kontinuität, Relevanz sowie Glaubwürdigkeit; vgl. dazu Irmscher, M. (1997), S. 202ff., Gardini, M.A. (2001), S. 34ff., Rieger, B. (1990), S. 245ff., Wiswede, G. (1992), S. 88f., Richter, M./ Werner, G. (1998), S. 24ff. sowie Arnold, D. (1992), S. 14f.

der Gliederung des Gesamtnutzens in Grund- und Zusatznutzen nach *Vershofen (1959)* erläutert wurde, dem Added Value der Marke besondere Aufmerksamkeit für das Erreichen des Markenstatus zu schenken ist, steht der Grundnutzen in Form der **Leistungskompetenz** sowie der **-qualität** der Personalpolitik und deren arbeitsplatzbezogene Konkretisierung im Vordergrund. Die personalpolitische Kompetenz des Unternehmens hat einen konstant hohen **Arbeitnehmernutzen** zu gewährleisten. Die Darstellung der auf der Auswertung von ca. 70 Studien basierenden zielgruppenrelevanten Nutzenelemente, die nach *Herzberg (1966)* in Hygienefaktoren und Motivatoren aufgeteilt werden können, gibt Hinweise zur Gestaltung des arbeitgeberspezifischen Nutzen-Mix.

Der Herausforderung in einem Großunternehmen, die personalpolitische Qualität in allen Einheiten des Unternehmens gleich sowie konstant hoch zu halten, kann durch die Formulierung von gemeinsamen **Werten, Leitsätzen** sowie eines **Leitbildes** begegnet werden. Indem alle Führungskräfte und Personalabteilung dieselben Richtlinien befolgen und leben, kann in den verschiedenen Abteilungen und Standorten eine sehr ähnliche sowie stabile personalpolitische Ausrichtung erwartet werden.

Gemäß der Schematheorie nach *Bartlett (1932)* bestimmen die **Assoziationen** und deren Ausprägungen, die in Summe das Markenschema bilden, den Erfolg der Arbeitgebermarke. Zu beachten ist, dass die Struktur einer Marken durch die Kriterien der Art, Stärke, Repräsentation, Zahl, Einzigartigkeit, Relevanz, Zugriffsfähigkeit und Richtung bestimmt wird. Auf die von *Bekmeier-Feuerhahn (1998)* empirisch nachgewiesenen Treiber zur Schaffung bzw. Erhöhung der Markenstärke die **Zugriffsfähigkeit, Qualität, Intensität** und **Einzigartigkeit** der Assoziationen sollte besonders viel Wert gelegt werden.

Neben dem kognitiven Wissen ist i.A.a. die Hemisphären- und Imagery-Forschung ein **inneres Bild** vom Arbeitgeber aufzubauen. Das innere Bild eröffnet die Chance, den Employer Brand doppelt im Gedächtnis der Zielpersonen zu verankern und somit sowohl die Erinnerungsleistung zu erhöhen als auch die Einstellung positiv zu beeinflussen. Beim Aufbau des inneren Markenbildes sollten nach *Ruge (1988)* deren Erfolgstreiber der **Vividness, Einzigartigkeit, Relevanz** und **geringen Komplexität** eingehalten werden.

Zur Entwicklung der Markenstärke einer Arbeitgebermarke sollte gemäß der einstellungsorientierten Sichtweise die Marke nach ihren **kognitiven** (Bekanntheit, wahrgenommene Qualität, Orientierung, Informationseffizienz), **affektiven** (Vertrauen, Identifikation, Prestige, Sympathie) und **konativen Komponente** (Bewerbung, Vertragsabschluss, Weiterempfehlung, Loyalität, Gehaltsakzeptanz) separat betrachtet werden. Die Ausprägung der Facetten der Stärkekomponenten können jeweils durch die bewusste Wahl der Leistungs- und Kommunikationspolitik beeinflusst werden.

Das **Vertrauen** in die Kompetenz und Qualität eines Arbeitgebers zählt zu den bedeutensten Ergebniszielen und gleichzeitig Effekten einer Marke. Die durch Informationsasymmetrien geschaffene Unsicherheit in der Arbeitgebersuche kann im Endstadium der Marke durch das Signalling des Arbeitgeber(Unternehmen-)namens, der damit die zentrale Sucheigenschaft darstellt, beseitigt werden. Die Theorie des wahrgenommenen Risikos nach *Bauer & Cox (1967)* sowie die Institutionenökonomie empfehlen zum Aufbau des Vertrauens ein aktives Informationsmanagement sowie eine zielgerichtete Nutzung von Kommunikationsinstrumenten.

Das Vertrauen geht einher mit der **Glaubwürdigkeit** der Botschaften und der Selbstdarstellung des Arbeitgebers. Fatal wird es, wenn das in der Kommunikation mit den relevanten Zielgruppen vermittelte Bild nicht mit den tatsächlichen Gegebenheiten im Unternehmen übereinstimmt.[911] Das Prinzip der realistischen Tätigkeitsvorschau nach *Wanous (1980)* in Form von Direkt-Kontakten bietet den akademischen Nachwuchskräften die Möglichkeit, Eindrücke über den potenziellen Arbeitgeber zu gewinnen.

Der funktionsorientierte Ansatz nach *Koppelmann (1994)* sowie die Theorie der subjektiven Faktoren nach *Behling et al. (1968)* belegen die Bedeutung der **Identifikation** mit einem Arbeitgeber, welche mittels der Selbstkonzept- und der Beziehungstheorie fundiert wurde. Die Entwikklung einer einzigartigen Arbeitgeberpersönlichkeit gibt ideale Ansatzpunkte für das Individuum, sich mit dem arbeitgebenden Unternehmen zu identifizieren. Zudem bewirkt diese in Kombination mit der geeigneten Wahl an Kommunikationsinstrumenten eine **Emotionalisierung** des Arbeitgebers.

Um die Arbeitgebermarke in den Köpfen der akademischen Zielgruppen zu verankern, ist eine langfristige Sichtweise und **Kontinuität** bei den kommunikativen Maßnahmen erforderlich. Der Aufbau eines Markenschemas erfordert gemäß der kognitiven Lerntheorien und Reiz-Reaktions-Theorien eine gewisse Anzahl an Wiederholungen. Die Experten sind sich einig, dass der Markenaufbau ausreichend Zeit benötigt, so dass das Markenbewusstsein bzgl. des Arbeitgebers ggf. erst bei den nachfolgenden Jahrgängen der akademischen Nachwuchskräfte entsteht.[912] Pausen bewirken stets ein Sinken des Bekanntheitsgrades sowie das

---

[911] Die *Glaubwürdigkeit* nimmt bei einem langfristigen, strategischen Personalmarketing eine enorme Bedeutung ein. Enttäuschte Erwartungen, die auf dem akademischen Nachwuchsmarkt weitergegeben und multipliziert werden, zerstören die getätigten Investitionen in die Leistungs- und Kommunikationspolitik. Vgl. zur Relevanz der Glaubwürdigkeit u.a. Freimuth, J./ Elfers, C./ Zirkler, M. (1993), S. 148, Simon et al. (1995), S. 150, Schröder, B./ Steiner, A. (1999), S. 49, Lee, D. (2004), S. 6, Boesl, P. (1992), S. 995, Thom, N./ Zaugg, R. (1994), S. 74, Moll, M. (1992a), S. 32, Groenewald, H./ Horn, S. (1986), S. 495, Rudolph, Th./ Schweizer, M. (2002), S. 10 sowie Pett, J./ Krieger, W.R. (2007), S. 20.

[912] Zur *Langfristigkeit* des Markenkonzepts siehe u.a. Esch, F.-R. (2003), S. 57, Bauer, H.-H./ Huber, F. (1997), S. 9, Simon, H.-J. (1997), S. 79, Simon, H. (1994a), S. 578ff., Meffert, H. (1994a), S. 481, Andresen, Th./ Musiol, K.G. (2000), S. 27f., Jenner, Th. (1999), S. 21, Rüschen, G. (1994), S. 128f., Herbst, D. (2002), S. 54, Kapferer, J.-N. (2000), S. 48ff. sowie Clausnitzer, Th. (2002), S. 43.

Schwinden des Arbeitgeberprofils. Konjunkturschwache Zeiten, in denen sich die Arbeit-
geberkonkurrenz aus Kostengesichtspunkten vom Arbeitsmarkt zurückzieht, können die geeigneten Zeiträume darstellen, um das gewünschte Vorstellungsbild über den Arbeitgeber
aufzubauen.[913]

Norman & Rumelhart (1978) empfehlen einen **frühstmöglichen**, gesteuerten Aufbau des
Markenschemas. Denn gespeicherte Schemastrukturen lassen sich nur schwer korrigieren,
was insb. bei negativen Assoziationen zum Arbeitgeber ungünstig ist. Zudem werden dann
positive Informationen, die jedoch inkonsistent zu dem bereits vorliegenden Schema erscheinen, abgelehnt.

Gemäß der kognitiven Lerntheorien sollten beim Employer Branding häufige Wechsel in
der Positionierung vermieden werden, um einen stabilen Aufbau des assoziativen Netzwerks (Markenschema) zu gewährleisten. Zur langfristigen Ausrichtung der Positionierung
sollten daher die **Werte** der Zielgruppen Berücksichtigung finden, da diese die Anforderungen und das Leistungsverhalten der Zukunft determinieren.

Zur prozessorientierten Ausgestaltung des Employer Branding sind die Erkenntnisse aus
dem **Involvement** und der **Aktivierung** anzuwenden. Beide verhaltenswissenschaftlichen
Größen nehmen Einfluss auf die Informationsaufnahme, -verarbeitung und -speicherung
und damit auf den Aufbau und die Stabilisierung des Markenschemas.

Die zeitliche Integration der kommunikativen Maßnahmen in Form von **Kontakt-Ketten**
fördert den Aufbau des Markenschemas zum Arbeitgeber. Die Zugrundelegung des **Employer-Branding-Life-Cycle** verhilft dazu, die Wirkung der Kontaktpunkte der Kommunikation zu intensivieren und somit Zeit und Kosten einzusparen.

Die formale und inhaltliche Integration der Kommunikation im Rahmen des Employer
Branding ermöglicht die für eine Marke unerlässliche **Markierung** auf dem Arbeitgebermarkt. Eine Anlehnung an das Corporate Design verstärkt dabei den Wiedererkennungs-
effekt eines Unternehmens. Das Employer Branding ist grundsätzlich in Abhängigkeit des
Corporate Branding sowie der **Corporate Identity** zu betrachten.

---

[913] Krisen- und konjunkturunabhängige Aktivitäten im Personalmarketing empfehlen auch Bröckermann,
R./ Hainke, M. (1998), S. 33, Zaugg, R.J. (2002), S. 14, Frook, J.E. (2001), S. 23 sowie Buss, D. (2002),
S. 28f.

2. Ansatzpunkte zur weiterführenden Forschungsarbeit

Wie bereits in *Kapitel II.3* zum State-of-the-Art des Employer Branding aufgezeigt wurde, kann die bisher im Personalmarketing erfolgte Forschungsleistung zur Arbeitgebermarke als rudimentär bezeichnet werden. Es erschließen sich daher eine Vielzahl von Möglichkeiten, die personalmarketingorientierte Markenpolitik sowohl in theoretischer als auch empirischer Form weiter zu untersuchen sowie wissenschaftlich zu fundieren. Einige Ansatzpunkte zur weiterführenden Forschung sollen nachfolgend gegeben werden.

Nachdem in dieser Arbeit ein qualitatives, auf dem Konstrukt der Einstellung basierendes Modell der Markenstärke hergeleitet wurde, besteht eine interessante Aufgabe darin, dieses zu einem **quantitativen Modellansatz** weiter zu entwickeln. Als Ziel gilt es, den Erfolgs-dimensionen der Markenstärke quantifizierbare Werte zuzuordnen, welche in Summe die Stärke der Arbeitgebermarke in Form der Arbeitgeberattraktivität erfassen. Das Ergebnis bildet schließlich ein **Employer-Brand-Index**. Dieser wertbezogene Index bietet die Chance, die Markenstärke der Messbarkeit zu unterziehen. Dadurch können deren Veränderun-gen über den Zeitverlauf erfasst und kontrolliert werden. Zudem können Benchmarks zu den Konkurrenzunternehmen erstellt werden. Auch das Korrelationsverhalten der Erfolgs-dimensionen untereinander sowie deren Einfluss auf den Gesamtwert der Markenstärke geben Hinweise für ein erfolgreiches Management des Employer Brand und sollten daher ebenfalls einer Analyse unterzogen werden.

Weitere Untersuchungsfelder ergeben sich aus der Fokussierung dieses wissenschaftlichen Beitrags auf Arbeitgeber der Großindustrie, Arbeitgeber in Deutschland bzw. in Ansätzen auf Europa sowie auf die Zielgruppe des akademischen Nachwuchses. Das idealtypische Phasenkonzept des Employer Branding und der diskutierte Kommuni-kations-Mix wurden unter Berücksichtigung der technischen und finanziellen Möglichkeiten von Großunternehmen dargestellt. **Klein-** und **Mittelständler** sehen sich hingegen meist engen Kapazitätsrestriktionen konfrontiert, so dass eine entsprechende Anpassung der Pha-seninhalte und der Kommunikationsinstrumente erforderlich ist. Zudem ergeben sich wei-tere, in den summarischen Präferenzstudien der Großindustrie nicht aufgeführte Konkur-renzarbeitgeber mit derselben Organisationsgröße sowie eine andere Reichweite der Re-krutierung, was ein verändertes Vorgehen zur Profilierung des Arbeitgebers als Marke mit-sichbringt.[914]
Unternehmen der Großindustrie sind meist **weltweit** aufgestellt und sehen sich auch an den ausländischen Standorten mit der Herausforderung konfrontiert, den akademischen Nach-wuchs gegenüber der Konkurrenz für sich zu gewinnen. Zur Konzeption des Employer Branding wurden in dieser Arbeit ausschließlich deutsche und z.T. europäische Studien

---

[914] Mittelständische Unternehmen rücken u.a. Behrends, Th. (2007), S. 24ff., Böcker, M. (2007), S. 27ff. sowie Pett, J./ Kriegler, W.R. (2007), S. 18ff. in den Mittelpunkt der Betrachtung.

hinzugezogen. Es ist daher offensichtlich, dass die Empfehlungen zur Positionierung allein wegen der interkulturellen Unterschiede nicht ungeprüft auf andere Länder übertragbar sind. Auch die zur Anwendung kommenden Instrumente der Kommunikation können aufgrund der international unterschiedlichen Zugänge zur Zielgruppe verschieden sein. Die Herangehensweise zum Aufbau einer Arbeitgebermarke muss daher landesspezifisch geprüft und ausgelegt sein. Da das Employer Branding bei einem weltweiten, einheitlichen Auftritt der Arbeitgebermarke zentral gesteuert werden sollte, sind ferner Handlungsempfehlungen zum Roll-Out und zum globalen Management von hohem Interesse.

Die akademischen Nachwuchskräfte sowie die Ingenieure und Kaufleute im Speziellen bilden nicht das einzige Humankapital eines Unternehmens. Diese unterscheiden sich u.a. in Abhängigkeit des Produktportfolios der Firmen. Daher erscheint es unumgänglich, die Anwendbarkeit und die Auslegung des Markenkonzepts auf andere **Zielgruppen** zu untersuchen. Die Entwicklung einer Dachmarke für ein Unternehmen, welche alle Arbeitnehmergruppen wie Akademiker, Facharbeiter und weitere Arbeitskräfte vereint, könnte eine wietere Zielsetzung darstellen.

Neben der theoretischen und konzeptionellen Beschäftigung mit dem Employer Branding kann die Forschung zur Arbeitgebermarke auch rein empirisch vorangetrieben werden. Eine Fragestellung, der nachgegangen werden könnte, ist der bisherige Grad der **Anwendung** der Markenpolitik im Personalmarketing der Großunternehmen. Gesammelte Erfahrung könnten erfasst und zur Validierung sowie Optimierung des Konzepts und des Managements zum Employer Branding genutzt werden.

Die weitere wissenschaftliche Beschäftigung mit dem Employer Branding führt letztendlich zur Etablierung desselben sowohl als praxisrelevantes Konzept als auch als wissenschaftlicher Ansatz und erhöht schließlich die **Professionalität** des **Personalmarketing**.

Literatur

Aaker, D.A. (1996): Building Strong Brands, New York u.a.

Aaker, D.A. (1992): Management des Markenwerts, Frankfurt a.M. u.a.

Aaker, D.A./ Joachimsthaler, E. (2000a): Markenwert schaffen und absichern, in: absatzwirtschaft, Heft 6, S. 30-38.

Aaker, D.A./ Joachimsthaler, E. (2000b): Brand Leadership, New York.

Aaker, J.L. (2001): Dimensionen der Markenpersönlichkeit, in: Esch, F.-R. (Hrsg.): Moderne Markenführung, Wiesbaden, 2001, S. 91-101.

access AG, Köln: HR-Profile 2003, online im Internet http://www.access.de/images/recruitment/ hrprofile/ de vom 23.10.2003.

Achterholt, G. (1988): Corporate Identity: In 10 Arbeitsschritten die eigene Identität finden und umsetzen, Wiesbaden.

Adjouri, N. (2002): Die Marke als Botschafter: Markenidentität bestimmen und entwickeln, Wiesbaden.

Adler, J. (1996): Informationsökonomische Fundierung von Austauschprozessen, Wiesbaden.

Adler, J. (1993): Informationsökonomische Fundierung von Austauschprozessen im Marketing, Arbeitspapier Universität Trier.

Ahlers, F. (1994): Strategische Nachwuchsrekrutierung über Hochschulkontakte. Empfehlungen zum Management personalbeschaffungsorientierter Hochschulkontakte auf Grundlage einer Unternehmensbefragung, München.

Akerlof, G.A. (1970): The Market for Lemons, Quality Uncertainty and the Market Mechanism, in: Quarterly Journal of Economics, Heft 84, S. 488-500.

Albach, H. (1980): Vertrauen in der ökonomischen Theorie, in: Zeitschrift für die gesamte Staatswirtschaft, Heft 4, S. 2-11.

Albers, S./ Herrmann, A. (Hrsg.) (2002): Handbuch Produktmanagement: Strategieentwicklung – Produktplanung – Organisation, Wiesbaden.

Alchian, A.A./ Woodward, S. (1988): The Firm is Dead, Logn Live the Firm – A Review, Oliver E. Williamson's The Economic Institutions of Capitalism, in: Journal of Economic Literature, Heft 26, S. 65-79.

alma mater AG, Esslingen: Fächerspezifische Prognose der Deutschen Hochschulabsolventen bis 2010, online im Internet http://www.alma-mater.de.

Althauser, U. (2001): Employer-of-Choice, in: Personalwirtschaft, Heft 1, S. 10.

Andresen, Th. (2000): Die Grenzen zerfliesen, in: Markenartikel, Heft 2, S. 6-14.

Andresen, Th./ Musiol, K.G. (2000): Aufbruch, Umbruch, Zusammenbruch, in: Markenartikel, Heft 2, S. 26-31.

Andrzejewski, L./ Breitenbach, M./ Heizmann, St./ Richter, C. (2001): Optimierung des Interviewprozesses, in: Personalwirtschaft, Heft 9, S. 56-60.

Antonoff, R. (1975): Methoden der Image-Gestaltung für Unternehmen und Organisationen: eine Einführung, Essen.

Apitz, K. (Hrsg.) (1989a): Erfolgsfaktoren von Markenführern, Landsberg a.L.

Apitz, K. (1989b): Image – Ohne Image ist alles nichts, in: Apitz, K. (Hrsg.): Erfolgsfaktoren von Markenführern, Landsberg a.L., 1989, S. 157-194.

Armbrecht, W./ Avenarius, H./ Zabel, U. (Hrsg.) (1993): Image und PR: Kann Image Gegenstand einer Public Relations-Wissenschaft sein?, Opladen.

Arnold, D. (1992): Modernes Markenmanagement: Geheimnisse erfolgreicher Marken, Wien.

Arnold, U. (1992): Personalwerbung, in: Gaugler, E./ Weber, W. (Hrsg.): Handwörterbuch des Personalwesens, Stuttgart, 1992, Sp. 1815-1825.

Arrow, K.J. (1985): The economics of agency, in: Pratt, J./ Zeckhauser, R.J. (Hrsg.): Principals and agents: The structure of business, Boston, 1985, S. 37-51.

Aumüller, J. (1994): Entwicklungstendenzen des Markenartikels aus Dienstleistungsperspektive, in: Bruhn, M. (Hrsg.): Handbuch Markenartikel, Stuttgart, 1994, S. 2049-2059.

Bachinger, R. (Hrsg.) (1990): Unternehmenskultur: Ein Weg zum Markterfolg, Frankfurt.

Backhaus, K. (2003): Industriegütermarketing, München.

Bänsch, A. (2002): Käuferverhalten, München.

Balderjahn, I. (1995): Bedürfnis, Bedarf, Nutzen, in: Tietz, B. (Hrsg.): Handwörterbuch des Marketing, Stuttgart, 1995, Sp. 179-190.

Balderjahn, I. (1993): Marktreaktion von Konsumenten, Berlin.

Barich, H./ Kotler, Ph. (1991): A Framework for Marketing Image Management, in: Sloan Management Review, Heft 4, S. 94-104.

Bartels, G. (2002): Corporate Identity und betriebliche Personalpolitik, in: Birkigt, K./ Stadler, M.M./ Funck, H.J. (Hrsg.): Corporate Identity: Grundlagen, Funktionen, Fallbeispiele, München, 2002, S. 127-144.

Bartlett, Ch.A./ Ghoshal, S. (2002): Building Competitive Advantage Through People, in: MIT Sloan Management Review, Heft 4, S. 34-41.

Bates, S. (2001): Use branding to drive home your message to employees, in: HRMagazine, Heft 12, S. 14.

Bauer, H.H./ Jensen, S. (1998): Determinanten des Arbeitgeberimages: Eine vergleichende Studie für zehn ausgewählte Unternehmen bei Mannheimer Studierenden, Arbeitspapier Universität Mannheim.

Bauer, H.H./ Mäder, R./ Huber, F. (2002): Markenpersönlichkeit als Determinante von Markenloyalität, in: zfbf, Heft 54, S. 687-709.

Bauer, R.A. (1967): Consumer Behavior as Risk Taking, in: Cox, D.F. (Hrsg.): Risk Taking and Information Handling in Consumer Behavior, Boston, 1967, S. 23-33.

Baumann, M. (1998): We want you, in: Wirtschaftswoche, Heft 47, S. 130-138.

Baumgarth, C. (2001): Markenpolitik: Markenwirkungen - Markenführung - Markenforschung, Wiesbaden.

Baumgartner, B./ Hruschka, H. (2002): Ein Discrete Choice-Modell zur Erklärung von Markentreue auf Grundlage von Theorien des Lernens und der wahrgenommenen Unsicherheit, in: zfbf, Heft 6, S. 299-317.

Bayon, T. (1997): Neue Mikroökonomie und Marketing: Eine wissenschaftstheoretisch geleitete Analyse, Wiesbaden.

Beba, W. (1993): Die Wirkung von Direktkommunikation unter Berücksichtigung der interpersonellen Kommunikation: Ansatzpunkte für eine Kommunikationsstrategie des Personalmarketing, Berlin.

Beck, M./ Feldhoff, E./ Oechsler, W.A./ Reh, H./ Schneider, N. (2001): Arbeitgeber-Attraktivität von Unternehmen: Eine Studie unter Anwendung der Multidimensionalen Skalierung, Mannheim.

Becker, J. (2000): Marketing-Strategien: systematische Kursbestimmung in schwierigen Märkten, München.

Becker, J. (1994): Typen von Markenstrategien, in: Bruhn, M. (Hrsg.): Handbuch Markenartikel, Stuttgart, 1994, S. 463-498.

Becker, J. (1992): Markenartikel und Verbraucher, in: Dichtl, E./ Eggers, W. (Hrsg.): Marke und Markenartikel als Instrument des Wettbewerbs, Mannheim, 1992, S. 98-127.

Becker, J. (1991): Die Marke als strategischer Schlüsselfaktor, in: Thexis, Heft 6, S. 40-49.

Becker, W. (1989): Personalimage, in: Strutz, H. (Hrsg.): Handbuch Personalmarketing, Wiesbaden, 1989, S. 127-133.

Beckerath, P.G.v./ Sauermann, P./ Wiswede, G. (Hrsg.) (1981): Handwörterbuch der Betriebspsychologie und der Betriebssoziologie, Stuttgart.

Bednarczuk, P./ Bismarck, W.-B.v./ Aleweld, Th. (2003): Attraktive Arbeitgeber haben engagierte Mitarbeiter, in: Personalwirtschaft, Heft 3, S. 54-58.

Behling, O./ Labovitz, G./ Gainer, M. (1968): College Recruiting: A Theoretical Base, in: Personnel Journal, Heft 47, S. 13-19.

Behrenbeck, K.R. (2001): The War for Talent is Not Over Yet, in: WISU, Heft 7, S. 934-935.

Behrends, Th. (2007): Mehr als Hochglanzbroschüren, in: Personalwirtschaft, Heft 5, S. 24.

Behrens, G. (2003): Gedächtnispsychologische Grundlagen und Anwendungsvoraussetzungen der integrierten Kommunikation, in: Bergmann, G./ Meurer, G. (Hrsg.): Best Patterns Marketing, Neuwied, 2003, S. 384-392.

Behrens, G. (1994): Verhaltenswissenschaftliche Erklärungsansätze der Markenpolitik, in: Bruhn, M. (Hrsg.): Handbuch Markenartikel, Stuttgart, 1994, S. 199-217.

Behrens, G. (1991): Konsumentenverhalten, Heidelberg.

Bekmeier-Feuerhahn, S. (2001): Messung von Markenvorstellungen, in: Esch, F.-R. (Hrsg.): Moderne Markenführung, Wiesbaden, 2001, S. 1109-1122.

Bekmeier-Feuerhahn, S. (1998): Marktorientierte Markenbewertung: Eine konsumenten- und unternehmensbezogene Betrachtung, Wiesbaden.

Bekmeier, S./ Konert, F.J. (1994): Erlebniswertorientierte Markenstrategien, in: Bruhn, M. (Hrsg.): Handbuch Markenartikel, Stuttgart, 1994, S. 603-618.

Bellgardt, P. (1993): Routine verführt: Bewerbungsgespräche richtig führen, in: Personalführung, Heft 2, S. 155-156.

Benkenstein, M. (2001): Entscheidungsorientiertes Marketing: Eine Einführung, Wiesbaden.

Bentele, G. (1992): Images und Medien-Images, in: Faulstich, W. (Hrsg.): Image, Imageanalyse, Imagegestaltung, Lüneburg, 1992, S. 152-176.

Bentele, G./ Buchele, M.-S./ Hoepfner, J./ Liebert, T. (2005): Markenwert und Markenwertermittlung: Eine systemische Modelluntersuchung und –bewertung, Wiesbaden.

Berekoven, L. (1992): Von der Markierung zur Marke, in: Dichtl, E./ Eggers, W. (Hrsg.): Marke und Markenartikel als Instrument des Wettbewerbs, Mannheim, 1992, S. 26-45.

Berekoven, L. (1978): Zum Verständnis und Selbstverständnis des Markenwesens, in: Markenartikel heute, Heft 3, S. 35-48.

Berend, P. (2002): Interne und externe Markenerweiterung, Wiesbaden.

Berger, R./ Geissler, K. (1968): Marketing in der Personalpolitik?!, in: Der Volkswirt, Heft 11, S. 26-27.

Bergler, R. (1987): Psychologie in Wirtschaft und Gesellschaft, Köln.

Bergler, R. (1963): Psychologie des Marken- und Firmenbildes, Göttingen.

Bergmann, G./ Meurer, G. (Hrsg.) (2003): Best Patterns Marketing, Neuwied u.a.

Berk, B.v. (1993): Hochschulkontakte, in: Strutz, H. (Hrsg.): Handbuch Personalmarketing, Wiesbaden, 1993, S. 214-221.

Berndt, H. (1983): Konsumentenentscheidung und Informationsüberlastung – Der Einfluss von Quantität und Qualität der Werbeinformation auf das Konsumentenverhalten. Eine empirische Analyse, München.

Berndt, R./ Sander, M. (1994): Der Wert von Marken – Begriffliche Grundlagen und Ansätze zur Markenbewertung, in: Bruhn, M. (Hrsg.): Handbuch Markenartikel, Stuttgart, 1994, S. 1353-1372.

Berndt, R./ Hermanns, A. (Hrsg.) (1993): Handbuch Marketing-Kommunikation, Wiesbaden.

Berry, L.L./ Lefkowith, E.F./ Clark, T. (1988): Der Firmenname als Marke, in: Harvardmanager, Heft 2, S. 13-18.

Bertelsmann, G. (1981): Imagepflege, in: Beckerath, P.G.v./ Sauermann, P./ Wiswede, G. (Hrsg.): Handwörterbuch der Betriebspsychologie und der Betriebssoziologie, Stuttgart, 1981, S. 209-212.

Bickmann, R. (Hrsg.) (1999): Chance: Identität, Berlin u.a.

Biel, A.L. (2001): Grundlagen zum Markenwertaufbau, in: Esch, F.-R. (Hrsg.): Moderne Markenführung, Wiesbaden, 2001, S. 61-90.

Bierwirth, A. (2003): Die Führung einer Unternehmensmarke: Ein Ansatz zum zielgruppenorientierten Corporate Branding, Frankfurt a.M.

Bihl, G. (1993): Unternehmen und Wertewandel: Wie lauten die Antworten für die Personalführung?, in: Rosenstiel, L.v./ Dyarrahzadeh, M./ Einsiedler, H.E./ Streich, R.K. (Hrsg.): Wertewandel: Herausforderungen für die Unternehmenspolitik in den 90er Jahren, Stuttgart, 1993, S. 333-351.

Birker, K. (2002): Personalmarktforschung, in: Bröckermann, R./ Pepels, W. (Hrsg.): Personalmarketing, Stuttgart, 2002, S. 16-30.

Birkigt, K./ Stadler, M.M./ Funck, H.J. (Hrsg.) (2002a): Corporate Identity: Grundlagen, Funktionen, Fallbeispiele, München.

Birkigt, K./ Stadler, M.M. (2002b): Corporate Identity-Grundlagen, in: Birkigt, K./ Stadler, M.M./ Funck, H.J. (Hrsg.): Corporate Identity, München, 2002, S. 13-62.

Bisani, F. (1995): Personalwesen und Personalführung: Der state of the art der betrieblichen Personalarbeit, Wiesbaden.

Bismarck, W.-B.v./ Baumann, St. (1995): Markenmythos: Verkörpern eines attraktiven Wertesystems, Frankfurt a.M.

Bittl, A. (1998): Image und Vertrauen als zukünftige Erfolgsfaktoren in der Assekuranz, in: Versicherungswirtschaft, Heft 10, S. 662-667.

Blackstone, M. (1992): A brand with an Attitude: A suitable case for treatment, in: Journal of the Market Research Society, Heft 3, S. 231-241.

Bleis, Th. (1992): Personalmarketing – Darstellung und Bewertung eines kontroversen Konzepts, München.

Blümelhuber, Ch. (2002): Wir brauchen neue Ansätze, um wirklich erfolgreiche Marken aufzubauen, in: Markenartikel, Heft 3, S. 76-78.

Blumenstock, H. (1994): Personalmarketing in kleinen und mittelständischen Unternehmen: Anforderungsanalyse und Gestaltungsmöglichkeiten, Wiesbaden.

Boesl, P. (1992): Eigene Stärken mehr nutzen: Personalmarketing in mittelständischen Unternehmen, in: Personalführung, Heft 12, S. 992-998.

Böckenholt, I./ Homburg, Ch. (1990): Ansehen, Karriere oder Sicherheit?, in: ZfB, Heft 11, S. 1159-1181.

Böcker, F. (1986): Präferenzforschung als Mittel marktorientierter Unternehmensführung, in: Schmalenbachs Zeitschrift für betriebswirtschaftliche Forschung, 38. Jg., S. 543-574.

Böcker, M. (2007): Zeitenwende im Markt der Anbieter, in: Personalwirtschaft, Heft 5, S. 25-29.

Böcker, F./ Diller, H. (2001): Präferenzpolitik, in: Diller, H. (Hrsg.): Vahlens großes Marketinglexikon, München, 2001, S. 1281-1283.

Böde, U./ Ekkehardt, St./ Sänger, K.-D. (1991): Marktorientierte Rekrutierung von Nachwuchskräften, in: Versicherungswirtschaft, Heft 12, S. 733-736.

Böhm, H./ Hauke, Ch. (Hrsg.) (1995): Personalmanagement in der Praxis: Unternehmerisches Handeln gestaltet die Zukunft, Köln.

Bongartz, M. (2002): Markenführung im Internet, Wiesbaden.

Borghs, H.P. (1994): Markenpolitik und Public Relations, in: Markenartikel, Heft 10, S. 464-468.

Brauer, W. (1997): Die Betriebsform im stationären Einzelhandel als Marke, München.

Braun, C. (2003): Unter Männern, in: Wirtschaftswoche, Heft 40, S. 112-115.

Brockhoff, K. (1999): Produktpolitik, Stuttgart.

Bröckermann, R. (2001): Personalwirtschaft: Lehrbuch für das praxisorientierte Studium, Stuttgart.

Bröckermann, R./ Pepels, W. (Hrsg.) (2002a): Personalmarketing: Akquisition – Bindung – Freistellung, Stuttgart.

Bröckermann, R./ Pepels, W. (2002b): Personalmarketing an der Schnittstelle zwischen Absatz- und Personalwirtschaft, in: Personalmarketing, Stuttgart, 2002, S. 1-15.

Bröckermann, R./ Hainke, M. (1998): Personalwirtschaft und Corporate Identity, in: Personal, Heft 1, S. 32-35.

Bromley, D.B. (1993): Reputation, Image and Impression Management, Chichester u.a.

Bruhn, M. (2005): Marke – neu definiert, in: Markenartikel, Heft 3, S. 62-64.

Bruhn, M. (2003a): Kommunikationspolitik – Systematischer Einsatz der Kommunikation für Unternehmen, München.

Bruhn, M. (2003b): Markenpolitik – Ein Überblick zum State of the Art, in: DBW, Heft 2, S. 178-202.

Bruhn, M. (Hrsg.) (2001a): Die Marke: Symbolkraft eines Zeichensystems, Bern u.a.

Bruhn, M. (Hrsg.) (2001b): Handelsmarken, Stuttgart.

Bruhn, M. (2001c): Begriffsabgrenzungen und Erscheinungsformen von Marken, in: Bruhn, M. (Hrsg.): Die Marke: Symbolkraft eines Zeichensystems, Bern, 2001, S. 14-28.

Bruhn, M. (2001d): Die zunehmende Bedeutung von Dienstleistungsmarken, in: Köhler, R. (Hrsg.): Erfolgsfaktor Marke: Neue Strategien des Markenmanagements, Wiesbaden, 2001, S. 213-225.

Bruhn, M. (Hrsg.) (1999): Internes Marketing: Integration der Kunden- und Mitarbeiterorientierung, Wiesbaden.

Bruhn, M. (Hrsg.) (1994a): Handbuch Markenartikel: Anforderungen an die Markenpolitik aus Sicht von Wissenschaft und Praxis, Stuttgart.

Bruhn, M. (1994b): Begriffsabgrenzungen und Erscheinungsformen von Marken, in: Bruhn, M. (Hrsg.): Handbuch Markenartikel, Stuttgart, 1994, S. 3-41.

Buchholz, A./ Wördemann, W. (2003): Die Köpfe der Kunden erobern, in: Harvard Business manager, Heft 3, S. 59-65.

Büdenbender, U. (1996): Gabler-Lexikon Personal: Personalwirtschaft, Personalmanagement, Arbeits- und Sozialrecht, Wiesbaden.

Bugdahl, V. (1998): Marken machen Märkte: Eine Anleitung zur erfolgreichen Markenpraxis, München.

Buß, E./ Fink-Heuberger, U. (2000): Image Management: Wie Sie Ihr Image-Kapital erhöhen!, Frankfurt a.M.

Burmann, Ch. (2007): Vertrauen durch Markenkonsistenz, in: Markenführung, Heft 4, S. 14-16.

Buss, D. (2002): In good company, in: Brandweek, Heft 20, S. 28-33.

Bussmann, W./ Unger, F. (1986): Kognitive sozialpsychologische Theorien in ihrer Bedeutung für das Konsumgüter-Marketing, in: Unger, F. (Hrsg.): Konsumentenpsychologie und Markenartikel, 1986, Heidelberg, S. 56-96.

Caruana, A. (1997): Corporate Reputation: concept and measurement, in: The Journal of Product and Brand Management, Heft 2, S. 109-112.

Caspar, M. (2002): Markenausdehnungsstrategien, in: Meffert, H./ Burmann, Ch. / Koers, M. (Hrsg.): Markenmanagement: Grundfragen der identitätsorientierten Markenführung, Wiesbaden, 2002, S. 233-262.

Chambers, E.G./ Foulon, M./ Handfield-Jones, H./ Hankin, S.M./ Michaels, E.G. (1998): The War for Talent, in: The McKinsey Quarterly, Heft 3, S. 44-57.

Chernatony, L. (2005): Surfacing values tension in corporate brands, in: Thexis, Heft 1, S. 18-20.

Chernatony, L./ McDonald, M.H.B. (1992): Creating Powerful Brands, Oxford.

Cisik, A. (2002): Integriertes Personalmarketing, in: Bröckermann, R./ Pepels, W. (Hrsg.): Personalmarketing, Stuttgart, 2002, S. 16-30.

Claßen, I. (1995): Personalmarketing, in: Böhm, H./ Hauke, Ch. (Hrsg.): Personalmanagement in der Praxis: Unternehmerisches Handeln gestaltet die Zukunft, Köln, 1995, S. 25-45.

Clausnitzer, Th./ Heide, G./ Nasner, N. (2002): Strategien und Instrumente für eine konsistente Marktbearbeitung, Stuttgart.

Comanor, W.S./ Wilson, Th.A. (1979): The Effect of Advertising on Competition: A survey, in: Journal of Economic Literature, Heft. 17, S. 453-476.

Conrady, R. (1990): Die Motivation zur Selbstdarstellung und ihre Relevanz für das Konsumentenverhalten: Eine theoretische und empirische Analyse, Frankfurt u.a.

Cox, D.F. (Hrsg.) (1967): Risk Taking and Information Handling in Consumer Behavior, Boston.

Cramer, J. (1994): Markenpolitik im Bankenmarkt, in: Bruhn, M. (Hrsg.): Handbuch Markenartikel, Stuttgart, 1994, S. 1631-1644.

Dallmer, H. (1995): Direct Marketing, in: Tietz, B. (Hrsg.): Handwörterbuch des Marketing, Stuttgart, 1995, Sp. 477-492.

Darby, M.R./ Karni, E. (1973): Free Competition and the Optimal Amount of Froud, in: The Journal of Law and Economics, Heft 16, S. 67-88.

De Luca, C./ Eichstädt, K.D./ Scharrer, J./ Zdral, W. (2000): Krieg um Talente, in: Capital, Heft 8, S. 85-95.

Deming, W.E. (2000): The new economics: for industry, government, education, Cambridge.

Demuth, A. (2000): Das strategischer Management der Unternehmensmarke, in: Markenartikel, Heft 1, S. 14-22.

Demuth, A. (1999): Markenidentität durch Corporate Branding, in: Horizont, Heft 43, S. 38-39.

Demuth, A. (1994): Erfolgsfaktor Image: So nutzen Sie den Imagevorteil für Ihr Unternehmen, Düsseldorf u.a.

Demuth, A. (1990): Eine Verfassung für das Unternehmen, in: Bachinger, R. (Hrsg.): Unternehmenskultur: Ein Weg zum Markterfolg, Frankfurt, 1990, S. 26-31.

Dichtl, E. (1992): Grundidee, Varianten und Funktionen der Markierung von Waren und Dienstleistungen, in: Dichtl, E./ Eggers, W. (Hrsg.): Marke und Markenartikel als Instrument des Wettbewerbs, Mannheim, 1992, S. 1-24.

Dichtl, E./ Eggers, W. (Hrsg.) (1992): Marke und Markenartikel als Instrument des Wettbewerbs, Mannheim u.a.

Dietl, S.F./ Buschbacher, J. (2007): Die virtuelle Welt des Ausbildungsmarketing, in: Personalwirtschaft, Heft 5, S. 32-34.

Dietmann, E. (1993): Personalmarketing: Ein Ansatz zielgruppenorientierter Personalpolitik, Wiesbaden.

Diller, H. (Hrsg.) (2001): Vahlens großes Marketinglexikon, München.

Diller, H. (1995): Beziehungsmanagement, in: Tietz, B. (Hrsg.): Handwörterbuch des Marketing, Stuttgart, 1995, Sp. 285-300.

Dingler, R. (1997): Wie baut man eine starke Marke auf?, in: Hauser, U. (Hrsg.): Erfolgreiches Markenmanagement, Wiesbaden, 1997, S. 39-78.

Dittrich, T./ Watzke, M. (1999): Differenzierungsinstrument Unternehmenskultur, in: Personalwirtschaft, Heft 12, S. 20-26.

Domizlaff, G.C. (1996): Der Kommunikationswert der Marke als Voraussetzung erfolgreicher Markenführung, in: Markenartikel, Heft 7, S. 303-306.

Domizlaff, H. (1982): Die Gewinnung des öffentlichen Vertrauens. Ein Lehrbuch der Markentechnik, Hamburg.

Domizlaff, H. (1976): Die Gewinnung des öffentlichen Vertrauens, Hamburg.

Donath, B. (2001): Branding works for internal audience, too, in: Marketing News, Heft 7, S. 7-8.

Donnerstag, J. (1996): Der engagierte Mediennutzer: Das Involvement-Konzept in der Massenkommunikationsforschung, München.

Dorenbeck, B. (1985): Firmen- und Markenimage: Bilder, die der Verbraucher sich macht, in: Markenartikel, Heft 3, S. 132-133.

Drgala, W./ Distler, G.F. (2002): Image, in: Pflaum, D. (Hrsg.): Lexikon der Werbung, München, 2002, S. 185-186.

Drosten, M. (2000): Kampf um die Besten, in: absatzwirtschaft, Heft 6, S. 12-19.

Drumm, H.-J. (2000): Personalwirtschaft, Berlin u.a.

Dummer, W. (1977): Personal-Enzyklopädie: Das Wissen über Menschen und Menschenführung in modernen Organisationen, München.

Duncker, Ch. (2000): Verlust der Werte? Wertewandel zwischen Meinungen und Tatsachen, Wiesbaden.

Dunn, M./ Davis, S. (2005): Creating the Brand-Driven Business: A Roadmap for the CEO, in: Thexis, Heft 1, S. 24-27.

Ebel, B./ Hofer, M.B. (2002): Das Unternehmen als Marke, in: Markenartikel, Heft 3, S. 58-65.

Eckardstein, D.v./ Schnellinger, F. (1975): Personalmarketing, in: Gaugler, E. (Hrsg.): Handwörterbuch des Personalwesens, Stuttgart, 1975, Sp. 1592-1599.

Eckstein, D. (2000): Karriere-Sprung, in: Capital, Heft 20, S. 107-111.

Eckstein, D. (1999): Studententräume, in: Capital, Heft 6, S. 90-92.

Edig, Th. (2002): Vom War for Talents zum Employer Branding, in: Personalführung, Heft 3, S. 1-2.

e-fellows.net GmbH & Co. KG, München: Unternehmenshomepage, online im Internet http://e-fellows.net vom 16.04.2005.

Eisele, D. (2001): Das Arbeitgeberimage im Zentrum des Hochschulmarketing, in: Personal, Heft 7, S. 414-417.

Eisele, D./ Horender, U. (1999): Auf der Suche nach den High Potentials, in: Personalwirtschaft, Heft 12, S. 27-34.

Endres, H./ Schmalholz, C.G. (2007): Voll geschäftsfähig, in: managermagazin, Heft 2, S. 110-122.

Engelbrech, G. (2002): Harte Zeiten für die Rekrutierung in Sicht, in: Personalführung, Heft 10, S. 50-60.

Erichson, B./ Twardawa, W. (1994): Bedeutung der Konsumentenforschung für die Markenpolitik, in: Bruhn, M. (Hrsg.): Handbuch Markenartikel, Stuttgart, 1994, S. 283-316.

Erke, H. (2002): Psychologische und symbolische Aspekte der Corporate Identity, in: Birkigt, K./ Stadler, M.M./ Funck, H.J. (Hrsg.): Corporate Identity, München, 2002, S. 251-280.

Esch, F.-R. (2005): Corporate Brands im Unternehmen verankern – werden Corporate Brands wirklich gelebt?, in: Thexis, Heft 1, S. 32.

Esch, F.-R./ Tomczak, T./ Kernstock, J./ Langner, T. (2004): Corporate Brand Management: Marken als Anker strategischer Führung von Unternehmen, Wiesbaden.

Esch, F.-R. (2003): Strategie und Technik der Markenführung, München.

Esch, F.-R. (2002): Markenprofilierung und Markentransfer, in: Albers, S./ Herrmann, A. (Hrsg.): Handbuch Produktmanagement, Wiesbaden, 2002, S. 189-217.

Esch, F.-R. (Hrsg.) (2001a): Moderne Markenführung: Grundlagen – Innovative Ansätze – Praktische Umsetzung, Wiesbaden.

Esch, F.-R. (2001b): Wirkung integrierter Kommunikation: Ein verhaltenswissenschaftlicher Ansatz für die Werbung, Wiesbaden.

Esch, F.-R. (2001c): Markenpositionierung als Grundlage der Markenführung, in: Esch, F.-R. (Hrsg.): Moderne Markenführung, Wiesbaden, 2001, S. 233-265.

Esch, F.-R. (2001d): Aufbau starker Marken durch integrierte Kommunikation, in: Esch, F.-R. (Hrsg.): Moderne Markenführung, Wiesbaden, 2001, S. 599-638.

Esch, F.-R. (2001e): Kontrolle der Eigenständigkeit von Markenauftritten, in: Esch, F.-R. (Hrsg.): Moderne Markenführung, Wiesbaden, 2001, S. 1123-1138.

Esch, F.-R. (2001f): Wirksame Markenkommunikation bei steigender Informationsüberlastung der Konsumenten, in: Köhler, R. (Hrsg.): Erfolgsfaktor Marke, Wiesbaden, 2001, S. 71-89.

Esch, F.-R. (1998): Aufbau und Stärkung von Dienstleistungsmarken durch integrierte Kommunikation, in: Tomczak, T./ Schögel, M./ Ludwig, E. (Hrsg.): Markenmanagement für Dienstleistungen, St. Gallen, 1998, S. 104-133.

Esch, F.-R./ Andresen, Th. (1997): Messung des Markenwerts, in: Hauser, U. (Hrsg.): Erfolgreiches Markenmanagement, Wiesbaden, 1997, S. 11-37.

Esch, F.-R./ Bräutigam, S. (2001): Corporate Brands versus Product Brands? Zum Management von Markenarchitekturen, in: Thexis, Heft 4, S. 27-34.

Esch, F.-R./ Geus, P. (2001): Ansätze zur Messung des Markenwerts, in: Esch, F.-R. (Hrsg.): Moderne Markenführung, Wiesbaden, 2001, S. 1025-1057.

Esch, F.-R./ Langner, T. (2001): Branding als Grundlage zum Markenaufbau, in: Esch, F.-R. (Hrsg.): Moderne Markenführung, Wiesbaden, 2001, S. 437-450.

Esch, F.-R./ Roth, S./ Kiss, G./ Hardiman, M. (2001): Markenkommunikation im Internet, in: Esch, F.-R. (Hrsg.): Moderne Markenführung, Wiesbaden, 2001, S. 565-597.

Esch, Th./ Stein, M. (2001): Ingredient Branding – Die Macht der Lieferanten Marke, in: planung&analyse, Heft 1, S. 64-67.

Esch, F.-R./ Wicke, A. (2001): Herausforderungen und Aufgaben des Markenmanagements, in: Esch, F.-R. (Hrsg.): Moderne Markenführung, Wiesbaden, 2001, S. 5-55.

Esch, F.-R./ Tomczak, T./ Kernstock, J./ Langner, T. (2004): Corporate Brand Management: Marken als Anker strategischer Führung von Unternehmen, Wiesbaden.

Essig, C./ Soulas de Russel, D./ Semanakova, M. (2003): Das Image von Produkten, Marken und Unternehmen, Sternenfels.

Essinger, G. (2001): Produkt- und Markenpolitik im dynamischen Umfeld: eine Analyse aus systemtheoretischer Sicht, Wiesbaden.

Fanderl, H.S./ Hölscher, A./ Hupp, O. (2003): Der Charakter der Marke, in: Markenartikel, Heft 3, S. 28-33.

Fantapié Altobelli, C./ Sander, M. (2001): Internet-Branding: Marketing und Markenführung im Internet, Stuttgart.

Faulstich, W. (Hrsg.) (1992): Image, Imageanalyse, Imagegestaltung, Lüneburg.

Felser, G. (2001): Werbe- und Konsumentenpsychologie, Heidelberg u.a.

Fischer, J. (2001): Individualisierte Präferenzanalyse: Entwicklung und empirische Überprüfung einer vollkommen individualisierten Conjoint-Analyse, Wiesbaden.

Fischer, L./ Wiswede, G. (1997): Grundlagen der Sozialpsychologie, München.

Fischer, R./ Kluge, C. (1991): Am Image des Unternehmens scheiden sich die Geister, in: Personalwirtschaft, Heft 5, S. 32-38.

Flüshöh, U. (1999): Imageforschung und –positionierung: Strategien und Methoden am Beispiel des Hochschulmarketing der Allianz-Versicherungs-Aktiengesellschaft, in: Thiele, A./ Eggers, B. (Hrsg.): Innovatives Personalmarketing für highpotentials, Göttingen, 1999, S. 59-73.

Fombrun, Ch.J. (2001): Corporate Reputation – Its Measurement and Management, in: Thexis, Heft 4, S. 23-26.

Fopp, L. (1975): Die Bedeutung des Branchen-Images für Stellenwahl und Stellewechsel, St. Gallen.

Ford, G.T./ Smith, D.B./ Swasy, J.L. (1990): Consumer Skepticism of Advertising Claims: Testing Hypotheses from Economics of Information, in: Journal of Consumer Research, Heft 16, S. 433-441.

Fournier, S.M. (2001): Markenbeziehungen – Konsumenten und ihre Marken, in: Esch, F.-R. (Hrsg.): Moderne Markenführung, Wiesbaden, 2001, S. 135-163.

Fournier, S.M. (1998): Consumers and their Brands: Developing Relationship Theory in Consumer Research, in: Journal of Consumer Research, Heft 3, S. 343-373.

Franke, N. (2000): Personalmarketing zur Gewinnung von betriebswirtschaftlichem Führungsnachwuchs, in: Marketing ZFP, Heft 1, S. 75-92.

Franke, N. (1999): High-Potentials, in: ZfB, Heft 8, S. 889-911.

Franzen, O. (2002): Die Werteentwicklung der Marke im Zeitablauf, in: Markenartikel, Heft 1, S. 26- 31.

Franzen, O. (1995): Marken-Controlling effizient gestalten, in: Markenartikel, Heft 2, S. 57-62.

Franzen, O./ Trommsdorff, V./ Riedel, F. (1994): Ansätze der Markenbewertung und Markenbilanz, in: Markenartikel, Heft 8, S. 372-376.

Freimuth, J. (1990a): Personalmarketing, Personalimage und Unternehmenslegitimität, in: Personal, Heft 8, S. 314-316.

Freimuth, J. (1990b): Personalmarketing, Personalimage und Unternehmenslegitimität, in: Personal, Heft 9, S. 354-356.

Freimuth, J. (1989): Personalimage – Das Erscheinungsbild als Arbeitgeber, in: Personal, Heft 2, S. 42-47.

Freimuth, J. (1987): Personalmarketing an Hochschulen, in: Personalführung, Heft 1, S. 38-40.

Freimuth, J./ Elfers, C. (1991): Der Umgang mit Bewerbern, in: Personalführung, Nr. 12, S. 886-895.

Freimuth, J./ Elfers, C./ Zirkler, M. (1993): „Schneller, höher, weiter" reicht nicht mehr: Neue Wege in der Personalwerbung, in: Personalführung, Heft 2, S. 148-154.

Freter, H. (1995): Marktsegmentierung, in: Tietz, B. (Hrsg.): Handwörterbuch des Marketing, Stuttgart, 1995, Sp. 1802-1814.

Freter, H./ Baumgarth, C. (2001): Ingredient Branding – Begriff und theoretische Begründung, in: Esch, F.-R. (Hrsg.): Moderne Markenführung, Wiesbaden, 2001, S. 317-343.

Freter, H./ Baumgarth, C. (1996): Komplexer als Konsumgütermarketing, in: Markenartikel, Heft 10, S. 482-489.

Friederes, G. (1997): Markenaufbau in Osteuropa, Wien.

Frigge, C./ Houben, A. (2002): Mit der Corporate Brand zukunftsfähiger werden, in: Harvard Business Manager, Heft 1, S. 28-35.

Fritz, W./ Thiess, M. (1986): Informationsverhalten des Konsumenten und unternehmerisches Marketing, Mannheim.

Fröhlich, W. (1987): Strategisches Personalmarketing: kontinuierliche Unternehmensentwicklung durch systematische Ausnutzung interner und externer Qualitätspotenziale, Düsseldorf.

Fröhlich, W./ Langecker, F. (1989): Dem qualifizierten Nachwuchs auf der Spur, in: Personalwirtschaft, Heft 1, S. 15-18.

Fröhlich, W./ Sitzenstock, K. (1989): Personalimage-Werbung, in: Strutz, H. (Hrsg.): Handbuch Personalmarketing, Wiesbaden, 1989, S. 134-142.

Frölich-Kummenauer, M./ Bruns, I. (2000): Personalmarketing im Internet, in: Personal, Heft 10, S. 536-542.

Frook, J.E. (2001): Burnish your brand from the inside, in: B to B, Heft 8, S. 23.

Fruhner, H./ Funke, U./ Moser, K. (1991): Einige Determinanten der Bewertung von Personalauswahlverfahren, in: ZfAuO, Heft 35, S. 170-178.

Führing, M. (2002): Hochschulmarketing: Fächerspezifische Prognose der Absolventen bis 2005, in: Personal, Heft 5, S. 50-53.

Gardini, M.A. (2001): Menschen machen Marken, in: Markenartikel, Heft 6. S. 30-36 sowie S. 44-45.

Gardner, B.B./ Levy, S.J. (1955): The Product and the Brand, in: Harvard Business Review, Heft 2, S. 33-39.

Gatermann, M. (1992): Imageprofile '92: Erste Wahl, in: managermagazin, Heft 5, S. 67-79.

Gaugler, E. (1992): Personalpolitische Innovationen, in: Gaugler, E./ Weber, W. (Hrsg.): Handwörterbuch des Personalwesens, Stuttgart, 1992, Sp. 1798-1804.

Gaugler, E. (Hrsg.) (1975): Handwörterbuch des Personalwesens, Stuttgart.

Gaugler, E./ Weber, W. (Hrsg.) (1992): Handwörterbuch des Personalwesens, Stuttgart.

Gazdar, K./ Bornmüller, A. (2002): Personalbilanzen fehlt der Glanz, in: Personal, Heft 3, S. 62-66.

Gechter, S. (2002): Rekrutierung und Auswahl von hochqualifiziertem Führungsnachwuchs bei der Schering AG, in: Personal, Heft 5, S. 54-58.

Gerken, G. (1990): Die fraktale Marke: eine neue Intelligenz der Werbung, Düsseldorf.

Gertz, W. (2007): Lobby für Nachwuchs, in: Personalwirtschaft, Heft 5, S. 30-31.

Giesen, B. (1998): Personalmarketing – Gewinnung und Motivation von Fach- und Führungskräften, in: Thom, N./ Giesen, B. (Hrsg.): Entwicklungskonzepte und Personalmarketing für den Fach- und Führungsnachwuchs, Köln, 1998, S. 86-101.

Gillies, J.-M./ Dannenmann, M. (2000): Generation Innovation, in: BIZZ, Heft 10, S. 29-36.

Gillies, J.-M./ Jung, A. (1999): Die 100 Besten Unternehmen, in: BIZZ, Heft 6, S. 21-32.

Glasl, M. (2002): Raus aus der Anonymität, in: Personalwirtschaft, Heft 6, S. 58-61.

Gloger, A. (2001): Auf der Jagd nach Spitzenkräften. Die besten Mitarbeiter gewinnen, begeistern und behalten, Frankfurt a.M. u.a.

Gmür, M./ Martin, P./ Karczinski, D. (2002): Employer Branding – Schlüsselfunktion im strategischen Personalmarketing, in: Personal, Heft 10, S. 12-16.

Göggelmann, U./ Kahlen, R./ Schlesiger, Ch. (2004): Die besten Arbeitgeber, in: Capital, Heft 4, S. 68-78.

Goerke, S./ Wickel-Kirsch, S. (2002): Internes Marketing für die Personalarbeit: Wie Branding Kundenansprache und Image verbessert, Neuwied.

Gotsi, M./ Wilson, A. (2001): Corporate reputation management: "living the brand", in: Management Decision, Heft 2, S. 99-102.

Gotta, M. (1994): Branding, in: Bruhn, M. (Hrsg.): Handbuch Markenartikel, Stuttgart, 1994, S. 773-790.

Gray, J.G. (1986): Managing the Corporate Image: The Key to Public Trust, Westport.

Gregory, J.R./ Wiechmann, J.G. (1999): Corporate Image: The Company as your Number one Product, Illinois.

Grobe, E. (2003): Corporate Attractiveness – eine Analyse der Wahrnehmung von Unternehmensmarken aus der Sicht von High Potentials, Arbeitspapier Handelshochschule Leipzig.

Groenewald, H./ Horn, S. (1986): Das Firmenimage auf Arbeitsmärkten – wie kann es ermittelt und beeinflusst werden?, in: Personalwirtschaft, Heft 12, S. 489-495.

Groenewald, H./ Hünerberg, R. (1985): Effizientes Konzept der Personalwerbung, in: Personalwirtschaft, Heft 6, S. 230-234.

Grönig, R./ Schweihofer, T. (1990): Personalmarketing als mitarbeiterorientierte Personalpolitik, in: Personalführung, Heft 2, S. 86-94.

Groß-Heitfeld, R. (1999): Personalmarketing bei der WestLB: Ansprache von Top-Bewerbern durch maßgeschneiderte Instrumente, in: Thiele, A./ Eggers, B. (Hrsg.): Innovatives Personalmarketing für high-potentials, Göttingen, 1999, S. 101-110.

Grosse Halbuer, A. (2003): Erfolg macht sexy, in: Wirtschaftswoche, Heft 33, S. 68-73.

Grün, K.J. (2004): Eine philosophische Lektion über Begriffe und Identitäten, in: absatzwirtschaft, Heft 1, S. 36-37.

Grunert, K.G. (1990): Kognitive Strukturen in der Konsumforschung: Entwicklung und Erprobung eines Verfahrens zur offenen Erhebung assoziativer Netzwerke, Heidelberg.

Güldenberg, H.G./ Franzen, O. (1994): Operatives Markencontrolling, in: Bruhn, M. (Hrsg.): Handbuch Markenartikel, 1994, Stuttgart, S. 1337-1351.

Gümbel, R./ Woratschek, H. (1995): Institutionenökonomie, in: Tietz, B. (Hrsg.): Handwörterbuch des Marketing, Stuttgart, 1995, Sp. 1008-1018.

Gutenberg, E. (1984): Grundlagen der Betriebswirtschaftslehre, Berlin u.a.

Gutenberger, H.-J. (2002): Die Marke als Wettbewerbsvorteil, in: Markenartikel, Heft 1, S. 32-35.

Gutjahr, G. (2002): Corporate Identity – Analyse und Therapie, in: Birkigt, K./ Stadler, M.M./ Funck, H.J. (2002): Corporate Identity, München, 2002, S. 109-114.

Gutsche, J. (1995): Produktpräferenzanalyse: Ein modelltheoretisches und methodisches Konzept zur Marktsimulation mittels Präferenzerfassungsmodellen, Berlin.

Haedrich, G./ Jenner, Th. (1995): Segmentierungsstrategien und Markterfolg, in: Thexis, Heft 3, S. 60-62.

Haedrich, G./ Tomczak, T. (1994): Strategische Markenführung, in: Bruhn, M. (Hrsg.): Handbuch Markenartikel, Stuttgart, 1994, S. 925-948.

Hätty, H. (1989): Der Markentransfer, Heidelberg.

Halstenberg, V. (1996): Integrierte Marken-Kommunikation. Psychoanalyse und System-theorie im Dienste erfolgreicher Markenführung, Frankfurt a.m.

Hartmann, R. (2002): Die Firma – eine einmalige Marke, in: HR-Today, Heft 3, S. 14.

Hartwig, G. (1991): Positionierung durch eine mitarbeiterorientierte Personalpolitik, in: Personalführung, Heft 12, S. 922-928.

Hatch, M.J./ Schultz, M. (2001): Den Firmennamen zur Marke machen, in: Harvard Business manager, Heft 4, S. 36-43.

Hatfield, J. (1999): Brand new world, in: Accountancy, Heft 4, S. 50-51.

Hauser, U. (1997): Erfolgreiches Markenmanagement: Vom Wert einer Marke, ihrer Stärkung und Erhaltung, Wiesbaden.

Hauser, Th./ Groll, M. (2002): Kompetenz als Botschaft, Vertrauen als Ziel, in: absatzwirtschaft, Sonderausgabe Marken vom 10.03.2002, S. 38-39.

Heinisch, I./ Brüsewitz, K. (1994): Selbst- und Fremdselektion der Hochschulabsolventen – Auswahl von Hochschulabsolventen bei BMW, in: Rosenstiel, L.v./ Lang, Th./ Sigl, E. (Hrsg.): Fach- und Führungsnachwuchs finden und fördern, Stuttgart, 1994, S. 221-224.

Heinlein, M. (1999): Identität und Marke: Brand Identity versus Corporate Identity, in: Bickmann, R. (Hrsg.): Chance: Identität, Berlin, 1999, S. 281-310.

Henes-Karnahl, B. (1989): Führungskräfte gewinnen und behalten, in: Gablers Magazin, Heft 3, S. 40-44.

Henkens, U. (1992): Marketing für Dienstleistungen: Ein ökonomischer Ansatz, Frankfurt a.M.

Henniger, M. (1996): Der Einfluss der Information auf Einstellungen: Wissensbasierte Messung von Einstellungen, Frankfurt a.M. u.a.

Hentze, J. (1992): Personalpolitische Instrumente, in: Gaugler, E./ Weber, W. (Hrsg.): Handwörterbuch des Personalwesens, Stuttgart, 1992, Sp 1893-1910.

Herbst, D. (2002): E-Branding – Starke Marken im Netz, Berlin.

Herbst, D. (1998): Corporate Identity, Berlin.

Herbst, S./ Staufenbiel, J.E. (1999): Firmenspezifische Workshops als Rekrutierungsinstrument, in: Personalführung, Heft 4, S. 38-44.

Herman, R.E./ Gioia, J.L. (2001): Helping your Organization become an employer of choice, in: Employment Relations Today, Heft 2, S. 63-78.

Herrmann, A. (1998): Produktmanagement, München.

Herrmann, A./ Huber, F./ Braunstein, Ch. (2001): Gestaltung der Markenpersönlichkeit mittels der means-end-Theorie, in: Esch, F.-R. (Hrsg.): Moderne Markenführung, Wiesbaden, 2001, S. 103-133.

Hermanns, A./ Püttmann, M. (1993): Integrierte Marketing-Kommunikation, in: Berndt, R./ Hermanns, A. (Hrsg.): Handbuch Marketing-Kommunikation, Wiesbaden, 1993, S. 19-42.

Hermann, Ch. (1999): Die Zukunft der Marke: Mit effizienten Führungsentscheidungen zum Markenerfolg, Frankfurt a.M.

Hermanni, H.O. (1991): Das Unternehmen in der Öffentlichkeit: Effektive Wege der Selbstdarstellung, Ludwigshafen.

Hertle, Th. (2003): Die Marke ist ein Prozess, in: Markenartikel, Heft 2, S. 4-11 sowie S. 32-34.

Herzig, O.A. (1993): Markenbilder, Markenwelten: Neue Wege in der Imageforschung, Wien.

Hilb, M. (Hrsg.) (1995a): Personalmanagement auf dem Prüfstand: Praktiker kommentieren neueste Forschungsergebnisse, Zürich.

Hilb, M. (1995b): Einführung des Herausgebers, in: Hilb, M. (Hrsg.): Personalmanagement auf dem Prüfstand, Zürich, 1995, S. 3-10.

Hieronimus, F. (2003): Persönlichkeitsorientiertes Markenmanagement: Eine empirische Untersuchung zur Messung, Wahrnehmung und Wirkung der Markenpersönlichkeit, Frankfurt a.M.

Hinzdorf, T./ Priemuth, K./ Erlenkämper, St. (2003a): Employer Branding ist messbar, in: Personalwirtschaft, Heft 7, S. 48-50.

Hinzdorf, T./ Priemuth, K./ Erlenkämper, St. (2003b): Präferenzmatching zur Steuerung des Employer Branding, in: Personal, Heft 8, S.18-20.

Hirshleifer, J./ Riley, J.G. (1979): The Analytic of Uncertainty and Information – An Expository Survey, in: Journal of Economics Literature, 17. Jg., S. 1375-1421.

Hoch, D. (2002): Dynamische Einstellungsmessung: Eine methodenorientierte Analyse von Einstellungsänderungen mit empirischer Anwendung, Lohmar.

Höllmüller, H. (2002): Strategische Akquisition hochqualifizierter Nachwuchskräfte, Wiesbaden.

Höllmüller, M./ Schaeffer, I. (2002): Kooperation mit Hochschulen, in: Personal, Heft 3, S. 26-30.

Hölscher, A./ Hecker, A./ Hupp, O. (2003): Der Charakter der Marke, in: Markenartikel, Heft 4, S. 36-43.

Hofer, M. (2001): Unternehmenskultur als Schlüsselfaktor der Arbeitgeberattraktivität, in: Frankfurter Allgemeine Zeitung, Nr. 11, S. 65.

Holland, H. (2002): Direktmarketing, in: Pflaum, D. (Hrsg.): Lexikon der Werbung, München, 2002, S. 75-85.

Holtbrügge, D./ Rygl, D. (2002): Arbeitgeberimage deutscher Großunternehmen, in: Personal, Heft 10, S. 18-21.

Homburg, Ch./ Krohmer, H., (2003): Marketingmanagement: Strategie – Instrumente – Umsetzung – Unternehmensführung, Wiesbaden.

Homburg, Ch./ Schäfer, H. (2001): Strategische Markenführung in dynamischer Umwelt, in: Köhler, R. (Hrsg.): Erfolgsfaktor Marke, Wiesbaden, 2001, S. 157-173.

Hoyos, C.G. (Hrsg.) (1980): Grundbegriffe der Wirtschaftspsychologie: Gesamtwirtschaft, Markt, Organisation, Arbeit, München.

Huber, H. (1991): Strategische Marketing- und Imageplanung, Frankfurt a.m.

Huber, F./ Herrmann, A./ Peter, S. (2003): Ein Ansatz zur Stärkung der Markenstärke, in: ZfB, Heft 4, S. 345-370.

Huber, F./ Herrmann, A./ Weis, M. (2001): Markenloyalität durch Markenpersönlichkeit: Ergebnisse einer empirischen Studie im Automobilsektor, in: Marketing ZFP, Heft 1, S. 5-15.

Hummel, Th./ Wagner, D. (1996): Differentielles Personalmarketing, Stuttgart.

Hund, M. (1998): Neue Wege der Nachwuchsrekrutierung, in: Personal, Heft 8, S. 396-397.

Hunziker, P. (1973): Personalmarketing, Bern.

Hupp, O. (2002): Welchen Einfluss hat die Marke auf die Markenpräsens, in: Markenartikel, Heft 3, S. 102-106.

Hupp, O. (2001): Wie stark sind große Marken wirklich, in: Markenartikel, Heft 1, S. 20-22.

Hupp, O. (2000): Seniorenmarketing: Informations- und Entscheidungsverhalten, Hamburg.

Hupp, O./ Hofmann, J. (2003): Wann ist eine Marke eine starke Marke?, in: Markenartikel, Heft 1, S. 15-18.

Huwiler, J. (1992): Die Ideen des Marketings in den Personalbereich übertragen!, in: Management Zeitschrift, Heft 6, S. 50-52.

IfM, Bonn: Mittelstand – Definition und Schlüsselzahlen, online im Internet http://www. ifm-bonn. org/index.htm?/dienste/daten.htm vom 28.11.2005.

Irle, M. (Hrsg.) (1983): Marktpsychologie als Sozialwissenschaft, Göttingen u.a.

Irmscher, M. (1997): Markenwertmanagement: Aufbau und Erhalt von Markenwissen und – vertrauen im Wettbewerb. Eine informationsökonomische Analyse, Frankfurt a.M. u.a.

Jamrog, J.J. (2002): Current practices: The coming decade of the employee, in: Human Resource Planing, Heft 3, S. 5-11.

Jeck-Schlottmann, G. (1988): Werbewirkung bei geringem Involvement, Arbeitspapier Universität Saarbrücken.

Jenner, Th. (1999): Markenführung als Lernprozess, in: Harvard Business manager, Heft 5, S. 20-29.

Joha, J. (1969): Auch das „Personal-Image" eines Betriebes muß gepflegt werden, in: Personal, Heft 4, S. 1001-103.

Johannsen, U. (1971): Das Marken- und Firmen-Image: Theorie, Methodik, Praxis, Berlin.

Johnson, M. (2000): Kampf um die Besten: Wie Unternehmen den Wettbewerb um die Spitzenkräfte gewinnen, München u.a.

Joinson, C. (2002): Building and Boosting the Employer Brand, online im Internet http://www. shrm.org./emt/articles/02summercov.asp, 21.01.04.

Jordan, J. (2002): Branding zwischen Bullen und Bären, in: Markenartikel, Heft 5, S. 4-10.

Jostock, H. (1994): Markenpolitik und Direktmarketing, in: Bruhn, M. (Hrsg.): Handbuch Markenartikel, Stuttgart, 1994, S. 1109-1126.

Kaas, K.-P. (1995): Informationsökonomie, in: Tietz, B. (Hrsg.): Handwörterbuch des Marketing, Stuttgart, 1995, Sp. 971-981.

Kaas, K.-P. (1992): Kontraktgütermarketing als Kooperation zwischen Prinzipalen und Agenten, in: zfbf, Heft 2, S. 884-901.

Kaas, K.-P. (1990): Marketing als Bewältigung von Informations- und Unsicherheits-problemen im Markt, in: DBW, Heft 3, S. 539-548.

Kaas, K.-P./ Busch, A. (1996): Inspektions-, Erfahrungs- und Vertrauenseigenschaften von Produkten, in: Marketing, Heft 4, S. 243-252.

Kadel, P./ Marcucci, M. (1993): Gestaltungsmöglichkeiten des Personalmarketings, in: Personal, Heft 3, S. 136-139.

Kahlen, R. (2003): Die besten Arbeitgeber, in: Capital, S. 82-96.

Kanther, V. (2001): Facetten hybrieden Kaufverhaltens: Ein kausalanalytischer Erklärungs-ansatz auf Basis des Involvement-Konstrukts, Wiesbaden.

Kapferer, J.-N. (2000): Strategic Brand Management – Creating and Sustaining Brand Equity Long Term, London.

Kapferer, J.-N. (1992): Die Marke – Kapital des Unternehmens, Landsberg/ Lech.

Kaschube, J. (1994): Selbstselektion von Hochschulabsolventen: Wunsch und Realisierung, in: Rosenstiel, L.v./ Lang, T./ Sigi, E. (Hrsg.): Fach- und Führungsnachwuchs finden und fördern, Stuttgart, 1994, S. 188-201.

Kasper, H. (1990): Symbolisches Management, in: Bachinger, R. (Hrsg.): Unternehmens-kultur, Frankfurt, 1990, S. 19-25.

Katzensteiner, Th. (2002a): Gross ist gut, in: Wirtschaftwoche, Heft 49, S. 76-82.

Katzensteiner, Th. (2002b): Auf Nummer sicher, in: Wirtschaftwoche, Heft 49, S. 108-111.

Kebeck, G. (1997): Wahrnehmung. Theorien, Methoden und Forschungsergebnisse der Wahrnehmungspsychologie, Weinheim u.a.

Keller, K.L. (2001): Kundenorientierte Messung des Markenwerts, in: Esch, F.-R. (Hrsg.): Moderne Markenführung, Wiesbaden, 2001, S. 1059-1079.

Keller, K.L. (1993): Conceptualizing, Measuring and Managing Consumer-Based Brand Equity, in: Journal of Marketing, Heft 1, S. 1-22.

Kemper, A.Ch. (2000): Strategische Markenpolitik im Investitionsgüterbereich, Lohmar u.a.

Kern, K./ Scheer, A. (1999): Das Unternehmen in der Probezeit, in: Personalführung, Heft 2, S. 64-71.

Kiessling, W.F. (2000): Corporate Identity, Augsburg.

Kindervater, J. (2001): Die zunehmende Bedeutung von Dienstleistungsmarken, in: Köhler, R. (Hrsg.): Erfolgsfaktor Marke: Neue Strategien des Markenmanagements, Wiesbaden, 2001, S. 226-235.

Kirchgeorg, M. (2002): Aufbau und Gestaltung von Regionenmarken, in: Meffert, H./ Burmann, Ch. / Koers, M. (Hrsg.): Markenmanagement: Grundfragen der identitätsorientierten Markenführung, Wiesbaden, 2002, S. 375-401.

Kirchgeorg, M. (1995): Zielgruppenmarketing, in: Thexis, Heft 3, S. 20-26.

Kirchgeorg, M./ Grobe, E. (2003): Corporate Attractive Index 2003, Executice Summary, Arbeitspapier Handelshochschule Leipzig.

Kirchgeorg, M./ Lorbeer, A. (2002): Was erwarten Nachwuchstalente von Arbeitgebern?, in: Personalwirtschaft, Heft 6, S. 6-10.

Kirmani, A./ Wright, P. (1989): Money Talks: Perceived Advertising Expence and Expected Product Quality, in: Journal of Consumer Research, Heft 16, S. 344-353.

Kleb, Th./ Schwedes, F. (2002): Modernes Personalmarketing: Wege zur erfolgreichen Rekrutierung, in: Personal, Heft 10, S. 6-10.

Kleinaltenkamp, M. (1992): Investitionsgüter-Marketing aus informationsökonomischer Sicht, in: zfbf, Heft 9, S. 809-829.

Klinkenberg, U. (1994): Persönlichkeitsmerkmale in Stellenanzeigen für qualifizierte Fach- und Führungskräfte: Eine Überprüfung ihrer Verwendung sowie der Selektion- und Akquisitionseffektivität, in: Zeitschrift für Personalforschung, Heft 4, S. 401-418.

Knoblauch, R. (2002): Personalakquisition, in: Bröckermann, R./ Pepels, W. (Hrsg.): Personalmarketing, Stuttgart, 2002, S. 56-70.

Knoblauch, R. (2001): Personalimage-Anzeigen, in: Pepels, W. (Hrsg.): Erfolgreiche Personalwerbung, 2001, S. 131-152.

Knoblich, H./ Esch, F.-R. (2001): Image, in: Diller, H. (Hrsg.): Vahlens großes Marketing-lexikon, München, 2001, S. 627.

Koch, S./ Martina, D. (2003): Die HR-Berichterstattung der DAX 30-Unternehmen, in: Personalführung, Heft 11, S. 66-70.

Köchling, A.C. (2000): Bewerberorientierte Personalauswahl: ein effektives Instrument des Personalmarketing, Frankfurt a.M. u.a.

Köhler, R. (Hrsg.) (2001a): Erfolgsfaktor Marke: neue Strategien des Markenmanagements, Wiesbaden.

Köhler, R. (2001b): Erfolgreiche Markenpositionierung angesichts zunehmender Zersplitterung von Zielgruppen, in: Köhler, R. (Hrsg.): Erfolgsfaktor Marke, Wiesbaden, 2001, S. 45-61.

Köhler, R. (1994): Tendenzen des Markenartikels aus der Perspektive der Wissenschaft, in: Bruhn, M. (Hrsg.): Handbuch Markenartikel, Stuttgart, 1994, S. 2061-2090.

Kölling, A. (2001): Fachkräftebedarf und unbesetzte Stellen – Ergebnisse des IAB-Betriebspanels 2000, in: Personal, Heft 9, S. 512-517.

Kolter, E.R. (1991): Strategisches Personalmarketing an Hochschulen: Ergebnisse eines Dreiländervergleichs, München.

Kompa, A. (1990): Gestaltung von Unternehmenskultur – eine neue Chance oder eine neue Gefahr?, in: Bachinger, R. (Hrsg.): Unternehmenskultur, Frankfurt a.M., 1990, S. 40-51.

Koppelmann, U. (2001): Produktmarketing: Entscheidungsgrundlage für Produktmanager, Berlin u.a.

Koppelmann, U. (1994): Funktionsorientierter Erklärungsansatz der Markenpolitik, in: Bruhn, M. (Hrsg.): Handbuch Markenartikel, Stuttgart, 1994, S. 219-238.

Koschnick, W.J. (1997): Enzyklopädie des Marketing, Stuttgart.

Kotler, Ph./ Bliemel, F. (2001): Marketing-Management: Analyse, Planung und Verwirklichung, Stuttgart.

Kowalewski, R./ Ruess, A. (1991): Spaß muss sein, in: Wirtschaftswoche, Heft 19, S. 46-63.

Krahe, A. (2001): Ein Weg zu den Talenten, in: Personal, Heft 2, S. 101-105.

Kranz, M. (2004): Die Relevanz der Unternehmensmarke: Ein Beitrag zum Markenmanagement bei unterschiedlichen Stakeholdern, Frankfurt a.M.

Kranz, M. (2002): Markenbewertung – Bestandsaufnahme und kritische Würdigung, in: Meffert, H./ Burmann, Ch./ Koers, M. (Hrsg.): Markenmanagement, Wiesbaden, 2002, S. 428-457.

Krauß, D./ Kurtz, H.-J. (1986): Informationswünsche von Bewerbern – Informationsverhalten von Unternehmen, in: Personal, Heft 9, S. 380-385.

Kreller, P. (2000): Einkaufsstättenwahl von Konsumenten: ein präferenztheoretischer Erklärungsansatz, Wiesbaden.

Kressmann, F./ Herrmann, A./ Huber, F./ Magin, St. (2003): Dimensionen der Markenein-stellung und ihre Wirkung auf die Kaufabsicht, in: DBW, Heft 4, S. 401-418.

Kroeber-Riel, W./ Weinberg, P. (2003): Konsumentenverhalten, München.

Kroeber-Riel, W./ Esch, F.-R. (2000): Strategie und Technik der Werbung: verhaltenswis-senschaftliche Ansätze, Stuttgart u.a.

Kroehl, H. (2000): Corporate Identity als Erfolgskonzept im 21. Jahrhundert, München.

Kröher, M.O.R. (2007): Gute Nachbarn, in: managermagazin, Heft 2, S. 76-84.

Kuß, A./ Tomczak, T. (2004): Marketingplanung: Einführung in die marktorientierte Unter-nehmens- und Geschäftsfeldplanung, Wiesbaden.

Kuß, A. (1993): Das Konsumentenverhalten, in: Berndt, R./ Hermanns, A. (Hrsg.): Hand-buch Marketing-Kommunikation, Wiesbaden, 1993, S. 169-190.

Kuß, A. (1987): Information und Kaufentscheidung: Methoden und Ergebnisse empirischer Konsumentenforschung, Berlin u.a.

Langner, T. (2003): Integriertes Branding: Baupläne zur Gestaltung erfolgreicher Marken, Wiesbaden.

Langner, T./ Esch, F.-R. (2003): In sechs Schritten zum erfolgreichen Branding, in: absatz-wirtschaft, Heft 7, S. 48-51.

Lassoga, F. (1998): Emotionale Anzeigen und Direktwerbung im Investitionsgüterbereich: Eine explorative Studie zu den Einsatzmöglichkeiten von Erlebniswerten in der Investitionsgüterwerbung, Frankfurt a.M. u.a.

Lee, D. (2004a): How to Build a Compelling Employer Brand, online im Internet http://www. shaker.com/in/howbrand.html, 21.01.04.

Lee, D. (2004b): Building a Compelling Employer Brand – Part 2: Your Default Brand, online im Internet http://www.shaker.com/in/buildpart2.html, 21.01.04.

Lee, D. (2002): The True Power of a Magnatic Employer Brand, online im Internet http://www.humannatureatwork.com/Magnetic-Employer-Branding.htm, 21.01.04.

Leitherer, E. (1994): Geschichte der Markierung und des Markenwesens, in: Bruhn, M. (Hrsg.): Handbuch Markenartikel, Stuttgart, 1994, S. 135-152.

Leitl, M./ Rust, H./ Schmalholz, C.G. (2001): Ohne frische Talente sehen Sie ziemlich alt aus, in: managermagazin, Heft 10, S. 263-285.

Lentz, B. (1997): Die junge Manager-Elite, in: Capital, Heft 6, S. 50-65.

Lentz, B. (1991): Kippe mit Kultur, in: Capital, Heft 7, S. 170-172.

Lentz, B. (1989): Manager von morgen, in: managermagazin, Heft 9, S. 254-271.

Lentz, B./ Plüskow, H.-J.v. (1991): Mehr Spaß, mehr Freiraum, mehr Perspektiven, in: Capital, Heft 8, S. 84-97.

Leven, W. (1995): Imagery-Forschung, in: Tietz, B. (Hrsg.): Handwörterbuch des Marketing, Stuttgart, 1995, Sp. 928-942.

Levering, R./ Moskowitz, M. (2002): America's 100 best companies to work for, in: FORTUNE, February 4, S. 43-50.

Levering, R./ Moskowitz, M. (2001): The 100 best companies to work for, in: FORTUNE, January 8, S. 149-168.

Levering, R./ Moskowitz, M. (2000): The 100 best companies to work for, in: FORTUNE, January 10, S. 52-63.

Levering, R./ Moskowitz, M. (1998): The 100 Best Companies to work for in America, in: FORTUNE, January 12, S. 26-35.

Levermann, Th. (1995): Expertensystem zur Beurteilung von Werbestrategien, Wiesbaden.

Lieber, B. (1995): Personalimage: Explorative Studien zum Image und zur Attraktivität von Unternehmen als Arbeitgeber, München.

Lindner, Ch./ Zauner, M. (1991): Hochschulmarketing für Frauen, in: Personalwirtschaft, Heft 11, S. 23.

Link, J. (2001): Direktmarketing, in: Diller, H. (Hrsg): Vahlens großes Marketinglexikon, München, 2001, S. 308-310.

Linxweiler, R. (2001): BrandScoreCard: Ein neues Instrument erfolgreicher Markenführung, Groß-Umstadt.

Low, G.S./ Fullerton, R.A. (1994): Brands, Brand Management, and the Brand Manager System: A Critical-Historical Evaluation, in: Journal of Marketing Research, Heft 4. S. 173-190.

Ludwig, W.F. (2000): Branding erobert auch die Investitionsgüterindustrie, in: Markenartikel, Heft 2, S. 16-25.

Lütgenbruch, U. (2001): Kampf um Talente: Führungskräfte finden, fördern, binden, München.

Lutje, F. (2002): Employer Branding bei Siemens, in: Personalwirtschaft, Heft 2, S. 19-22.

Lynn, M. (2000): Your strategy for the talent war, in: Management Today, Heft 10, S. 106-111.

Macharzina, K. (1992): Personalpolitik, in: Gaugler, E./ Weber, W. (Hrsg.): Handwörterbuch des Personalwesens, Stuttgart, 1992, Sp. 1780-1797.

Mai, J. (1997): Eine Klasse für sich, in: wirtschaftswoche, Heft 33, S. 48-50.

Marmarchev, S. (2004): Keeping the Cornerstone of your Organization – Employer Branding is an Necessity in an Economic Slowdown, online im Internet http://www. inwardconsulting. com/docs/employer-branding.pdf, 24.01.04.

Maretzki, J./ Wildner, R. (1994): Messung von Markenkraft, in: Markenartikel, Heft 3, S. 101-105.

Martin, M. 2002: Mediengerechte Kommunikationspolitik: Best Practice für Print, Radio, TV und Internet, München.

Martinez, M.N. (2000): Winning ways to recruit, in: HRMagazine, Heft 6, S. 56-64.

Matthes, N./ Sammet, S. (2000): Der Ruf der weiten Welt, in: Focus, Heft 30, S. 162-166.

Matzler, K. (1997): Kundenzufriedenheit und Involvement, Wiesbaden.

Mayer, A./ Mayer, R.U. (1987): Imagetransfer, Hamburg.

Mayer, H./ Illmann, T. (2000): Markt- und Werbepsychologie, Stuttgart.

McKenna, T. (2003): People are our greatest asset!, in: National Petroleum News, Heft 5, S. 19.

McShulskis, E. (1996): Employer of choice in tough labor market, in: HRMagazine, Heft 7, S. 18-20.

Meffert, H. (2002): Marken sind auch Zukunftsinvestitionen, in: Markenartikel, Heft 3, S. 74-75.

Meffert, H. (2001): Marke vor Medium, in: Markenartikel, Heft 5, S. 8-13.

Meffert, H. (2000): Marketing: Grundlagen marktorientierter Unternehmensführung, Wiesbaden.

Meffert, H. (1994a): Markenführung in der Bewährungsprobe, in: Markenartikel, Heft 10, S. 478-481.

Meffert, H. (1994b): Entscheidungsorientierter Ansatz, in: Bruhn, M. (Hrsg.): Handbuch Markenartikel, Stuttgart, 1994, S. 173-198.

Meffert, H. (1992): Strategien zur Profilierung von Marken, in: Dichtl, E./ Eggers, W. (Hrsg.): Marke und Markenartikel als Instrument des Wettbewerbs, Mannheim, 1992, S. 130-156.

Meffert, H./ Bierwirth, A. (2002): Corporate Branding – Führung der Unternehmensmarke im Spannungsfeld unterschiedlicher Zielgruppen, in: Meffert, H./ Burmann, Ch. / Koers, M. (Hrsg.): Markenmanagement, Wiesbaden, 2002, S. 181-200.

Meffert, H./ Bierwirth, A. (2001): Stellenwert und Funktionen der Unternehmensmarke – Erklärungsansätze und Implikationen für das Corporate Branding, in: Thexis, Heft 4, S. 5-11.

Meffert, H./ Burmann, Ch. (2002): Markenbildung und Markenstrategien, in: Albers, S./ Herrmann, A. (Hrsg.): Handbuch Produktmanagement, Wiesbaden, 2002, S. 167-187.

Meffert, H./ Burmann, Ch. (1996): Identitätsorientierte Markenführung, in: Markenartikel, Heft 8, S. 373-380.

Meffert, H./ Giloth, M. (2002): Aktuelle markt- und unternehmensbezogene Herausforderungen an die Markenführung, in: Meffert, H./ Burmann, Ch./ Koers, M. (Hrsg.): Markenmanagement, Wiesbaden, 2002, S. 99-134.

Meffert, H./ Schürmann, U. (1994): Erfolgsfaktoren der Markenkommunikation im Produktlebenszyklus, in: Bruhn, M. (Hrsg.): Handbuch Markenartikel, Stuttgart, 1994, S. 985-1008.

Meffert, H./ Burmann, Ch./ Koers, M. (Hrsg.) (2002a): Markenmanagement: Grundfragen der identitätsorientierten Markenführung, Wiesbaden.

Meffert, H./ Burmann, Ch./ Koers, M. (2002b): Stellenwert und Gegenstand des Markenmanagements, in: Meffert, H./ Burmann, Ch./ Koers, M. (Hrsg.): Markenmanagement, Wiesbaden, 2002, S. 3-15.

Meffert, H./ Twardawa, W./ Wildner, R. (2001): Aktuelle Trends im Verbraucherverhalten: Chance oder Bedrohung für die Markenartikel?, in: Köhler, R. (Hrsg.): Erfolgsfaktor Marke: neue Strategien des Markenmanagements, Wiesbaden, 2001, S. 1-21.

Meier, M. (1999): Erfolgreiche Personalstrategien für mittelständische Betriebe, in: Personalführung, Heft 10, S. 16-18.

Mell, H. (1992): Die erfolgreiche Bewerberansprache, in: Strutz, H. (Hrsg.): Strategien des Personalmarketing: Was erfolgreiche Unternehmen besser machen, Wiesbaden, 1992, S. 81-90.

Mellerowicz, K. (1963): Markenartikel. Die ökonomischen Gesetze ihrer Preisbildung und Preisbindung, München u.a.

Mengen, A. (1993): Konzeptgestaltung von Dienstleistungsprodukten, Stuttgart.

Merbold, C. (1994): Unternehmen als Marken, in: Bruhn, M. (Hrsg.): Handbuch Markenartikel, Stuttgart, 1994, S. 105-120.

Methner, H./ Gebert, A. (Hrsg.) (1990): Psychologen gestalten die Zukunft: Anforderungen und Perspektiven, Bonn.

Meyer, J.-A. (1995): Public Relations, in: Tietz, B. (Hrsg.): Handwörterbuch des Marketing, Stuttgart, 1995, Sp. 2195-2203.

Meyer, A./ Brauer, W. (1994): Handelsbetriebe als Marke, in: Bruhn, M. (Hrsg.): Handbuch Markenartikel, Stuttgart, 1994, S. 1617-1630.

Meyer, A./ Schwartz, D. (1994): Markenpolitik und Kundenservicepolitik, in: Bruhn, M. (Hrsg.): Handbuch Markenartikel, Stuttgart, 1994, S. 1189-1200.

Möller, R. (1987): Auf der Suche nach hochqualifiziertem Personal, in: Personalwirtschaft, Heft 7, S. 293-297.

Moll, M. (1992a): Beim Hochschulmarketing Zielgruppen anvisieren, in: Personalwirtschaft, Heft 7, S. 32-33.

Moll, M. (1992b): Zielgruppenorientiertes Personalmarketing: Key-University-Strategien, München.

Morschett, D. (2002): Retail Branding und Integriertes Handelsmarketing: eine verhaltenswissenschaftliche und wettbewerbsstrategische Analyse, Wiesbaden.

Moser, K. (1992): Personalmarketing: Eine Einführung, München.

Moser, K. (1990): Neue Ergebnisse zum Personalmarketing, in: Methner, H./ Gebert, A. (Hrsg.): Psychologen gestalten die Zukunft, Bonn, 1990, S. 427-450.

Moser, K./ Grabarkiewicz, R. (1999): Die Darstellung unternehmenskultureller Werte in visuellen Elementen von Stellenanzeigen, in: zfo, Heft 1, S. 16-19.

Moser, K./ Stehle, W./ Schuler, H. (1993): Personalmarketing – Beiträge zur Organisationspsychologie, Göttingen u.a.

Moskowitz, M./ Levering, R. (2003): 10 great companies to work for, in: FORTUNE, January 20, S. 27-43.

Müller-Örlinghausen, J./ Hies, M. (2004): Was machen die Besten anders?, in: Personalwirtschaft, Heft 11, S. 37-39.

Müller-Örlinghausen, J./ Schäfer, K. (2005): Mit Marke bei Bewerbern punkten, in: Personalwirtschaft, Heft 9, S. 40-42.

Mühlbacher, H. (1982): Selektive Werbung, Linz.

Mühlbauer, K. (1999): Messeauftritte als Instrument für das Personalmarketing, in: Personalführung, Heft 10, S. 26-31.

Müller, H. (2000): Planet der Alten, in: managermagazin, Heft 12, S. 266-277.

Müller, H.J. (1999): Botschaften für die neuen Gewinner – Kommunikative Probleme und Möglichkeiten beim Rekrutieren von High-Potentials, in: Thiele, A./ Eggers, B. (Hrsg.): Innovatives Personalmarketing für high-potentials, Göttingen, 1999, S. 151-168.

Musiol, K.G. (2002): Marken – allgegenwärtig in unserer Gesellschaft, in: Markenartikel, Heft 3, S. 68-70.

Muth, C. (2000): Über die Geburt und Erziehung von Marken, in: Horizont, Heft 30, S. 24-25.

Nawrocki, J. (1992): Personalwerbung heißt heute und in Zukunft: „Bitte bewerben Sie sich bei Ihren potentiellen Mitarbeiterinnen und Mitarbeitern ...", in: Strutz, H. (Hrsg.): Strategien des Personalmarketing, Wiesbaden, 1992, S. 63-80.

Nelson, Ph. (1976): The Economics of Hones Trade Practice, in: The Journal of Industrial Economics, Heft 24, S. 281-293.

Nelson, Ph. (1974): Advertising as Information, in: Journal of Political Economy, Heft 82, S. 729-754.

Nelson, Ph. (1970): Information and Consumer Behavior, in: Journal of Political Economy, Heft 78, S. 311-329.

Nerdinger, F.W. (1994): Selbstselektion von potenziellen Führungsnachwuchskräften, in: Rosenstiel, L.v./ Lang, Th./ Sigl, E. (Hrsg.): Fach- und Führungsnachwuchs finden und fördern, Stuttgart, 1994, S. 5-38.

Nerdinger, F.W./ Baasner, R. (2002): Erwartungen von Informatik-Studenten an ihren künftigen Arbeitgeber, in: Personal, Heft 10, S. 51-54.

Neuhaus, Ch. (2002): Prickelnde Unternehmenskultur, in: HR-Today, Heft 3, S. 18.

Niedenhoff, H.-U. (1983): Anforderungen an die unternehmerische Selbstdarstellungs- und Informationspolitik, in: Personal, Heft 6, S. 210-214.

Nieschlag, R./ Dichtl, E./ Hörschgen, H. (2002): Marketing, Berlin.

Nilgens, U./ Eggers, B./ Ahlers, F. (1996): Strategisches Personalmarketing an Hochschulen, in: Hummel, Th./ Wagner, D. (Hrsg.): Differentielles Personalmarketing, Stuttgart, 1996, S. 131-158.

Oelsnitz, D.v.d. (1998): Vor allem eine Frage der Glaubwürdigkeit, in: Markenartikel, Heft 2, S. 25-28.

Ohrhallinger, G./ Schönleiter, E. (1990): Strategisches Personalmanagement versus Wachstumsbremse Personal, in: Personal, Heft 2, S. 64-68.

Olesch, G. (2001): Erfolgreiche Mitarbeiter durch Unternehmenskultur, in: Personal, Heft 8, S. 458-461.

Olesch, G. (2000): Personalmarketing zur Gewinnung und Bindung von Ingenieuren, in: Personal, Heft 6, S. 285-289.

Paul, G. (1989): Zur Bedeutung von tätigkeitsfeldorientierten Informationen und Entscheidungshilfen im Studien- und Berufswahlprozess, Mannheim.

Pepels, W. (2001a): Kommunikations-Management: Marketing-Kommunikation vom Briefing bis zur Realisation, Stuttgart.

Pepels, W. (Hrsg.) (2001b): Erfolgreiche Personalwerbung in Medien, München u.a.

Pepels, W. (1998): Produktmanagement: Produktinnovation, Markenpolitik, Programmplanung, Prozessorganisation, München.

Performance Management Forum (2002): Employer branding stands out from the crowd, in: M2 Presswire, 25.06.02, S. 1.

Petkovic, M. (2004): Geschickte Markenpolitik, in: Personal, Heft 4, S. 6-9.

Pett, J./ Kriegler, W.R. (2007): Ein Leuchtfeuer entzünden und andere überstrahlen, in: Personalwirtschaft, Heft 5, S. 18-22.

Pflaum, D. (2002): Lexikon der Werbung, München.

Picot, A./ Dietl, H./ Franck, E. (1999): Organisation: Eine ökonomische Perspektive, Stuttgart.

Pierce-Cooke, Ch. (2003): Because Leadership Branding Matters, online im Internet http:// www.right.com/Global/includes/pdfs/Because-Leadershi-Branding-Matters.pdf, 24.01.04

Pietschmann, B.P./ Bell, Ch. (1999): Das Personal als Unique Selling Position, in: Personal, Heft 4, S. 176-180.

Plogmann, F./ Groß-Heitfeld, R. (1992): Banking is people – das Selbstverständliche als große Herausforderung, in: Sparkasse, Heft 5, S. 221-226.

Poe, A.C. (2000): Face value, in: HRMagazine, Heft 5, S. 60-68.

Poppe, D./ Bartscher, T.R. (1990): Hochschulmesse erfolgreiche Personalwerbung, in: Personalwirtschaft, Heft 12, S. 26-29.

Power, D.J./ Aldag, R.J. (1985): Soelberg´s Job Search and Choice Model: A Clarification Review and Critique, in: Academy of Management Review, Heft 1, S. 48-58.

Pradel, M. (2001): Dynamisches Kommunikationsmanagement: Optimierung der Marketingkommunikation als Lernprozess, Wiesbaden.

Pratt, J./ Zeckhauser, R.J (Hrsg.) (1985): Principals and agents: The structure of business, Boston.

Raffée, H. (1974): Grundprobleme der Betriebswirtschaftslehre, Göttingen.

Raffée, H./ Wiedmann, K.-P./ Jugel, St. (1987): Wir-Gefühl im Büro, in: absatzwirtschaft, Heft 47, S. 96-103.

Raisig, G.J. (1991): Die Ehre des Bewerbers, in: Personalführung, Heft 12, S. 896-200.

Rankin, M.J. (2000): Winning the war for talent: How to become an employer of choice, in: Trusts&Estates, Heft 4, S. 54-57.

Rappensberger, G./ Schramm, F./ Wittmann, A. (1994): Karriereorientierung von Hochschulabsolventen, in: Personal, Heft 12, S. 588-593.

Rastetter, D. (1996): Personalmarketing, Bewerberauswahl und Arbeitsplatzsuche, Stuttgart.

Rauscher, B. (2007): Den Bauch der Bewerber ansprechen, in: Personalwirtschaft, Heft 9, S. 50-53.

Regenthal, G. (2003): Ganzheitliche Corporate Identity: Form, Verhalten und Kommunikation erfolgreich gestalten, Wiesbaden.

Regenthal, G. (1996): Identity & Image: Praxishilfen für den Umgang mit Corporate Identity, Köln.

Reich, F. (1995): Personalmarketing im Straßengütertransportgewerbe: Arbeitgeberimage, Personalrekrutierungsstrategien und Sozialleistungsangebot, Wiesbaden.

Reich, K.-H. (1993): Personalmarketing-Konzeption, in: Strutz, H. (Hrsg.): Handbuch Personalmarketing, Wiesbaden, 1993, S. 164-177.

Reich, K.-H. (1992): Der Einsatz von Marketinginstrumenten im Personalbereich, in: Strategien des Personalmarketing, Wiesbaden, 1992, S. 13-28.

Reinberg, A./ Hummel, M. (2003): Steuert Deutschland auf einen massiven Fachkräftemangel zu?, in: Personalführung, Heft 6, S. 38-50.

Richter, M./ Werner, G. (1998): Marken im Bereich Dienstleistungen: Gibt es das überhaupt?, in: Tomczak, T./ Schögel, M./ Ludwig, E. (Hrsg.): Markenmanagement für Dienstleistungen, St. Gallen, 1998, S. 24-35.

Riedl, J. (1995): Strategie und Personal: Ansätze zur Personalorientierung der strategischen Unternehmensführung, Wiesbaden.

Rieger, B. (1990): Erfolgsfaktoren der Markenimagebildung, in: Markenartikel, Heft 5, S. 244-248.

Riel, C.B.M.v. (2001): Corporate Branding Management, in: Thexis, Heft 4, S. 12-16.

Ries, A./ Ries, L. (1999): Die 22 unumstößlichen Gebote des Branding, München, u.a.

Rippel, K. (1973): Grundlagen des Personal-Marketing, Rinteln.

Risch, S./ Sommer, Ch. (1996): ...und raus bist du!, in: managermagazin, Heft 5, S. 220-229.

Ritson, M. (2002): Marketing and HR colloborate to harness employer brand power, in: Marketing, 24.10.02, S. 18.

Ritterhoff, K. (2003): Positives Arbeitgeberimage durch Personal-PR, in: Personalwirtschaft, Heft 1, S. 43-46.

Rogge, H.-J. (1994): Markenpolitik und Mediawerbung, in: Bruhn, M. (Hrsg.): Handbuch Markenartikel, Stuttgart, 1994, S. 1009-1032.

Rooney, J.A. (1995): Branding: A trend for today and tomorrow, in: The Journal of Product and Brand Management, Heft 4, S. 48-56.

Rosenstiel, L.v. (1993): Wertekonflikt beim Berufseinstieg. Eine Längsschnittstudie an Hochschulabsolventen, in: Rosenstiel, L.v./ Dyarrhazadeh, M./ Einsiedler, H.E./ Streich, R.K. (Hrsg.): Wertewandel: Herausforderungen für die Unternehmenspolitik in den 90er Jahren, Stuttgart, 1993, S. 333-351.

Rosenstiel, L.v./ Nerdinger, F.W. (1999): Die Relevanz des Wertewandels für die Gestaltung eines personalorientierten Wertewandels, in: Bruhn, M. (Hrsg.): Internes Marketing: Integration der Kunden- und Mitarbeiterorientierung, Wiesbaden, 1999, S. 316-329.

Rosenstiel, L.v./ Lang, Th./ Sigl, E. (Hrsg.) (1994): Fach- und Führungsnachwuchs finden und fördern, Stuttgart.

Rossiter, J.R./ Percy, L. (2001): Aufbau und Pflege von Marken durch klassische Kommunikation, in: Esch, F.-R. (Hrsg.): Moderne Markenführung, Wiesbaden, 2001, S. 523-537.

Ruch, W. (2002): Creating corporate value through Employer Branding, in: ACC Network, Heft 13, S. 3-6.

Rudolph, Th./ Schweizer, M. (2002): Wer Gutes tut, spreche darüber, in: HR-Today, Heft 3, S. 10.

Rudolph, Th./ Schweizer, M./ Knaus, A. (2002): The Retailers' Struggle in the Battle for Talent, in: European Retail Digest, Heft 34, S. 14-19.

Rühl, M. (1993): Images – ein symbolischer Mechanismus der öffentlichen Kommunikation zur Vereinfachung unbeständiger Public Relations, in: Armbrecht, W./ Avenarius, H./ Zabel, U. (Hrsg.): Image und PR: Kann Image Gegenstand einer Public Relations-Wissenschaft sein?, 1993, S. 55-72.

Ruge, H.-D. (2001): Aufbau von Markenbildern, in: Esch, F.-R. (Hrsg.): Moderne Markenführung, Wiesbaden, 2001, S. 165-184.

Ruge, H.-D. (1988): Das Image-Differential: ein neues Messinstrument für die bildbetonte Marketing-Kommunikation, Arbeitspapier Universität Paderborn.

Rüschen, G. (1994): Ziele und Funktionen des Markenartikels, in: Bruhn, M. (Hrsg.): Handbuch Markenartikel, Stuttgart, 1994, S. 121-134.

Rust, H. (2002): Wohin wechseln?, in: managermagazin, Heft 3, S. 214-224.

Rust, H. (2000): Kampf um die Besten, in: managermagazin, Heft 4, S. 241-261.

Rustemeyer, R. (1992): Die Wechselwirkung von Produktimage und Selbstdarstellung der Konsumenten: Zur Perspektive der Psychologie, in; Faulstich, W. (Hrsg.): Image, Imageanalyse, Imagegestaltung, Lüneburg, 1992, S. 64-103.

Sammet, St. (2002): Vom Campus in die Job-Wüste?, in: Focus, Heft 43, S. 210-214.

Sander, M. (1994): Die Bestimmung und Steuerung des Werts von Marken: Eine Analyse aus Sicht des Markeninhabers, Heidelberg.

Sattler, H. (2002): Markenbewertung, in: Albers, S./ Herrmann, A. (Hrsg.): Handbuch Produktmanagement, Wiesbaden, 2002, S. 221-240.

Sattler, H. (2001): Markenpolitik, Stuttgart u.a.

Sauder, G. (1990): Beschaffungsmarketing im Ausbildungsbereich, in: Personalführung, Heft 2, S. 96-102.

Schade, Ch./ Scott, E. (1993): Kontraktgüter im Marketing, in: Marketing ZfP, Heft 1, S. 15-25.

Schäfer, A. (2003): Feuerpause, in: Wirtschaftspause, Heft 3, S. 59-60.

Sebastian, K.-H. (1987): Der Wettbewerb um die Besten, in: Gabler Magazin, Heft 8, S. 35-39.

Sebastian, K.-H./ Tacke, G. (1990): Der Nachwuchs stellt Ansprüche, in: absatzwirtschaft, Heft 1, S. 84-86.

Sebastian, K.-H./ Simon, H./ Tacke, G. (1988): Was motiviert den Führungsnachwuchs?, in: Personalführung, Heft 12, S. 999-1004.

Seidl, H. (1990): So springt man mit Bewerbern um, in: Personalwirtschaft, Heft 2, S. 30-32.

Scheltwort, S. (2004): Ein Job fürs Leben, in: Junge Karriere, Heft 11, S. 18-30.

Schleusener, M. (2002): Identitätsorientierte Markenführung bei Dienstleistungen, in: Meffert, H./ Burmann, Ch./ Koers, M. (Hrsg.): Markenmanagement: Grundfragen der identitätsorientierten Markenführung, Wiesbaden, 2002, S. 263-290.

Schmalensee, R. (1978): A Model of Advertising and Product Quality, in: Journal of Political Economy, Heft 3, S. 485-503.

Schmidbauer (1975): Personal-Marketing, Essen.

Schmidt, H.-J. (2001): Markenmanagement bei erklärungsbedürftigen Produkten, Wiesbaden.

Schmidt, K. (2003): Inclusive Branding, München.

Schmidt, K. (1999): Zurück zum Markterfolg, in: HORIZONTmagazin, Heft 3, S. 74-76.

Schmidt, I./ Elßer, St. (1992): Die Rolle des Markenartikels im gesamtwirtschaftlichen System, in: Dichtl, E./ Eggers, W. (Hrsg.): Marke und Markenartikel als Instrument des Wettbewerbs, München, 1992, S. 47-69.

Schmidtke, C. (2002): Signalling im Personalmarketing: Eine theoretische und empirische Analyse des betrieblichen Rekrutierungserfolgs, München.

Schmitt-Siegel, H.M. (1990): Erst Identifikation schafft Motivation, in: Bachinger, R. (Hrsg.): Unternehmenskultur: Ein Weg zum Markterfolg, Frankfurt, 1990, S. 60-71.

Schmutte, B. (2000): Der Wettbewerb um die High Potentials, in: Personalführung, Heft 2, Sonderheft, S. 28-33.

Schneider, B. (1995): Personalbeschaffung: Eine vergleichende Betrachtung von Theorie und Praxis, Frankfurt a.M. u.a.

Schneider, Ch. (1997): Präferenzbildung bei Qualitätsunsicherheit: Das Beispiel Wein, Berlin.

Schneider, D.J.G. (1989): Corporate Identity, Corporate Culture und Corporate Image als strategische Erfolgsfaktoren, in: Marktforschung & Management, Heft 4, S. 103-109.

Schneider, H. (2002): Identitätsorientierte Markenführung in der Politik, in: Meffert, H./ Burmann, Ch. / Koers, M. (Hrsg.): Markenmanagement: Grundfragen der identitätsorientierten Markenführung, Wiesbaden.

Schöbitz, E. (1986): Die Angst vor der großen Langeweile, in: managermagazin, Heft 7, S. 174-176.

Schölling, M. (2000): Informationsökonomische Markenpolitik: zur Bedeutung der Informationsökonomie für die Markenpolitik von Herstellern, Frankfurt a.M.

Scholz, Ch. (2000a): Personalmanagement: informationsorientierte und verhaltensorientierte Grundlagen, München.

Scholz, Ch. (2000b): Personalarbeit im IT-Bereich: Erfolgskritische Aktionsfelder, in: Wirtschaftsinformatik, Sonderheft, S. 14-23.

Scholz, Ch. (1999): Personalmarketing für High-Potentials: Über den Umgang mit Goldfischen und Weihnachtskarpfen, in: Thiele, A./ Eggers, B. (Hrsg.): Innovatives Personalmarketing für high-potentials, Göttingen, 1999, S. 27-38.

Scholz, Ch. (Hrsg.) (1995): Strategisches Personalmanagement: Konzeption und Realisation, Stuttgart.

Scholz, Ch. (1992): Personalmarketing: Wenn Mitarbeiter heftig umworben werden, in: Harvard Manager, Heft 1, S. 94-102.

Scholz, Ch. (1987): Strategisches Management: Ein integrativer Ansatz, Berlin u.a.

Scholz, M./ Schlegel, D. (1993): Zum Image der Banken, in: Uni – Perspektiven für Beruf und Arbeitsmarkt, Heft 13, S. 56-61.

Scholz, Ch./ Gazdar, K. (2007): Verantwortung doppelt ernst nehmen, in: Personalwirtschaft, Heft 5, S. 35-37.

Schreiber, H. (1994): Unternehmensimage und Personalmarkt, in: Versicherungswirtschaft, Heft 10, S. 617-620.

Schröder, B./ Steiner, A. (1999): Wenig Aufwand, große Wirkung, in: Personalwirtschaft, Heft 12, S. 46-49.

Schuchart, S. (1989): Große Freiheit, in: Capital, Heft 1, S. 133-136.

Schuler, H. (1994): Selektion und Selbstselektion durch das Multimodale Interview, in: Rosenstiel, L.v./ Lang, Th./ Sigl, E. (Hrsg.): Fach- und Führungsnachwuchs finden und fördern, Stuttgart, 1994, S. 97-134.

Schuler, H./ Moser, K. (1993): Entscheidung von Bewerbern, in: Moser, K./ Stehle, W./ Schuler, H. (Hrsg.): Personalmarketing, Göttingen, 1993, S. 51-75.

Schulz, F. (1997): Der Beitrag des Involvementkonstrukts zur Erklärung des Konsumentenverhaltens beim Kauf von Rindfleisch, Frankfurt a.M. u.a.

Schulz, R./ Brandmeyer, K. (1989): Die Marken-Bilanz, in: Markenartikel, Heft 4, S. 360-363.

Schumacher, C./ Schwartz, St. (1999): Wer ist der Schönste im Land?, in: Focus, Heft 35, S. 200-204.

Schunk, H./ Marx, A. (2005): Eine höhere Macht: Kulturelle Einflüsse und Markenwert bei Corporate Brands, in: Markenartikel, Heft 7, S. 110-113.

Schwaab, M.-O. (1991): Die Attraktivität deutscher Kreditinstitute bei Hochschulabsolventen. Eine empirische Untersuchung zum Personalmarketing, Stuttgart.

Schwaab, M.-O./ Schuler, H. (1991): Die Attraktivität der deutschen Kreditinstitute bei Hochschulabsolventen, in: ZfAuO, Heft 3, S. 105-114.

Schwaiger, M./ Högl, S./ Hupp, O. (2003): Wie die Potenziale der Unternehmensmarke auszuschöpfen sind, in: absatzwirtschaft, Heft 12, S. 34-39.

Schwan, K./ Seipel, K.G. (1994): Personalmarketing in Mittel- und Kleinbetrieben, Insbruck.

Schweickardt, W. (2000): Der Job ist nicht mehr alles, in: Personalwirtschaft, Heft 6, S. 54.

Schweiger, G. (1995): Image und Imagetransfer, in: Tietz, B. (Hrsg.): Handwörterbuch des Marketing, Stuttgart, 1995, Sp. 915-928.

Schweikl, H. (1985): Computergestützte Präferenzanalyse mit individuell wichtigen Produktmerkmalen, Berlin.

Schwertfeger, B. (1999a): Jagd nach Talenten, in: Wirtschaftswoche, Heft 42, S. 246-251.

Schwertfeger, B. (1999b): Kampf um die Spitze, in: Wirtschaftswoche, Heft 44, S. 190-195.

Schwertfeger, B. (1998): Alle auf einmal, in: Wirtschaftswoche, Heft 29, S. 74-77.

Schwertfeger, B. (1997): Excellente Auslese, in: Wirtschaftswoche, Heft 27, S. 82-85.

Schwertfeger, B. (1996): Grenzen suchen, in: Wirtschaftswoche, Heft 22, S. 94-99.

Schwertfeger, B. (1995): Größere Vielfalt, in: Wirtschaftswoche, Heft 25, S. 90-95.

Sebastian, K.-H./ Tacke, G. (1990): Nachwuchs stellt Ansprüche, in: absatzwirtschaft, Heft 1, S. 84-86.

Sebastian, K.-H./ Simon, H./ Tacke, G. (1988): Was motiviert den Führungsnachwuchs, in: Personalführung, Heft 12, S. 999-1004.

Seiwert, L.J. (1985): Vom operativen zum strategischen Marketing, in: Personalwirtschaft, Heft 9, S. 348-353.

Seyfried, K.-H. (1993): Was Berufsanfängern wichtig ist, in: Capital, Heft 6, S. 209-218.

Shechtman, M.R. (1999): How to become the employer of choice, in: Super Vision, Heft 11, S. 13.

Shocker, A.D./ Srivastava, R.K./ Ruekert, R.W. (1994): Challenges and Opportunities Facing Brand Management: An Introduction to the Special Issue, in: Journal of Marketing Research, Heft 5, S. 149-158.

Sichau, I. (1999): Arbeitgeber-Marke entscheidet, in: Horizont, Heft 37, S. 65.

Silberer, G. (1983): Einstellungen und Werthaltung, in: Irle, M. (Hrsg.): Marktpsychologie als Sozialwissenschaft, Göttingen, 1983, S. 533-625.

Simms, J. (2003): HR oder Marketing: Who gets staff on side?, in: Marketing, 24.06.2003, S. 23-24.

Simon, H. (1994a): Markenpolitik auf dem Vormarsch, in: Markenartikel, Heft 12, S. 578-581.

Simon, H. (1994b): Karriere ist wichtiger als Sicherheit, in: managermagazin, Heft 8, S. 82-84.

Simon, H. (1993): Industrielle Dienstleistung, Stuttgart.

Simon, H. (1984): Die Attraktivität von Großunternehmen beim kaufmännischen Führungsnachwuchs, in: ZfB, Heft 4, S. 324-345.

Simon, H./ Sebastian, K.-H. (1995): Reift ein junger Markentypus?, in: absatzwirtschaft, Heft 6, S. 42-46.

Simon, H./ Wiltinger, K. (1997): High Potentials Recruiting, in: Personalwirtschaft, Heft 6, S. 28-34.

Simon, H./ Wiltinger, K./ Sebastian, K.-H. /Tacke, G. (1995): Effektives Personalmarketing – Strategien, Instrumente, Fallstudien, Wiesbaden.

Six, B./ Schäfer, B. (1984): Einstellungsänderung, Stuttgart u.a.

Solomon, M./ Bamossy, G./ Askegaard, S. (2001): Konsumentenverhalten, München.

Sommer, R. (1998): Psychologie der Marke: die Marke aus der Sicht des Verbrauchers, Frankfurt.

Spanier, J. (1999): Werbewirkungsforschung und Medienentscheidung: Förderung des Informationstransfers zwischen Wissenschaft und Praxis, München.

Spannagl, J. (2001): Neuer Standard in der Markenbewertung, in: Markenartikel, Heft 5, S. 38-43.

Speier, Ch. (1994): Selbstwirksamkeit als Einflussfaktor im Selbstselektionsprozess von Hochschulabsolventen in Ost- und Westdeutschland, in: Rosenstiel, L.v./ Lang, Th./ Sigl, E. (Hrsg.): Fach- und Führungsnachwuchs finden und fördern, Stuttgart, 1994, S. 179-224.

Spence, M.A. (1976): Informational Aspects of Market Structure: An Introduction, in: Quarterly Journal of Economics, Heft 1, S. 591-597.

Spence, M.A. (1973): Job Market Signaling, in: The Quarterly Journal of Economics, Heft 87, S. 355-374.

Spinner, W. (1999): Wir wollen unsere Marken emotionalisieren, in: Markenartikel, Heft 4, S. 10.

Spremann, K. (1990): Asymmetrische Information, in: ZfB, Heft 5, S. 561-586.

Spremann, K. (1988): Reputation, Garantie, Information, in: ZfB, Heft 5, S. 613-629.

Staffelbach, B. (1995): Strategisches Personalmarketing, in: Scholz, Ch. (Hrsg.): Strategisches Personalmanagement: Konzeption und Realisation, 1995, Stuttgart, S. 143-158.

Staude, J. (1989): Strategisches Personalmarketing, in: Weber, W./ Weinmann, J. (Hrsg.): Strategisches Personalmanagement, Stuttgart, 1989, S. 167-178.

Stauss, B. (1995): Dienstleistungsmarken, in: Markenartikel, Heft 1, S. 2-7.

Steinle, C./ Ahlers, F. (1993): Studenten im Unternehmen betreuen, in: Personalwirtschaft, Heft 12, S. 15-18.

Steinle, M./ Hies, M. (2002): Aufbau und Pflege eines Talentepools im Internet, in: Personalführung, Heft 7, S. 64-69.

Steinmetz, F. (1997): Erfolgsfaktoren der Akquisition von Führungsnachwuchskräften: Eine empirische Untersuchung, Mainz.

Steppan, R. (2000): War for Talents sorgt für Boom beim Headhunting, in: Personalführung, Heft 2, S. 34-36.

Stickel, D.L. (1995): Marktsegmentierung als Personalmarketing-Strategie, Bamberg.

Stigler, G.J. (1961): The Economics of Information, in: Journal of Political Economy, Jg. 69, S. 213-225.

Stiglitz, J.E. (1974): The Causes and Consequences of the Dependence of Quality on Price, in: Journal of Economic Literature, Heft 25, S. 1-48.

Strümpel, B./ Scholz-Ligma, J. (1992): Werte und Wertewandel, in: Gaugler, E./ Weber, W. (Hrsg.): Handwörterbuch des Personalwesens, Stuttgart, 1992, Sp. 2336-2345.

Strutz, H. (Hrsg.) (1993): Handbuch Personalmarketing, Wiesbaden.

Strutz, H. (Hrsg.) (1992): Strategien des Personalmarketing: Was erfolgreiche Unternehmen besser machen, Wiesbaden.

Strutz, H. (Hrsg.) (1989): Handbuch Personalmarketing, Wiesbaden.

Stuart, H. (2001): The Role of Employees in Successful Corporate Branding, in: Thexis, Heft 4, S. 48-50.

Stumpf, A. (2003): Richtig in die Marke investieren, in: Markenartikel, Heft 9, S. 104-106.

Süß, M. (1996): Externes Personalmarketing für Unternehmen mit geringer Branchenattraktivität, München.

Teufer, St. (1999): Die Bedeutung des Arbeitgeberimage bei der Arbeitgeberwahl, Wiesbaden.

Thiele, A./ Eggers, B. (Hrsg.) (1999): Innovatives Personalmarketing für high-potentials, Göttingen u.a.

Thiemann, K. (1995): Brand Identity schafft Vertrauen in die Marke, in: Markenartikel, Heft 3, S. 94-97.

Thom, N./ Giesen, B. (Hrsg.) (1998): Entwicklungskonzepte und Personalmarketing für den Fach- und Führungsnachwuchs, Köln.

Thom, N./ Zaugg, R. (1994): Personalmarketing – auch in rezessiven Zeiten?, in: io Management Zeitschrift, Heft 4, S. 72-74.

Thurmann, P. (1961): Grundformen des Markenartikels: Versuch einer Typologie, Berlin.

Tietz, B. (Hrsg.) (1995): Handwörterbuch des Marketing, Stuttgart.

Tolle, E. (1994): Informationsökonomische Erkenntnisse für das Marketing bei Qualitätsunsicherheit der Konsumenten, in: ZfbF, Heft 11, S. 926-938.

Tolle, E./ Steffenhagen, H. (1994): Kategorien des Markenerfolges und einschlägige Meßmethoden, in: Bruhn, M. (Hrsg.): Handbuch Markenartikel, Stuttgart, 1994, S. 1283-1304.

Tom, V.R. (1971): The role of personality and organizational image in the recruiting process, in: Organizational Behavior and Human Performance, Heft 6, S. 573-592.

Tomczak, T. (1994): Strategische Markenführung, Bern u.a.

Tomczak, T./ Ludwig, E. (1998): Strategische Markenführung, in: Tomczak, T./ Schögel, M./ Ludwig, E. (Hrsg.): Markenmanagement für Dienstleistungen, St. Gallen, 1998, S. 48-65.

Tomczak, T./ Schögel, M./ Ludwig, E. (Hrsg.) (1998): Markenmanagement für Dienstleistungen, St. Gallen.

Tomczak, T./ Will, M./ Kernstock, J./ Brockdorff, B./ Einwiller, S. (2001): Corporate Branding – Die zukunftsweisende Aufgabe zwischen Marketing, Unternehmenskommunikation und strategischem Management, in: Thexis, Heft 4, S.2-4.

trendence Institut für Pesonalmarketing GmbH, Berlin:
Absolventenbarometer 2005, online im Internet http://site.trendence.de/fileadmin/docs/trendence_Das_Absolventenbarometer _2005_-_Bus_Eng.pdf vom 24.08. 2005.

The European Student Barometer 2005, online im Internet http://site. trendence. de/fileadmin/docs/trendence_ The_European_Student_Barometer_ 2005.pdf vom 24.08. 2005.

Absolventenbarometer 2003, online im Internet http://www.trendence-online/company/simple-context/media/documente/dab03%20%de%be_results_web1.pdf vom 16.10.2003.

Abiturientenbarometer 2003, online im Internet http://trendenceonline.com/company/simplecontent/media/dokumente/abi03_results_web_2.pdf vom 16.10.2003.

Triandis, H.L. (1975): Einstellung und Einstellungsänderung, Weinheim u.a.

Trommsdorff, V. (2002a): Produktpositionierung, in: Albers, S./ Herrmann, A. (Hrsg.): Handbuch Produktmanagement, Wiesbaden, 2002, S. 359-380.

Trommsdorff, V. (2002b): Konsumentenverhalten, Stuttgart.

Trommsdorff, V. (1995): Positionierung, in: Tietz, B. (Hrsg.): Handwörterbuch des Marketing, Stuttgart, 1995, Sp. 2057-2068.

Trommsdorff, V. (1992): Wettbewerbsorientierte Image-Positionierung, in: Markenartikel, Heft 10, S. 458-463.

Trommsdorff, V. (1980): Image als Einstellung zum Angebot, in: Hoyos, C.G. (Hrsg.): Grundbegriffe der Wirtschaftspsychologie: Gesamtwirtschaft, Markt, Organisation, Arbeit, München, 1980, S. 117-127.

Trommsdorff, V./ Paulssen, M. (2001): Messung und Gestaltung der Markenpositionierung, in: Esch, F.-R. (Hrsg.): Moderne Markenführung, Wiesbaden, 2001, S. 1139-1158.

Trommsdorff, V./ Zellerhoff, C. (1994): Produkt- und Markenpositionierung, in: Bruhn, M. (Hrsg.): Handbuch Markenartikel, Stuttgart, 1994, S. 349-374.

Trux, W. (2002): Unternehmensidentität, Unternehmenspolitik und öffentliche Meinung, in: Birkigt, K./ Stadler, M.M./ Funck, H.J. (Hrsg.): Corporate Identity: Grundlagen, Funktionen, Fallbeispiele, München, 2002, S. 65-74.

Tulgan, B. (2001): Wettlauf um die Besten: Talente finden, fördern und ans Unternehmen binden, München.

Turley, L.W./ Moore, P.A. (1995): Brand name strategies in the service sector, in: The Journal of Consumer Marketing, Heft 4, S. 42-51.

Udris, I./ Rimann, M. (1994): Ingenieure – alter Beruf, neue Werte?, in: Rosenstiel, L.v./ Lang, Th./ Sigl, E. (Hrsg.): Fach- und Führungsnachwuchs finden und fördern, Stuttgart, 1994, S. 135-152.

Unger, F. (Hrsg.) (1986a): Konsumentenpsychologie und Markenartikel, Heidelberg.

Unger, F. (1986b): Die Markenartikel-Konzeption, in: Unger, F. (Hrsg.): Konsumentenpsychologie und Markenartikel, 1986, Heidelberg, S. 1-17.

Unger, F./ Fuchs, W. (1999): Management der Marktkommunikation, Heidelberg.

Unger, F./ Durante, N.-V./ Gabrys, E./ Koch, R./ Wailersbacher, R. (2002): Mediaplanung: Methodische Grundlagen und praktische Anwendungen, Berlin u.a.

Ungern-Sternberg, Th.v. (1984): Zur Analyse von Märkten mit unvollständiger Nachfragerinformation, Stuttgart.

Ungern-Sternberg, Th./ Weizsäcker, C.C.v. (1981): Marktstruktur und Marktverhalten bei Qualitätsunsicherheit, in: Zeitschrift für Wirtschafts- und Sozialwissenschaften, 101. Jg., S. 609-626.

Universum Communications Sweden AB:

The Universum Graduate Survey 2005, online im Internet http://www.universumeurope.com/degs2005.aspx vom 14.08.2005.

Paneeuropean 2005, online im Internet http://www.universumeurope.com/paneuropean.aspx vom 14.08.2005.

Vahrenkamp, K. (1991): Verbraucherschutz bei asymmetrischer Information: Informationsökonomische Analysen verbraucherpolitischer Maßnahmen, München.

Varey, R.J./ Karklins, G. (2001): The Corporate Brand and Corporate Communication: The Corporate Dialog Box, in: Thexis, Heft 4, S. 38-47.

Vedder, G./ Mehring, I. (2002): Personalbeschaffung bei Fachkräftemangel, in: Personal, Heft 5, S. 44-49.

Vershofen, W. (1959): Die Marktentnahme als Kernstück der Wirtschaftsforschung, Köln u.a.

Vollmer, R.E. (1993): Personalimage, in: Strutz, H. (Hrsg.): Handbuch Personalmarketing, Wiesbaden, 1993, S. 179-204.

Vroom, V.H. (1964): Work and Motivation, New York.

Wagner, D. (2004): Personalmanagement in der Verwaltung, in: Personal, Heft 1, S. 24-27.

Wagner, D./ Hummel, Th. (1996): Differentielles Personalmarketing – Unternehmensinterne und unternehmensexterne Dimensionen, in: Hummel, Th./ Wagner, D. (Hrsg.): Differentielles Personalmarketing, Stuttgart, 1996, S. 3-23.

Waltermann, B. (1994): Marktsegmentierung und Markenpolitik, in: Bruhn, M. (Hrsg.): Handbuch Markenartikel, Stuttgart, 1994, S. 375-394.

Wanous, J.P. (1980): Organizational entry: Recruitment, selection, and sozialisation of newcomers, Reading.

Wanous, J.P. (1977): Organizational Entry: Newcomers Moving From Outside to Inside, in: Psychological Bulletin, Heft 4, S. 601-618.

Watzka, K. (2003): Hochschulmarketing: Arbeitgeberattraktivität und Recruitingkanäle, in: Personal, Heft 7, S. 8-11.

Watzka, K. (2002): Personalauswahl, in: Bröckermann, R./ Pepels, W. (Hrsg.): Personalmarketing, Stuttgart, 2002, S. 86-99.

Weber, W./ Mayrhofer, W./ Nienhüser, W. (1997): Taschenlexikon Personalwirtschaft, Stuttgart.

Weber, W./ Weinmann, J. (Hrsg.) (1989): Strategisches Personalmanagement, Stuttgart.

Weibler, J. (1996): Personalmarketing, in: WISU, Heft 4, S. 305-310.

Weiber, R./ Adler, J. (1995): Informationsökonomisch begründete Typologisierung von Kaufprozessen, in: ZfbF, Heft 1, S. 43-65.

Weinberg, P. (1992): Erlebnismarketing, München.

Weinberg, P. (1981): Das Entscheidungsverhalten der Konsumenten, Paderborn, u.a.

Weinberg, P./ Diehl, S. (2001): Erlebniswelten für Marken, in: Esch, F.-R. (Hrsg.): Moderne Markenführung, Wiesbaden, 2001, S. 185-207.

Weinberg, P./ Diehl, S. (2001): Aufbau und Sicherung von Markenbindung unter schwierigen Konkurrenz- und Distributionsbedingungen, in: Köhler, R. (Hrsg.): Erfolgsfaktor Marke: neue Strategien des Markenmanagements, Wiesbaden, 2001, S. 23-35.

Weinert, A. (1992): Lehrbuch der Organisationspsychologie, Weinheim.

Weinland, L. (2007): Markenführung bei Dienstleistungen, in: Markenartikel, Heft 4, S. 18-20.

Weis, H.Ch. (2001): Marketing, Ludwigshafen.

Weis, M./ Huber, F. (2000): Der Wert der Markenpersönlichkeit: Das Phänomen der strategischen Positionierung von Marken, Wiesbaden.

Welp, C. (2001a): Gerne Gross, in: Wirtschaftswoche, Heft 34, S. 68-73.

Welp, C. (2001b): Diskreter Dienst, in: Wirtschaftswoche, Heft 35, S. 74-75.

Welch, J. (1996): Employers in rush to capture young talent, in: People Management, Heft 18, S. 9.

Welslau, D. (1994): Farbe bekennen im grauen Stellenmarkt in: Personalwirtschaft, Heft 5, S. 38-42.

Werle, K. (2007): Süße Aussichten, in: managermagazin, Heft 9, S. 108-118.

Westerwelle, A./ Beuerle, I. (2002): Gute Zeiten, schlechte Zeiten, in: Personalwirtschaft, Heft 9, S. 30-32.

Wever, U. (1992): Sehnsucht nach einer heilen Welt, in: Personalführung, Heft 2, S. 104-109.

Wiedmann, K.-P. (2001): Corporate Identity und Corporate Branding – Skizzen zu einem integrierten Managementkonzept, in: Thexis, Heft 4, S. 17-22.

Wiedmann, K.-P. (1994): Markenpolitik und Corporate Identity, in: Bruhn, M. (Hrsg.): Handbuch Markenartikel, 1994, S. 1033-1054.

Wiese, D. (2005): Employer Branding: Arbeitgebermarken erfolgreich aufbauen, Berlin.

Wieselhuber, N. (2001): Modernes Denken und moderne Methoden, in: Unternehmer-magazin, Heft 11, S. 40-41.

Wiezorek, H. (2001): Wirksame Markenkommunikation bei steigender Informations-überlastung der Konsumenten, in: Köhler, R. (Hrsg.): Erfolgsfaktor Marke: neue Strategien des Markenmanagements, Wiesbaden, 2001, S. 90-98.

Williamson, O.E. (1990): Die ökonomische Institution des Kapitalismus – Unternehmen, Märkte, Kooperationen, Tübingen.

Wiltinger, K. (1997): Personalmarketing auf Basis von Conjoint-Analysen, in: Zeitschrift für Betriebswirtschaft, Ergänzungsheft 3, S. 55-79.

Wiltinger, K./ Simon, H. (1999): Entwicklungstendenzen des High-Potential-Recruiting: Fünf Thesen, in: Thiele, A./ Eggers, B. (Hrsg.): Innovatives Personalmarketing für high-potentials, Göttingen, 1999, S. 169-184.

Winterling, K. (1993): Markenpolitik in der Investitionsgüter-Industrie, in: Markenartikel, Heft 2, S. 84-86.

Wiswede, G. (1992): Die Psychologie des Markenartikels, in: Dichtl, E./ Eggers, W. (Hrsg.): Marke und Markenartikel als Instrument des Wettbewerbs, 1992, S. 71-95.

Wöhr, M. (2002): Bewerberverhalten im Personalmarketing: Die nachhaltige Erschließung externer Mitarbeiterpotentiale beim kaufmännischen Fach- und Führungsnachwuchs, Leinfelden-Echterdingen.

Woodruffe, Ch. (1999): Winning the Talent War: A strategic Approach to Attracting, Developing and Retaining the Best People, Chichester u.a.

Wucknitz, U.D. (1995): Unternehmenskooperation mit ausgewählten Hochschulen, in: Personal, Heft 10, S. 540-545.

Wübbenhorst, K.L./ Wildner, R. (2002): Die Marke – Erfolgsfaktor oder Auslaufmodell, in: Markenartikel, Heft 3, S. 66-67.

Wüthrich, H.A./ Bagusat, O. (2002): (Corporate) Identity – unique selling proposition eines erfolgreichen HR-Managements, in: zfo, Heft 2, S. 75-80.

Wunderer, R. (1999): Personalmarketing: Die Kunst attraktive und effiziente Arbeitsbedingungen zu analysieren, zu gestalten und zu kommunizieren, in: Bruhn, M. (Hrsg.): Internes Marketing, Wiesbaden, 1999, S. 112-132.

Wunderer, R. (1991): Personalmarketing, in: Die Unternehmung, Heft 2, S. 119-131.

Wunderer, R. (1975): Personalwerbung, in: Gaugler, E. (Hrsg.): Handwörterbuch des Personalwesens, Stuttgart, 1975, Sp. 1690-1708.

Zaugg, R.J. (2002): Mit Profil am Arbeitsmarkt agieren, in: Personalwirtschaft, Heft 2, S. 13-18.

Zehetner, K. (1994): Personalmarketing in mittelständischen Industriebetrieben, Graz.

Zentes, J./ Swoboda, B. (2001): Grundbegriffe des Marketing, Stuttgart.

Zerr, K./ Gaiser, B./ Decker, D. (2001): Was macht neue Dienstleistungen erfolgreich?, in: absatzwirtschaft, S. 48-51.

Zimmer, D. (1995): Der Handel braucht eine Imagepolitur, in: Harvard Business Manager, Heft 4, S. 51-60.

Auswahl weiterer Bände der

Hochschulschriften zum Personalwesen

herausgegeben von   Prof. Dr. Thomas R. Hummel, Fachhochschule Fulda
Prof. Dr. Heinz Knebel, Universität Potsdam
Prof. Dr. Dieter Wagner, Universität Potsdam
Prof. Dr. Ernst Zander, Stiftungsvorsitz Universität Bochum

Peter-Roman Persch:
Die Bewertung von Humankapital – eine kritische Analyse
Band 36, ISBN 3-87988-780-2, Rainer Hampp Verlag, München und Mering, 2003, vergriffen

Sascha Armutat: **Kompetenzentwicklung im universitären Studienfach
Personal für das Berufsfeld Personalmanagement**
Band 35, ISBN 3-87988-768-3, Rainer Hampp Verlag, München und Mering, 2003, 340 S., € 29.80

Paivand Sepehri: **Diversity und Managing Diversity in internationalen
Organisationen. Wahrnehmungen zum Verständnis und ökonomischer
Relevanz**
Band 34, ISBN 3-87988-699-7, Rainer Hampp Verlag, München und Mering, 2002, 424 S., € 34.80

Christoph Barth: **Einfluß der Organisationsstruktur auf den außerordent-
lich hohen und dauerhaften Wettbewerbsvorteil eines Unternehmens**
Band 33, ISBN 3-87988-629-6, Rainer Hampp Verlag, München u. Mering 2002, 258 S., € 24.80

Gerfried Josef Popp: **Belegschaftsrechte ernstgenommen.
Status quo und Perspektive der Demokratisierung am Arbeitsplatz**
Band 32, ISBN 3-87988-570-2, Rainer Hampp Verlag, München u. Mering, 2001, 188 S., € 22.70

Thomas Doyé: **Analyse und Bewertung von betrieblichen Zusatzleistungen**
Band 31, ISBN 3-87988-522-2, Rainer Hampp Verlag, München u. Mering 2000, 384 S., € 32.80

Darius Zorrijassatein: **Organisationsentwicklung als Lernkonzept zur
Nutzung von Führungsinformationssystemen**
Band 30, ISBN 3-87988-472-2, Rainer Hampp Verlag, München u. Mering 2000, 180 S., € 19.55

Werner Reichel: **Kapital und Arbeit. Die gesellschaftlichen und rechtlichen
Rahmenbedingungen personalwirtschaftlichen Handelns**
Band 29, ISBN 3-87988-463-3, Rainer Hampp Verlag, München u. Mering 2000, 363 S., € 29.65

Kurt Femppel: **Das Personalwesen in der deutschen Wirtschaft:
Eine empirische Untersuchung**
Band 28, ISBN 3-87988-434-X, Rainer Hampp Verlag, München u. Mering 2000, 253 S., € 24.80